普通高等教育“十三五”规划教材

大学计算机基础实验指导与测试

（第四版）

肖　明　主　编

孙风芝　齐永波　姜远明　副主编

中国铁道出版社有限公司

CHINA RAILWAY PUBLISHING HOUSE CO., LTD.

内容简介

本书是根据教育部高等学校大学计算机课程教学指导委员会编制的《大学计算机基础课程教学基本要求》编写的《大学计算机基础（第四版）》（肖明主编，中国铁道出版社有限公司出版）一书的配套教材。全书共分为两大部分：软件介绍与实验操作、测试题及参考答案。

软件介绍与实验操作部分包括：Windows 7 操作系统、Word 2010 文字处理、Excel 2010 电子表格处理、PowerPoint 2010 演示文稿制作、Access 数据库基础、网络基础和 Internet 应用、Adobe Photoshop 图像基础和 Adobe Flash 动画基础。测试题及参考答案部分主要是对应主教材《大学计算机基础（第四版）》中各章节的内容，通过填空题、单选题、多选题和判断题四类题型进行测试并附有对应的参考答案，帮助学生巩固所学的知识。

本书不但有基本和高级操作，还有综合应用实验，即完成作品，可以适应不同层次的需求。第四版是在第三版基础上，又重点补充完善了各章的综合应用实验，充分满足了未来实际工作中的需求和应用。

本书适合作为普通高等院校计算机基础课程的上机指导、综合操作练习和测试用书，也可作为不同层次的办公人员、各类社会人员，以及广大计算机爱好者的参考书。

图书在版编目（CIP）数据

大学计算机基础实验指导与测试/肖明主编. —4 版. —北京：中国铁道出版社有限公司，2019.8 （2021.7 重印）
普通高等教育“十三五”规划教材
ISBN 978-7-113-25738-5

Ⅰ.①大… Ⅱ.①肖… Ⅲ.①电子计算机-高等学校-教学参考资料 Ⅳ. ①TP3

中国版本图书馆 CIP 数据核字（2019）第 171769 号

书　　名： 大学计算机基础实验指导与测试
作　　者： 肖　明

策　　划： 潘晨曦　　**编辑部电话：**（010）83552550
责任编辑： 何红艳　包　宁
封面设计： 刘　颖
责任校对： 张玉华
责任印制： 樊启鹏

出版发行： 中国铁道出版社有限公司（100054，北京市西城区右安门西街 8 号）
网　　址： http://www.tdpress.com/51eds/
印　　刷： 北京柏力行彩印有限公司
版　　次： 2007 年 2 月第 1 版　2019 年 8 月第 4 版　2021 年 7 月第 3 次印刷
开　　本： 787 mm×1 092 mm 1/16　**印张：** 16.5　**字数：** 389 千
书　　号： ISBN 978-7-113-25738-5
定　　价： 39.00 元

第四版前言

本书是主教材《大学计算机基础（第四版）》（肖明主编，中国铁道出版社有限公司出版）的配套上机实验指导书。强调软件应用和实验操作、综合练习和自我测试与评估，培养学生实际操作以及综合应用的能力。通过详细的实验操作步骤，可使学生快速地学会使用软件的基本功能和高级操作，在完成综合应用的练习后，能够独立、系统地掌握软件的使用，有效地解决实际问题。

本书结构上分为软件介绍与实验操作、测试题及参考答案两部分。其中，软件介绍与实验操作部分的每一章内容，又细分为软件介绍（每章第一节，第6章除外）和软件实验两小部分。软件实验有基础性实验和综合性实验或作品，包括：Windows 7操作系统、Word 2010文字处理、Excel 2010电子表格处理、PowerPoint 2010演示文稿制作、Access数据库基础、网络基础和Internet应用、Adobe Photoshop图像基础和Adobe Flash动画基础的操作实验。测试题及参考答案部分对应主教材《大学计算机基础（第四版）》中各章节的内容，通过填空、单选、多选和判断四类题型进行自我测试与评估，帮助学生巩固所学的知识。

与第三版相比除了软件介绍、基本操作和高级操作外，本次修订针对各章综合应用实验进行了补充和完善；进一步突出了实验的层次性、综合性、作品性和完整性；力求适应社会发展对创新人才培养的需求。

本书特点如下：

（1）为提升计算机应用能力和社会发展的需要，加强了综合配套实验，可使学生大大提高独立完成作品的能力，更加适应社会对人才培养的需求。

（2）每章内容设计有软件介绍和相关实验，不同层次的学生可选择从适合自己的内容开始，逐步完成实验。对于有一定基础的学生，实验的重点应放在综合实验练习上。

（3）书中实验素材和数据提供了网上数字资源，方便读者学习使用。打开百度网盘手机App，点击网址 https://pan.baidu.com/s/1ooABIZH94S9T6xRsw2AITg，输入提取码qlwp，即可访问。

本书由肖明任主编，孙风芝、齐永波、姜远明任副主编，马晓敏、李瑞旭、胡光、李玲参与编写。具体编写分工：第1、9、12章由肖明编写；第2、3章和第5章的5.1、5.4、5.5节由孙风芝编写；第4、6、17、18章由姜远明编写；第5章的5.2、5.3节和14章由李瑞旭编写；第7、15、16章由马晓敏编写；第11章由齐永波编写；第10章由胡光编写；第 19 章由李玲编写；第 8 章由马晓敏、齐永波共同编写；第 13 章由肖明、孙风芝、姜远明共同编写。全书由肖明统稿（xiaomingxyq@qq.com）。

在本书编写过程中，许多老师和领导提出了许多宝贵建议和意见，国内高校一些专家也给出了具体指导，在此表示衷心的感谢。此外，本书参考了许多著作和网站的内容，在此向相关作者一并表示感谢。

由于计算机技术发展很快，加之编者水平有限，书中难免有不妥之处，恳请读者批评指正，以便再版时及时修正。

编　者

2019 年 2 月

目　录

第一部分　软件介绍与实验操作

第二部分 测试题及参考答案

第一部分　软件介绍与实验操作

第 1 章　Windows 7 操作系统

操作系统是一个管理计算机硬件和软件的程序，是计算机正常运行的指挥中枢。它有效地管理计算机系统的所有硬件和软件资源，合理地组织整个计算机的工作流程，为用户提供高效、方便、灵活的使用环境。在操作系统中，用户可以通过简单地向操作系统发送一条指令来执行任务。常用的微机操作系统有 Windows、Linux、OS/2 等。

Windows 操作系统是美国微软公司专为微型计算机的管理而推出的操作系统，它以简单的图形用户界面、良好的兼容性和强大的功能而深受用户的青睐。目前，在计算机中安装的大多是 Windows 操作系统。

1.1　Windows 7 简介与基本操作

Windows 7 是微软公司开发的图形用户界面、单用户多任务操作系统，可供家庭及商务台式计算机、笔记本式计算机、平板计算机及多媒体中心等使用。

1.1.1　Windows 7 简介

1. Windows 7 版本

Windows 7 包含 6 个版本，分别为 Windows 7 Starter（初级版）、Windows 7 Home Basic（家庭普通版）、Windows 7 Home Premium（家庭高级版）、Windows 7 Professional（专业版）、Windows 7 Enterprise（企业版）和 Windows 7 Ultimate（旗舰版）。有关 Windows 7 的版本说明如表 1-1 所示。

表 1-1　Windows 7 的版本说明

序号	版　本	说　明
1	Windows 7 Starter 简易版或初级版	功能较少，缺少 Aero 效果，不支持 64 位，没有 Windows 媒体中心和移动中心，仅限于上网本市场
2	Windows 7 Home Basic 家庭普通版	也叫家庭基础版；支持多显示器，有移动中心，限制包括部分支持 Aero 特效功能，没有 Windows 媒体中心，缺乏 Tablet 支持，没有远程桌面，只能加入不能创建家庭网络组（Home Group）等，它仅在例如中国、印度、巴西等新兴市场投放
3	Windows 7 Home Premium 家庭高级版	面向家庭用户，满足家庭娱乐需求，包含所有桌面增强和多媒体功能，如 Aero 特效、多点触控功能、媒体中心、建立家庭网络组、手写识别等，不支持 Windows 域、Windows XP 模式、多语言等

续表

序号	版　　本	说　　明
4	Windows 7 Professional 专业版	面向爱好者和小企业用户，满足办公开发需求。包含了家庭高级版的所有功能，加强的网络功能，如活动目录和域支持、远程桌面、服务器等，另外还有网络备份、位置识别打印、加密文件系统、演示模式、Windows XP 模式等在内的新功能。64 位可支持更大的内存（192 GB），是目前用得最多的一个版本之一
5	Windows 7 Enterprise 企业版	面向企业市场的高级版本，满足企业数据共享、管理、安全等需求。包含多语言包、UNIX 应用支持、BitLocker 驱动器加密、分支缓存（Branch Cache）等，通过与微软有软件保证合同的公司进行批量许可出售。主要适用于企业和服务器相关的应用，用户相对较少
6	Windows 7 Ultimate 旗舰版	拥有所有功能，与企业版基本是相同的产品，仅仅在授权方式及其相关应用及服务上有区别，面向高端用户和软件爱好者。它是 Windows 7 各版本中最为灵活、强大的一个版本

在这 6 个版本中，Windows 7 家庭高级版和 Windows 7 专业版是两大主力版本，前者面向家庭用户，后者针对商业用户。目前普遍使用的是旗舰版。

此外，32 位版本和 64 位版本没有外观或者功能上的区别，但 64 位版本支持 16 GB（最高至 192 GB）内存，而 32 位版本只能支持最大 4 GB 内存。目前，所有新的和较新的 CPU 都是 64 位兼容的，均可使用 64 位版本。

要了解所使用的计算机的基本信息和 Windows 7 的版本，操作如下：右击桌面上的“计算机”图标，在弹出的快捷菜单中选择“属性”命令。

2．Windows 7 的最低系统要求

Windows 7 推荐计算机最低使用时钟频率为 1 GHz 或更高的 32 位或 64 位处理器，Windows 7 的 32 位版本最多可支持 32 个处理器核，而 64 位版本最多可支持 256 个处理器核；内存应达到 1 GB（基于 32 位）或 2 GB（基于 64 位）；显卡支持 DirectX 9128 MB 及以上（开启 Aero 效果）；16 GB 可用硬盘空间（基于 32 位）或 20 GB 可用硬盘空间（基于 64 位）（分区，NTFS 格式）；显示器要求分辨率在 1 024×768 像素及以上（低于该分辨率则无法正常显示部分功能），或可支持触摸技术的显示设备，即具有带 WDDM 1.0 或更高版本的驱动程序的 DirectX 9 图形设备；DVD 驱动器、键盘和 Microsoft 鼠标或兼容的指针设备。

3．Windows 7 管理功能

Windows 7 具有很强的文件组织和管理功能，一般通过“Windows 资源管理器”来对文件进行管理和操作。基本功能是对文件和文件夹选定、排序、搜索、复制、移动和删除等。

Windows 7 对计算机系统的硬件和软件具有很强的管理功能。它是以“控制面板”方式提供了许多应用程序，用这些程序来完成软、硬件设置和管理。

了解 Windows 7 中新增功能的操作如下：选择“开始”|“帮助和支持”|“浏览帮助主题”|“入门”|单击“Windows 7 的新增功能”。

4．Windows 7 的启动

安装 Windows 7 操作系统的计算机，每次启动都会自动引导操作系统运行。当出现登录 Windows 7 操作系统的用户名列表界面时，选中用户并输入密码，就可以进入 Windows 7 系统，Windows 7 启动后桌面如图 1-1 所示。

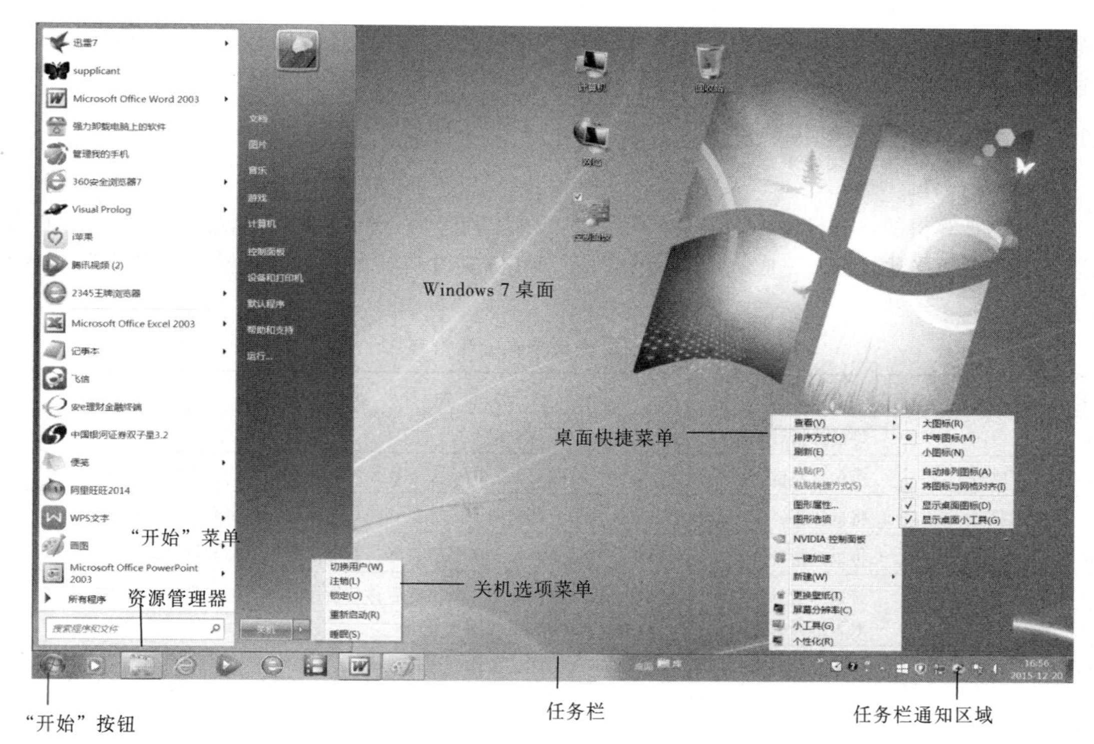

图 1-1　Windows 7 桌面

5. Windows 7 的退出

Windows 7 是一个多任务的操作系统，除了前台运行的程序外，如果不能正常退出，后台运行的一些程序的数据和运行结果会丢失；不正常退出也会导致 Windows 7 不能自动正常删除磁盘中程序运行时留下的临时性数据文件，从而导致磁盘空间的浪费。因此，要正常退出 Windows 7 操作系统。

正常退出 Windows 7 操作系统之前，用户应关闭所有执行的程序和文档窗口。如果用户不关闭，系统退出时会强制结束有关程序的运行。退出 Windows 7 操作系统有关选项的介绍和操作如下：

关机：单击“开始”按钮，出现“开始”菜单，单击右下角的“关机”按钮可直接退出 Windows 7 操作系统，并关闭计算机。

Windows 7 还为用户提供了不同的退出方式，在“关机”按钮的右侧有一个三角按钮，单击后可打开退出选项菜单，实现不同的退出方式，见图 1-1（关机选项菜单）。关机选项菜单介绍如下：

① 切换用户：不关闭当前用户所打开的程序，直接切换到另一个用户。

② 注销：关闭当前用户所打开的程序，并使当前用户退出，让其他用户登录进入。

③ 锁定：进入锁定计算机状态，既不关机，也不退出系统，会显示登录界面，只有重新登录才能使用。

④ 重新启动：可按计算机上的“重启”开关重新启动计算机。计算机一般发生死机或故障时，需要重新启动。

⑤ 睡眠：首先系统将内存中的数据全部转存到硬盘上，然后关闭除了内存外所有设备的供电，计算机处于睡眠状态，为低能耗模式。也可以按一下开机键使计算机进入睡眠状态，当想要恢复时，再按一下开机键可以唤醒。如果在睡眠过程中没有断电，可以直接从内存中直接快速恢

复数据；如果睡眠过程断过电，因内存中的数据已经丢失，可以通过硬盘上保存的数据恢复，虽然速度会慢一些，但不用担心数据丢失。

1.1.2 鼠标、键盘及触摸操作

1. 鼠标操作

鼠标是计算机的输入设备，它由左右两个键（称为左键和右键）和中间的滚轮组成，通过右击或滚动中间轮和移动鼠标来完成特定的操作功能。Windows 7 支持的基本鼠标操作方式有 7 种，如表 1-2 所示。

表 1-2 鼠标术语和操作解释

序号	鼠　标	操作解释
1	指向	将鼠标指针移动到屏幕上的指定位置或对象上
2	单击	指单击左键：将鼠标指针指向某特定对象，快速按下鼠标左键并立即释放。常用来选择某对象
3	双击	将鼠标指针指向某特定对象，然后快速按两下鼠标左键并立即释放。常用来运行某程序
4	右击	将鼠标指针指向某特定对象，然后快速按一下鼠标右键。右击主要用于打开快捷菜单
5	拖动	将鼠标指针指向某特定对象，按住鼠标左键不放，然后移动指针至指定位置后再释放鼠标左键。一般为选择某些对象或内容，同时移动对象使用
6	释放	将按住鼠标指针的手指松开。一般与前 5 种操作配合使用
7	滚轮	①拨动滚轮可使窗口内容向前或向后移动；②按下滚轮，原来鼠标变成 4 个箭头（在 Excel 电子表格中）或 2 个箭头（在 Word 中），这时移动鼠标，箭头一起跟着移动，而原来 4 个箭头或 2 个箭头已经变成灰色，即这是基点。移动鼠标，内容跟着移动，滚动条同时也做相应的移动。再按一下滚轮则取消移动。此操作相当于滚动条的作用，在 Word 中可以实践

2. 键盘操作

大量的信息是通过键盘输入计算机中的。使用键盘可以完成一些基本的操作，称为快捷键或组合键，有时比鼠标操作更方便。用得最多的键盘命令形式是【按键 1+按键 2】，即按下【按键 1】不放，再按下【按键 2】。下面介绍几个常用组合键的功能：

【Esc】关闭对话框；【Tab】对话框选项的切换；【Alt+Tab】窗口切换；【Alt+空格键】打开控制菜单；【Alt+字母】打开菜单栏中带下画线字母所示菜单项的下拉菜单，如 Word 中，【Alt+F】可打开文件菜单；【Ctrl+Esc】打开“开始”菜单；【Shift+F10】打开快捷菜单；【Alt+Esc】切换到上一个应用程序。

最常用的组合键功能：【Ctrl+S】保存当前文件或文档（在大多数程序中有效）；【Ctrl+C】复制选择的内容或项目；【Ctrl+X】剪切选择的内容或项目；【Ctrl+V】粘贴选择的内容或项目；【Ctrl+Z】撤销操作；【Ctrl+A】选择文档或窗口中的所有项目。键盘和鼠标也可以结合使用。

更多的快捷键或组合键及详细介绍请参阅“Windows 7 帮助”。几个特殊的键盘键介绍和操作，如表 1-3 所示。

在菜单操作中，可以通过键盘上的箭头光标键来改变菜单选项。

表 1-3 介绍几个特殊的键盘键和操作

序号	特殊键	解释	操作
1	PrtScn（或 Print Screen）抓屏键	按【PrtScn】键将捕获整个屏幕的图像，并将其复制到计算机内存中的剪贴板，也称抓屏	按下【PrtScn】键，在“附件”中，打开“画图”程序，按下【Ctrl+V】组合键，将捕获的整个屏幕的图像粘贴到画图程序中

续表

序号	特 殊 键	解 释	操 作
2	Alt+PrtScn 抓活动窗口键	捕获活动窗口而不是整个屏幕的图像，也称抓窗口	在“附件”中，打开“画图”程序,按下【Alt+PrtScn】组合键，在画图窗口中，按下【Ctrl+V】组合键，捕获的画图窗口就粘贴到画图程序中
3	Backspace 退格键	删除光标前面的字符或选择的文本	在“附件”中，打开“记事本”程序，输入文字，光标至文字中间，按下【Backspace】键,删除光标前面的一个字符
4	Delete 删除键	删除光标后面的字符或选择的文本;在 Windows 中,删除选择的项目,并将其移动到“回收站”	在“附件”中，打开“记事本”程序，输入文字，光标至文字中间，按下【Delete】键，删除光标后面的一个字符
5	Insert 插入键	当前“插入”和“改写”模式的相互切换。当处于“改写”状态时，输入的文本将替换现有字符	在 Word 中输入文字，若下部状态栏“改写”为灰色，说明当前处在“插入”状态，输入的文字为插入；按下【Insert】键“改写”变成黑色，当前切换为“改写”状态，输入的文本将替换后面字符
6	F1	显示程序或 Windows 的帮助	打开 Word，按下【F1】键，Word 程序的帮助被打开

3. 触摸控制

Windows 7 的界面支持多点触摸控制。运行 Windows 7 内建的触摸功能，用两只手指在触摸屏上就能旋转、卷页和放大内容。但要使用这样的触摸功能，必须购买支持此技术的屏幕。

4. 实验操作

通过“Windows 7 帮助”了解以下内容：

① 了解鼠标，操作如下：选择“开始”|“帮助和支持”|“了解有关 Windows 基础知识”|“使用鼠标”选项。

② 了解键盘，操作如下：选择“开始”|“帮助和支持”|“了解有关 Windows 基础知识”|“使用键盘”选项。

③ 了解快捷键或组合键，操作如下：选择“开始”|“帮助和支持”，在“搜索帮助”文本框中输入“快捷键”，单击“搜索”按钮，单击“键盘快捷键”|“常规键盘快捷方式”，以及其他键盘快捷方式。

④ 【Alt+F4】组合键关闭记事本程序，操作如下：选择“开始”|“所有程序”，在“附件”中打开“记事本”程序，按住第一个键【Alt】不放，再按第二个键【F4】，然后释放这两个键，记事本被关闭。

1.1.3 Windows 7 图形用户界面与交互思想

操作系统提供了人机交互的界面，因此，理解和掌握其提供的交互方法，是用好计算机的第一步。

1. 图形用户界面

图形用户界面（Graphical User Interface，GUI），又称图形用户接口，是指采用图形方式显示的计算机操作用户界面。也是人和计算机之间交互设计的界面和接口，同时由其相应的控制机制构成，以便操作。与早期计算机使用的命令行界面相比，图形界面对于用户来说在视觉上更易于接受。图形用户界面允许用户使用鼠标等输入设备操纵屏幕上的图标或菜单选项和组件（按钮等）等标准界面元素（也称功能元件），以选择命令、调用文件、启动程序或执行其他一些日常任务。与通过键盘输入文本或字符命令来完成例行任务的字符界面相比，图形用户界面有直观、可见、可操作等许多优点，大大方便了各种用户的操作，使得计算机操作具有普适性。

图形用户界面元素包括两大部分：容器（Container）和控件（Component）。容器是容纳各种组件，并对其进行合理组织排列（布局）的图形用户界面元素，如窗口、对话框等（见图 1-2），可对其进行移动、放大、缩小、关闭等操作。在容器中布局组件，其逻辑概念要清晰、合理、美观、方便操作。在图形用户界面中，用户看到和操作的都是图形对象，应用的是计算机图形学的技术。

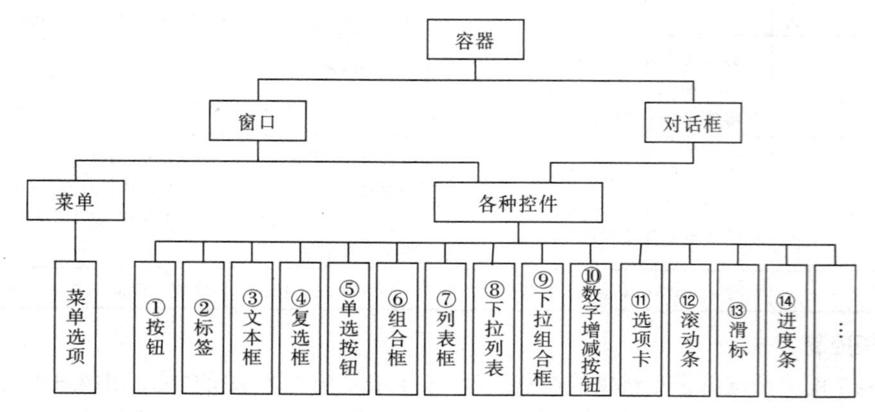

图 1-2 Windows 界面元素结构示意图

控件是一个以图形化的方式显示在屏幕上并能与用户进行交互的对象或元素或单元，如按钮等常用的十几个控件（见图 1-2 和图 1-3，共 14 个控件），它们必须放在一定的容器中，并进行设置才能显示和操作。

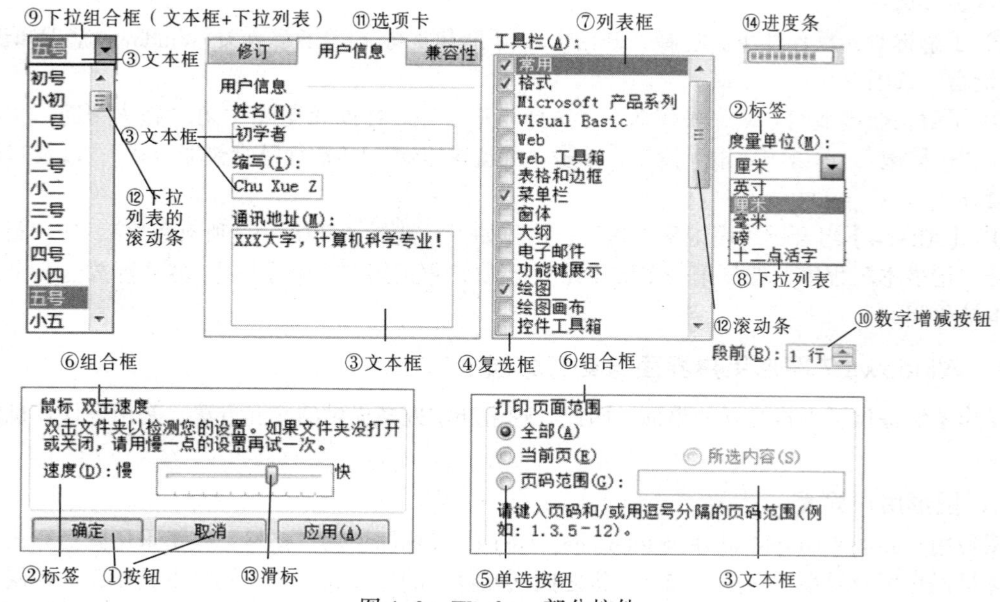

图 1-3 Windows 部分控件

菜单是以提供程序命令（操作）的选项列表方式显示出来的一个界面，也是控件（见图 1-2），一般置于画面或窗口的最上方或者最下方，存放应用程序所使用的命令。按重要程度一般是从左到右排列，越往右重要度越低。一般使用鼠标的左键进行操作。

了解在 Windows 中经常遇到的控件和菜单，操作如下：

选择“开始”|“帮助和支持”|“了解有关 Windows 基础知识”|“桌面基础”|“使用菜单、按钮、滚动条和框”，然后阅读相关内容。

2. Windows 7 界面

Windows 7 提供了一个友好的用户操作界面，主要有桌面、图标或快捷方式、任务栏、“开始”菜单、窗口、对话框和各种控件等。

（1）桌面

桌面是打开计算机并登录到 Windows 之后看到的整个屏幕区域，也称主屏幕。它是用户工作的平面，也是 Windows 最底层界面。用户运行的程序或打开的文件夹都将在桌面上出现。图标、文件和文件夹也可以放在桌面上，并且可以排列它们。但实际上桌面是 C 盘中的一个特殊文件夹 Desktop。桌面上的图标、程序或文件和文件夹等都在此文件夹中。

桌面上设置有 5 个系统图标 [回收站、计算机、网络、控制面板和用户文件夹（需要单独设置才显示）]，还有任务栏（见图 1-1）。

了解桌面系统，操作如下：选择“开始”|“帮助和支持”|“了解有关 Windows 基础知识”|“桌面基础”|“桌面（概述）”选项。

桌面窗口的排列和显示方式，操作如下：右击任务栏的空白处，在弹出的快捷菜单中选择“层叠窗口”或“堆叠显示窗口”或“并排显示窗口”或“显示桌面”命令。

（2）图标或快捷方式

为了方便识别和运行程序等，Windows 提供了图标或快捷方式，图标可分为文件图标、文件夹（或驱动器）图标和快捷方式图标，在表 1-4 中列出了部分图标。图标是一种用来表示文件或程序、文件夹或其他对象的图形。每个应用程序都有自己的图标，以便识别，双击图标即执行该程序。图标分小图标（32 像素 × 32 像素）、中图标（48 像素 × 48 像素）和大图标（64 像素 × 64 像素）。

表 1-4　图标和快捷方式图标

图　标	说　明
、、、、	Windows 7 桌面系统程序（计算机、网络、控制面板、回收站和用户文件夹）图标
、	不同应用程序图标。Office 2010 和 WPS Office 2016 图标
、、、、	不同应用程序图标。飞信、微信、QQ、压缩解压缩程序和 360 安全卫士等图标
、	文档图标。Office 2010 文档和 WPS Office 2016 文档图标
	软件安装程序图标
	以 EXE 或 COM 等为扩展名的可执行文件图标
	纯文本文件（.txt、.log）图标
、	帮助本文件图标
	批处理、动态链接库或应用程序拓展、ActiveX 控件等文件（.bat、.dll、.ocx）图标
、	系统配置文件（.ini、.config）或专用文件图标
或	其他未知文件图标
、、	硬盘、优盘、DVD 驱动器图标
、或	文件夹和被选定的文件夹（也称当前文件夹，左上角或前面打有勾）图标
、或、	快捷方式图标，左下角带有弧形箭头。记事本和画图等快捷方式图标
、、、、	飞信、QQ、淘宝、腾讯视频、压缩解压缩程序等快捷方式图标。左下角带有弧形箭头

快捷方式是到计算机或网络上任何可访问项目（如程序、文件、文件夹、磁盘驱动器、打印机或另一台计算机）的快速链接，而不是项目本身，它为 Windows 提供了一种快速启动程序、打开文件或文件夹的方法。快捷方式是以“.lnk”为扩展名，大小为 1KB 的文件，文件的内容是程序等的全路径目录，即绝对地址，同时以快捷方式图标的方式显示，删除快捷方式图标就是删除 lnk 小文件。它与图标的另一处不同，就是在其左下角带有弧形箭头，通过双击快捷方式图标，可以快速打开相关的应用程序或文件。

用户可以将快捷方式放置在不同位置，如桌面上、“开始”菜单上或特定文件夹中，以方便使用。

创建 txt 文件快捷方式图标，操作如下：双击桌面上的“计算机”图标|双击 D 盘|在 D 盘中右击，弹出菜单，选择“新建”|“文本文档”命令，输入文件名“TXT 快捷方式”按【Enter】键，右击“TXT 快捷方式.txt”，在弹出的快捷菜单中选择“发送到”|“桌面快捷方式”命令，该文件快捷方式图标便出现在桌面上。

创建记事本 notepad.exe 程序快捷方式图标，操作如下：右击桌面下部任务栏中“Windows 资源管理器”，单击左侧的 C 盘，双击“Windows”文件夹，单击上部“类型”，进行排序，找到记事本 notepad.exe 程序，右击 notepad.exe，在弹出的快捷菜单中选择“发送到”|“桌面快捷方式”命令，在桌面上寻找记事本 notepad.exe 快捷方式图标。提示：需要先在 C:\Windows 中找到记事本 notepad.exe。

创建画图 Paint.exe 程序快捷方式图标，操作如下：选择“开始”|“所有程序”|“附件”|右击“画图”，在弹出的快捷菜单中选择“发送到”|“桌面快捷方式”命令即可在桌面上创建 Paint.exe 快捷方式图标。

图标在桌面上和任务栏上的添加、删除、隐藏、排列和显示方式等，操作如下：选择“开始”|“帮助和支持”|在“搜索帮助”文本框中输入“图标”，单击“搜索”按钮|显示有“图标的 30 个最佳结果”，单击其中相关的内容（超链接）查看，并进行相应的操作，如单击“1. 添加或删除桌面图标”或“6. 重新排列任务栏上的图标”等。

（3）任务栏

任务栏是指位于屏幕底部的水平长条，主要由“开始”按钮、中间部分、通知区域三部分组成（见图 1-1）。“开始”按钮用于访问程序、文件夹和计算机设置。中间部分用于显示正在运行程序的图标和打开文件的图标，这些图标无标签（指无文字说明），可以单击图标在它们之间进行切换。用户也可以将其他的图标拖放到任务栏。

任务栏中不仅显示正在运行的应用程序，也包括设备图标。例如，如智能手机、数码照相机等与计算机连接，任务栏中就会显示智能手机、数码照相机图标，单击该图标就可以操作这些外置的设备。任务栏中图标可以拖动。用户可以设置通知区域的小图标，或减少过多的提醒、警告或弹出窗口。

任务栏的右键菜单中子栏目包括“地址”“链接”“Tablet PC 输入面板”“桌面”“语言栏”等，如图 1-4（a）所示。

子栏目设置操作：右击任务栏空白处，选择“工具栏”|勾选要显示的子栏目，如图 1-4（a）所示。

任务栏的通知区域中系统图标和通知图标设置，操作如下：右击任务栏空白处，选择“属性”命令，打开“任务栏和「开始」菜单属性”对话框，见图 1-4（b），单击“自定义”按钮，弹出“通知区域图标”对话框，按图 1-4（c）、（d）流程所示进行操作。

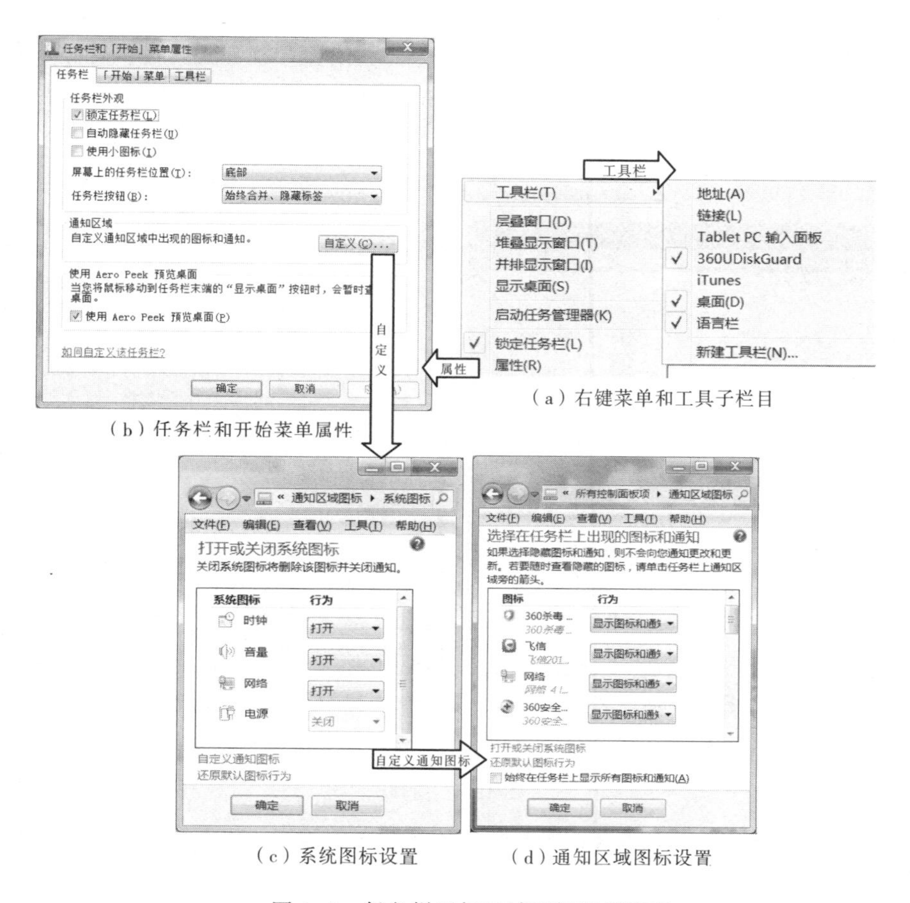

（a）右键菜单和工具子栏目

（b）任务栏和开始菜单属性

（c）系统图标设置　　（d）通知区域图标设置

图 1-4　任务栏通知区域图标设置流程

（4）窗口

窗口指桌面上的一个特殊的图形界面区域，并始终显示在桌面上（见图 1-5）。窗口代表某一个程序，通过操作界面实现程序的功能。窗口也是容器，容纳着各种控件，如：一般的窗口由标题栏、菜单栏、工具栏或功能区面板、滚动条、工作区或文档编辑区、地址栏、浏览区域、状态栏等控件组成，经过设计控件的布局，使其合理地分布在窗口中。

在窗口的标题栏中，有窗口控制按钮或程序图标、标题和标题栏按钮（最小化、最大化和关闭按钮），如图 1-5（a）所示。

在窗口的菜单栏中，列出许多可选用的菜单项，每个菜单项均包含一系列命令。每个窗口的菜单项是不一样的，大多数窗口都有“文件”“编辑”“帮助”等菜单项，如图 1-5（a）所示。

在 Windows 的许多窗口内，都设有工具栏，其目的是方便用户使用系统功能，所以将“菜单栏”各菜单项中最常用的一些操作命令以图标的形式排列在其下的工具栏中，供用户直接操作。其功能与先打开菜单项再选择需执行的命令相同，但更加快捷。例如，单击工具栏中的“复制”按钮，相当于打开“编辑”菜单，从中选择“复制”命令。

每个应用程序或文档都有自己的窗口，窗口可分为文件夹窗口、应用程序窗口和文档窗口 3 类。图 1-5（a）所示为资源管理器 C 盘中的 Windows 文件夹窗口，从中可以创建、删除和排列文件夹和文件；图 1-5（b）所示为 EditPlus 文本编辑器应用程序窗口，其内部打开了 D 盘中的 2 个文档（FDT 表的结构.txt 和 Test2.java）。内部的文档窗口没有菜单栏和工具栏，只有标题栏，所以它不能独立存在，只能隶属于某个应用程序窗口。应用程序主窗口由标题栏、菜单栏、工具栏、工作区、状态栏和滚动条等控件组成。

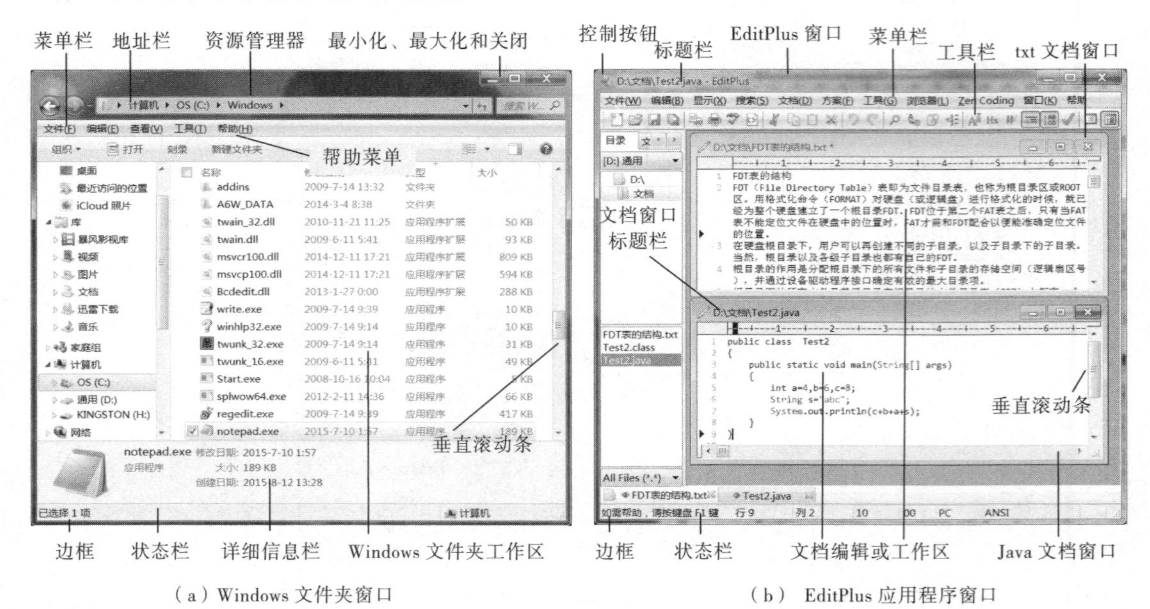

（a）Windows 文件夹窗口　　（b） EditPlus 应用程序窗口

图 1-5　窗口

窗口的移动、改变大小、最大化、最小化、还原和关闭操作，以及窗口的切换、排列、复制等操作如下：

①在桌面上创建记事本 notepad.exe 快捷方式图标，双击记事本快捷方式图标 3 次，打开 3 个记事本窗口，分别保存为“记事本 1”“记事本 2”“记事本 3”，保证桌面上至少有 3 个窗口。

②选择“开始”|“帮助和支持”|“了解有关 Windows 基础知识”|“桌面基础”|“使用窗口”，查看相关内容，并进行相应的操作。

或选择“开始”|“帮助和支持”，在“搜索帮助”文本框中输入“窗口”，单击“搜索”按钮，双击“1.使用窗口”查看相关内容，并进行相应的操作。

窗口的复制是将当前窗口作为图像复制粘贴到“画图”或 Word 文档中，操作如下：双击前面在桌面上创建的画图 Paint.exe 快捷方式图标，打开“画图”窗口，单击已打开的“记事本 2”的标题栏，按【Alt+Print Screen】或【Alt+PrtScn】组合键，单击“画图”，按【Ctrl+V】组合键，将“记事本 2”作为图像粘贴到“画图”中。同样也可以粘贴到 Word 文档中。

（5）对话框

对话框是一类特殊简单的窗口，通过它可实现程序和用户的信息交流。与常规窗口不同的是它上面可布置各种控件，但一般不设置菜单，多数情况没有最大化和最小化按钮、不能调整大小。这是因为它的定位所决定，它不体现整个程序操作的界面和架构，而是定位在程序具体的参数设置、功能执行和信息或问题的提示、交流等人机交互界面窗口。

对话框中主要布局有选项卡、文本框、数值框、列表框、下拉列表框、单选按钮、复选框、滑标、命令按钮、帮助按钮等控件，通过这些控件可以实现程序和用户的信息交流，如图 1-6 所示。

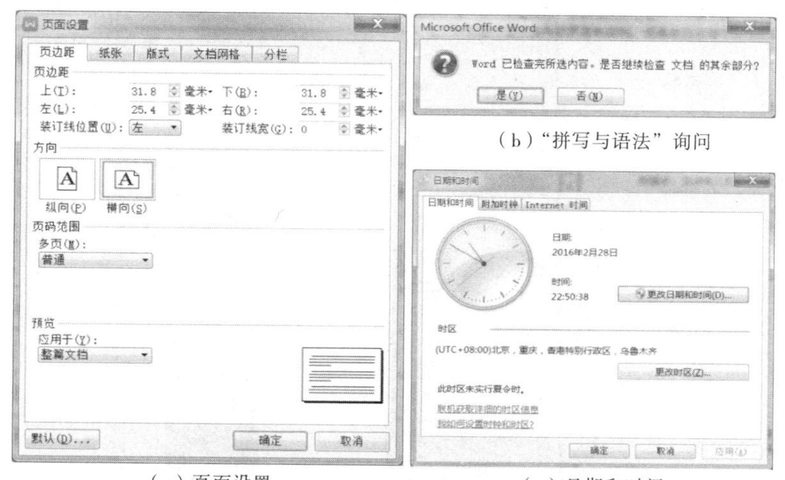

(a) 页面设置　(b)“拼写与语法”询问　(c) 日期和时间

图 1-6　对话框

图 1-6(a)所示为 WPS 文字“页面设置”对话框，主要对页面进行页边距、方向、页码范围和预览进行设置；图 1-6(b)是 Word“拼写与语法”帮助对话框，提示“拼写与语法”检查完成后是否继续？图 1-6(c)是 Windows 7“日期和时间”对话框，可设置系统日期和时间。

这些对话框有个特点，打开运行时，主程序窗口禁止操作，只有关闭对话框才能操作主程序窗口，被称为模式对话框。反之，那些可以和主窗口同时出现的对话框，当该类型对话框被显示时，仍可操作主窗口或处理其中的有关事宜，被称为非模式对话框。例如，“记事本”中的“查找”对话框和 Word 文字处理软件中的“查找”和“符号”对话框都是非模式对话框。

1.1.4　Windows 7 菜单

Windows 操作系统的功能和操作基本上体现在菜单命令中，只有正确使用菜单才能用好计算机。Windows 7 提供了 4 种类型的菜单命令，分别是“开始”菜单、菜单栏菜单、快捷菜单和“控制”菜单。

1.“开始”菜单

(1) 开始“菜单”的使用

Windows 7 的“开始”菜单具有透明化效果，其中的程序列表能够灵活地排列，功能设置也得到了加强。

打开“开始”菜单：单击屏幕左下角任务栏上的“开始”按钮，即可在屏幕上展开“开始”菜单，如图 1-7 所示。也可以通过【Ctrl+Esc】组合键打开“开始”菜单，此方法在任务栏处于隐藏状态的情况下使用较为方便。

在“开始”菜单中，显示：①附加程序，经常用到的程序固定在此位置；②最近打开的程序和项目，分类灵活、动态排序，方便用户查看和使用；③所有程序按钮，鼠标指针停留或单击该按钮会列出所有程序；④搜索程序和文件，可搜索硬盘上存储的程序和文件。

在“开始”菜单中的附加程序设置：右击桌面上或“所有程序”中列出的程序快捷方式图标，弹出快捷菜单|选择“附到「开始」菜单”命令(见图 1-8)，即可在“开始”菜单中显示此程序的快捷方式(见图 1-7)。

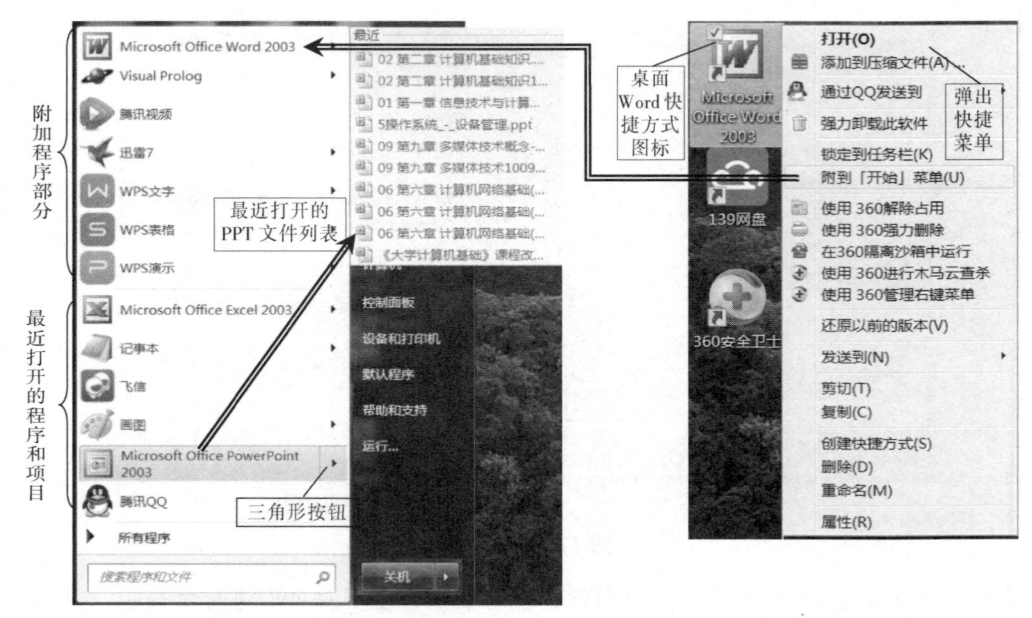

图 1-7　“开始”菜单　　　　图 1-8　“附到「开始」菜单”命令

注意：*若在菜单中某项右侧有向右的三角形箭头时，则鼠标指针指向该选项时会自动打开其级联菜单，即最近打开的文件列表。图 1-7 所示为最近打开的演示文稿（PPT）列表项。*

在“开始”菜单中移除程序操作，单击“开始”按钮，右击要移除的程序图标，选择“从「开始」菜单解锁”或“从列表中删除”命令即可。注意：从“开始”菜单移除程序不会将它从“所有程序”列表中删除或卸载该程序。

（2）Windows 7 的开始菜单设置

在 Windows 7 中设计了“最近使用的项目”功能，在默认情况下没有启动，启动操作如下：

右击“任务栏”空白处，选择“属性”命令，在弹出的“任务栏和「开始」菜单属性”对话框［见图 1-9（a）］中选择“「开始」菜单”选项卡，单击“自定义”按钮，弹出“自定义「开始」菜单”对话框［见图 1-9（b）］，选中“最近使用的项目”复选框，单击“确定”按钮，然后再次单击“确定”按钮。

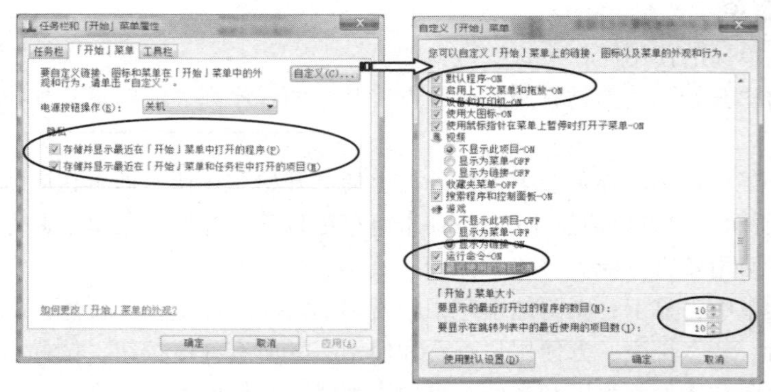

（a）“任务栏和「开始」菜单属性”对话框　（b）“自定义「开始」菜单”对话框

图 1-9　设置开始菜单

在“自定义「开始」菜单”对话框中还有一些新设计的功能，如“启用上下文菜单和拖放”，该功能启用后，特别方便用户拖动菜单上下移动或者将菜单中某个程序的快捷按钮拖至桌面或其他位置，如图 1–9（b）所示。选中“使用鼠标指针在菜单上暂停时打开子菜单”复选框，更方便用户操作。用户还可以在“自定义「开始」菜单”对话框设置“要显示的最近打开过的程序的数目”和“要显示在跳转列表中的最近使用的项目数”，默认设置为 10 个，最多时可以设置 30 个，见图 1–9（b）。

移除或添加“开始”菜单中最近打开的文件或程序的设置步骤如下：

在“任务栏和「开始」菜单属性”对话框的“「开始」菜单”选项卡的“隐私”下，若要移除最近打开的程序，可取消选中“存储并显示最近在「开始」菜单中打开的程序”复选框。若要移除最近打开的文件，可取消选中“存储并显示最近在「开始」菜单和任务栏中打开的项目”复选框，然后单击“确定”按钮，见图 1–9（a）。

若将最近使用的项目和打开的程序添加至“开始”菜单，在“「开始」菜单”选项卡中选中“隐私”下的 2 个复选框即可，见图 1–9（a）。

注意：移除或添加“开始”菜单中最近打开的文件或程序不会将它们从计算机中删除。

2．菜单栏菜单

在 Windows 7 系统的每一个窗口中几乎都有菜单栏菜单，其中菜单栏中包括“文件”“编辑”“帮助”等菜单，如图 1–10 所示。这些菜单命令或功能只作用于程序窗口之内自己的对象，对程序窗口以外的对象无效。如果在“资源管理器”中没有显示菜单，可以进行如下设置：打开“资源管理器”，单击左上角“组织”下拉列表 | “布局” | 单击“菜单栏”，复选框打勾即可。

菜单命令的操作方法：先选中对象，再操作菜单命令。如果没有选择对象，则菜单命令是虚的，即不执行所选择的命令。例如，在资源管理器中，选中要删除的文件，然后在“文件”菜单中选择“删除”命令或按【Ctrl+D】组合键（见图 1–10），即可删除此文件。

对于菜单栏中的菜单或菜单项命令，可以用鼠标选择，也可以用快捷键，方法是：在按下【Alt】键的同时按下菜单名右边括号中的英文字母，如打开“编辑(E)”菜单就可以用【Alt+E】组合键，如图 1–10 中的“编辑”菜单所示。也可以按【Alt】键或【F10】键来激活菜单，用键盘左右光标键选择菜单，再按【Enter】键，即打开菜单；用上、下光标键选择要用的菜单中的命令，再按【Enter】键。

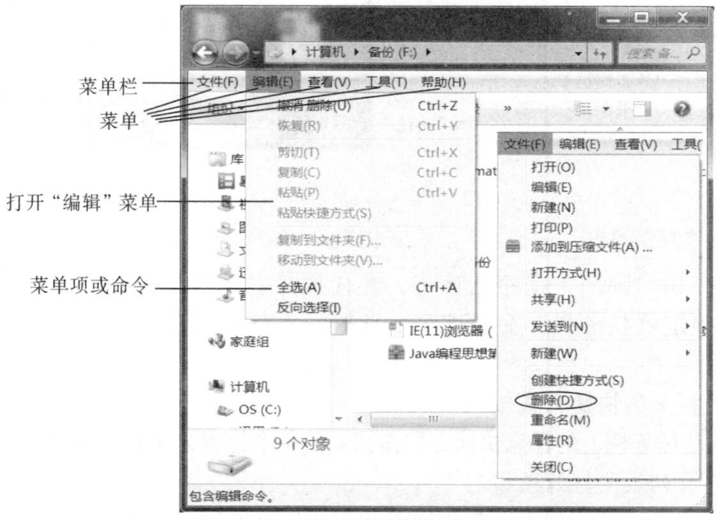

图 1–10　资源管理器的菜单栏、菜单和命令

3. 快捷菜单

当右击一个对象时，Windows 7 系统就弹出作用于该对象的快捷菜单，也称弹出菜单（见图 1-1）。快捷菜单命令或菜单项只作用于右击对象，对其他对象无效。由于对象不同，系统弹出的快捷菜单中的命令也不同。

4. “控制”菜单

在应用程序主窗口左上角的图标就是“控制”菜单，如图 1-11 所示的画图和记事本控制菜单。单击 Windows 7 系统中某个应用程序主窗口左上角的图标或右击标题栏空白处，可以打开“控制”菜单。“控制”菜单的主要功能或命令主要是对窗口进行还原、移动、最小化、最大化和关闭操作，其中移动窗口要用键盘中的上下左右方向键操作。

5. 桌面浏览

（1）将程序（快捷方式）直接锁定到任务栏

可以将程序（即快捷方式）直接锁定到任务栏，以便更快捷地打开该程序，而不必每次都在“开始”菜单中去找。操作如下：

如果程序未运行，选择“开始”|“所有程序”命令，找到所需程序并右击，在弹出的快捷菜单中，选择“锁定到任务栏”命令。例如，在“所有程序”中选择附件，右击“画图”，选择“锁定到任务栏”命令，画图程序的快捷方式出现在任务栏中并被锁定，如图 1-12 所示。若要除去画图程序在任务栏的锁定，可在任务栏右击“画图”快捷方式选择“将此程序从任务栏解锁”命令，画图程序就会在任务栏消失。

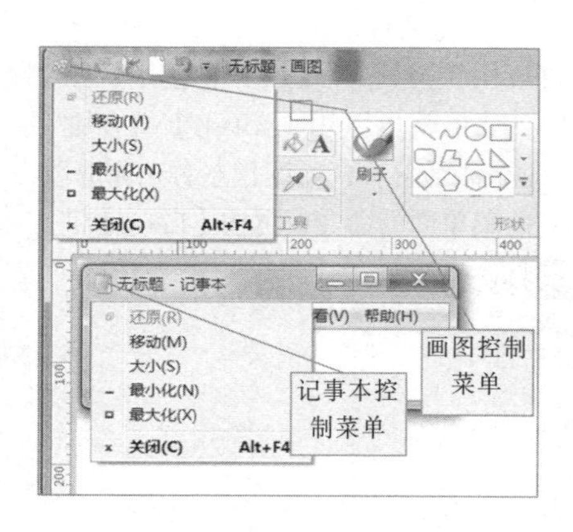

图 1-11 画图和记事本控制菜单

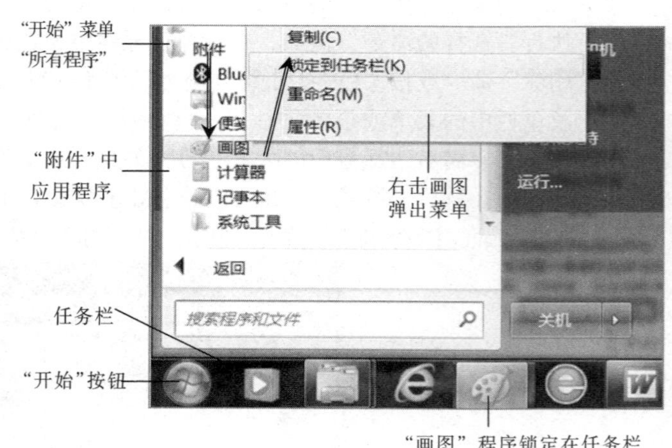

图 1-12 画图程序（快捷方式）锁定在任务栏

如果程序已运行，如“画图”程序已运行，在任务栏右击“画图”快捷方式，在弹出的快捷菜单中，选择“锁定到任务栏”命令即可。此时，在任务栏显示画图程序即快捷方式并被锁定。

（2）重新排列任务栏上的快捷方式按钮

可以直接用鼠标拖动任务栏上的任意快捷方式按钮到另一个位置，使其按自己喜欢的顺序排列。

（3）使用“最近打开列表”打开项目

Windows 7 提供的“最近打开列表”是指最近使用或运行的项目列表，项目包括文件、文件夹或网站等，列表的功能是方便用户在找到“最近打开列表”的前提下，单击列表中的项目即可打开项目，而不用以往通过资源管理来找到该项目才能打开，所以，方便了用户快速打开已有项目。例如，图 1-7 所示的“开始”菜单中，可见“最近打开的 PPT 文件列表”。找到“最近打开列表”打开项目操作如下：

如果任务栏中有程序图标或快捷方式（例如，图 1-13 中任务栏里的画图图标），右击该图标，在“最近打开列表”中选择相应的项目即可。

如果任务栏中没有程序图标或快捷方式，可单击“开始”按钮，鼠标指向已锁定的程序或者最近使用过的程序，指向或单击该程序旁边的箭头，单击相应的项目即可。

若要将项目从“最近打开列表”中删除，可右击该项目，选择“从列表中删除”命令。

（4）在桌面上对齐窗口

①窗口并排对齐。已打开的两个或多个窗口并排对齐，方便文档间进行比较或对着看。操作如下：

打开运行两个资源管理器，右击任务栏的空白处，在弹出的快捷菜单中选择“并排显示窗口”命令，即可实现垂直并排对齐；若在弹出的快捷菜单中选择“堆叠显示窗口”命令，则实现水平并排对齐；若在弹出的快捷菜单中选择“层叠显示窗口”命令，则实现层叠并排对齐。若要将窗口还原为原始大小，则将窗口标题栏拖离顶部即可。

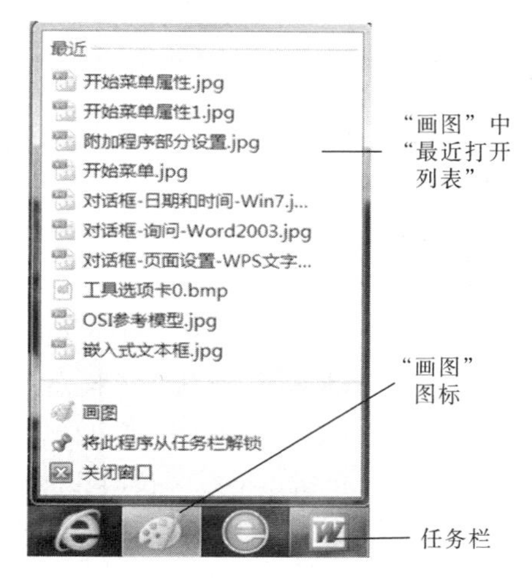

图 1-13　任务栏中画图图标的“最近打开列表”

②侧对齐窗口。窗口与屏幕左侧对齐或右侧对齐。操作如下：

打开运行一个资源管理器，拖动标题栏至屏幕左侧，直到鼠标指针碰到屏幕左边界，展开轮廓线为止，释放标题栏，窗口展开并与屏幕左对齐；若拖动标题栏至屏幕右侧，同样窗口展开并与屏幕右对齐。若要将窗口还原为原始大小，将窗口标题栏拖离顶部即可。

③垂直对齐窗口。使窗口垂直展开，有利于长文档阅读。操作如下：

打开运行一个资源管理器，鼠标指针碰到窗口上边界，直到指针变为双箭头，拖动窗口上边界直到屏幕顶部，展开轮廓线，松开鼠标，窗口垂直展开并与屏幕上下边界对齐；鼠标指针也可以拖动窗口下边界。若要将窗口还原为原始大小，将窗口标题栏拖离顶部即可。

④最大化窗口。使窗口最大化，充满整个屏幕，重点关注该窗口。操作如下：

打开运行一个资源管理器，拖动标题栏至屏幕顶部，直到展开轮廓线为止，释放标题栏，窗口展开并充满整个屏幕。若要将窗口还原为原始大小，将窗口标题栏拖离顶部即可。

⑤使用 Aero Shake 晃动使其他窗口最小化。使用 Aero Shake 晃动将所有打开的窗口快速最小化，只剩下需要使用的窗口。操作如下：

打开运行几个窗口，并保持打开状态，用鼠标单击晃动（来回拖动）要保留的窗口即可，其他窗口立即最小化。如果再用鼠标单击晃动（来回拖动）要保留的窗口，其他窗口立即还原。

6．剪贴板的使用

剪贴板是 Windows 操作系统中一个非常实用的工具，它是一个在 Windows 程序和文件之间通过复制和粘贴传递信息的临时存储区，用户看不到。剪贴板也是一个非常成功的工具，不但可以存储正文，还可以存储图像、声音等，也可以存储文件等其他信息。利用这个临时存储区，在 Windows 中，实现内容或文件的移动和备份等功能。

剪贴板的使用步骤：先将对象“复制”或“剪切”到剪贴板这个临时存储区，然后将插入点定位到需要放置对象的位置，再使用“粘贴”命令将剪贴板中的信息传递到目标位置。

（1）将“记事本”窗口复制到画图中

①打开画图和记事本工具窗口：选择“开始”|“所有程序”|“附件”|“画图”和“记事本”命令，打开“画图”和“记事本”两个窗口。

②单击记事本窗口，按【Alt + PrtScn】或【Alt + PrintScreen】组合键，会将当前活动窗口“记事本”（界面）复制到剪贴板。

③选择“画图”窗口，单击“粘贴”按钮或按【Ctrl + V】组合键，在画图窗口可以看到被复制的“记事本”窗口作为图片显示。

（2）将整个桌面和桌面上的窗口复制到画图中

与上面的操作步骤相同，只是将“② 单击记事本窗口，按【Alt + PrtScn】或【Alt + PrintScreen】组合键”，改为按“【PrtScn】或【PrintScreen】键”即可。

7. 通过“Windows 7 帮助”了解桌面系统

可以通过“Windows 7 帮助”来更详细地了解桌面系统。操作如下：

单击“开始”按钮，单击“帮助和支持”，选择“了解有关 Windows 基础知识”，选择“桌面基础”。选择“桌面（概述）”或“「开始」菜单（概述）”或“任务栏（概述）”或“使用窗口”或“使用菜单、按钮、滚动条和框和桌面小工具（概述）”，或“桌面小工具（概述）”，分别了解它们。

1.2 文件、文件夹的管理实验

Windows 7 操作系统将用户的数据以文件的形式存储在外存储器中进行管理，同时给用户提供“按名存储”的访问方法。为此，提供了“资源管理器”或“计算机”等重要的工具来管理文件和文件夹，使用它能方便地进行文件和文件夹的新建、打开、复制、移动、删除、搜索和排序，以及重新组织等操作。

1.2.1 实验目的

① 熟练掌握“资源管理器”的使用。

② 熟练掌握文件和文件夹选项设置。

③ 掌握文件与应用程序关联。

④ 掌握库的操作。

1.2.2 实验内容

1. 资源管理器的启动

文件和文件夹的管理都是通过资源管理器或“计算机”来完成的，现以资源管理器操作为例进行讲解，如图 1-14 所示。

打开资源管理器，有如下 5 种方法：

① 双击桌面上的“计算机”图标，选中某个盘符，如 D。

② 右击“开始”按钮，在弹出的快捷菜单中选择“打开 Windows 资源管理器”命令。

③ 在任务栏，如果有“资源管理器”图标，双击“资源管理器”图标。

④ 选择"开始"|"所有程序"|"附件"|"资源管理器"命令。

⑤ 按【Win+E】组合键打开。

图 1–14　资源管理器窗口

无论使用哪种方法启动资源管理器，都会打开 Windows 资源管理器窗口，如图 1–14 所示。

文件和文件夹的管理操作方式可以分为菜单、快捷菜单、快捷按钮（工具栏按钮）、键盘操作（快捷键或热键，系统提供或自行设置）和鼠标拖动 5 种。

快捷菜单操作起来是极为方便和有效的，它具有动态变化和适应用户的功能，因此常作为首选操作方式。

2．资源管理器的操作

（1）资源管理器窗口组成

Windows 资源管理器窗口分为上、中和下 3 部分。窗口上部有地址栏、搜索栏和菜单栏；窗口中部为工作区，分为导航栏区（左边区域）和文件夹区（右边区域），用鼠标拖动左、右区域之间的分隔条，可以调整左、右区域的大小。导航栏区显示计算机资源的结构组织，整个资源被统一划分为收藏夹、库、家庭组、计算机和网络五大类。每类（项）中显示的是各子类文件夹（或子项），即导航栏中选定对象所包含的内容。文件夹区依据视图显示文件和文件夹排列方式。图 1–14 所示为"详细信息"排列，上部有名称、类型等属性按钮，单击可按"名称"等属性排序。窗口下部是信息显示区和状态栏，它们都是显示选定对象的一些属性信息。目前显示的是"计算机"属性信息。

① 收藏夹。主要是最近使用的资源记录，其中有一个"最近访问位置"选项，在选项后可

以查看最近打开过的文件和系统功能。如果需要再次使用其中某一个，则只需选定即可。

② 库。用于管理文档、音乐、图片和其他文件的位置。可以使用与在文件夹中浏览文件相同的方式浏览文件，也可以查看按属性（如日期、类型和作者）排列的文件。“库”是个虚拟的概念，把文件和文件夹收纳到库中并不是将文件真正复制到“库”这个位置，而是在“库”这个功能中“登记”了那些文件和文件夹的位置来由 Windows 管理而已。因此，收纳到库中的内容除了它们自占用的磁盘空间之外，几乎不会再额外占用磁盘空间，并且删除库及其内容时，也并不会影响到那些真实的文件。可见在某些方面，库类似于文件夹操作，但是理论上不是文件夹。

通俗地讲，是把各种资源归类并显示在所属的库文件中，使管理和使用变得更加轻松。使用时只要单击库中的超链接，就能快速打开添加到库中的文件，而不管它们在本地计算机或是局域网当中的位置。另外，它们都会随着原始文件夹的变化而自动更新，并且可以以同名的形式存在于文件库中。

③ 计算机。是本地计算机外部存储器（硬盘和 U 盘等）上存储的文件和文件夹列表，是文件和文件夹存储的实际位置。

④ 网络。可以直接在此快速组织和访问网络资源。

（2）基本操作

① 导航栏使用。Windows 7 资源管理器窗口的导航栏提供选择资源的菜单列表，单击某一项，其包含的内容（文件或子文件夹）会在右边的文件夹区中显示。

在导航栏中，菜单列表项中可以包含子项。通过单击项和子项左侧空心标记“▷”可展开子项，单击实心标记“◢”可折叠子项。在图 1–14 中，“计算机”项中包含了 5 个子项已展开：OS(C:)、通用(D:)、开发(E:)、备份(F:)和 My Web Sites on MSN，标记为实心“◢”，单击此按钮将会折叠。

② 地址栏使用。Windows 7 资源管理器窗口中的地址栏具备简单高效的导航功能，用户可以在当前子文件夹中，通过地址栏直接选择上一级的其他资源。如图 1–15 所示，在地址栏的级联导航中，当前是“公用图片”文件夹，单击上一级“公用”文件夹就可切换到“公用”文件夹中，或单击“公用”右侧的下拉按钮“▾”列出菜单，单击菜单项切换到相应文件夹，如“公用文档”文件夹。

③ 选择文件和文件夹。在“导航栏区”，从上至下一层一层地单击所在驱动器（或盘符）和文件夹，然后在“文件夹区”选择所需的文件或文件夹。

“导航栏区”和地址栏确定的是文件和文件夹的路径，“文件夹区”显示的是被选定文件夹的内容。如图 1–15 所示，计算机中路径为 OS(C:)\用户\公用\公用图片\。

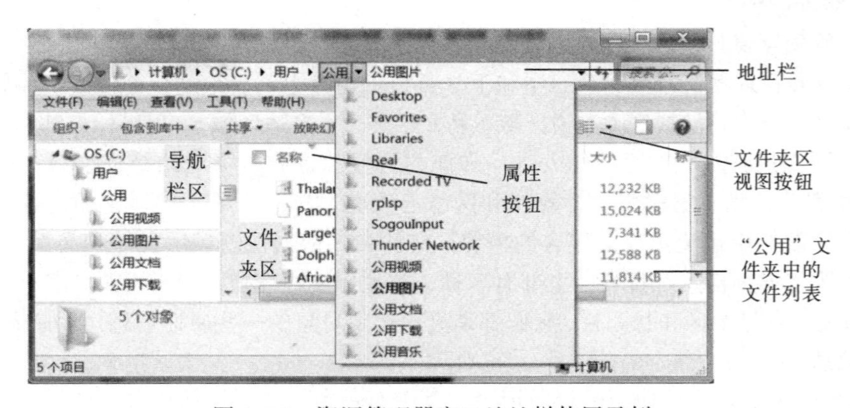

图 1–15 资源管理器窗口地址栏使用示例

“文件夹区”文件和文件夹排列方式被称为视图，资源管理器的“查看”菜单和工具栏的视图按钮（见图 1–14～图 1–16）都可以选择视图模式，视图共分为超大图标、大图标、中等图标、小图标、列表、详细信息、平铺和内容等 8 种形式，可以根据需要选择。

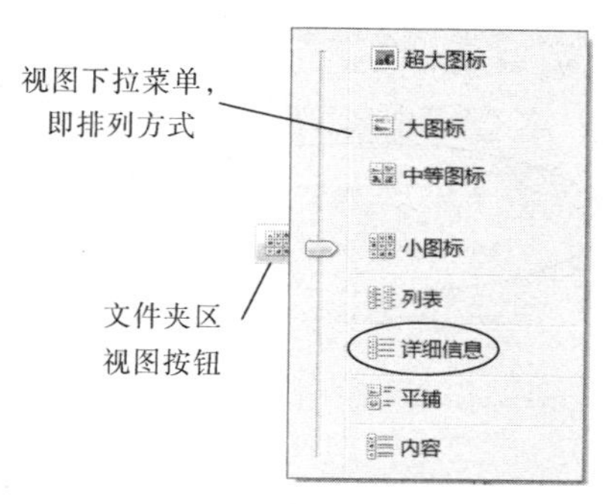

图 1–16　视图按钮和菜单

“详细信息”方式操作：打开资源管理器，在“导航栏区”，单击“计算机”|“OS(C:)”|“用户”|“公用”|“公用图片”，在“文件夹区”显示其中的文件和子文件夹，单击“查看”菜单或“视图”按钮，选择“详细信息”方式（见图 1–16），使文件和文件夹以详细信息方式在右侧“文件夹区”排列，可看到列出了文件的属性：名称、日期、类型和大小等，这些也都是按钮，称为属性按钮，单击后可以实现属性排序操作。也可以选择其他方式排列，如小图标、列表和平铺等方式。

3．文件和文件夹选定的管理

（1）选定与取消选定文件或文件夹

选定操作包括单个、多个连续、多个非连续文件或文件夹选定和全部选定，以及反向选择和取消选定。具体操作如表 1–5 所示。

（2）文件或文件夹的基本操作和设置

资源管理器用于对文件或文件夹进行基本操作及对计算机系统环境进行重新调整和设置等，在表 1–5 中列出了文件或文件夹的选定和取消选定操作。

表 1–5　文件或文件夹的选定和取消选定操作

选 定 对 象	操　　作
单个对象	单击所要选定的对象
多个连续的对象	鼠标操作：用鼠标单击第一个对象，按住【Shift】键，单击最后一个对象，之间对象都会选中
	键盘操作：键盘上移动光标到第一个对象上，按住【Shift】键不放，移动光标到最后一个对象上，同上
	鼠标从空白处开始向各对象拖动，拖动范围内的对象都被选中
多个非连续的对象	用鼠标单击第一个对象，按住【Ctrl】键不放，单击剩余的每一个对象，被单击的对象都被选中
全部选定	选择“编辑”|“全部选定”命令或按【Ctrl + A】组合键
反向选择	选择“编辑”|“反向选择”命令
取消选定	全部选定取消：单击用户区空白处
	取消一个选定：按住【Ctrl】键不放，单击该对象

注：表中“对象”指文件或文件夹。

“打开项目的方式”设置操作是指通过单击还是双击来打开某个文件的设置[见图 1–17(a)]。“查看”选项操作可以对文件或文件夹的查看进行某些设置“查看”[见图 1–17（b）]。“新建”操作可以新建文件和文件夹，但自身不能创建文件，它需要借助应用程序来创建相应的文件，即如果系统安装有 Word 程序，就可以创建 Word 文档，否则不能创建。“搜索”设置见图 1–17（c）。

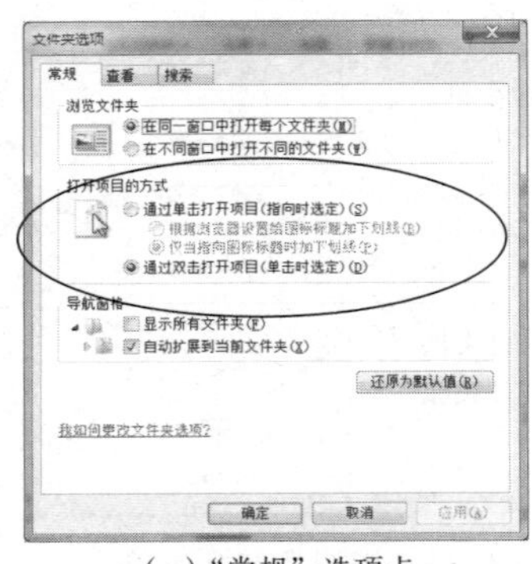
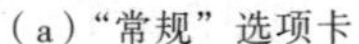
（a）“常规”选项卡

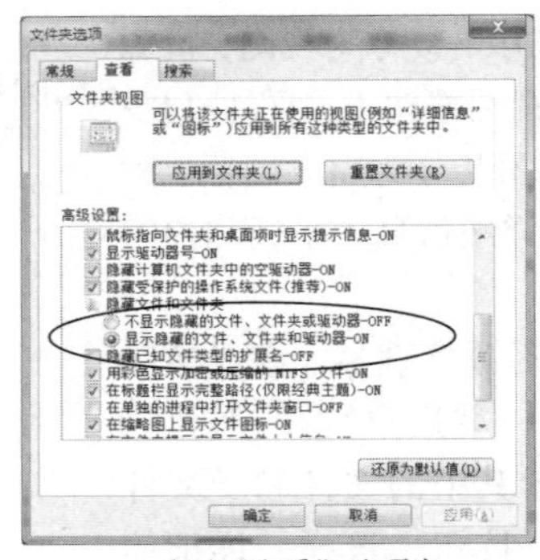
（b）“查看”选项卡

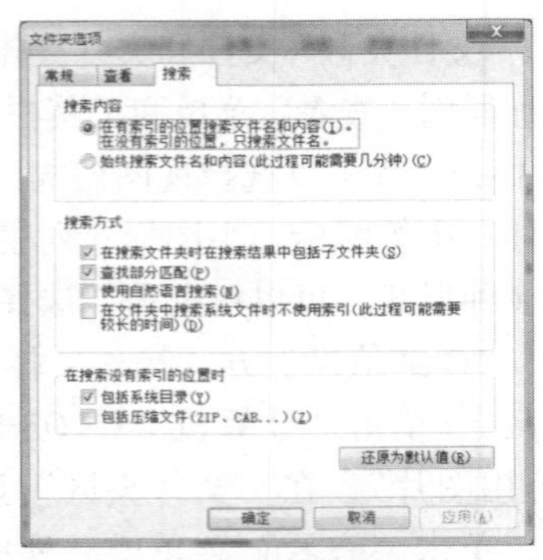
（c）“搜索”选项卡

图 1-17 “文件夹选项”对话框

注意：控制键【Ctrl】加光标拖动常常可以实现意想不到的操作方便。按住【Ctrl】键不放，拖动某一对象，如果出现“+”号，则意味着复制。在不同驱动器之间复制可直接拖动实现。

上档键【Shift】加鼠标拖动可实现移动操作。同一驱动器上移动可直接拖动实现。

在 Windows 中任何操作均需要先选中对象，然后进行操作，即操作要有对象。例如，选中某一需要删除的文件，然后选择“文件”|“删除”命令或按【Delete】键。对于表 1-6 中的“视图（排列方式）”操作，其操作对象是资源管理器文件夹区的所有文件和文件夹，故不用选某一个特定的对象排列。

表 1-6 文件和文件夹的操作和设置

操作	选中	使用菜单命令或右键或其他	操作	选中	使用菜单命令或右键或其他
复制	对象	复制 | 粘贴	重命名	对象	文件 | 重命名或右键 | 重命名
移动	对象	剪切 | 粘贴	视图（排列方式）	空白	查看或视图按钮 | 排列方式（小图标、列表等）
删除	对象	删除或右键 | 删除	磁盘格式化	驱动器	文件 | 格式化
撤销	空白	撤销或右键 | 撤销	清空回收站	回收站	右键 | 清空回收站
新建	空白	文件 | 新建或右键 | 新建	恢复对象	空白	通过回收站还原或文件 | 搜索
发送	对象	文件 | 发送或右键 | 发送	打开项目方式	空白	工具 | 文件夹选项 | 常规 | 打开项目方式
属性	对象	文件 | 属性或右键 | 属性	查看	空白	工具 | 文件夹选项 | 查看 | 高级设置
搜索	对象	搜索或开始 | 搜索	创建快捷方式	对象	文件或右键 | 创建快捷方式

注：“空白”表示不选任何对象；“对象”表示选中文件、文件夹，以及其他操作对象。

文件和文件夹的管理大部分操作和命令列于表 1-5 和表 1-6 中，表内部分操作也适合网页浏览和文件内部编辑操作，如选定、复制、移动、删除等。因此，熟练这部分操作将为后续学习打下基础。

说明：

① 选择“编辑”|“撤销”命令，可以撤销上一步进行的操作。但是，不能无限次撤销。

② 按【Shift+ Delete】组合键进行删除为永久删除，即物理删除，不移动到回收站中。

③ 三类文件被删除以后是不能被恢复的。包括：可移动磁盘上的文件、网络上的文件、在 MS-DOS 方式中被删除的文件。

④ 新的磁盘或 U 盘在使用之前一定是已格式化的（商家已格式化）。对旧磁盘进行格式化将

删除原有信息。磁盘格式化的条件：磁盘不能处于写保护状态和磁盘上不能有打开的文件。

"新建" Word 文档操作：打开资源管理器，在"导航栏区"，单击"计算机"，并单击盘符 D，在"文件夹区"空白处右击，选择"新建"|Word 命令，便创建"新建 Microsoft Office Word 2010 文档.docx"。修改文件名为"我的 Word 文档.docx"或右击重命名。同样步骤可以创建记事本（txt）、画图（bmp）等文件；同样的操作可以创建文件夹。

"查看"选项操作：选中新建的"我的 Word 文档.docx"，右击弹出菜单，选择"属性"命令,单击"常规"选项卡，选中"隐藏"复选框（见图 1-18），单击"确定"按钮，此文件被隐藏。选择"工具"|"文件夹选择"命令，弹出"文件夹选项"对话框，其中包括"常规""查看""搜索" 3 个选项卡，分别如图 1-17（a）、（b）、（c）所示。单击"查看"选项卡|在"高级设置"中的"隐藏文件和文件夹"|选择"显示隐藏的文件、文件夹和驱动器"[见图 1-17（b）]|单击"确定"按钮，此时被隐藏的"我的 Word 文档.docx"文件也能看到。

图 1-18　文件属性对话框

取消文件隐藏属性操作：选中被隐藏的"我的 Word 文档.docx"并右击，在弹出的快捷菜单中选择"属性"命令，单击"常规"选项卡，取消选中"隐藏"复选框，单击"确定"按钮，此文件隐藏属性去掉。

在以上打开的"文件夹选项"对话框用于对文件或文件夹进行设置，包括"常规""查看""搜索" 3 个类别的设置。以上操作进行了"查看"隐藏文件的设置，其他设置操作类似，包括"常规"和"搜索"中的设置。

4．文件与应用程序关联

关联是指应用程序与对应的某些文件能够进行编辑和操作的关系，一般通过文件的扩展名建立这种捆绑关系。新安装的应用程序，这种对应关联就已经建立起来，在双击此文件时，此文件就会被对应的应用程序打开编辑和操作。例如，Word 2010 应用程序与".docx"在安装时就建立关联，当双击文档".docx"时，Windows 7 系统就会先启动 Word 2010 应用程序，然后再打开该文件。

有些应用程序关联一个或多个文件，或一个文件可被多个应用程序打开，关键取决用于安装应用程序的兼容性。如图 1-19（a）所示，在"软件说明.txt"记事本文件右键弹出菜单的打开方式中，可看到能被 EditPlus、FrontPage、OpenOffice Writer、WPS 文字和写字板等多个应用程序打开编辑。在此，如果要设置文件的第一个打开的应用程序，单击"选择默认程序"弹出"打开方式"对话框设置即可，如图 1-19（a）、（b）所示。如要"始终使用选择的程序打开这种文件"，将其复选框选中即可。如果要用其他应用程序打开此文件，弹出图 1-19（b）中的"浏览"按钮，寻找已安装的对应的应用程序即可。

5．库的操作

Windows 7 能够把各种资源归类并显示在所属的库文件中，使管理和使用变得方便。管理本身仍然通过资源管理器进行操作，因此前面资源管理器的操作，在此大部分都可用到。

（1）排列库中的文件

① 按照不同的属性排列库中的文件。操作如下：

- 单击“开始”按钮（见图 1–20），在右侧单击“文档”、“图片”或“音乐”。也可以打开“资源管理器”，在导航栏区单击“库”|“文档”、“图片”或“音乐”。
- 在文件夹区右上角“排列方式”中，单击“文件夹”按钮，单击“属性”菜单某一项，便可由此排序文件夹区的文件和文件夹。图 1–20 所示为按名称排序。

（a）文件打开方式选择　　（b）文件“打开方式”对话框

图 1–19　文件打开方式和设置

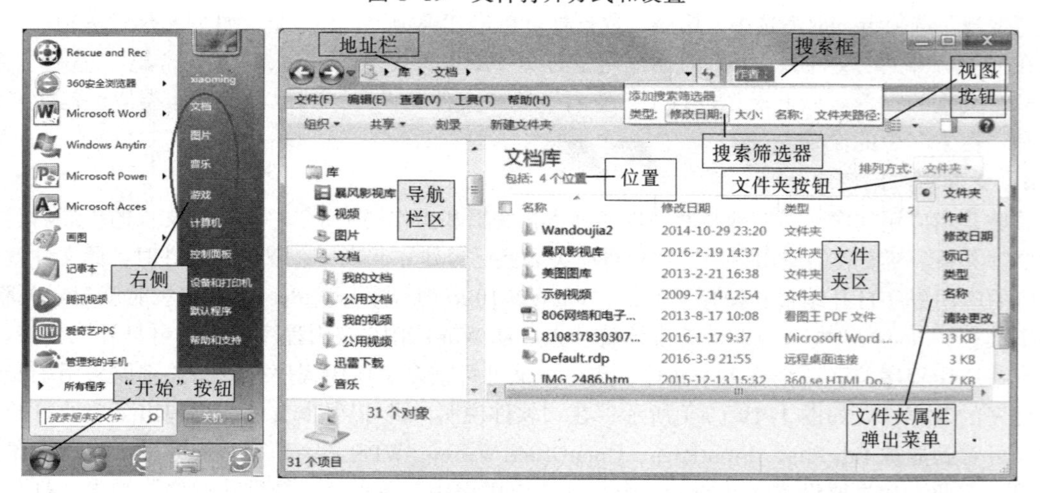

图 1–20　库中文件夹和文件

② 使用搜索筛选器在文档库中查找文件。此方法可快速缩小搜索范围。

单击“开始”按钮，在右侧单击“文档”（见图 1–20），单击搜索框，打开搜索筛选器，选中“作者”|输入作者名，系统自动搜索出结果，如图 1–20 所示。也可按类型、修改日期、大小、名称和文件夹路径搜索，会进一步缩小搜索范围。

（2）将文件夹包含在图片库中

如果将一些图片存储在计算机中，而另一些图片存储在 U 盘中，则可将 U 盘的文件夹包含在图片库中，以便将所有图片作为一个图片集进行访问。

单击“开始”按钮，选择“计算机”（见图 1–20），在资源管理器导航栏中，单击 U 盘驱动器，转到 U 盘存储图片的文件夹，右击该文件夹，在弹出的快捷菜单中选择“包含在库中”|“图片”

命令。现在，U 盘中的图片已位于图片库中。

（3）更改库的设置

单击“开始”按钮，选择右侧的“文档”、“图片”或“音乐”（见图 1-20），在文件夹区左上角“包括”旁边，单击“位置”，若要更改那些复制或保存该库的文件的存储位置（如公用视频），可右击目前不是默认保存位置的库位置（我的视频），在弹出的快捷菜单中，选择“设置为默认保存位置”命令（见图 1-21），单击“确定”按钮。

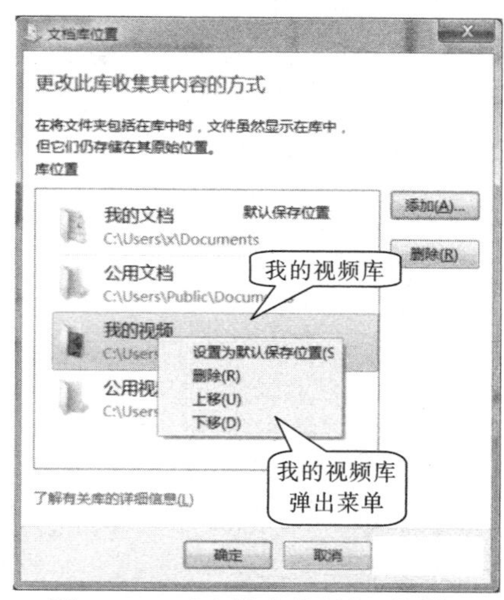

图 1-21 “文档库位置”对话框

其他同上，若要更改库位置显示的顺序，可右击某个库位置（我的视频），在弹出的快捷菜单中，选择“上移”或“下移”命令（见图 1-21），单击“确定”按钮。

要进一步了解和使用库，可如下操作：选择“开始”|“帮助和支持”（见图 1-20），在“Windows 帮助和支持”对话框上部的“搜索帮助”文本框中，输入“库”，单击“搜索”按钮，显示有“库的 30 个最佳结果”，单击其中相关的内容（超链接），查看内容，并进行相应的操作，如单击“1. 库：常见问题”，在“库：常见问题”中，一一阅读或选择操作。

1.3 计算机软硬件配置和管理（控制面板）实验

计算机是由软件和硬件构成的一个系统，需要合适的配置，以适应用户自己的程序运行，同时方便使用和提高运行效率。Windows 7 提供的“控制面板”工具集是为用户专门用来重新设置系统的工具应用程序。

1.3.1 实验目的

① 熟练掌握“控制面板”的基本操作和使用。

② 掌握 Windows 7 的软硬件配置。

③ 掌握用户管理。

1.3.2 实验内容

“控制面板”在组织上，将同类相关设置（程序）都放到一起，整合成：系统和安全，用户账户和家庭安全，网络和 Internet，外观和个性化，硬件和声音，时钟、语言和区域，程序，轻松访问等八大类，如图 1-22（a）所示。每一大类中再细分子类，如单击“系统和安全”大类，其窗口中有 9 个子类，如图 1-22（b）所示。Windows 7 的这种组织使操作变得简单快捷，一目了然。

1. 控制面板的启动

打开“控制面板”窗口的操作如下：选择“开始”|“控制面板”，如图 1-22 所示。也可将“控制面板”快捷方式设置到桌面：选择“开始”|“控制面板”，右击，选择“在桌面显示”即可，如图 1-23 所示。

2．控制面板中配置程序的启动

在控制面板中，启动配置程序或工具的具体操作如下：选择“开始”|“控制面板”，单击大类，单击子类，在子类窗口中选择具体配置程序或工具，启动相应窗口或对话框，完成设置操作。例如，如选择“系统和安全”|“管理工具”，打开管理工具窗口，可进行具体的“系统配置”“服务”配置等，如图 1-24 所示。

（a）“控制面板”窗口

（b）“系统和安全”窗口

图 1-22 “控制面板”窗口和“系统和安全”窗口

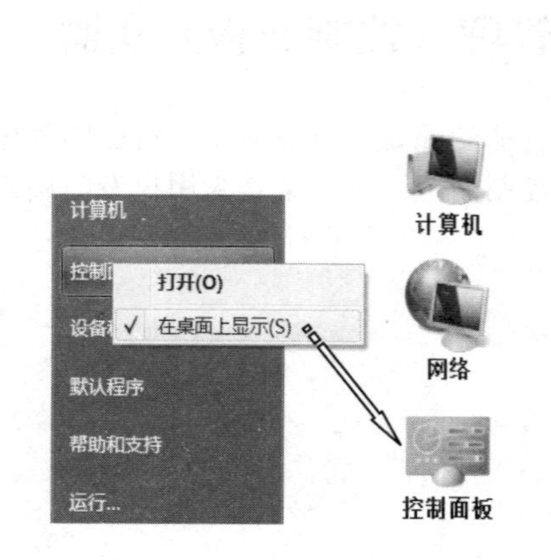

图 1-23 设置“控制面板”在桌面上的快捷方式

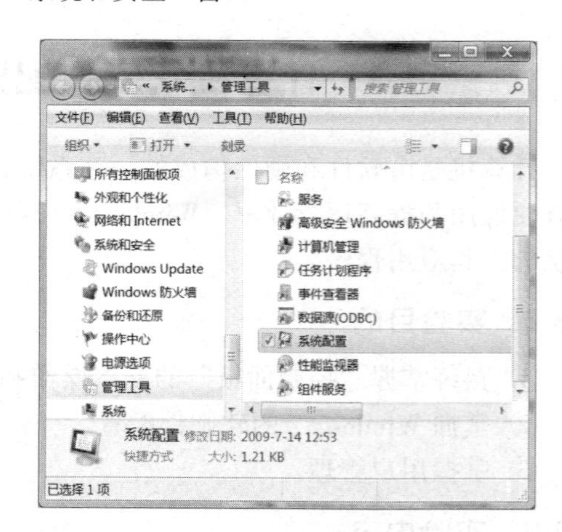

图 1-24 管理工具窗口

3．查看操作中心

“操作中心”是“系统和安全”大类中的一个子类，如图 1-22（b）所示。它列出了有关需要注意的“安全”和“维护”设置的重要信息。

打开“操作中心”窗口操作：选择“开始”|“控制面板”|“系统和安全”|“操作中心”即可。“操作中心”窗口如图 1-25 所示。

操作中心中的红色项目标记为“重要”，表明需要快速解决的重要问题，例如 Windows 备份不成功，需要插入可移动媒体（U 盘），如图 1-26 所示；或防病毒代码过期，需要更新等。黄色项目是一些考虑面对的建议执行的任务，例如，所建议的维护任务。

若要查看操作中心的“安全”和“维护”部分的详细信息，可单击对应标题或标题右侧的箭头“⌄”，以展开或折叠该部分。

也可以通过将鼠标放在任务栏最右侧的通知区域中的操作中心“🏳”图标上，可快速查看操作中心是否有任何新消息。单击该图标查看详细信息，然后单击某消息解决出现的问题，如图 1–26 所示。

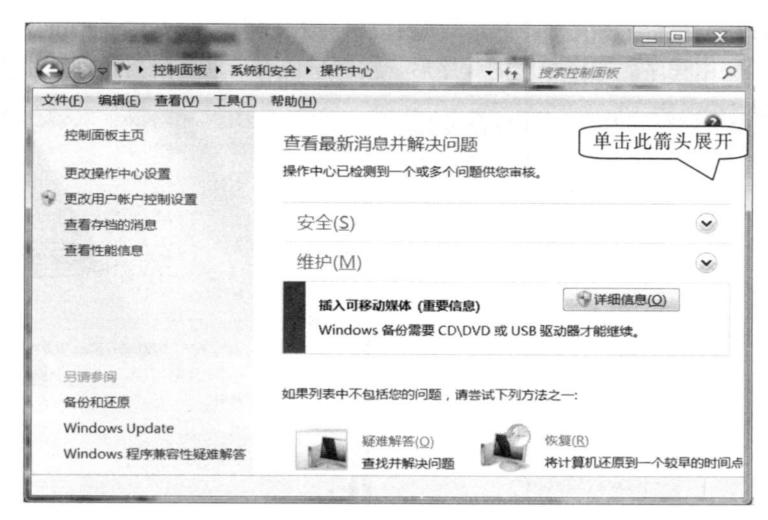

图 1–25　“操作中心”窗口

如果计算机出现问题，检查操作中心以查看是否已标识问题。如果尚未标识，则还可以查找指向疑难解答程序和其他工具的有用超链接，这些超链接可帮助解决问题。

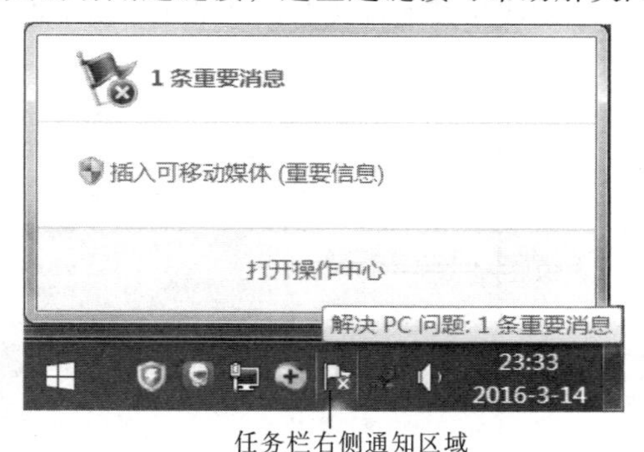

图 1–26　“操作中心”图标重要消息

4．应用程序的卸载

打开“程序”窗口操作：选择“开始”|“控制面板”|“程序”即可，“程序”窗口如图 1–27 所示。在“程序”窗口中，单击“程序和功能”下面的“卸载程序”选项（超链接），出现程序列表，其中右击要卸载的程序，选择“卸载/更改”命令，并按提示进行操作便可卸载或更改程序。

在“程序”窗口中，还可以设置默认打开文件的程序，以及设置桌面小工具。

5．设置 Windows 7 日期和时间

打开“日期和时间”窗口操作：选择“开始”|“控制面板”|“时钟、语言和区域”|“日期和时间”|“设置时间和日期（超链接）”，在“日期和时间”对话框中单击“更改日期和时间”按

钮（见图 1–28），在“日期和时间设置”对话框中做相应的日期和时间修改即可。也可以双击任务栏最右侧时间按钮来修改。

6. Windows 7 桌面设置

打开“外观和个性化”窗口操作：选择“开始”|“控制面板”|“外观和个性化（超链接）”，打开“外观和个性化”窗口，如图 1–29 所示。窗口中列出了对 Windows 7 桌面的背景、屏幕保护、外观等进行设置的应用程序。选择相应的程序后，按窗口或对话框上的提示进行相应的设置即可。

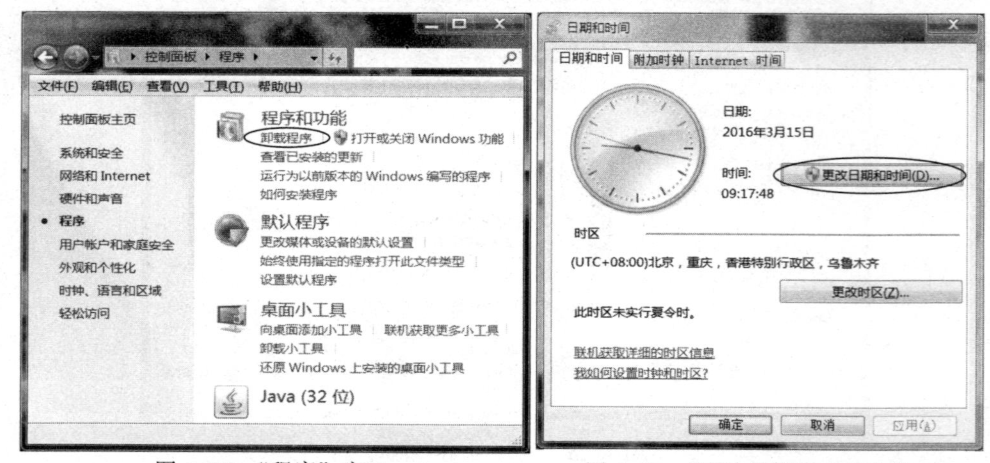

图 1–27 “程序”窗口　　　　图 1–28 “更改日期和时间”窗口

“更改主题”操作：在“外观和个性化”窗口（见图 1–29）中单击更改主题（超链接）|在“更改主题”窗口中选择一种默认主题或从其他位置选择一个（单击）即可，如图 1–30 所示。此时，桌面就会以新的主题背景显示出来。

图 1–29 “外观和个性化”窗口　　　　图 1–30 “更改主题”对话框

7. 网络相关设置

Windows 7 的“控制面板”在“网络和 Internet”类别中，将所有网络相关设置集中在：网络和共享中心、家庭组及 Internet 选项等进行设置，如图 1-31 所示。

打开“网络和共享中心”窗口操作：选择“开始”|“控制面板”|“网络和 Internet”|“网络和共享中心”选项（见图 1-31），在“网络和共享中心”窗口（见图 1-32）中，按提示可直接进行网络连接的相关设置，如“更改适配器设置”和“设置新的连接或网络”。依据运营商提供的接入方式，网络连接配置分为本地连接、宽带连接和无线连接 3 种情况。具体操作如下：

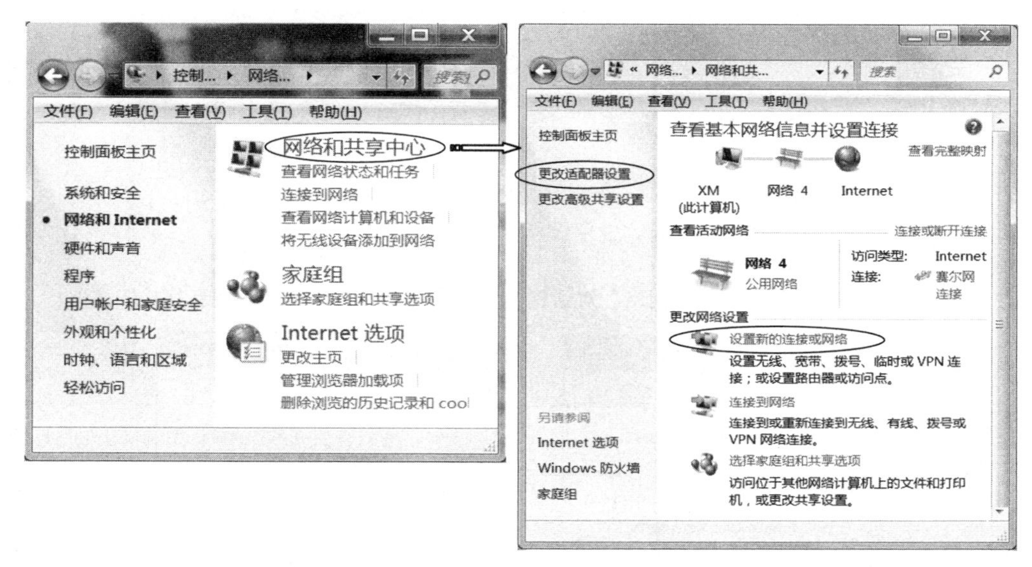

图 1-31　“网络和共享中心”选项　　　　图 1-32　“网络和共享中心”窗口

① 按运营商提供的 IP 地址进行本地连接操作：在“网络和共享中心”窗口（见图 1-32）中，单击“更改适配器设置”，在“网络连接”窗口（见图 1-33）中，右击“本地连接”，选择“属性”命令，在“本地连接属性”对话框选中“Internet 协议版本 4（TCP/IPv4）”（见图 1-34），单击“属性”按钮，在“Internet 协议版本 4（TCP/IPv4）属性”对话框中（见图 1-35），将运营商提供的 IP 地址、子网掩码、默认网关和首选 DNS 服务器等输入到相关项中，单击“确定”按钮即可。

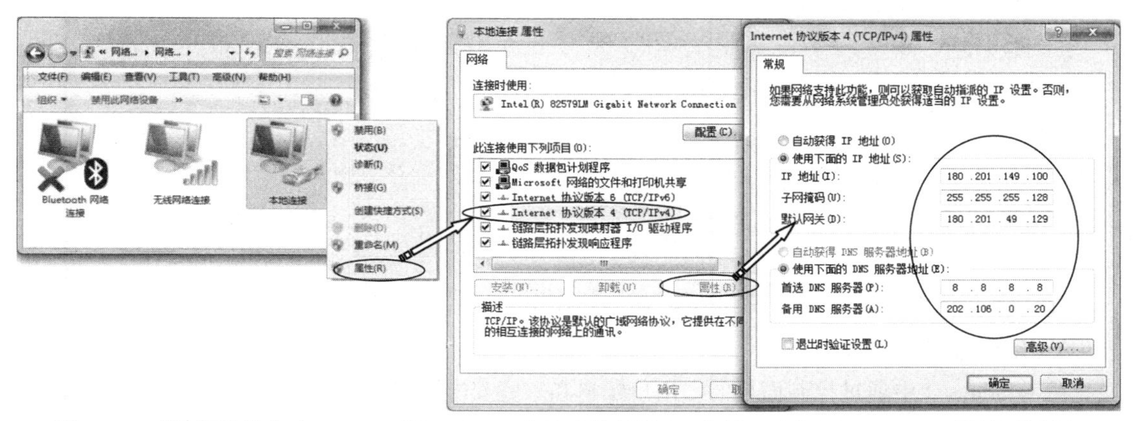

图 1-33　“网络连接”窗口　　　图 1-34　“本地连接属性”对话框　图 1-35 TCP/IP4 属性对话框

② 按运营商提供的用户名和密码进行宽带连接操作：在“网络和共享中心”窗口（见图 1-32）中，单击“设置新的连接或网络”，在“设置连接或网络”对话框，选中“连接到 Internet”（见图 1-36），单击“下一步”按钮。在“连接到 Internet”对话框，单击“仍要设置新连接”（见图 1-37），单击“宽带（PPPoE）”（见图 1-38），在“连接到 Internet”对话框中输入信息（见图 1-39），包括用户名和密码，单击“连接”按钮即可。

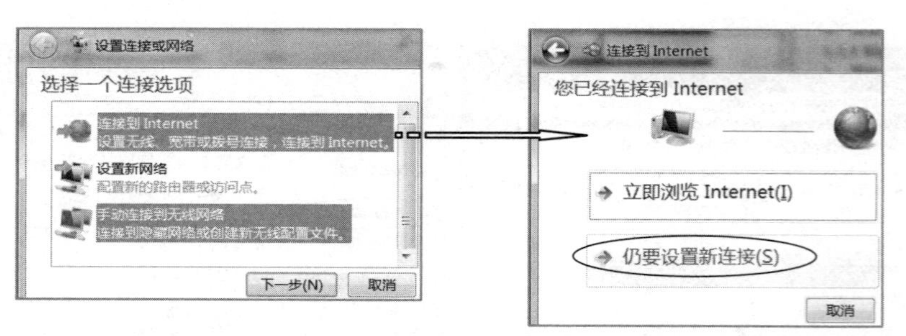

图 1-36 “设置连接或网络”对话框　　图 1-37 选择“仍要设置新连接”选项

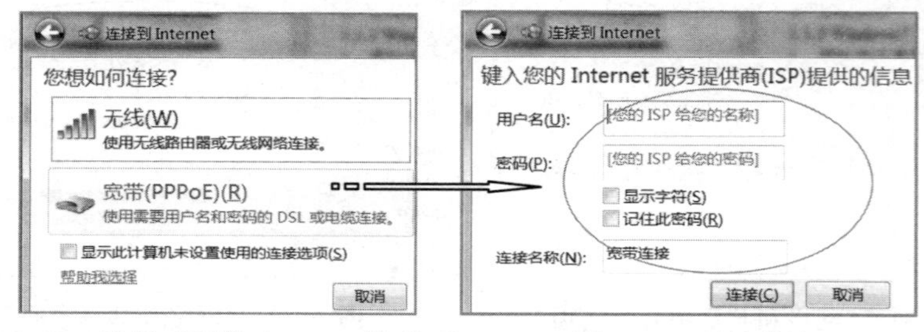

图 1-38 选择“宽带（PPPoE）”选项　　图 1-39 输入信息

③ 在无线路由器配置好的基础上，无线网络连接操作：在“网络和共享中心”窗口（见图 1-32）中，单击“设置新的连接或网络”，在“设置连接或网络”对话框（见图 1-36）选中“手动连接到无线网络”，单击“下一步”按钮，在“手动连接到无线网络”对话框（见图 1-40），输入网络名、安全密钥（无线路由器配置好的密码），选择安全类型（WPA2-个人）和加密类型（AES），单击“下一步”按钮，单击“关闭”按钮，无线网络就配置好了，如图 1-41 所示。也可通过单击图 1-38 中的“无线”配置网络连接。

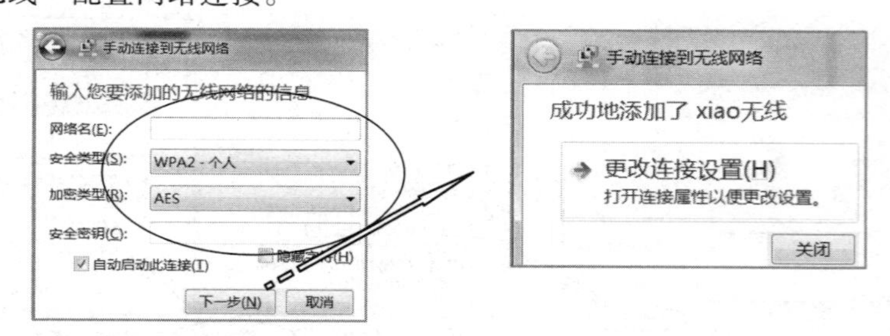

图 1-40 “手动连接到无线网络”对话框　　图 1-41 成功添加无线网络

8. 用户管理

在 Windows 7 中通过控制面板的“用户账户和家庭安全”类别（见图 1-22）提供的相关应用程序 “用户账户”[如图 1-42（a）所示]，即可添加、删除和修改用户账户，只需按提示一步一步操作即可。一般创建账户分为“标准用户”和“管理员”，它们的权限如下：

① 标准用户：可以使用管理员账户提供的所有软件，不能安装、删除和更改软件，不能更改计算机安全设置。这样能够保护计算机。

② 管理员：有计算机的完全访问权限，也是最高权限，可以做任何需要的更改，如安装、删除和更改软件、安全性设置等。但操作时系统会提示确认，因为会影响其他用户使用。

如果自己用计算机，创建为“管理员”账户；多人用一台计算机只有一人为“管理员”账户，其他都创建“标准用户”账户，他们互不影响，有利于安全。每个用户有设置自己的用户界面和使用计算机的权利。做以下操作必须是“管理员”账户身份和权限。

① 更改、删除账户密码，更改图片，更改账户名称、类型和管理其他账户操作：选择“开始”|“控制面板”|“用户账户和家庭安全”，在“用户账户和家庭安全”窗口中［见图 1-42（a）］，单击“用户账户”；在“用户账户”窗口中［见图 1-42（b）］，按照项目内容单击并依据提示完成即可。

② 添加账户操作：选择“开始”|“控制面板”|“用户账户和家庭安全”，在“用户账户”下单击“添加或删除用户账户”［见图 1-42（a）］，在“管理账户”窗口［见图 1-42（c）］中，单击“创建一个新账户”，在“创建新账户”窗口［见图 1-42（d）］，输入“新账户名”，选择“标准用户”或“管理员”，单击“创建账户”按钮，按提示完成即可。

（a）用户账户和家庭安全窗口　（b）用户账户窗口　（c）管理账户窗口　（d）创建新账户窗口

图 1-42　更改用户账户

9. 启动任务管理器

“启动任务管理器”虽然不在控制面板中，但是此工具经常用到，如应用程序“死机”无法关闭等。另外，了解 CPU、内存等使用情况等都需要使用“启动任务管理器”来处理和查看。

“启动任务管理器”操作：

① 强行关闭不能关闭的应用程序：先打开“记事本”程序，假设无法正常关闭，将鼠标移至任务栏空白处右击，在弹出的快捷菜单（见图 1-43）中选择“启动任务管理器”命令在“Windows

任务管理器”对话框中，单击“应用程序”选项卡，如图 1-44（a）所示。在任务列表中，选中要关闭的文件“无标题-记事本”，单击“结束任务”按钮即可。

② 强行关闭不能退出的应用程序进程：先打开 Word 程序，同时建几个空文档，假设无法正常关闭，将鼠标移至任务栏空白处右击，在弹出的快捷菜单（见图 1-43）中选择“启动任务管理器”命令，在启动的“Windows 任务管理器”对话框中，单击“进程”选项卡，如图 1-44（b）所示。在“映像名称”列表中，查找要关闭的进程文件 WINWORD.EXE*32 并选中，单击“结束进程”按钮即可。

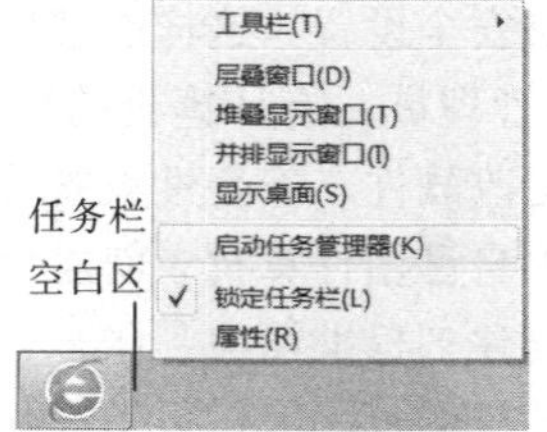

图 1-43 “任务栏”弹出菜单

注释：“WINWORD.EXE*32”的进程结束，相应打开的几个 Word 文档同时被关闭。

③ 查看运行的应用程序、进程和 CPU、内存使用状况：将鼠标移至任务栏空白处，右击，在弹出的快捷菜单（见图 1-43）中选择“启动任务管理器”命令，在启动的“Windows 任务管理器”对话框中，单击“应用程序”选项卡，如图 1-44（a）所示。在任务列表中，可以查看已打开的应用程序数量。

也可在启动的“Windows 任务管理器”对话框中，单击“进程”选项卡［见图 1-44（b）］，在“映像名称”列表中可以查看已打开的应用程序进程数量。

在启动的“Windows 任务管理器”对话框中，单击“性能”选项卡［见图 1-44（c）］，可以查看 CPU 使用率和曲线，内存使用率和曲线。

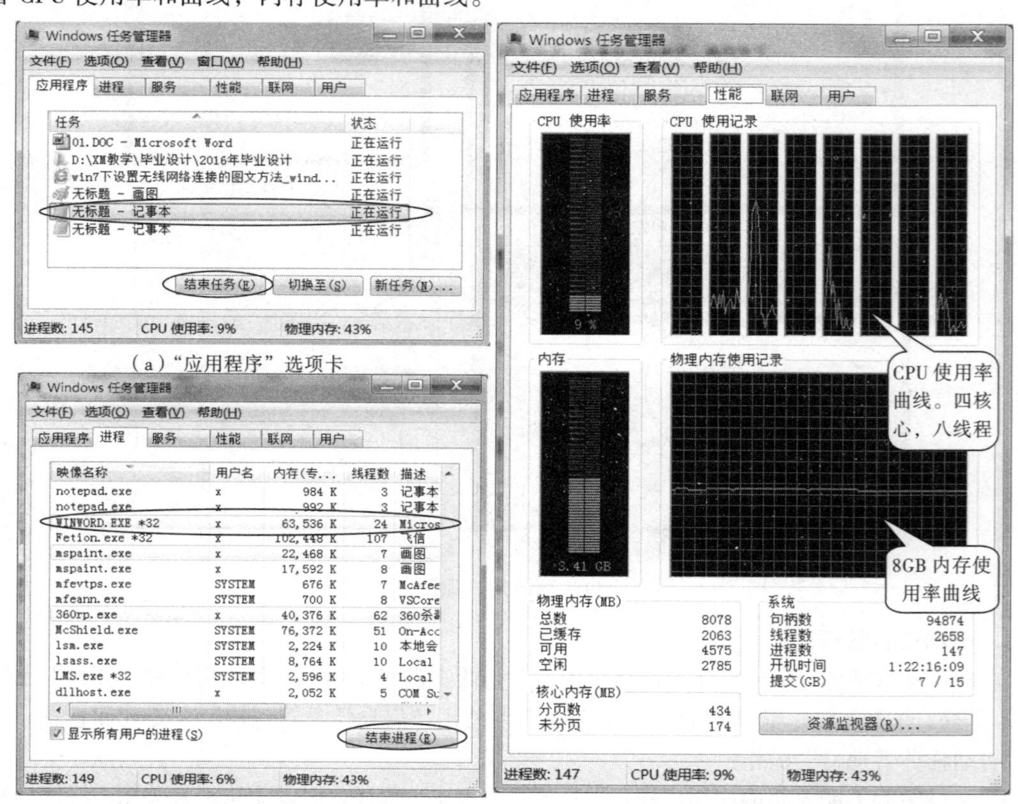

（a）“应用程序”选项卡

（b）“进程”选项卡

（c）“性能”选项卡

图 1-44 “Windows 任务管理器”对话框

1.4　综合应用实验

在 Windows 操作系统中，资源管理器是 Windows 自带的一个重要的工具，必须熟练掌握。本综合实验以前面几个实验为基础，将文件、文件夹和快捷方式的创建、移动、删除和复制，以及属性、压缩等操作综合在一起，为进一步熟练掌握资源管理器的操作和使用打下基础。

1.4.1　实验目的

① 熟练掌握文件和文件夹的移动、删除和复制粘贴等操作，以及重命名和属性编辑。

② 熟练掌握文件、文件夹和快捷方式的创建，如文档（txt、docx、xlsx 等）、阅读文件（pdf）、图像文件（png、jpg、bmp）和快捷方式（lnk）等文件创建。

③ 掌握文件压缩与解压缩（zip 和 rar），屏幕和窗口界面的抓取或拷屏。

④ 掌握通配符搜索文件。

⑤ 网络下载素材：E1-4.zip（资源管理器综合实验）。

1.4.2　实验内容

从网站上下载素材：E1-4.zip（资源管理器综合实验），并保存至 D 盘，解压缩后（在 E1W 文件夹中）使用。操作前打开资源管理器，在资源管理器的“导航窗格”中，单击 E1W 文件夹中的所有文件夹前的“空心三角标记”为 “实心三角标记”，即将所有文件夹展开，如图 1-45 所示，这样便于后续查找定位完成实验。

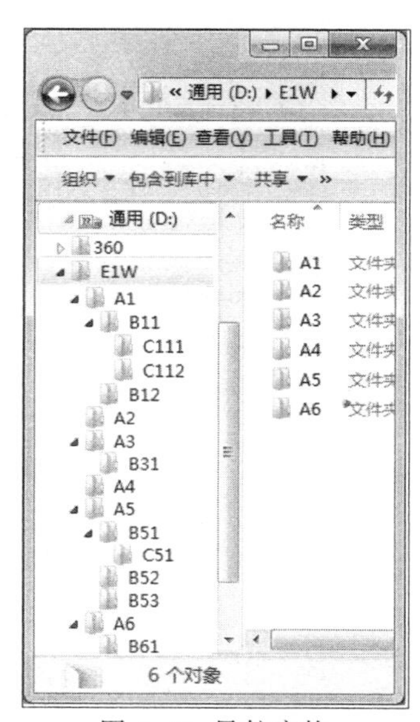

图 1-45 导航窗格文件夹展开图

1. 重命名、删除和移动文件夹

在 B11 文件夹下，将其子文件夹 C111 重命名为 C$；C112 重命名为 C#，并将其移动至 C$文件夹中。在 B12 文件夹下，删除 B11.exe 文件（此文件被隐藏）。操作步骤如下：

①单击 B11 文件夹 ǀ 选中 C111 并右击 ǀ 弹出菜单：重命名 ǀ 输入：C$ ǀ 按【Enter】键结束。同样操作重命名 C112 为 C#。

②选中 C#并右击 ǀ 剪切 ǀ 双击打开 C$文件夹 ǀ 右键：粘贴。将 C#文件夹移至 C$中。或在 B11 文件夹下，拖动 C#至 C$中即可。

③显示被隐藏的 B11.exe 文件：打开资源管理器 ǀ 组织 ǀ 布局（见图 1-46a） ǀ 单击“菜单栏”，资源管理器上部“菜单栏”显示，如图 1-46b 所示。选中“工具”菜单 ǀ 文件夹选项 ǀ 打开“文件夹选项”对话框 ǀ 查看（见图 1-46c） ǀ 高级设置：选中“显示隐藏的文件、文件夹和驱动器” ǀ 单击“确定”，B11.exe 文件即可显示出来。注：“隐藏已知文件类型的扩展名”如果打勾，就去掉，便于后续重命名操作。

④单击 B12 文件夹 ǀ 选中并右击 B11.exe 文件 ǀ 弹出菜单：删除，B11.exe 文件删除。

2. 新建文件夹、文件和快捷方式

（1）在 A2 文件夹下新建 B2①文件夹；在 B2①文件夹下新建 B2②文件夹；在 B2②文件夹下新建 B2③文件夹。操作步骤如下：

选择 A2 文件夹 ｜ 文件夹空白区，单击上部“新建文件夹”（见图 1-46a） 按钮 ｜ 输入：B2① ｜ 按【Enter】键结束。或右击文件夹空白区 ｜ 弹出菜单：新建 ｜ 弹出菜单：文件夹 ｜ 输入：B2① ｜ 按【Enter】键。同样操作新建 B2②和 B2③文件夹，如图 1-47 所示。

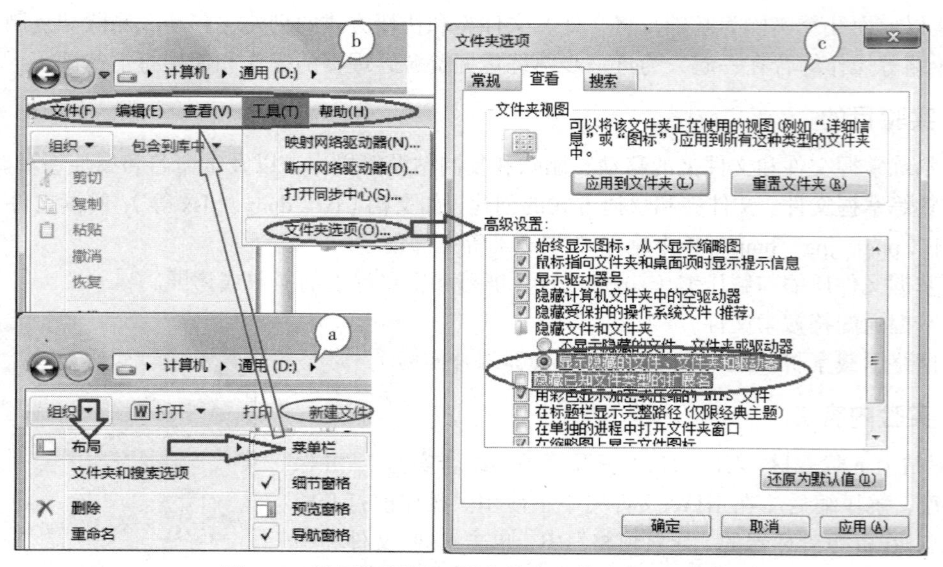

图 1-46 设置资源管理器菜单和文件夹选项属性

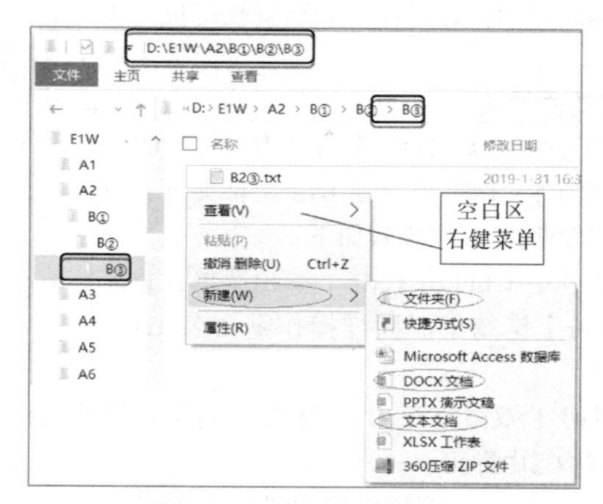

图 1-47 新建文件夹和文件

（2）在 B2③文件夹下新建 3 个文件，并输入相应内容。操作步骤如下：

①选择 B2③文件夹 ｜ 空白区， 鼠标右键 ｜ 新建 ｜ 文本文档（见图 1-47） ｜ 输入：B2③.txt ｜按【Enter】键结束。双击打开“B2③.txt”文本文件 ｜ 如图 1-48b 所示，用键盘输入键盘符号，用输入法的“符号大全”对话框（见图 1-48ac），输入：特殊符号、数学符号和希腊字母 ｜ 保存和关闭 B2③.txt。

②选择 B2③文件夹 ｜ 空白区，鼠标右键 ｜ 新建 ｜DOCX 文档（图 1-47） ｜ 输入：B2③.docx ｜按【Enter】键结束 ｜ 双击打开“B2③.docx” Word 文档。

选择桌面左下角“开始”菜单（见图 1-49a）｜“所有程序”｜“附件”｜单击“计算器”，打

开“计算器”对话框（见图 1-49b）|查看|单击“程序员”，打开程序员“计算器”，如图 1-49b 所示 | 按下【Alt+PrintScreen】组合键（抓屏）| 单击“B2③.docx” Word 文档 | 光标定位在文档中，单击“粘贴”。程序员计算器活动窗口界面抓屏（拷屏）至文档中。用程序员计算器将十进制：789 转换为二进制和十六进制数，输入至文档中，如图 1-49b 所示。

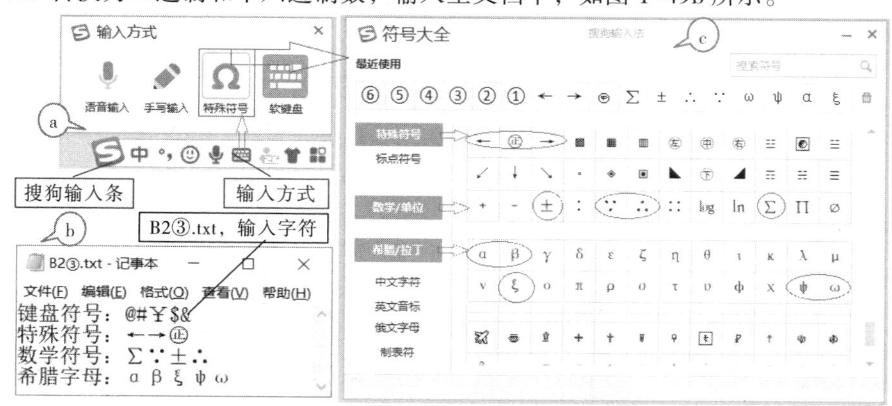

图 1-48　输入法“符号大全”对话框和输入字符

③创建“B2③.pdf”文件。通过 Word 2010 软件，把 B2③.docx 转换为 B2③.pdf 文件：启动 Word 2010 软件，打开 B2③.docx（或双击）| 选择“文件”菜单 | 另存为，打开“另存为”对话框（见图 1-50）| 保存类型 | PDF（*.pdf）| 保存，关闭文件。B2③.docx 被转换为 B2③.pdf 文件。

如图 1-50 所示，此刻在 B2③文件夹中有 3 个文件：B2③.txt、B2③.docx 和 B2③.pdf。

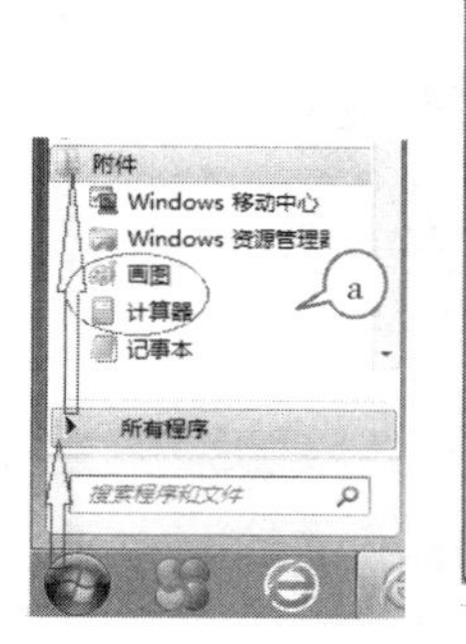

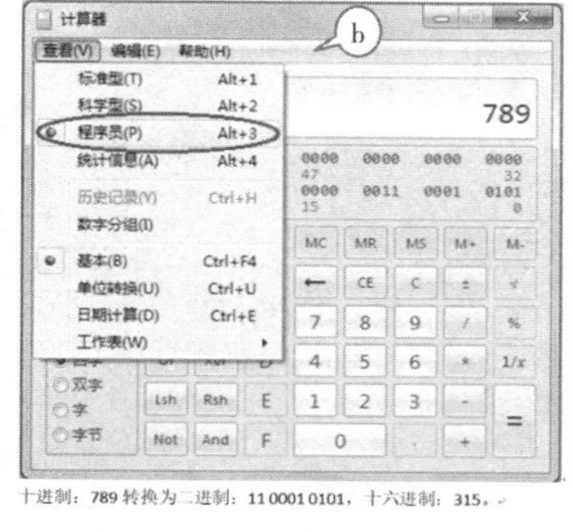

图 1-49　程序员“计算器”对话框

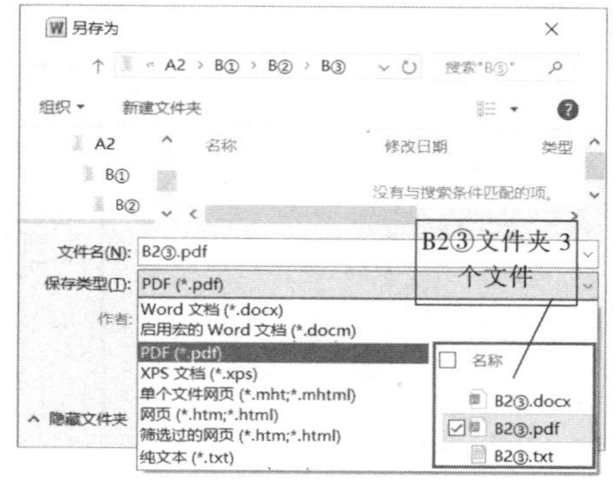

图 1-50　“另存为”对话框

（3）在 B52 文件夹下新建-256 色位图文件，文件名为 B52.BMP，将任务管理器活动窗口界面抓屏（拷屏）至文档中。操作步骤如下：

选择桌面左下角“开始”菜单（见图 1-49a）|“所有程序”|“附件”|单击“画图”，打开画图程序窗口。选择桌面下部任务栏空区域 | 鼠标右键菜单（见图 1-51a）| 启动任务管理器| 打开“Windows 任务管理器”（见图 1-51b）| 按下【Alt+PrintScreen】组合键（抓屏）| 选中画图程序窗口 | 单击“粘贴”，任务管理器窗口已抓屏至画图。在画图程序窗口中，单击“文件”菜单 | 保存，打开保存对话框（见图 1-51c）| 设置路径：A5\B52，保存类型：256 色位图（*.BMP；*.dib），文件名：B52. bmp | 保存后关闭画图程序。

（4）在 B52 文件夹下新建“B③.png”图像文件，并在其中绘制四个方向的四个红色箭头，再将画图工具活动窗口界面抓屏至文件中。操作步骤如下：

①选择桌面左下角“开始”菜单（见图 1-49）|“所有程序”|“附件”| 单击“画图”，打开画图程序窗口（见图 1-52a）。在画图程序窗口中，单击“文件”菜单 | 保存，打开保存对话框（见图 1-52b）| 设置路径：A5\B52，保存类型: PNG（*.png），文件名：B③.png | 保存，已创建 B③.png 图像文件，并保存至 B52 文件夹中。

图 1-51 Windows 任务管理器和“保存”BMP 文件

②在画图程序窗口（B③.png）中（见图 1-52a），选中上部“形状”面板“右箭头”（见图 1-52c）| 设置颜色：红色，粗细：3px | 在绘图区，通过拖动鼠标，绘制一个“右箭头”图案（见图 1-52a）；同样操作，绘制出：左箭头、上箭头和下箭头，如图 1-52a 所示。

③在画图窗口（B③.png）中（见图 1-52a），调整画图窗口至适当大小 | 按【Alt+PrintScreen】组合键（抓屏）| 选中画图窗口 | 单击“粘贴”，画图窗口已抓屏至画图中，如图 1-52a 所示。

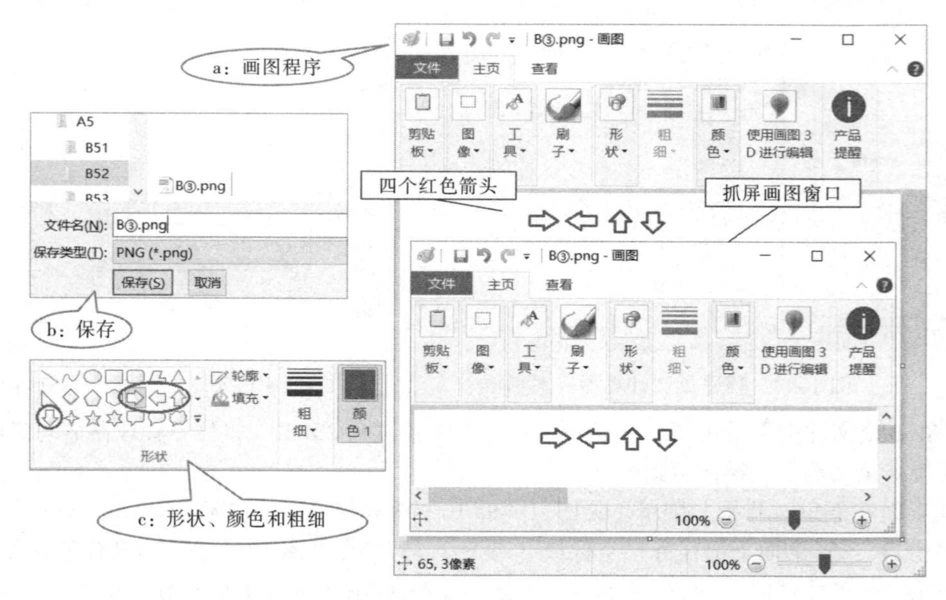

图 1-52 画图窗口和“保存”PNG 文件

（5）创建 B2③.pdf 文件的快捷方式，重命名为 B2③pdf.lnk，将其移动至 B61 文件夹中。

见图 1-47 文件夹，选择 B2③文件夹 | 在 B2③. 文件夹中，右击 B2③.pdf 文件（见图 1-53a）| 创建快捷方式，出现一个 B2③.lnk 文件，即快捷方式，如图 1-53b 所示。

选中 B2③.lnk 快捷方式 | 右键重命名 | 输入:B2③pdf.lnk | 右键剪切 | 单击 B61 文件夹 | 右键粘贴，快捷方式 B2③.lnk 被移动至 B61 文件夹，如图 1-53c 所示。

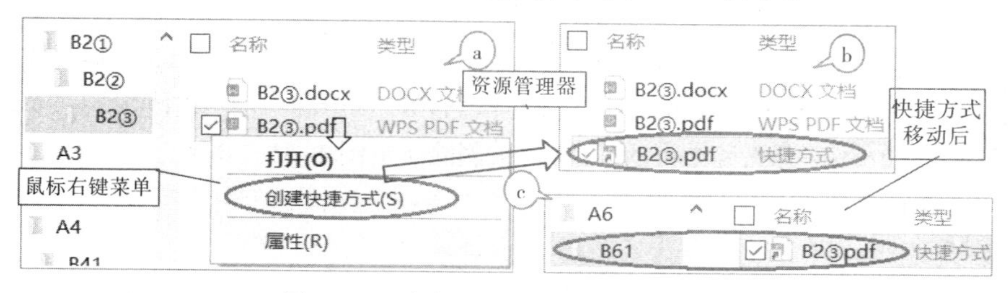

图 1-53 鼠标右键菜单创建快捷方式

3. 修改文件夹和文件属性

修改文件夹 A4 下的子文件夹 B41 的属性，即去掉其隐藏属性；修改文件夹 B41 下的 B41.sql 文件的属性，即去掉其只读和隐藏属性。设置 B2③.docx 文件的属性，使其具有隐藏属性、只读属性。如图 1-54 所示文件夹展开图，操作步骤如下：

①选择 A4 文件夹 | 单击和鼠标右键 B41 子文件夹（通过图 1-46c 的操作，此隐藏文件夹可显示）| 属性，打开“B41 属性”对话框 | 设置属性：去掉隐藏“√” 勾|单击“确定”。

②选择 B41 文件夹 | 单击和鼠标右键 B41.sql 文件（通过图 1-46c 的操作，此隐藏文件可显示）| 属性，打开“B41.sql 属性”对话框 | 设置属性：去掉只读和隐藏“√” 勾|单击“确定”。

③选择 B2③文件夹 | 单击和鼠标右键 B2③.docx 文件 | 属性，打开“B2③.docx 属性”对话框 | 设置属性：给只读和隐藏打勾“√” | 单击“确定”。

4. 创建压缩文件，并解压缩

压缩 B2③文件夹为 B2③.zip 文件，并移动至 B31 文件夹中，将其解压缩（还原），B2③.zip 文件保留。如图 1-54 所示文件夹展开图，操作步骤如下：

① 选择 B2②文件夹 | 单击和鼠标右键 B2③文件夹| 添加到“B2③.zip”（见图 1-54a），B2③被压缩成 B2③.zip 文件。

② 选择 B2③.zip 文件 | 右键剪切 | 单击 B31 文件夹 | 右键粘贴，B2③.zip 移动至 B31 文件夹，如图 1-54b 所示。

③ 选择 B31 文件夹 | 单击和鼠标右键 B2③.zip 文件 | 解压到当前文件夹（见图 1-54b）| B2③.zip 文件被解压缩，B2③文件夹还原，如图 1-54b 所示。

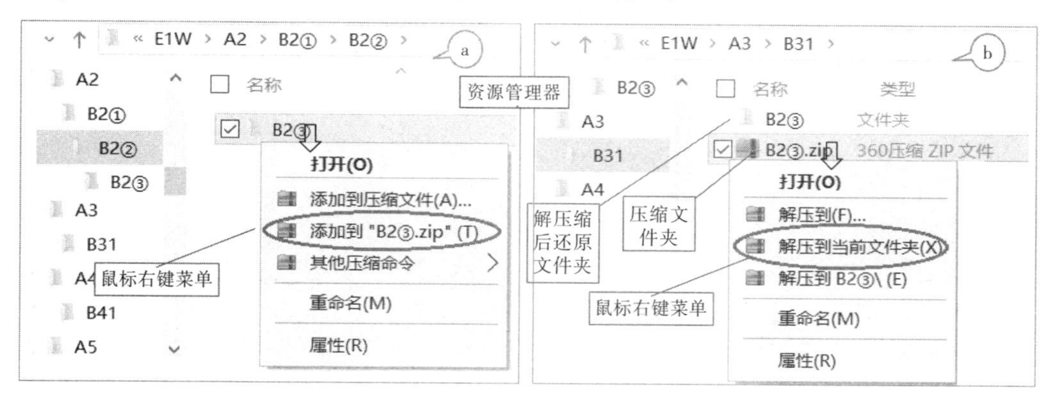

图 1-54 文件夹压缩、移动和解压缩

5. 搜索文件并删除

在 E1W 文件夹中，利用搜索功能查找所有以 W（不区分大小写）开头和结束的 txt 文件，并将这些文件删除。操作步骤如下：

选择 E1W 文件夹 | 在搜索“E1W”中，输入：W*.txt（见图 1–55a、b）|自动搜索或按【Enter】键 | 搜索匹配出 5 个与 W*.txt 有关的文件（见图 1–55a）| 选中其中的：W123w.txt、Waw.txt 两个文件 | 右键删除，2 个 W 开头和结束的 txt 文件被删除（见图 1–55a、b）。

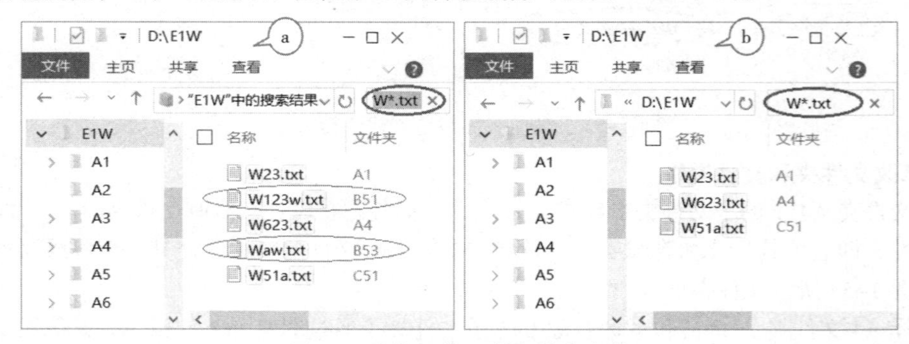

图 1–55　资源管理器中搜索文件

第 2 章 Word 2010 文字处理

使用文字处理软件对文档进行排版能够减少工作量和缩短出版周期，提高工作效率。怎样用计算机来编辑和排版文字、图形？这就需要办公自动化文字处理软件的支持，如 Word 字处理软件、WPS 字处理软件、记事本等。微软提供的办公自动化套装组件 Word 2010 由于具有非常强大的排版功能，被广大用户普遍使用。

2.1 Word 文档简介与基本操作

2.1.1 Word 2010 简介

Microsoft Office Word 2010 是一种字处理程序，旨在帮助用户创建具有专业水准的文档。Word 2010 提供了基本排版技术、高级排版技术和特殊排版方式，采用面向对象、面向应用的服务策略，使用 Word 2010 提供的众多文档格式设置工具，可帮助用户更有效地组织和编写文档。Word 2010 还包括功能强大的编辑和修订工具，以便用户与他人轻松地开展协作。

1. Word 2010 选项卡介绍

Word 2010 提供的基本排版技术包括：字符格式、段落格式、项目符号和编号、边框和底纹、各种对象、文档的显示方式等。高级排版技术包括：页面布局、页眉页脚、页码、页面背景、模板、目录、索引、批注等。特殊排版方式包括：首字下沉、插入特殊字符、分栏、邮件合并等。这些功能以面向“服务”划分类别，以“主选项卡”类别和“面板”为功能区的方式显示在 7 个默认主选项卡上。下面就 7 个默认主选项卡和自主设置的“开发工具”做简要介绍。

①“开始”选项卡中有 5 个面板：剪贴板、字体、段落、样式、编辑，这些面板在新文档创建后第一个任务阶段使用，是文字输入和编辑所需要的工具，如图 2-1 所示。

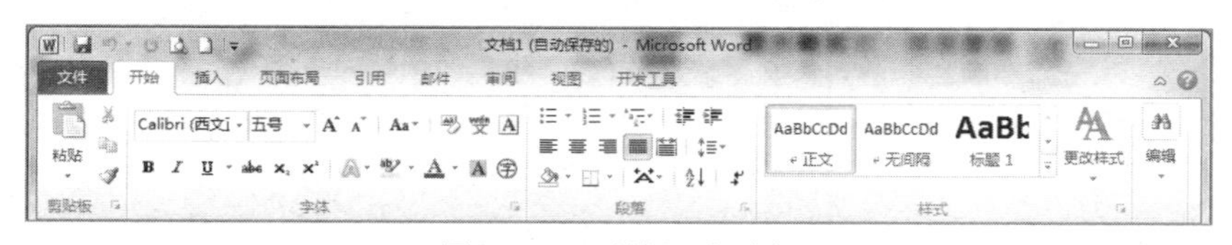

图 2-1 “开始”选项卡

②“插入”选项卡中的 7 个面板：页（插入封面、空白页和分页）、表格、插图、链接、页眉和页脚、文本、符号，完成常规对象（图对象、与“文本”有关的对象）、特殊对象（页眉、页脚、页码和符号）、超链接和表格的创建和编辑。这是进入文档编辑的第二个任务阶段，即表格和对象的创建和编辑操作，如图 2-2 所示。

③“页面布局”选项卡有 6 个面板：主题、页面设置、稿纸、页面背景、段落、排列。主要功能是文档的整体外观设置、页面设置和页面背景，以及常用对象的环绕版式等的设置。主题是

文档的整体外观快速样式集，可使文档具有专业的外观。包括：一组格式选项构成，其中包括一组主题颜色、一组主题字体（包括标题和正文字体）以及一组主题效果（包括线条和填充效果）。页面设置面板中分隔符的插入可分隔或改变页面或将页面标识为“节”，如图 2-3 所示。

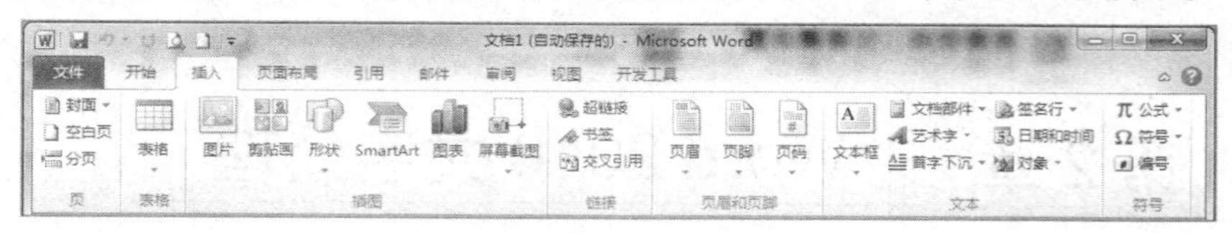

图 2-2 “插入”选项卡

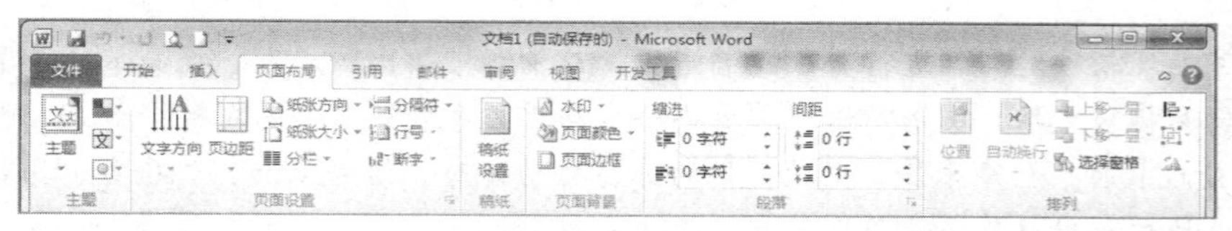

图 2-3 “页面布局”选项卡

④“引用”选项卡有 6 个面板：目录、脚注、引文与书目、题注（图表自动编号、交叉引用）、索引、引文目录。从中可以看到其主要功能是文档中特殊对象和动态对象（域）的创建（引用）、编辑和布局，如目录、脚注尾注、题注和索引等，如图 2-4 所示。

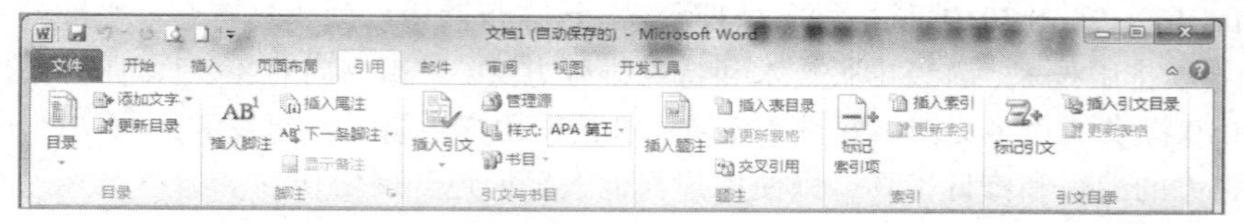

图 2-4 “引用”选项卡

⑤“邮件”选项卡有 5 个面板：创建、开始邮件合并、编写和插入域、预览结果、完成。主要功能是在文档中完成信函、电子邮件、信封、标签或目录的邮件合并工作，可向多人发送相同的信函、邮件或打印。成功的邮件合并三要素：准备地址等信息、获得专业的标签页，以及正确设置数据文件（数据库或电子表格等）。其原理是文档中通过域代码关联数据文件（如电子表格）或数据库，实现“邮件合并”，如图 2-5 所示。

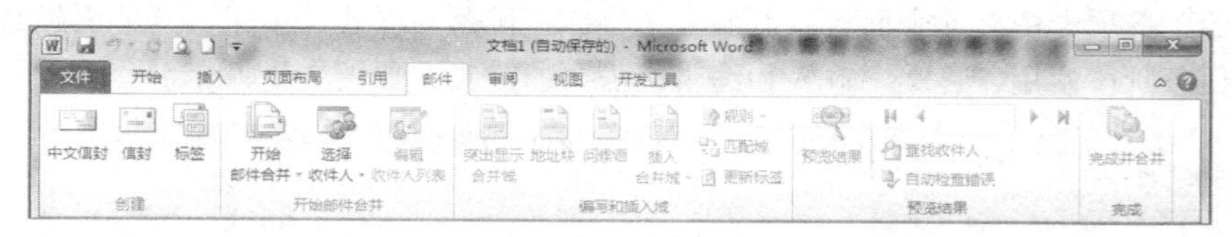

图 2-5 “邮件”选项卡

⑥“审阅”选项卡有 8 个面板：校对、语言、中文简繁转换、批注、修订、更改、比较、保护。主要功能是对初稿进行审阅，如拼写和语法校对、批注、修订等，并能跟踪每个插入、删除、移动、格式更改或批注操作，以便在以后审阅所有这些更改，如图 2-6 所示。

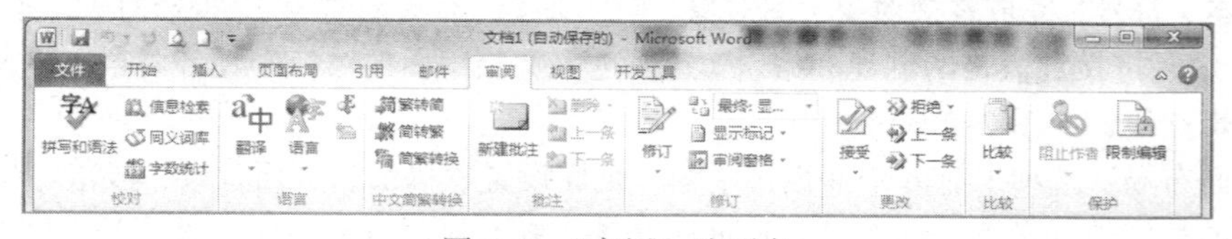

图 2-6 “审阅”选项卡

⑦“视图”选项卡有 5 个面板：文档视图、显示、显示比例、窗口、宏。其主要功能是人机交互界面展示方式的切换、界面显示比例和界面拆分显示，导航窗格的文档结构显示；不同的视图有自己的主要显示内容和所对应的特定操作功能和任务，如图 2–7 所示。

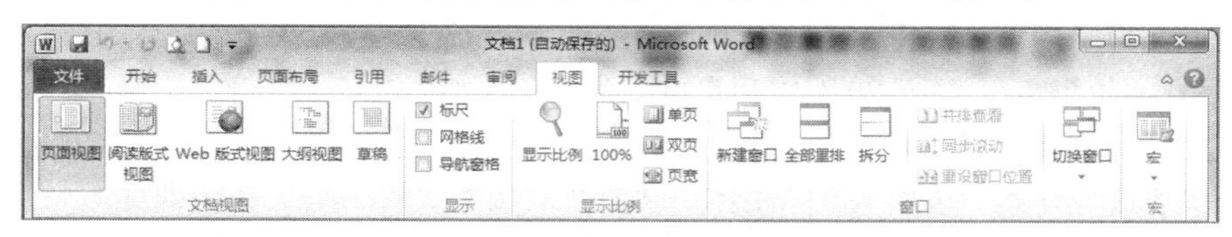

图 2–7　“视图”选项卡

⑧“开发工具”选项卡有 6 个面板：代码、加载项、控件、XML、保护、模板，如图 2–8 所示。

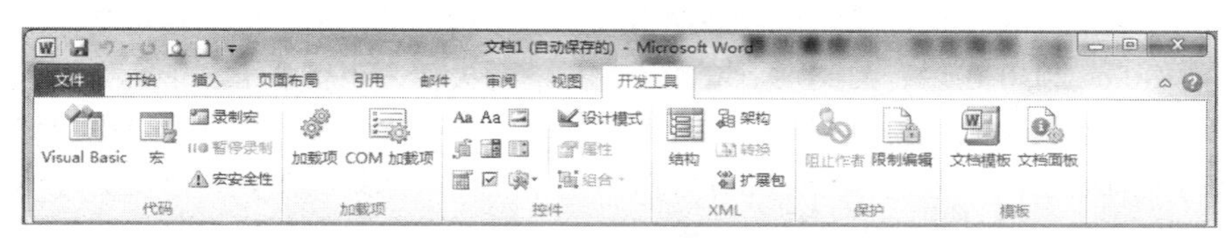

图 2–8　“开发工具”选项卡

其中代码面板是用 VBA（Microsoft Visual Basic for Applications）语言编程来实现操作功能或操作过程中自动生成 VBA 程序，称为录制宏；加载项（COM）是基于组件对象模型，为了完成某种功能需要在启动程序时自动加载的模块，例如书法字帖功能、稿纸功能、制作信封功能等。

控件面板即 ActiveX 控件，是小构件，用于创建通过 Web 浏览器在 Internet 上工作的应用程序，如常见的 ActiveX 控件：命令按钮、列表框和对话框等。Office 程序还允许使用 ActiveX 控件来改进某些文档，在此会出现风险和潜在危害，慎重使用。具体应用包括收集数据、查看特定文件种类以及显示动画的自定义应用程序。

XML 面板是一种可扩展标记语言（eXtensible Markup Language）面板，用于标记电子文件使其具有结构性。在 Word 2010 中使用和支持 XML 文件格式，使用前需要选择一个架构。这些 XML 文件格式基于开放标准，可以从不同数据源快速创建文档，并加快文档合成、数据挖掘和内容重用速度。其优点是压缩比高、损坏易恢复、更安全、兼容性好和可跨平台。

保护面板可以限制文档的格式和编辑，以及强制保护。若限制了文档编辑，也就是将文档保护为只读文件。

模板面板可以使用系统提供的文档模板和自定义模板。

2. Word 2010 新增功能介绍

① 导航窗格。单击主窗口上方的“视图”选项卡，在“显示”功能区中勾选“导航窗格”选项即可在主窗口的左侧打开导航窗格。可以在导航窗格内显示标题文字；可以利用导航窗格查找与搜索相匹配的关键字；可以在导航窗格中查看文档所有页面的缩略图。

② 屏幕截图。无须使用截图软件或者使用键盘上的【PrintScreen】键来完成，Word 2010 内置的“屏幕截图”功能能将截图插入文档中，而且可以有选择地截取屏幕上的一部分。

③ 背景移除。在 Word 文档中插入图片后，用户可以使用“删除背景”命令对图片进行简单的抠图操作，而无须再启动 Photoshop。

④ 屏幕取词。在 Word 2010 中除了以往的文档翻译、选词翻译和英语助手之外，还加入了一个“翻译屏幕提示”功能，可以像电子词典一样对选取的英文进行屏幕翻译。

单击主窗口上方的“审阅”选项卡，将模式切换到审阅状态下，单击“翻译”按钮，在弹出的下拉列表中选择“翻译屏幕提示（英语助手：简体中文）”选项。

⑤ 文字视觉效果。在 Word 2010 中用户可以为文字添加图片特效，例如阴影、凹凸、发光以及反射等，同时还可以对文字应用格式，从而让文字完全融入图片中。这些操作实现起来也非常容易，只需要单击“开始”选项卡下“字体”功能区的文本效果“ ”按钮即可。

⑥ 图片艺术效果。Word 2010 还为用户新增了图片编辑工具，无须其他的照片编辑软件，即可插入、剪裁和添加图片特效，也可以更改颜色和饱和度、色调、亮度以及对比度，轻松、快速地将简单的文档转换为艺术作品。

⑦ SmartArt 图形。SmartArt 是 Office 2007 引入的一个很酷的功能，可以轻松制作出精美的业务流程图，而 Office 2010 在现有的类别下增加了大量的新模板，还新添了多个新类别，提供更丰富多彩的各种图表绘制功能；利用 Word 2010 提供的更多选项，可以将视觉效果添加到文档中，可以从新增的 SmartArt 图形中选择，在几分钟内构建令人印象深刻的图表，以便更好地展示你的创意。更为便利的是，如果文档中已经包含图片，则可以像处理文本一样，将这些图片快速转换为 SmartArt 图形。

2.1.2 Word 文档基本操作

1. 创建文档

单击“开始”按钮，选择“所有程序”|“Microsoft Office”|“Microsoft Office Word 2010”命令，或双击桌面上已建立的快捷方式图标，启动 Word 2010，打开如图 2-9 所示的 Word 主窗口。此时 Word 程序自动创建并打开一个名为“文档 1”的空文档。

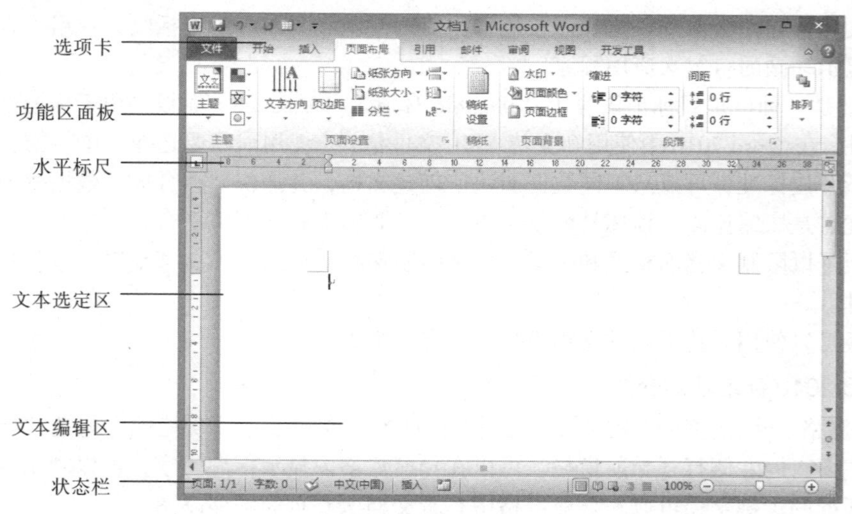

图 2-9 Word 主窗口

选择一种汉字输入法，输入下面“谁动了大学生的钱袋子”的文字内容。要求：英文和数字用半角，标点符号用全角。

说明：为今后排版方便，不要用【Space】键缩进每段的首行，录入到各行结尾处也不要按【Enter】键换行，要由 Word 自动换行。只有当开始一个新的段落时才可按【Enter】键。

谁动了大学生的钱袋子

“眼下的校园生活太丰富多彩了，花销也大。上网要钱，逛街要钱，同学生日聚会要钱，考计算机证也要花钱……其实对于我们来说，只要喜欢，钱倒不是问题。”上周，在浙江工商大学公管学院的一个座谈会上，一位同学针对目前大学生的消费状况，做了如上描述。

现在大学生的生活消费究竟到了一个怎样的层次？据国内某大学对全校学生做的一次调查显示：75%以上的学生每月日常消费在￥500 至￥1000 元之间，部分爬上了￥2000 元，超过普通白领消费水平。

……

如果还要创建新文档，可按如下步骤操作：

① 单击“文件”菜单，如图 2-10 所示。

② 选择“新建”命令，选中“空白文档”，然后单击“创建”按钮，即可打开一个新的由 Word 自动命名的空文档。

2．保存文档

将已录入的文字以“谁动了大学生的钱袋子”为文件名保存，保存位置为“D:\学生姓名”（以下以“李明”为例）文件夹。

单击标题栏上的“保存”按钮，或者选择“文件”菜单 | 保存 | 弹出图 2-11 所示的“另存为”对话框。在该对话框的左侧导航窗格中定位到保存位置“D:\李明”（若无此文件夹，可先行建立），设置文件名：谁动了大学生的钱袋子 | 保存类型：Word 文档（docx） |“保存”按钮，则新建文档被保存。

若要保存的是旧文档，即已有文件名的文档，则有以下两种操作：

① 原文件名保存。选择“文件”菜单|“保存”命令，或单击“标题栏”中的“保存”按钮即可。

② 更换文件名保存。选择“文件”菜单 |“另存为”命令，弹出“另存为”对话框，输入新文件名即可，如图 2-11 所示。

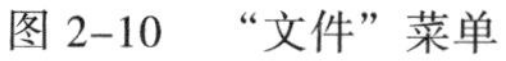
图 2-10　“文件”菜单

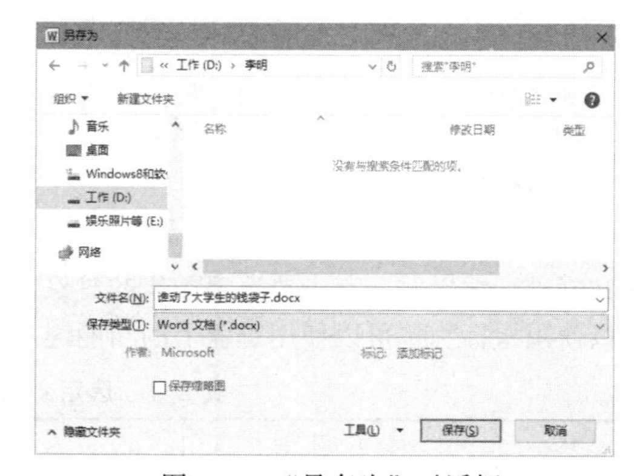

图 2-11　“另存为”对话框

3．设置文档打开权限密码

若在保存文档时要设置文档打开权限密码，可在弹出的“另存为”对话框 |“工具”下拉按钮 | 选择“常规选项” |“常规选项”对话框，在“打开文件时的密码”文本框中输入密码（密

码可以是字母、数字、空格和符号的任意组合，最长可达 15 位，字母区分大小写），然后单击“确定”按钮，弹出“确认密码”对话框，在“请再次键入打开文件时的密码”文本框中再次输入该密码，单击“确定”按钮即可。

若在保存文档时要设置文档修改权限密码，可在“常规选项”对话框的“修改文件时的密码”文本框中输入密码（密码可以是字母、数字、空格和符号的任意组合，最长可达 15 位，字母区分大小写），然后单击“确定”按钮，弹出“确认密码”对话框，在“请再次键入修改文件时的密码”文本框中再次输入该密码，单击“确定”按钮即可。

注意：使用权限密码加密的文档，在保存文档后，如果忘记或丢失了密码，则日后无法打开该文档。

4. 关闭文档

关闭文档但不退出 Word 2010 应用程序，可选择“文件”菜单|“关闭”命令。

关闭文档并退出 Word 2010 可单击菜单栏右侧的“关闭”按钮 ✕ 实现。

注意：关闭 Word 文档与退出 Word 应用程序是两个不同的概念，“关闭”Word 文档是指关闭已打开的文档，但不退出 Word；而“退出”Word 应用程序则不仅关闭文档，还结束 Word 应用程序的运行。

5. 打开保存过的“谁动了大学生的钱袋子.docx”文档

选择“文件”菜单|“打开”命令，弹出如图 2-12 所示的“打开”对话框。在“打开”对话框的左侧窗格定位“谁动了大学生的钱袋子.docx”所在的保存位置，即“D:\李明”文件夹。在该文件夹下的文件名列表中选中“谁动了大学生的钱袋子.docx”文件，单击“打开”按钮。

图 2-12 “打开”对话框

6. 文档的基本编辑

（1）选定文本

对文档进行编辑时，首先要选定操作的对象，然后再对选定的对象进行各种编辑设置。选定文本可以使用鼠标，也可以使用键盘上的功能键。选定文本的操作方法如表 2-1 所示。

表 2-1 选定文本的操作方法

方　式	选定内容	操作方法
使用鼠标	选定部分文字	按住鼠标左键拖动
	选定一个句子	按住【Ctrl】键的同时单击句中任意位置
	选定一行或多行	在页面左侧文本选定区单击或者按下鼠标左键拖动
	选定一个段落	在文本选定区双击鼠标

续表

方　式	选 定 内 容	操 作 方 法
使用鼠标	选定整个文档	在文本选定区连续快速三击鼠标，或者鼠标指针指向文本选定区后按住【Ctrl】键单击鼠标
	选定一个矩形块	按住【Alt】键后在选定区域同时拖动鼠标
	选定大块文本	先将光标定位在块首，然后按住【Shift】键在块尾处单击鼠标
使用键盘功能键	从文档开头到插入点位置	按【Ctrl+Shift+Home】组合键
	从插入点到文档末尾	按【Ctrl+Shift+End】组合键
	选定一块文本	首先将光标定位在起始位置，然后按住【Shift】键的同时连续按下【→】(【←】、【↑】、【↓】) 键
	选定整个文档	按【Ctrl+A】组合键

（2）文本的移动、复制、删除

要对文本进行移动、复制或者删除操作，首先需要选定要操作的文本，然后使用表 2-2 所示的方法对文本进行相应的操作。

表 2-2　移动、复制、删除操作方法

操　作	使用键盘功能键	使用快捷菜单命令	使用命令按钮
移动	Ctrl+X、Ctrl+V	剪切，粘贴	剪切 粘贴
复制	Ctrl+C、Ctrl+V	复制，粘贴	复制 粘贴
删除	Ctrl+X，或者按【Del】键或者按【Delete】键	剪切	剪切

（3）撤销和恢复操作

如果发生误删除（移动、复制）等操作，可单击“标题栏”上的“撤销”按钮，（或单击“撤销”按钮旁边的下拉按钮，打开可撤销操作列表，选择最近一次执行的操作即可）。撤销操作也可以使用【Ctrl+Z】组合键。

如果刚刚撤销了某项操作，又想把它恢复回来，可单击“标题栏”上的“恢复”按钮，（或单击“恢复”按钮旁边的下拉按钮，打开可恢复操作列表，选择最近一次执行的操作即可）。

（4）插入状态和改写状态

当状态栏的“插入”按钮显示为“插入”时，Word 2010 系统处于插入状态，此时输入的文字会使插入点之后的文字自动右移。当再次单击“插入”按钮时，Word 2010 系统便转换为改写状态，按钮名称显示为“改写”，这时输入的文本内容替换了原有的内容。当再次单击改写按钮，又回到插入状态。也可以按键盘上的【Insert】键来切换。

（5）查找和替换

单击“开始”选项卡 |“编辑”|“查找”按钮，在 Word 编辑区左侧打开如图 2-13 所示的“导航”窗格，在导航窗格的文本框中输入要查找的文本，比如输入“消费”，然后按【Enter】键，则在导航窗格中显示“消费”在文档中出现的段落，单击导航窗格中的段落，“消费”二字以黄色底纹、文字高亮显示。

单击“开始”选项卡 |“编辑”|“替换”按钮，弹出如图 2-14 所示的“查找和替换”对话框。在“查找内容”文本框中输入“消费”，在“替换为”文本框中输入 consume，单击“替换”按钮，Word 会逐一提示是否需要替换，若不替换，则继续单击“查找下一处”按钮；单击“全部替换”按钮，Word 会在全部替换完成后，提示完成了多少处替换。

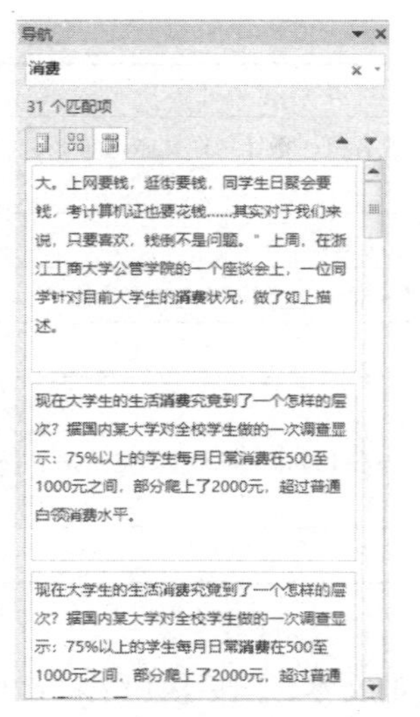

图 2-13 “查找”导航窗格

图 2-14 “查找和替换”对话框

如果对查找替换有更高的要求，可单击“查找和替换”对话框中的“更多”按钮，将对话框展开成高级查找与替换状态，对查找与替换的内容进行字体、段落、样式等格式的设置。

（6）选定表格

对表格选择操作如表 2-3 所示。

表 2-3 表格的操作方法

选择范围	操作方法
选择整个表格	单击表格左上角的表格全选按钮
选择一行	把鼠标指向行首，当鼠标变成右向空箭头时，单击鼠标
选择连续的多行	把鼠标指向行首，当鼠标变成右向空箭头时，按下鼠标左键并拖动
选择一列	把鼠标指向列上方，当鼠标变成黑色向下箭头时，单击鼠标
选择连续的多列	把鼠标指向列上方，当鼠标变成黑色向下箭头时，按下鼠标左键并拖动
选择一个单元格	把鼠标指向单元格的左侧，当鼠标变成黑色实心箭头时，单击鼠标
选择多个连续的单元格	把鼠标指向单元格的左侧，当鼠标变成黑色实心箭头时，按下鼠标左键并拖动

7. 拼写和语法检查

Word 2010 的拼写检查功能是针对录入和编辑文档时出现的拼写和语法错误进行的，检查既可针对英文，也可针对简体中文，但实际上对中文的校对作用不大，漏判、误判时常出现。因此，真正有用的还是对英文文档的校对。当在文档中输入错误的或者不可识别的单词时，Word 会在该单词下用红色波浪线标记；对有语法错误的句子用绿色波浪线标记。拼写检查的工作原理是读取文档中的每一个单词，并与已有词库中的单词进行比较，如果相同则认为该单词正确；如果不相同，则在屏幕上显示词库中相似的词，供用户选择。若遇到新单词可将其添加到词库中；如果是人名、地名、缩写等可忽略。

设置“键入时检查拼写”和“随拼写检查语法”两项功能：选择“文件”菜单 | 选项 | 在弹出的“Word 选项”对话框中，选择“校对” | 在“Word 中更正拼写和语法时”栏中选中这两项后，系统自动具有此功能。

2.2　Word 文档短文排版实验

2.2.1　实验目的

① 掌握字符格式和段落格式的设置。

② 掌握页面格式的设置。

③ 掌握在文档中插入各种对象的方法。

④ 掌握图文混排的设置方法。

⑤ 网络下载素材：E2-2.zip（E2-2 素材.docx），另存入 D 盘。注：如果下载的是压缩文件（.zip 或.rar），右击解压缩后使用。将 E2-2 素材.docx 重命名为“谁动了大学生的钱袋子.docx”。

2.2.2　实验内容

1. 打开“谁动了大学生的钱袋子.docx”（E2-2 素材.docx）

方法一：选择桌面左下角“开始”菜单 | 所有程序|Microsoft Office|Microsoft Word 2010，或直接双击桌面上已建立的 Word 快捷方式图标，此时 Word 程序启动，并创建一个默认的名为“文档 1”的空文档。选择“文件”菜单|打开 | 弹出“打开”对话框，在打开对话框左侧导航窗格中，单击文件所在的磁盘（D 盘），在右侧窗口中找到文件所在的文件夹，在文件名列表中选中“谁动了大学生的钱袋子.docx”文件，单击“打开”按钮。

方法二：打开桌面上的“此电脑”，找到“谁动了大学生的钱袋子.docx”文档，然后双击文档名图标，即可启动 Word 2010 并打开该文档。

2. 字符和段落格式的设置

（1）设置文档标题的字符格式

将文档标题“谁动了大学生的钱袋子”设置为黑体、三号、加粗、加着重号，文本效果为第 3 行第 4 列的效果，字符间距加宽 3 磅；将“大学生的”四个字的位置提升 8 磅。操作步骤如下：

① 选中文档标题文字“谁动了大学生的钱袋子”，单击“开始”选项卡 |“字体”功能区设置：黑体、三号、加粗以及文本效果（见图 2-15a，选择第 3 行第 4 列的效果）。此类基本字符格式的设置也可以在“字体”对话框中进行（见图 2-15a）。

② 单击“开始”选项卡 |“字体”功能区右下角的“字体”对话框按钮（见图 2-15a），弹出图 2-15b 所示的“字体”对话框，在“字体”选项卡的“着重号”下拉列表中选择着重号“·”。

③ 在“字体”对话框的“高级”选项卡中设置：间距加宽 3 磅。

④ 选中文档标题文字“大学生的”，在“字体”对话框的“高级”选项卡中设置位置提升 8 磅，如图 2-16 所示。

（2）设置文档标题的段落格式

将文档标题“谁动了大学生的钱袋子”设置为居中对齐、首字下沉两行。操作步骤如下：

① 选中标题文字“谁动了大学生的钱袋子”，或者将光标定位在标题段落中 | 单击“开始”选项卡 |“段落”功能区：居中对齐。

② 单击“插入”选项卡 |“文本”功能区“首字下沉”按钮 | 单击“首字下沉选项” | 弹出图 2-17 所示的“首字下沉”对话框，设置下沉行数为 2。文档标题的最终效果如图 2-18 所示。

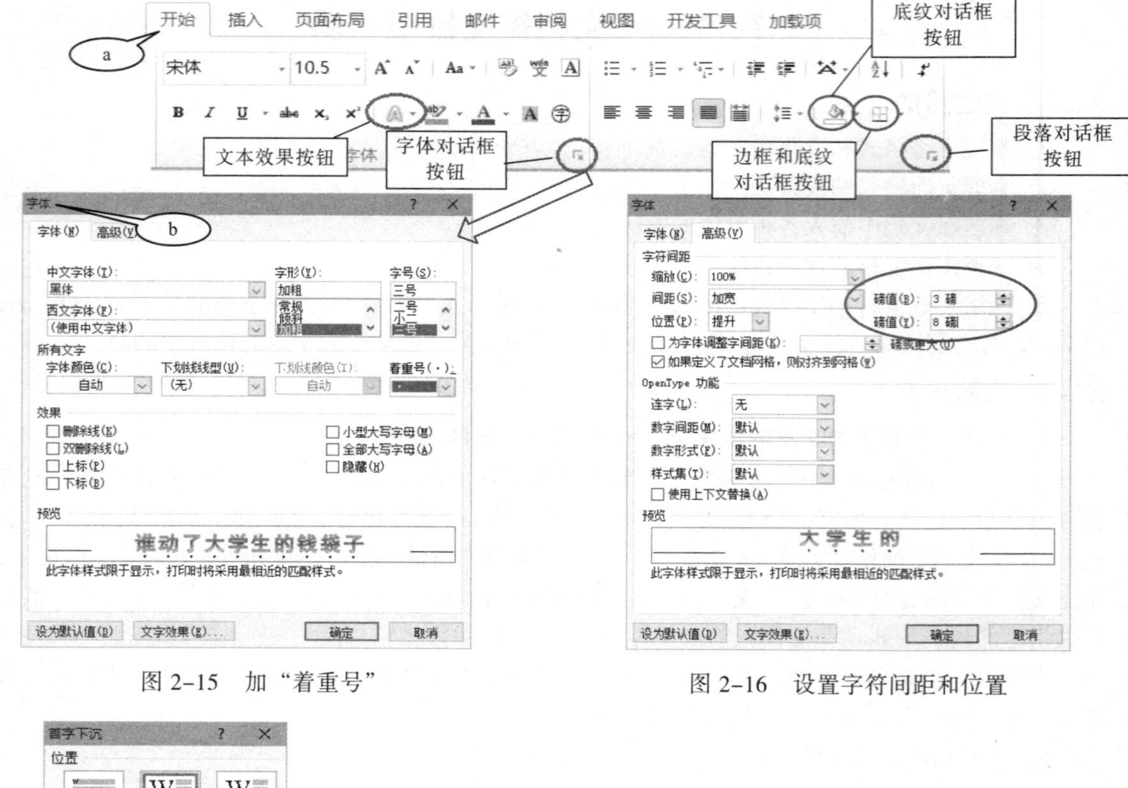

图 2-15　加“着重号”

图 2-16　设置字符间距和位置

图 2-17　“首字下沉”对话框

图 2-18　标题设置效果图

（3）设置正文

将文档正文设置为楷体、小四号，段间距为段前、段后各 5 磅，行距为单倍行距，首行缩进 2 字符，两端对齐。操作步骤如下：

① 单击正文起始处，按住【Shift】键单击文档结尾处，选定全部正文。或在页面左边距处，从正文开始行用鼠标左键拖动至结束行。

② 单击“开始”选项卡 |“字体”功能区设置：楷体、小四号，见图 2-15a。单击“段落”对话框按钮，如图 2-19 所示，在“段落”对话框中设置：两端对齐、正文文本；首行缩进 2 字符；段前段后均为 5 磅；单倍行距。

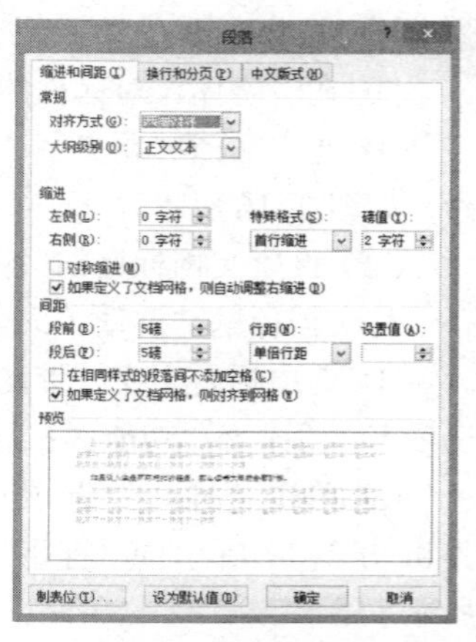

图 2-19　“段落”对话框

（4）设置标题

将文档中的六个小标题设置为黑体、加粗，段落：左对齐、段前段后间距均为 7. 75 磅，其他默认。操作步骤如下：

方法一：

① 选中第一个小标题：1.“温饱”消费只占三成——吃饭穿衣每月花费不大 | 按住【Ctrl】键，依次选中后面的五个小标题。

② 按照前面讲述的操作方法，分别设置字体和段落。

方法二：

① 选中第一个小标题：1.“温饱”消费只占三成——吃饭穿衣每月花费不大，按照前面讲述的操作方法，设置黑体、加粗、段前段后间距。

② 双击“开始”选项卡 |“剪贴板”功能区的“格式刷”按钮，这时光标指针变成小刷子形状，按住鼠标左键依次刷过其他五个小标题即可。最后单击“格式刷”按钮或按【Esc】键将其释放。

若是单击“格式刷”按钮，则只能使用一次，双击则可用多次。

（5）设置正文第一段文字

将正文第一段文字“眼下的校园生活……做了如上描述。”设置为深红色下画波浪线，操作步骤如下：

① 选中正文第一段|“开始”选项卡|“字体”功能区：单击“下画线”下拉按钮，在弹出的下拉列表中选择下画线类型“波浪线”。

② 再次单击“下画线”下拉按钮 | 选择“下画线颜色”为标准色中的“深红”。

（6）设置第二段、第三段文字

给第二段和第三段添加项目符号“●”，字体为橙色、小四。操作步骤如下：

① 选中第二段和第三段文字 |“段落”功能区，单击“项目符号”下拉按钮，在弹出的列表中选择“●”符号。

② 再次单击“项目符号”下拉按钮 | 选择“定义新项目符号”选项 | 在弹出的对话框中单击“字体”按钮 | 在“字体”对话框中设置字体颜色为标准色中的“橙色”，字号为小四。

（7）设置最后一段文字

给文档最后一段中的三行文字添加黄色字符底纹、黑色字符边框，并给最后一个段落添加颜色为“橙色，强调文字颜色 6，深色 25%”、宽度为“0.5 磅”的阴影边框，以及“橙色，强调文字颜色 6，淡色 80%”的填充色和“样式 5%、自动颜色”的底纹。操作步骤如下：

① 选中最后一段文字，单击“字体”功能区 |“字符边框”按钮，给文字设置黑色边框线。

② 单击“开始”选项卡 |“段落”功能区（见图 2-20a）|“底纹”下拉按钮，选择标准色中的“黄色”作为文字底纹。

③ 单击“开始”选项卡 |“段落”功能区（见图 2-20a）|“边框和底纹”按钮，弹出图 2-20b 所示的“边框和底纹”对话框，在“边框”选项卡中设置：“阴影”边框；颜色为主题颜色：橙色，强调文字颜色 6，深色 25%；宽度：0.5 磅。

④ 单击“底纹”选项卡（见图 2-20c）| 设置填充：主题颜色，橙色，强调文字颜色 6，淡色 80%；图案：样式 5%、颜色自动 | 单击“确定”按钮。

3．页面格式的设置

（1）设置文字水印

为文档设置红色、半透明、斜式的文字水印，内容为“This is a problem!”。操作步骤如下：

① 单击“页面布局”选项卡（见图 2-21a）|“页面背景”功能区 |“水印”按钮，在弹出的下拉列表中选择“自定义水印”| 弹出图 2-21b 所示的“水印”对话框。

② 选中“文字水印”单选按钮 | 输入文字“This is a problem!”| 设置颜色：标准色，红色；选中“半透明”；设置版式：斜式 | 单击“确定”按钮。

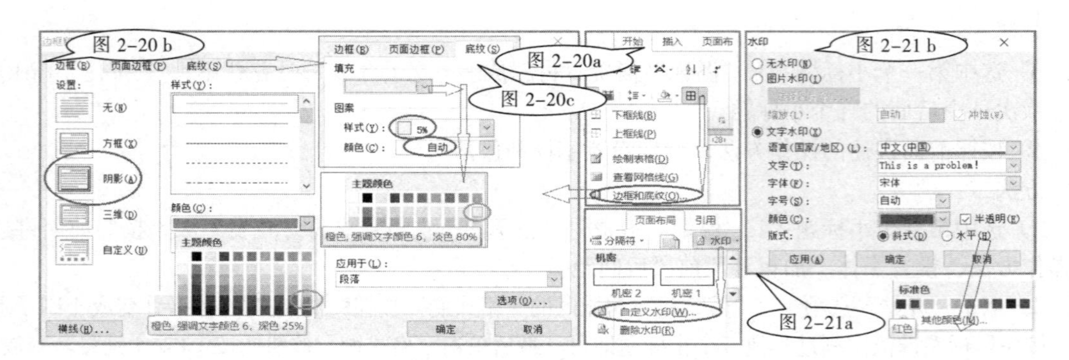

图 2-20 “边框和底纹”对话框　　　　图 2-21 “水印”对话框

在“水印”对话框中如果选中“图片水印”单选按钮，可以设置具有水印效果的背景图片。

（2）加艺术型边框

给所有页面加上艺术型边框，样式自定，设置完成后以原文件名保存。操作步骤如下：

① 同图 2-20 操作先打开“边框和底纹”对话框 | 单击“页面边框”选项卡 |“艺术型”下拉列表框中选择一种样式 | 单击“确定”按钮。

② 设置完成后单击“文件”选项卡上方的“保存”按钮或选择“文件”菜单 |“保存”命令，以原文件名保存文件。

（3）设置分栏效果

将文档第 4 段落（包括小标题）的“1.‘温饱’消费只占三成——吃饭穿衣每月花费不大”开始，到第 14 段落的“对理科学生找工作来说就根本起不到作用。”结束的正文部分分成左、右两栏，中间加分隔线，栏间距为 3 字符。操作步骤如下：

选中文档以上相关段落 | 单击“页面布局”选项卡下“分栏”按钮，选择“更多分栏” | 弹出“分栏”对话框，如图 2-22 所示，设置预设：两栏；选中“分隔线”复选框；间距：3 字符；选中“栏宽相等”复选框；应用于：所选文字；单击“确定”按钮。

（4）设置页面和纸张

提示：如果单位显示为“磅”时，可设置为“厘米”，步骤如下：文件 | 选项，打开“Word 选项”对话框 | 高级 | 显示：度量单位(M):厘米。

设置页面上下页边距为 2.5 厘米，左右页边距为 3 厘米，纸张为 A4 横向。操作步骤如下：

单击“页面布局”选项卡 | 选择 “页边距”按钮 | 单击“自定义边距” | 弹出“页面设置”对话框，如图 2-23 所示，单击“页边距”选项卡 | 设置页边距：上下为 2.5 厘米、左右为 3 厘米；纸张方向：横向；应用于：整篇文档 | 单击“纸张”选项卡 | 设置纸张大小：A4（21 厘米 ×29.7 厘米）；应用于：整篇文档 | 单击“确定”按钮。

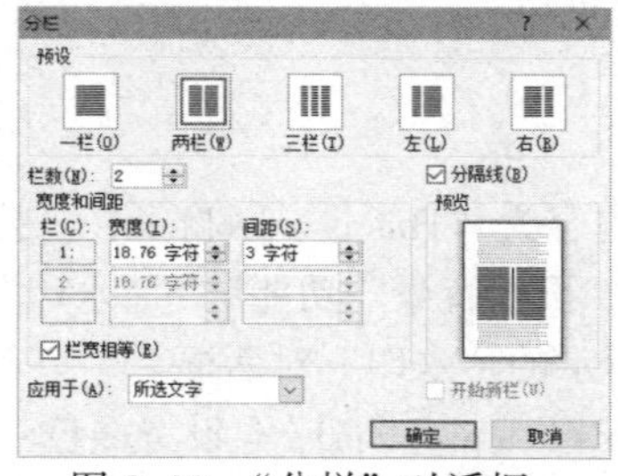

图 2-22 “分栏”对话框

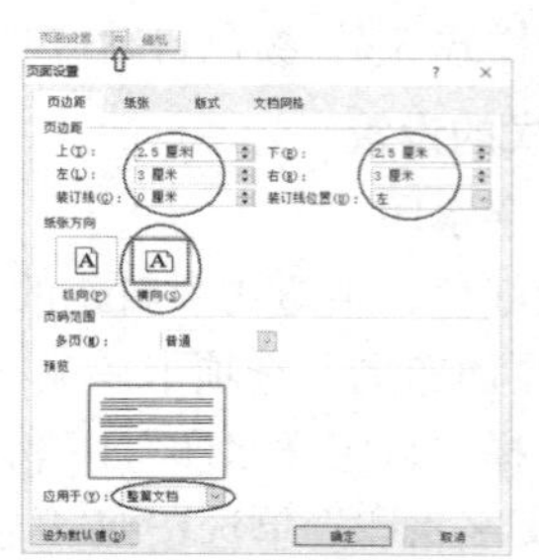

图 2-23 “页面设置”对话框

也可以直接单击“页面设置”对话框按钮（“页面设置”功能区右下角），打开对话框进行设置。

（5）设置页眉和页脚

设置文档页眉内容为“谁动了大学生的钱袋子”，字体和段落格式为“紫色、华文彩云、三号、加粗、居中对齐”，并将页眉距边界的距离设置为 1.5 厘米；在页脚区插入页码，居中对齐，将页脚距边界的距离设置为 2 厘米。操作步骤如下：

① 选择“插入”选项卡 ǀ 单击“页眉和页脚”功能区中的“页眉”按钮 ǀ 在弹出的下拉列表中选择“编辑页眉”，进入页眉和页脚编辑状态。这时，功能区出现“页眉和页脚工具-设计”选项卡，如图 2-24 所示，与页眉和页脚设置有关的工具都在此选项卡下，可以选择使用。

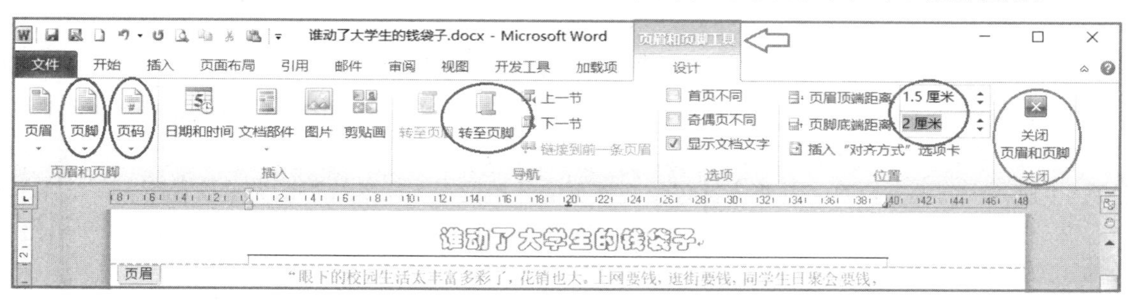

图 2-24　“页眉和页脚工具-设计”选项卡

② 在页眉编辑区中输入“谁动了大学生的钱袋子”，并选中文字按照前面讲述的操作方法，分别设置其字体和段落格式为：紫色、华文彩云、三号、加粗、居中对齐，其他默认。

③ 选择“页眉和页脚工具-设计”选项卡，单击“转至页脚”按钮或者“页脚”按钮中的“编辑页脚”选项，切换到页脚编辑区。在页脚的位置插入页码，可以单击“页码”按钮 ǀ 在下拉列表中选择“页面底端”：普通数字 2；或者“当前位置”：普通数字，如果未居中，将其设置为居中对齐。

④ 在“位置”功能区设置“页眉顶端距离”为 1.5 厘米，“页脚底端距离”为 2 厘米。单击“关闭页眉和页脚”按钮，退出页眉和页脚设置。

4．插入艺术字、SmartArt 图形、图片、屏幕截图等对象

（1）设置艺术字

将“谁动了大学生的钱袋子.docx”文档中标题文字“谁动了大学生的钱袋子”设置为艺术字。样式自定，高度为 5 厘米，宽度为 12 厘米，文本效果为“正方形”，文本填充色为黄色，轮廓颜色为红色，粗细为 1.5 磅。操作步骤如下：

① 打开文档，选中标题文字“谁动了大学生的钱袋子” ǀ“插入”选项卡 ǀ 文本功能区，艺术字→选择一个艺术字样式。

② 在“绘图工具-格式”选项卡中：

大小功能区，设置高度：5 厘米，宽度：12 厘米。

艺术字样式功能区，文本效果→转换、弯曲：正方形（第 1 个） ǀ 文本填充→黄色 ǀ 文本轮廓→标准色：红色 ǀ 文本轮廓→粗细：1.5 磅，见图 2-25 第 1 页标题效果。

（2）插入 SmartArt 图形

在文档最后一段之后插入一个空白页，并在其中插入“不定向循环”样式的 SmartArt 图形，以此总结大学生的消费情况。将 SmartArt 图形样式设置为“卡通”，设置整个图形的高度和宽度均为 10 厘米，并设置其环绕方式为“衬于文字下方”。

谁动了大学生的钱袋子

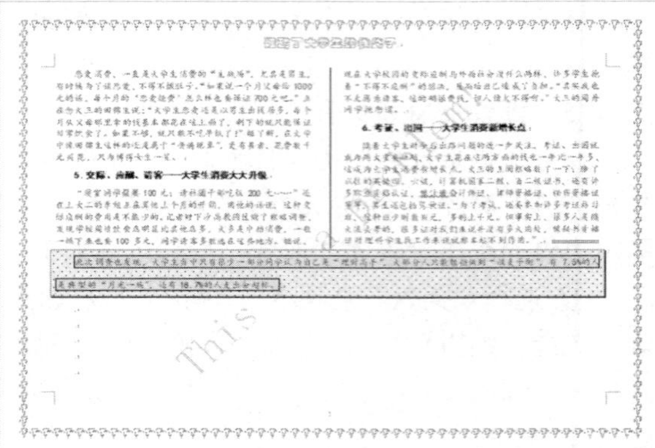

图 2-25 文档前两页版面设置效果

① 定位到文档最后一段之后，即“还有 18.7%的人支出会超标。”之后，“页面布局”选项卡 | “页面设置”功能区 | “分隔符”下拉按钮 分隔符 | 选择“分页符”选项。系统自动插入“分页符”，生成一个新的空白页，并将光标定位在该页的开始位置。段落行距设为单倍行距。

② 根据文中所述，大学生的消费项目主要包括六个方面：基本温饱、电子产品、服饰和化妆品、恋爱消费、交际应酬、考证出国。

“插入”选项卡 | “插图”功能区 | SmartArt，在图 2-26 所示的“选择 SmartArt 图形”对话框中，选择：循环→不定向循环，单击“确定”按钮。

③ 默认情况下，该图形中可容纳五项内容，可先将前五项（即基本温饱、电子产品、服饰和化妆品、恋爱消费、交际应酬）按照任意顺序输入其中。

在“SmartArt 工具-设计”选项卡中，“创建图形”功能区 | 文本窗格 | 打开图 2-27 所示的“在此处键入文字”文本窗格 | 在最后一项的后面按【Enter】键，输入“考证出国”，即可将第六项内容加入图形中。

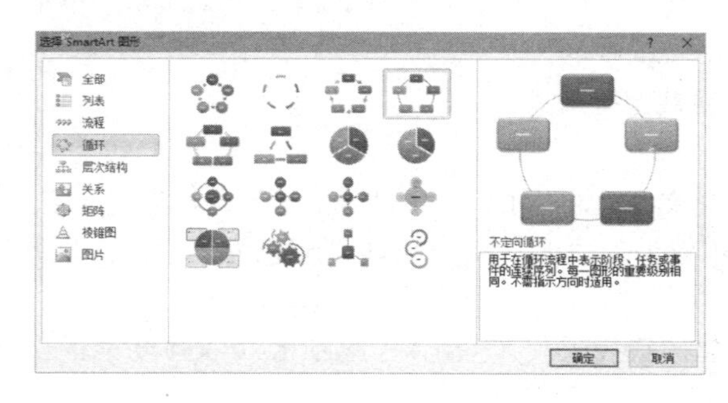

图 2-26 “选择 SmartArt 图形”对话框

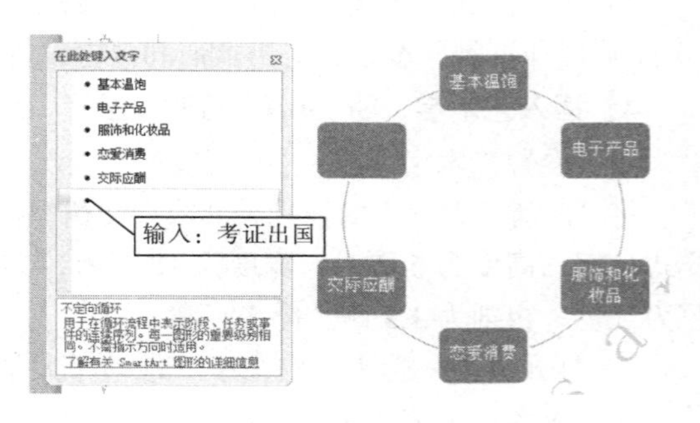

图 2-27 在 SmartArt 图形中增加项目内容

④ 选中该图形，“SmartArt 样式”功能区 | 找到“卡通”样式单击，应用卡通样式。

⑤ 在“SmartArt 工具-格式”选项卡中，设置“大小”：高度和宽度分别为 10 厘米。设置“排列”：自动换行→选择“衬于文字下方”。或者设置“排列”：位置→其他布局选项 | “布局”对话框 | “文字环绕”选项卡：衬于文字下方 | 单击“确定”按钮。效果如图 2-28 所示。

（3）插入剪贴画

在 SmartArt 图形的中间插入任意一个与钱有关的剪贴画，设置环绕方式为“浮于文字上方”，高度和宽度均为 4 厘米，颜色为“橄榄色”，最后将两个对象进行组合。操作步骤如下：

① 单击 SmartArt 图形，将光标定位其上 |“插入”选项卡 |“插图”功能区 | 剪贴画→打开“剪贴画”任务窗格 | 单击“搜索”按钮，在窗格下方列表框中列出所有剪贴画。任选一个与钱有关的，单击即可将其插入到光标位置。

② 选中剪贴画，单击“图片工具-格式”选项卡 | 排列 | 自动换行→选择“浮于文字上方”。或者位置→其他布局选项 |“布局”对话框 |“文字环绕”选项卡：浮于文字上方 | 单击“确定”按钮。

③选择“图片工具-格式”选项卡 | 大小 | 设置高度和宽度分别为 4 厘米。单击“调整”功能区 | 颜色→橄榄色，强调文字颜色 3 浅色。将剪贴画拖动到 SmartArt 图形的中间位置。

④ 先选中剪贴画，按住【Ctrl】键，同时选中 SmartArt 图形，右击鼠标，在弹出的快捷菜单中选择“组合”，在下一级子菜单中选择“组合”，即可完成两个对象的组合操作。

（4）插入图片文件

在 SmartArt 图形的周围插入一幅图片，设置环绕方式为“四周型”，艺术效果为“铅笔灰度”，高度为 10 厘米、宽度为 8 厘米，并将其裁剪为“圆柱形”。操作步骤如下：

① 将光标定位到 SmartArt 图形周围，单击“插入”选项卡 |“插图”功能区 |“图片”按钮，弹出“插入图片”对话框，找到图片“人民币”，单击“插入”按钮。

② 右击图片，从弹出的快捷菜单中选择“自动换行”命令，在下一级子菜单中选择“四周型环绕”。

③ 右击图片，从弹出的快捷菜单中选择“大小和位置”命令，打开“布局”对话框，设置图片的高度为 10 厘米、宽度为 8 厘米，注意：不能锁定纵横比。

④ 选中图片，单击“图片工具-格式”选项卡 |“调整”功能区 |“艺术效果”按钮，在下拉列表中选择“铅笔灰度”。在“大小”功能区单击“裁剪”下拉按钮，在下拉列表中选择“剪裁为形状”，进一步选择“基本形状”→“圆柱形”。操作完成后，调整至合适的位置即可。

（5）插入文本框

在“谁动了大学生的钱袋子.docx”文档的第三页中，插入一个文本框，内容为“请正视我们面临的问题”，字体格式为“隶书、二号、黄色突出显示”，文本框无框线。操作步骤如下：

① 将光标定位在文档第三页 SmartArt 图上方某一段落符前面。单击“插入”选项卡 |“文本”功能区 | 文本框：单击“绘制文本框”，鼠标为十字 | 拖动鼠标绘制出文本框 | 输入文本　“请正视我们面临的问题” |“开始”选项卡 | 字体 | 选中文字设置字体格式：隶书、二号、黄色突出显示。

② 选中文本框，单击“绘图工具-格式”选项卡 |“形状样式”功能区→形状填充：无填充颜色；形状轮廓：无轮廓；调整文本框至合适的位置和大小。

（6）插入自选图形

在文本框前后两边各插入一个红色爱心图案，并将两个爱心和文本框进行组合。操作步骤如下：

① 单击“插入”选项卡 |“插图”功能区 |“形状”按钮，在下拉列表中选择“基本形状”→“心形”，在文本框前面拖动鼠标，当图形达到一定大小后释放鼠标。“心形”大小调整，可用鼠标拖动“心形”柄实现。

② 选中心形，单击“绘图工具-格式”选项卡 |“形状样式”功能区 |“形状填充”按钮，在下拉列表中选择标准色中的“红色”，单击“形状轮廓”按钮，在下拉列表中选择“无轮廓”。

③ 复制一个心形图案，放置到文本框的后面。可用【Ctrl】键+鼠标拖动实现复制心形。

④ 按住【Shift】键，单击心形和文本框 | 鼠标右击，在弹出的快捷菜单中选择“组合”→“组合”命令。至此完成形状的插入和组合，调整至合适的位置即可。

（7）插入屏幕截图

在当前页插入 Windows 自带的计算器应用程序“标准型”界面截图，并调整图片大小，旋转角度，放至合适的位置。

打开 Windows 自带的计算器应用程序，可以有三种方法。

方法一：桌面开始菜单 | 所有程序 | 附件 | 计算器。

方法二：利用开始菜单底部的搜索功能，在搜索框中输入“计算器”。

方法三：使用【WIN+R】组合键打开“运行”对话框，输入 calc，单击“确定”按钮。

在默认情况下，打开的计算器就是“标准型”，也可以通过“查看”菜单切换到“科学型”“程序员型”等。

在 Word 中，对屏幕进行截图，有两种方法。

方法一：利用剪贴板。

① 打开 Windows 自带的“标准型”计算器。

② 使用【Alt+PrtSc】组合键，将当前活动窗口的内容复制到剪贴板中，如果只按【PrtSc】键，则复制整个屏幕窗口。

③ 在文档第三页中定位插入点，选择“粘贴”命令，完成屏幕截图的插入。

方法二：利用 Word 自带的屏幕截图功能

① 打开需要截图的界面，即 Windows 自带的“标准型”计算器。

② 切换回 Word，将插入点定位在文档第三页中，表示要在此添加屏幕截图。

③ 单击“插入”选项卡 |“插图”功能区 |“屏幕截图”按钮，在下拉列表中选择“屏幕剪辑”，当指针变成“+”字时，按住鼠标左键拖动选择要捕获的屏幕区域，释放鼠标后，该区域图片则插入到文档中。

④ 在选中状态下，截图周围会有八个控制大小柄，用鼠标拖动大小柄可以快速粗略地调整其大小，按住【Shift】键可完成等比例缩放。同时，截图上方有个绿色小圆圈为旋转柄，鼠标放上去会变成一个半圆形箭头，拖动即可进行旋转至 14 度。操作提示：图片工具：格式选项卡 | 大小面板，打开“布局”对话框 |旋转（T）：14 度。

格式设置完成后，“谁动了大学生的钱袋子.docx”第三页的效果如图 2-28 所示。

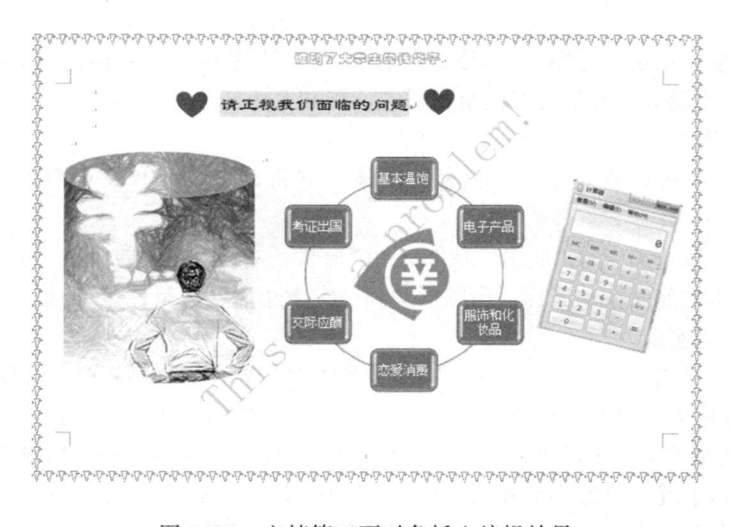

图 2-28　文档第三页对象插入编辑效果

2.3　表格制作实验

2.3.1　实验目的

① 掌握创建表格、编辑表格、设置表格属性的方法。

② 掌握利用公式对表格中的数据进行计算的方法。

③ 网络下载素材：E2-3.zip（E2-3 效果.pdf，无 docx 素材）。

2.3.2　实验内容

1．创建第一个表格：成绩单

（1）将文本转换成表格

新建“个人简历.docx”文档，输入成绩数据，并将文本转换成表格。操作步骤如下：

① 打开 Word 软件，新建一个 Word 文档，以“个人简历.docx”为文件名保存。注：在考试系统中，不用做此操作。

② 在文档页面中按 4 次【Enter】键，给出 4 个段落符。在第 3 个段落符开始输入下面的文字内容，数据间用星号“*”隔开，设置文字字体和段落格式：宋体、五号、两端对齐、段前段后 0 行、单倍行距，其他默认，如图 2-29 所示。

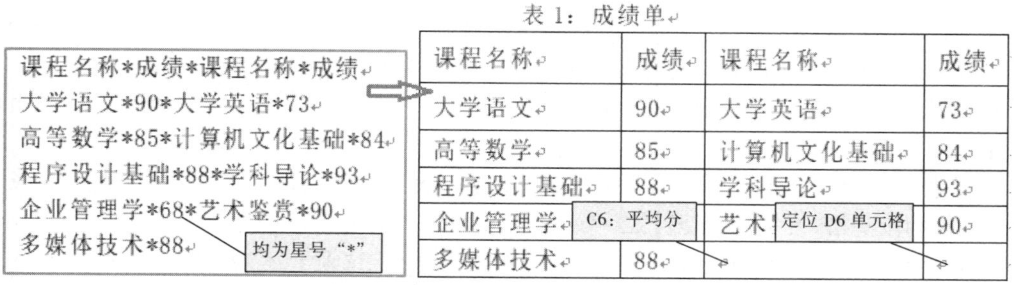

课程名称*成绩*课程名称*成绩
大学语文*90*大学英语*73
高等数学*85*计算机文化基础*84
程序设计基础*88*学科导论*93
企业管理学*68*艺术鉴赏*90
多媒体技术*88

均为星号“*”

表 1：成绩单

课程名称	成绩	课程名称	成绩
大学语文	90	大学英语	73
高等数学	85	计算机文化基础	84
程序设计基础	88	学科导论	93
企业管理学	68	艺术鉴赏	90
多媒体技术	88		

C6：平均分　定位 D6 单元格

图 2-29　成绩单数据和表格

③ 选中上述文本，单击“插入”选项卡 | “表格”功能区→表格 | 在下拉列表中单击“文本转换成表格” | 打开图 2-30 所示的“将文字转换成表格”对话框 | 文字分隔位置→其他字符：输入星号* | 表格尺寸：系统自动获取列数为 4 | “自动调整”操作：固定列宽 | 单击“确定”按钮，即可创建一个 6 行 4 列的表格 | 表格上部输入表格标题“表 1：成绩单” | 标题：宋体、小四号、居中，其他默认。

（2）表格的计算

Word 表格的每一行、每一列都有自己的编号，行号用阿拉伯数字 1、2、3 标识，列号用大写英文字母 A、B、C 标识。每个单元格也都有自己的名称，用行号和列号标识，列号在前行号在后，如第一个单元格为 A1。表格中计算时，要通过单元格的名称来引用其中的数据。

本处要求：在“个人简历.docx”文档中，第一个表格（表 1：成绩单）罗列了九门主要课程的成绩，在最后面的两个单元格中计算所有课程的平均分。操作步骤如下：

①在倒数第二个单元格（即 C6）中输入文字内容：“平均分”（见图 2-29）。

②将插入点定位在要计算结果的单元格 D6（见图 2-29），单击“表格工具-布局”选项卡 | “数据”功能区 | “公式”按钮，弹出图 2-31 所示的“公式”对话框。

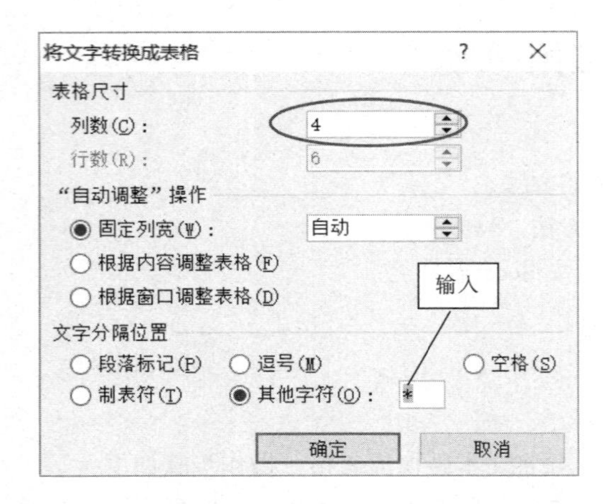

图 2-30 "将文字转换成表格"对话框

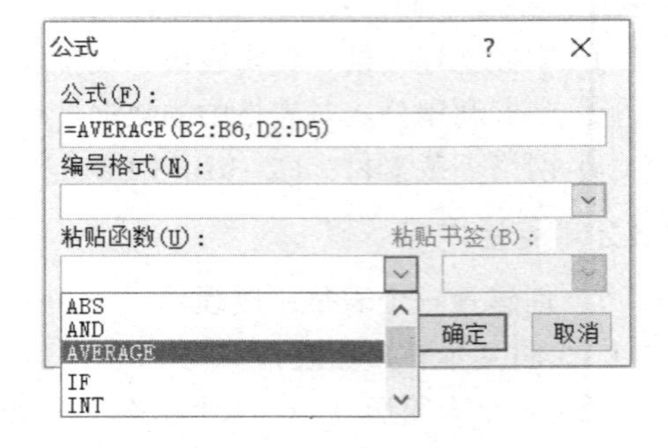

图 2-31 "公式"对话框

③在"粘贴函数"下拉列表框中选择"AVERAGE"函数，在括号中输入 B2:B6,D2:D5，"公式"栏显示为"=AVERAGE(B2:B6,D2:D5)"，单击"确定"按钮，此时计算出平均分为 84.33。

2．创建第二个表格：个人简历

（1）创建一个 7 行 6 列的空表格

在"个人简历.docx"文档中，第 1 个表格（成绩单）后面插入一个"分页符"，文档分成两页；在第 2 页创建一个 7 行 6 列的空表格为个人简历表。操作步骤如下：

① 单击"页面布局"选项卡 |"页面设置"功能区 | 分隔符 | 单击"分页符"，文档页面分为两页。

② 定位在第 2 页上部，输入第二个表格的标题"表 2：个人简历"，并在"开始"选项卡中设置其字体和段落格式：华文彩云、二号、红色、加粗、居中对齐。

③ 定位在标题"表 2：个人简历"下一行，单击"插入"选项卡 |"表格"功能区→表格 | 在下拉列表的"插入表格"下方，按下鼠标左键向右下方拖出 7 行 6 列的表格。或者在下拉列表中选择"插入表格" | 弹出"插入表格"对话框（见图 2-32）| 设置列数：6，行数：7，选择固定列宽 | 单击"确定"按钮，生成一个 7 行 6 列的空表，如表 2-4 所示。

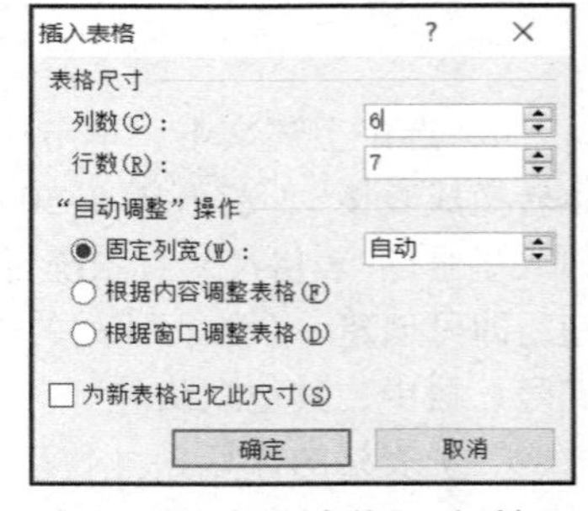

图 2-32 "插入表格"对话框

（2）向空表格中输入数据并设置格式

根据表 2-4 的效果，依次在单元格中输入相应的内容，并设置第一列数据为黑体，其余为宋体，所有数据为五号字、加粗、水平垂直居中。操作步骤如下：

① 将插入点定位在 A1 单元格（1 行 1 列）中，开始依次输入表 2-4 中的内容。每输完一个单元格的内容，可按【Tab】键切换到下一个单元格，或者直接用鼠标定位。

② 单击表格左上角的移动手柄，选中整张表格，在"开始"选项卡 | 字体：宋体、五号、加粗。选中表格第 1 列的数据，设置其字体为"黑体"。

③ 单击表格左上角的移动手柄，选中整张表格，在"表格工具-布局"选项卡 | 对齐方式：单击中间的"水平居中"按钮，实现数据水平垂直居中。或者右击选定的表格 | 单元格对齐方式 | 单击中间的"水平居中"按钮，设置表格中文本水平垂直居中。

表 2-4 “个人简历”最初效果

个人资料	求职意向				照片
	姓名		联系电话		
	出生年月		籍贯		
	最高学历		专业		
	英语水平		毕业院校		
专业技能					
所获奖励					

实际上，表格文本垂直居中还可以在“表格属性”对话框的“单元格”选项卡中进行设置。

（3）在表格中插入行或列

在表格的“专业技能”行上方插入一行，输入“主要课程成绩”。在表格最后插入一行，输入“兴趣爱好”，格式均与“专业技能”相同。操作步骤如下：

① 在表 2-4 中，选中“专业技能”一行或将插入点定位于该行的任意位置。

② 单击“表格工具–布局”选项卡 | 行和列：在上方插入，则在“专业技能”行的上方插入一个空行。在该行最左边单元格中输入“主要课程成绩”，并设置其字体格式：黑体、五号、加粗。

③ 将插入点定位在最后一行中，按照同样的方式在下方插入一个空行，并输入文字“兴趣爱好”，并设置其字体格式：黑体、五号、加粗。若将光标定位在表格最后一行的后面，按【Enter】键，也可在下方插入一个空行。效果如表 2–5 所示。

如果选中两行，同样的操作，可在所选行的上方（或下方）插入两个空行。

同样的操作，可在所选列的左侧（或右侧）插入空列。

表 2-5 插入两行后的效果

个人资料	求职意向				照片
	姓名		联系电话		
	出生年月		籍贯		
	最高学历		专业		
	英语水平		毕业院校		
主要课程成绩					
专业技能					
所获奖励					
兴趣爱好					

（4）在表格中删除列或行（在此不操作）

如果有些同学在校期间没有获得较多奖励，可以删除表格中“所获奖励”行。操作步骤如下：

① 选中要删除的行或列，也可将光标定位在某一单元格。

② 单击“表格工具–布局”选项卡 | 行和列：删除，行或列被删除。或在下拉列表中选择“删除行”或“删除列”，即可将光标所在的行或选中的一行或多行删除（或列）。

（5）行高与列宽的调整

创建表格时，如果没有指定行高和列宽，Word 使用默认的行高和列宽，用户也可根据需要使用下列方法进行调整。

- 利用光标调整。将光标指针移到表格的行线或列线上，当光标指针变成$\updownarrow$或$\leftrightarrow$，同时出现一条虚线时，按住鼠标左键拖放到需要的位置即可。
- 利用制表位调整。将插入点定位在表格内，拖动水平和垂直标尺上的制表站可粗略调整表格的行高和列宽。在按下【Alt】键的同时拖动制表站可精确调整表格的行高和列宽。
- 单击“表格工具–布局”选项卡 | 单元格大小：自动调整，在下拉列表中选择相应的选项。

本处要求：将表格中1至5行的行高设置为1厘米，其他6至9行行高设置为3厘米，第1列列宽设置为1厘米，第2至5列的列宽设置为2.5厘米，第6列的列宽设置为3.5厘米。

操作步骤如下：

① 选中表格1至5行，单击“表格工具–布局”选项卡 | 表：属性 | 弹出图2–33所示的“表格属性”对话框 |“行”选项卡 | 选中“指定高度”复选框： 1厘米，行高值是：固定值 | 单击“确定”按钮。

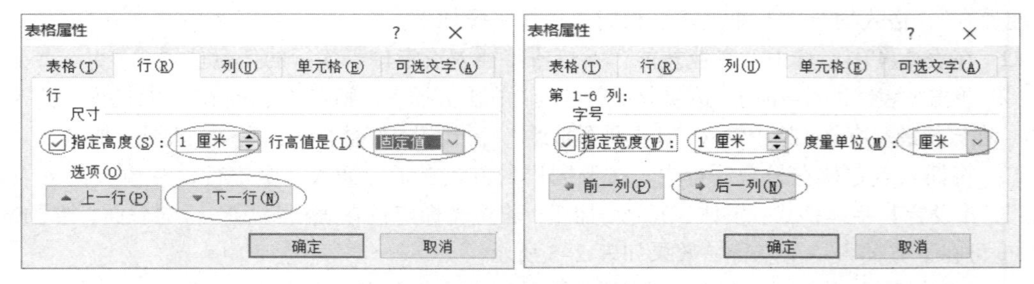

图2–33 “表格属性”对话框

第6至9行行高（3厘米）的设置方式同理可操作。也可以单击“下一行”按钮设置行高。

② 选中第1列，再次打开“表格属性”对话框，如图2–33所示。单击“列”选项卡 | 选中“指定宽度”复选框：1厘米，度量单位：厘米 | 单击“后一列”按钮，设置后续列列宽：第2至5列的列宽2.5厘米，第6列的列宽3.5厘米 | 单击“确定”按钮。注：第1行行高自动变高，不用调整，后续合并单元格后会自动恢复，如果不能恢复可重新设置为1厘米行高。

以上行高和列宽也可以使用“表格工具–布局”选项卡 |“单元格大小”功能区：高度、宽度，进行精确设置。

（6）设置表格的边框、底纹

将表格的外边框设置成“双实线”、“深蓝”、宽度“1.5磅”，内边框设置为“单实线”、“蓝色”、宽度“1.5磅”。将表格的第一列填充“橙色，强调文字颜色6，淡色80%”、图案样式设置为“5%”、图案颜色设置为“红色”。操作步骤如下：

① 选中整张表格。此时“表格工具”被激活 | 选择“设计”选项卡 | 绘图边框→笔样式：双实线，笔画粗细：1.5磅，笔颜色：深蓝 | 表格样式→边框：外侧框线，如图2–34所示。

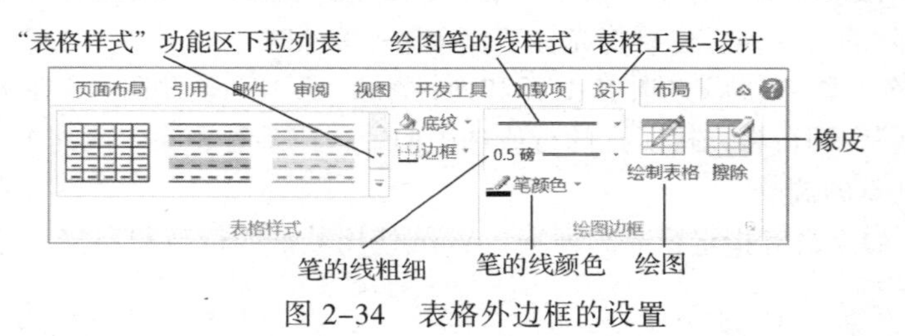

图2–34 表格外边框的设置

② 选中整张表格，在“绘图边框”功能区→笔样式：单实线，笔画粗细：1.5 磅，笔颜色：蓝色；在“表格样式”功能区→边框：内部框线。

设置表格线型也可以使用下面的方法：

选中整张表格。右击表格，在弹出的快捷菜单中选择“表格属性”命令 | 打开“表格属性”对话框 |“表格”选项卡右下，单击“边框和底纹”按钮 | 弹出图 2-35 所示的“边框和底纹”对话框。在对话框中单击“边框”选项卡 | 设置：方框，样式：双实线，颜色：深蓝，宽度：1.5 磅，应用于：表格；设置：自定义，样式：单实线，颜色：蓝色，宽度：1.5 磅，单击预览框中的和按钮，使竖线和横线显示；应用于：表格 | 单击“确定”按钮。

③ 选中表格第 1 列，同上打开“边框和底纹”对话框，单击“底纹”选项卡 | 如图 2-36 所示，填充：橙色，强调文字颜色 6，淡色 80%；样式：5%，颜色：红色，应用于：单元格 | 单击“确定”按钮。效果见图 2-37 所示。

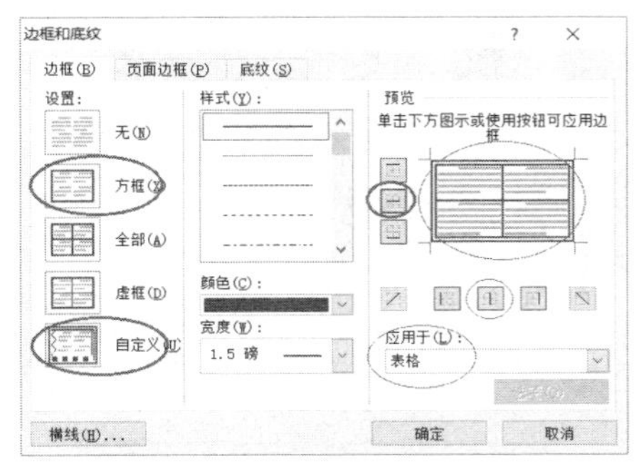

图 2-35 “边框和底纹”对话框

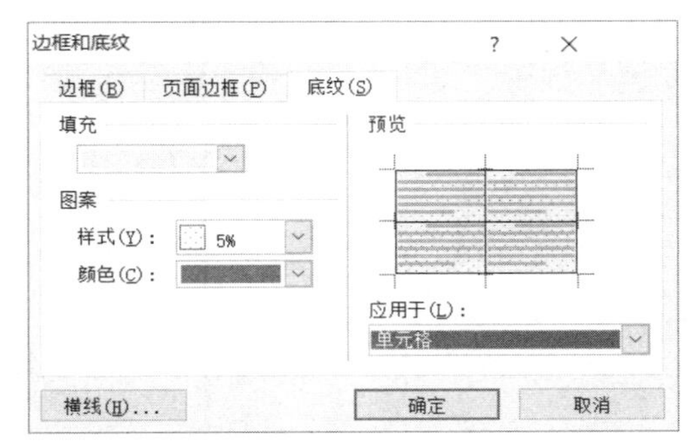

图 2-36 设置底纹

若要在单元格中加斜线，也是通过表格边框的功能来实现。另外，加边框、水平线、垂直线、斜线以及拆分单元格还可以使用绘图笔绘制，合并单元格还可以使用橡皮擦，如图 2-34 所示。

（7）单元格的合并与拆分

根据图 2-37 的效果，选定相应单元格进行合并。

方法一：选中相应要合并的单元格，单击“表格工具-布局”选项卡 | 合并：合并单元格。

方法二：选中相应要合并的单元格，右击鼠标，在弹出的快捷菜单中选择“合并单元格”命令。

在表 2-5 的“个人资料”中，合并了第 1 列 1 至 5 行的 5 个行单元格，“照片”合并了第 6 列 1 至 4 行 4 个单元格。同理，“求职意向”“毕业院校”“主要课程成绩”“专业技能”“所获奖励”“兴趣爱好”等项目也需要合并单元格。如果需要拆分单元格，操作步骤与合并单元格基本相同。

（8）表格的嵌套

将文档中的第一个表格（成绩单）插入到“个人简历”表格“主要课程成绩”右侧的单元格中，并设置表格边框为“无框线”。操作步骤如下：

① 按照前面讲述的操作方法，设置第一个表格（成绩单）所有数据水平垂直都居中。

② 选中整张表格（成绩单），复制粘贴到“主要课程成绩”右侧的单元格中。

③ 按照前面讲述的操作方法，将这个被嵌套表格的边框设置为“无框线”。

（9）设置表格在页面中的对齐方式及文字环绕方式

将表格在文档中居中，无环绕。操作步骤如下：

① 将插入点移动到表格内任意位置，或选中表格。

② 打开“表格属性”对话框 | 选择“表格”选项卡 | 对齐方式：居中，文字环绕：无。则

表格相对于页面居中，相对于文字无环绕。

或者选中表格，利用“开始”选项卡 | “段落”功能区设置居中。

编辑后的效果如图 2-37 所示，也可以见 E2-3 效果.pdf 文档。

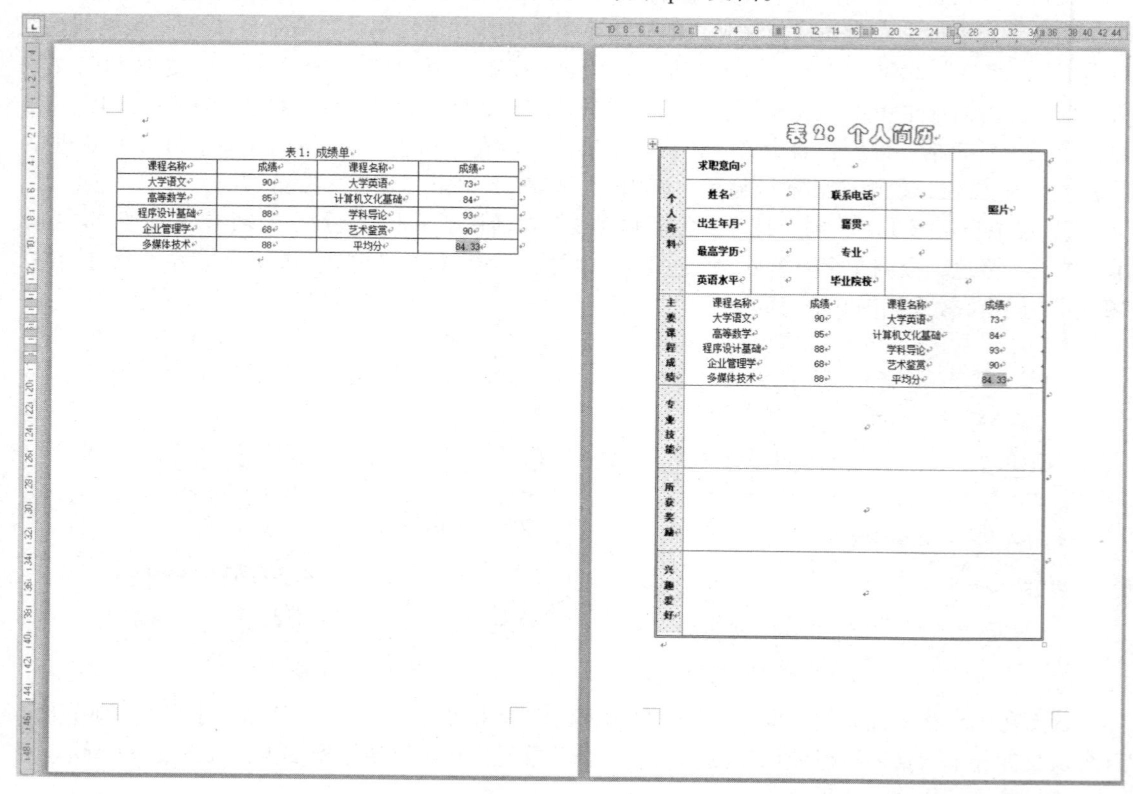

图 2-37 “成绩单”和“个人简历”表格效果图

2.4 综合应用实验一

2.4.1 实验目的

① 综合运用前面掌握的知识，学会对长文档进行编辑和排版。

② 学会正确选用不同的视图方式显示文档。

③ 掌握在长文档中插入各种对象。

④ 掌握在长文档中自动生成目录。

⑤ 网络下载素材：E2-4.zip（E2-4 素材.docx 和 E2-4 效果.pdf）。

2.4.2 实验内容

本实验以一篇长文档（毕业论文）E2-4 素材.docx 为例，作为对前面学习过的知识的综合应用。

1. 论文组成要求

论文由以下部分组成：A. 封面；B. 目录；C. 正文；D. 结束语；E. 参考文献；F. 附录Ⅰ、附录Ⅱ、附录Ⅲ和附录Ⅳ，A4 页面。注释：每部分之间插入分节符来区分。

2. 封面设计

（1）封面内容

论文分类及编号：分类号……编号

论文名称：浅谈企业物流成本控制

【××大学学生毕业论文（设计）】

院系：本人所在院系（如：工商管理学院）

专业：本人所学专业（如：经济学）

学生姓名：本人名字（如：孙韵丽）

学号：本人学号（如：201201301100）

指导教师：王靖宜

职称：副教授

完成时间：编辑文档的时间（如：2018 年 6 月 15 日）

完成地点：××××大学

（2）按要求格式化封面：

① 设置封面所有的文字居中显示。

②“分类号……编号”设置：宋体，小五，段前 2 行，段后 0 行，1.5 倍行距。

③“浅谈企业物流成本控制”设置：黑体，二号，段前 3 行，段后 3 行，1.5 倍行距。

④【××××大学学生毕业论文（设计）】设置：宋体，四号，段前 5 行，段后 10 行，1.5 倍行距。

⑤“院　　系：工商管理学院　　”

“专　　业：经济学　　　　　”

“学生姓名：孙韵丽　　　　　”

“学　　号：201201301100　　”

“指导老师：王靖宜（教授）　”

上面的文字均为：宋体，四号，段前 0 行、段后 0 行，1.5 倍行距。左对齐，首行缩进 12 个字符。

注释：其中院系要求使用组合框，实现在组合框里选择院系名称。

⑥“2015 年 6 月 15 日”字体：宋体，五号，段前 3 行、段后 0 行，1.5 倍行距。

⑦“××××大学”字体：宋体，五号，段前 0 行、段后 0 行，1.5 倍行距。

3. 文档排版格式及要求

（1）页面设置

A4 纸张、上页边距 3 厘米、下页边距 2.5 厘米、左页边距 2.5 厘米、右页边距 2 厘米。

（2）正文和标题排版要求

正文排版要求：宋体，五号，两端对齐，首行缩进 2 字符，单倍行距，段前 0 行，段后 0 行。

标题排版要求：标题分三级。

标题 1：黑体、二号、居中，单倍行距，段前 16 磅、段后 16 磅，标题居中放置；如：“前言”、“一、物流成本及其特征”、“二、物流成本控制与管理存在的问题”等为章的 1 级标题。

标题 2：仿宋、三号、加粗、左对齐、首行不缩进，单倍行距，段前 12 磅，段后 12 磅；如：“（一）物流成本的隐蔽性与复杂性”、“（二）物流成本的效益背反性”等为章的 2 级标题。

标题 3：宋体、五号、加粗、左对齐、首行不缩进、单倍行距，段前 6 磅，段后 6 磅；如：“1.物流活动各要素的效益背反”、“2.企业各部分之间的效益背反”等为章的 3 级标题。

前言、结束语、参考文献和各级附录的标题格式均按标题 1 的要求设置。

“目录”二字当“正文”标题，设置为黑体、二号、居中，单倍行距，段前 16 磅、段后 16 磅，居中放置（不用设置“标题 1”样式）。

（3）分节

封面、目录、前言、正文的每一章（1 级标题为一章）、结束语和参考文献均分为节；每个附录也分为独立的节。均通过插入分节符来实现分节，分节符的类型均为“下一页”。共 11 个“下一页”分节符；另外，在“附录Ⅳ 索引”中做索引时，系统自动插入 2 个“连续”分节符。注释：在“草稿”视图中，才可见分节符。

（4）制作表格

依据文档 E2-4 素材.docx 中的“表 1 物流总费用与 GDP 关系表”提供的数据，在二（一）制作 8 行 6 列的表格，用公式将总值计算出来（总值=总额+总费用）。五号字；行高：1.31、0.68、0.68、0.68、0.68、0.68、0.68、0.68 厘米；列宽：1.8、3、3、3、3、2 厘米；单元格对齐方式，水平垂直居中；表格在页面水平居中。

（5）插入对象

插入的图形、表格单独编序，编序方式采用“图（表）X”的形式，如：“图 1”。题注和表注均为宋体、小五号字。

① 在图 1 处利用绘图工具栏按图 1.bmp 绘制“物流冰山理论示意图”

② 在正文一（二）中的第一自然段后插入图片图 2.bmp，并将其居中显示。

③ 在二（二）的前一段“要使物流水平最低，则：”处，插入下面的数学公式：

$$\frac{\mathrm{d}T_c}{\mathrm{d}Q}=0 \Rightarrow \frac{\mathrm{PF}}{2}-\frac{\mathrm{RC}}{Q^2}=0 \quad \Rightarrow \mathrm{EOQ}=Q+\sqrt{\frac{2\mathrm{RC}}{PF}}=\sqrt{\frac{2\mathrm{RC}}{H}}$$

④ 在“结束语”后插入艺术字，内容为“降低物流成本，创造利润空间”。

⑤ 在附录Ⅰ中按图 4.bmp 的形式插入“某物流企业”组织结构图；在附录Ⅱ中按图 5.bmp 的形式插入流程图；在附录Ⅲ中按图 6.bmp 的形式插入文本框与剪切画的组合图。

（6）插入索引

分别在以下位置标记索引项：

① 在“一、物流成本及其特征”（一）的标题“物流成本”处标记索引项。

② 在“一、物流成本及其特征”（一）的第一自然段“物流冰山理论”处标记索引项。

③ 在“一、物流成本及其特征”（一）的第二自然段“冰山一角”处标记索引项。

④ 在“一、物流成本及其特征”（二）的第一自然段“效益背反”处标记索引项。

⑤ 在“一、物流成本及其特征”（三）的第一自然段“利润源”处标记索引项。

⑥ 在“一、物流成本及其特征”（四）的第一自然段“产业链”处标记索引项。

⑦ 在“二、物流成本控制与管理存在的问题”（一）的第一自然段“综合国力”处标记索引项。

⑧ 在“二、物流成本控制与管理存在的问题”（二）的标题“物流组织”处标记索引项。

⑨ 在“二、物流成本控制与管理存在的问题”（四）的第一自然段“物流技术”处标记索引项。

⑩ 在“三、加强物流成本控制与管理的措施”的第一自然段“供应链”处标记索引项。

⑪ 在“三、加强物流成本控制与管理的措施”（一）1.的第一自然段“绿色通道”处标记索引项。

⑫ 在“三、加强物流成本控制与管理的措施”(二)1.(3)的第一自然段“TCM 管理模式”处标记索引项。

⑬ 在“三、加强物流成本控制与管理的措施”(二)4.(3)的第一自然段“物流速度”处标记索引项。

⑭ 在“结束语”中的“核心竞争力”处标记索引项。

⑮ 在“结束语”中的“物流产业政策”处标记索引项。

⑯ 在“结束语”中的“物流研究”处标记索引项。

在附录Ⅳ中生成索引。

(7)页眉和页脚设置

封面和目录不带页眉和页脚。

页眉距边界 2 厘米，奇数页页眉内容为“××××大学毕业论文(设计)”和作者姓名(通过文本框插入姓名)，字体为隶书三号字，前者居中，后者右对齐。偶数页页眉内容为各章的名称，字体为隶书三号字，居中显示。

“结束语”之后的页眉不分奇偶页，每节的页眉内容为“××××大学毕业论文(设计)”和作者姓名(通过文本框插入姓名)，字体为隶书三号字，前者居中，后者右对齐。

页脚距边界 1.75 厘米，页脚内容为页码，宋体、五号字，底端居中。

(8)插入脚注(一律用宋体、小五号字)

① 在“一、物流成本及其特征”中“物流成本”处插入脚注 1，内容为“物流活动中产生的所有费用”。

② 在“一、物流成本及其特征”(三)的标题“乘数效应”处插入脚注 2，内容为“降低物流成本所产生的利润”。

③ 在“二、物流成本控制与管理存在的问题”(一)的“表 1”处插入脚注 3，内容为“中国物流协会 2015 年 12 月统计”。

4. 文档视图

分别在普通视图、页面视图、大纲视图和打印预览方式下浏览文档，注意观察文档的显示方式有什么变化。

5. 生成目录

在封面后正文前的位置生成三级目录。目录独占一节(一页或多页)，不带页眉和页脚，居中显示“目录”二字，字体、字号与一级标题相同。

【实验操作过程和步骤】

操作方案：

打开原文、封面和页面设置；选中所有文字，进行正文排版设置(这部分内容最好先做，包括标题也当正文排版设置)；设置各级标题，包括附录，而后插入分节符，插入对象，包括图、公式，以及制作表格；设置页眉和页脚、插入脚注、绘制结构图(附录)和插入索引(附录)；生成目录。

具体操作过程和步骤如下：

1. 打开源文档

源文档为：E2-4 素材.docx。

2. 正文格式设置

① 按【Ctrl+A】组合键选中全文。或鼠标指向，页面左侧页边，三击鼠标左键。

② 单击“开始”选项卡 | “字体”功能区：宋体（正文）、五号。

③ 单击“开始”选项卡 | “段落”功能区 | 行和段落间距→下拉列表，单击“行距选项” | “段落”对话框 | 对齐方式：两端对齐；大纲级别：正文文本；特殊格式：首行缩进；度量值：2字符；段前：0行，段后：0行；行距：单倍行距。

3. 制做封面

① 设置封面所有的文字居中显示。

② 设置“分类号……编号”字体：宋体，小五，段前2行，段后0行，1.5倍行距。

③ 设置“浅谈企业物流成本控制”字体：黑体，二号，段前3行，段后3行，1.5倍行距。

④ 设置“【××××大学学生毕业论文（设计）】”字体：宋体，四号，段前5行，段后10行，1.5倍行距。

⑤ “院　　系：工商管理学院　　”
“专　　业：经济学　　　　　”
“学生姓名：孙韵丽　　　　　”
“学　　号：201201301100　”
“指导老师：王靖宜（教授）　”

上面的文字均设置为：宋体，四号，段前0行、段后0行，1.5倍行距，左对齐，首行缩进12个字符。其中，院系要求使用组合框控件，在组合框中选择院系名称，院系名称可自定。添加组合框工具：“开发工具”选项卡，加载此工具操作步骤如下：

a. 在Word中，加载“开发工具”选项卡步骤：选择“文件”菜单 | 选项 | 打开“Word选项”对话框 | 自定义功能区 | 右侧“自定义功能区（B）”的“主选项卡”下部工具 |选择“开发工具”复选框 | 单击“确定”按钮，之后主窗口上部出现一个“开发工具”选项卡，如图2-38所示。注：此工具不设置，不会显示。

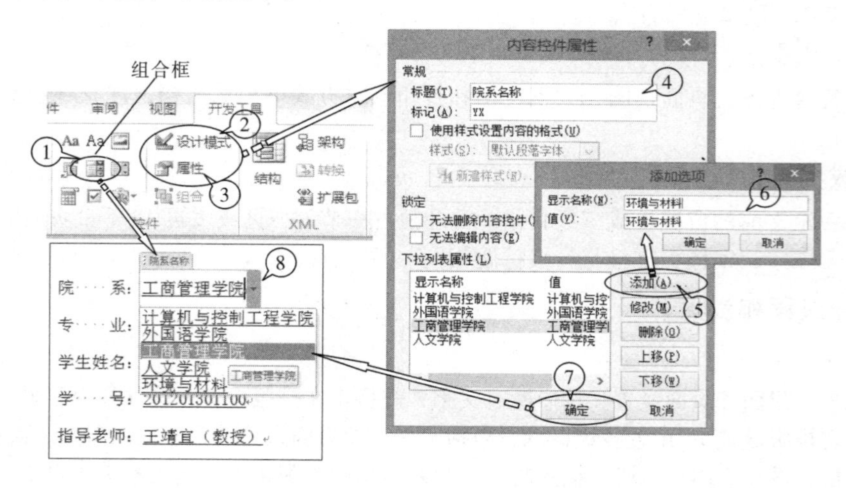

图2-38 “开发工具”选项卡和“组合框”控件属性对话框

b. 将光标定位在“院　　系：”的右侧，单击“开发工具”选项卡 | 控件 | ①单击“组合框控件”，此时，在光标处添加了组合框控件，如图2-38所示。

c. 在“控件”功能区，②单击“设计模式”按钮，进入设计模式（注：没有对话框显示）。然后③单击“属性”按钮，弹出“内容控件属性”对话框。在此对话框中，④输入标题：院系

名称，标记：YX。在此对话框中⑤单击“添加”按钮，弹出“添加选项”对话框 | ⑥输入显示名称：计算机与控制工程学院，值：计算机与控制工程学院 | 单击“确定”按钮；重复此过程⑥添加各院系名称，如：环境与材料。最后在“内容控件属性”对话框中⑦单击“确定”按钮，效果如图 2-38 所示。

d. 再次在“控件”功能区，②单击“设计模式”按钮，退出设计模式。

e. 在院系名称“组合框”控件右侧，⑧单击下拉按钮，在下拉列表中选择院系名称。选中的院系名称，一一设置字体下画线，操作：“开始”选项卡 | 字体 |“下画线”按钮。

⑥设置“2015 年 6 月 15 日”字体：宋体，五号，段前 3 行、段后 0 行，1.5 倍行距。

⑦设置“××××大学”字体：宋体，五号，段前 0 行、段后 0 行，1.5 倍行距。

4. 页面设置

①单击“页面布局”选项卡下的“页边距”，在“页边距”下拉列表框中选择“自定义边距”，打开“页面设置”对话框，分别将上、下、左、右页边距设置为 3 厘米、2.5 厘米、2.5 厘米和 2 厘米，单击“确定”按钮。

②单击“页面布局”选项卡下的“纸张方向”，在“纸张方向”下拉列表框中选择“纵向”。

③单击“页面布局”选项卡下的“纸张大小”，在“纸张大小”下拉列表框中选择“A4”。

5. 分节

进入“草稿”视图，操作：选中“视图”选项卡，单击“草稿”视图按钮，进入该视图。

将插入点定位到“目录”二字之前，单击“页面布局”选项卡下的“分隔符”，在下拉列表中选择“分节符”的“下一页”，如图 2-39 所示。

将插入点依次定位到前言、正文的每一章标题（正文中如：“一、物流成本及其特征”、“二、物流成本控制与管理存在的问题”和“三、加强物流成本控制与管理的措施”等为章的 1 级标题）、结束语、参考文献、附录Ⅰ到附录Ⅳ之前，单击“页面布局”选项卡下的“分隔符”，在下拉列表中选择“分节符”的“下一页”，实现插入分节符的操作，如图 2-39 所示。共插入 11 个“下一页”分节符，位置不合适要调整，多出的“下一页”分节符用【Delete】键删除。因插入“下一页”分节符，1 级标题前多出的回车符（段落符）要删除，使得 1 级标题顶到页面顶端。如图 2-39 所示，也可见提供的素材效果图中分节符的位置。

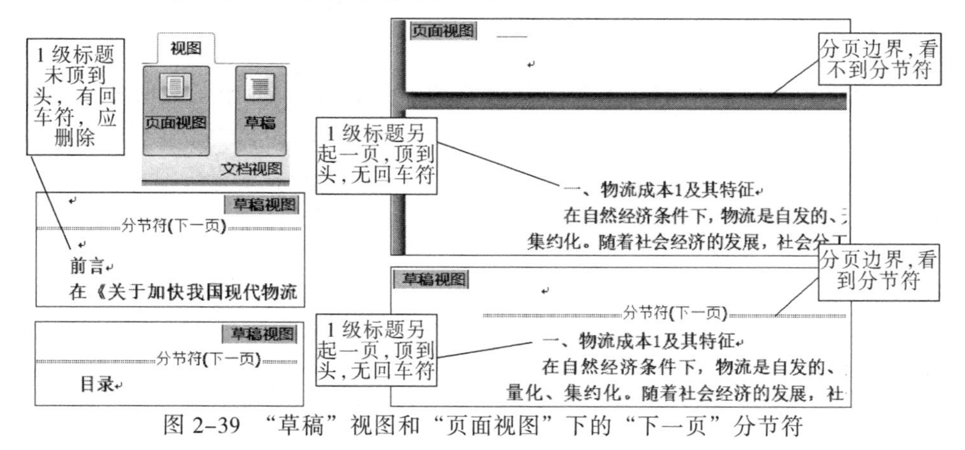

图 2-39　“草稿”视图和“页面视图”下的“下一页”分节符

以上操作完成后，转入“页面视图”，为后续操作做准备。操作：单击“视图”选项卡 |“页面视图”按钮。

6．文档标题的设置

（1）设置1级标题格式

① 将插入点定位到“前言”之前，选中“前言”，单击“开始”选项卡｜“样式”功能区｜“标题1”；在“字体”功能区设置“黑体”“二号”字。

② 单击“段落”功能区的“行和段落间距”按钮，在下拉列表中选择“行距选项”，弹出“段落”对话框，在“对齐方式”项选“居中”，在“段前”“段后”项均选“16磅”，在“行距”项选“单倍行距”，在“特殊格式”项选“无”，单击“确定”按钮。

③ 双击“格式刷”按钮，分别刷过目录、三章标题（一、物流成本及其特征；二、物流成本控制与管理存在的问题；三、加强物流成本控制与管理的措施）、结束语、参考文献、附录Ⅰ和附录Ⅱ等1级标题。

④ 单击“格式刷”按钮或按【Esc】键，释放格式刷。

（2）设置2级标题格式

① 将插入点定位到“一的（一）”之前，选中“（一）物流成本的隐蔽性与复杂性”，单击“开始”选项卡｜“样式”功能区｜“标题2”，在“字体”功能区设置“仿宋”“三号”字、加粗。

② 单击“段落”功能区的“行和段落间距”按钮，在下拉列表中选择“行距选项”，弹出“段落”对话框｜“对齐方式”项选“左对齐”，在“段前”“段后”项均选“12磅”，在“行距”项选“单倍行距”，在“特殊格式”项选“无”，单击“确定”按钮。

③ 双击“格式刷”按钮，分别刷过文档各章的所有2级标题。

④ 单击“格式刷”按钮或按【Esc】键，释放格式刷。

（3）设置3级标题格式

① 将插入点定位到“一中（二）的1”之前，选中“1.物流活动各要素的效益背反”，单击“开始”选项卡｜“样式”功能区｜“标题3”，在“字体”功能区设置“宋体”“五号”字、加粗。

② 单击“段落”功能区的“行和段落间距”按钮，在下拉列表中选择“行距选项”，弹出“段落”对话框，在“对齐方式”项选“左对齐”，在“段前”“段后”项均选“6磅”，在“行距”项选“单倍行距”，在“特殊格式”项选“无”，单击“确定”按钮。

③ 双击“格式刷”按钮，分别刷过文档各章的所有3级标题。

④ 单击“格式刷”按钮或按【Esc】键，释放格式刷。

7．绘制图1

① 打开并参照图1.bmp的图形，将插入点移动到E2-4素材.docx文档“插入：图1 物流冰山理论示意图”之前，连续按10次【Enter】键，预留出绘图区域。

② 绘制直线和箭头：单击“插入”选项卡下的“形状”按钮，在下拉列表中单击绘图所需形状“直线”，在绘图区域按下鼠标左键并水平拖动鼠标，达到需要的长度后，释放鼠标左键，画出一条直线。然后单击“形状样式”功能区的“细线-深色1”。

在下拉列表中分别单击绘图所需形状“曲线”“箭头”，进行绘图（绘制曲线时，双击鼠标，表示绘制曲线结束。每绘制出一条线，都单击“形状样式”功能区的“细线-深色1”。详细的绘图过程在此省略）。

③ 绘制文本框：单击“插入”选项卡下的“文本框”按钮，在下拉列表中选择“绘制文本框”，在文本框里输入文字“运费”。

单击文本框边线，将鼠标指向文本框边线，当鼠标变成四向箭头时右击，在弹出的快捷菜单中选择“设置形状格式”命令，弹出“设置形状格式”对话框，单击“线条颜色”选项卡，设置线条颜色为“无线条”，单击“关闭”按钮。

单击文本框边线，将鼠标指向文本框边线，当鼠标变成四向箭头时右击，在弹出的快捷菜单中选择“置于底层”|“置于底层”命令，使得文本框及其内的文字不遮挡其他线条。

调整文本框的大小和位置。

仿照此方法，绘制“保管费”文本框、“(只是冰山一角)”文本框和“图 1 物流冰山理论示意图”3 个文本框。

④ 组合图形：单击图 1 中的一条直线并选中，然后在按下【Shift】键的同时将鼠标指向其他绘图对象（直线、曲线、箭头、文本框），当鼠标指针右上方出现“+”时单击，依此方法将所有绘图对象选中。

当鼠标指针变为四向箭头时右击，在弹出的快捷菜单中选择“组合”|“组合”命令，至此各个绘图对象变为一个整体。

⑤ 将原文中的“插入：图 1 物流冰山理论示意图”中的“插入:”删除成为图的标题，将图 1 前后多余的空行删除，至此，图 1 绘制完毕。

8．插入“图片 2.bmp”和“图片 3.bmp”

① 插入“图片 2.bmp”：将插入点移动到 E2-4 素材.docx 文档一（二）中的第一自然段后，按【Enter】键。单击“插入”选项卡下的“图片”按钮，弹出“插入图片”对话框，找到“图 2.bmp”并选中，单击“插入”按钮，然后调整图 2 的位置并将其居中即可。

将 E2-4 素材.docx 文档中原来的文字“插入：图 2 现代物流”中的“插入:”删除成为图的标题，并删除多余的空行。

② 插入“图片 3.bmp”：将插入点移动到源文档三（二）1.（1）中的第一自然段后，按【Enter】键，预留出绘图区域。单击“插入”选项卡下的“图片”按钮，弹出“插入图片”对话框，找到“图 3.bmp”并选中，单击“插入”按钮，然后调整图 3 的位置并将其居中。

在图的下方插入一个文本框，文本框内文字为“效益背反关系”，文本框为无线条色。然后将带有绿色底纹的提示文字“插入：图 3 效益背反关系”中的“插入:”删除成为图的标题。

9．制作表格

① 将文字转换成表格：在二（一）处，从“年份”开始选中所有制表数据，单击“插入”选项卡下的“表格”按钮，在下拉列表中选择“文本转换成表格”，弹出“将文字转换成表格”对话框，如果对话框中列数为 6，文字分割位置为逗号，则单击“确定”按钮，一个 8 行 6 列的表格就初步制作成功。

② 设置表格的行高列宽：选中表格第一行，单击“表格工具-布局”选项卡，在“单元格大小”功能区中设置行高为 1.31 厘米（36.9 磅）。

选中除第一行之外的其他行，设置其他行高为 0.68 厘米（19.9 磅）。第一列列宽为 1.8 厘米（51 磅），其他列列宽为 3 厘米（85 磅），最后一列列宽为 2 厘米（56.7 磅）。

③ 表格计算：计算总值（总值=总额+总费用），将光标定位在总值列下第一个单元格中，选择“表格工具-布局”选项卡，单击“数据”功能区中的“公式”按钮，弹出“公式”对话框，在“公式”文本框中输入公式“=SUM(B2:C2)”，单击“确定”按钮，依此类推。

④ 设置表格文本对齐方式：选中整个表格（包括每行的回车符），单击“对齐方式”功能区中的“居中对齐”按钮，单元格内容水平垂直居中。

⑤ 设置表格对齐方式：选中整个表格，单击“表”功能区中的“属性”按钮，弹出“表格属性”对话框，在“表格”|“对齐方式”中单击“居中”按钮，使表格在页面水平居中。

⑥ 插入表格标题：将含有绿色底纹的提示文字删除。插入“表 2.1 物流总费用与 GDP 关系表”，并使表题文字居中。

10．插入数学公式

将插入点定位到二（二）的前一段，“要使物流水平最低，则：”之后，单击“插入”选项卡下的“公式”按钮，在下拉列表中单击“插入新公式”，激活并打开“公式工具–设计”选项卡，如图 2–40（a）所示，使用其中的“符号”模板和“结构”模板，按步骤输入下面要编辑的公式，然后使公式居中。

插入公式的另一种方法：单击“插入”选项卡 |“文本”功能区 |“对象”按钮，在下拉列表框中选择“对象”，弹出“对象”对话框，选择“新建”选项卡 |“Microsoft 公式 3.0”后，单击“确定”按钮，打开数学公式编辑器和公式工具栏，如图 2–40 所示。使用公式模板和符号模板，按步骤输入要编辑的公式即可。

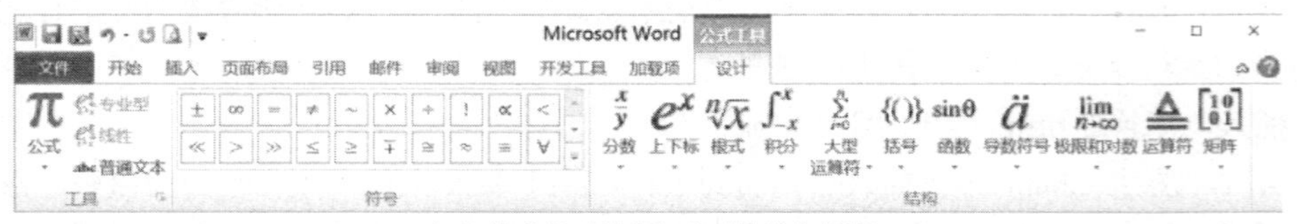

（a）公式的“符号”和“结构”模板

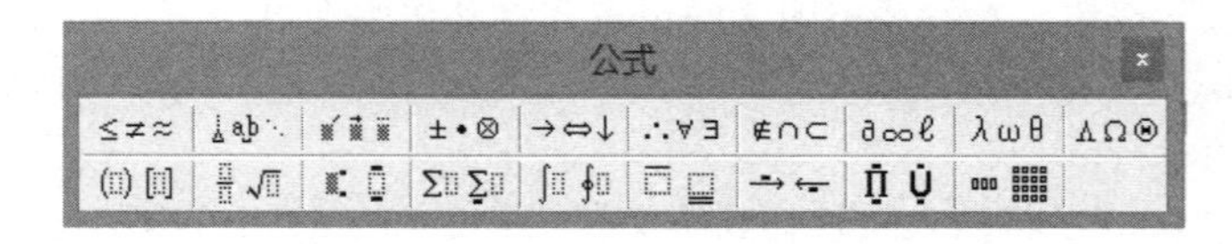

（b）“公式”模板

图 2–40 “公式”工具栏

11．插入艺术字

将插入点定位到“结束语”最后一个段落之后，连续按【Enter】键，预留出艺术字的空间位置。单击“插入”选项卡中的“艺术字”按钮，打开“艺术字样式”列表，选择一种样式，进入编辑艺术字状态，输入“降低物流成本，创造利润空间”，并对“文本填充”“文本轮廓”“文本效果”进行适当的设置，使其居中显示（艺术字格式自己定义）。

12．设置页眉和页脚

（1）设置页眉页脚边距

单击“页面布局”选项卡 |“页面设置”功能区 |“页边距”按钮，在打开的下拉列表中选择“自定义边距”命令，弹出“页面设置”对话框，单击“版式”选项卡，将页眉边距设置为 2 厘米、页脚边距设置为 1.75 厘米，在“应用于”下拉列表框中选择“整篇文档”，单击“确定”按钮。

（2）设置奇数页页眉

① 将插入点定位到“前言”处，单击“插入”选项卡 |“页眉和页脚”功能区 |“页眉”按钮，在下拉列表中选择“编辑页眉”命令，激活并打开“页眉和页脚工具–设计”选项卡，选中“选项”功能区的“奇偶页不同”复选框，同时文档进入页眉和页脚编辑状态。

② 在页眉编辑区左上方显示“奇数页页眉—第 3 节—”，右上方显示“与上一节相同”，表

示本节设置的页眉将与前一节的页眉相同。本处要设置与前一节不同的页眉，单击“导航”功能区的“链接到前一条页眉”按钮 链接到前一条页眉（见图 2-41），取消与前一节的链接，此时页眉编辑区右上方显示的“与上一节相同”字样消失，在页眉编辑区输入“××××大学毕业论文（设计）”，选择“隶书”、“三号”字，“居中”；在“××××大学毕业论文（设计）”右侧插入文本框，文本框内容为“孙韵丽”，文本框无边框，选择“隶书”“三号”字，右对齐。

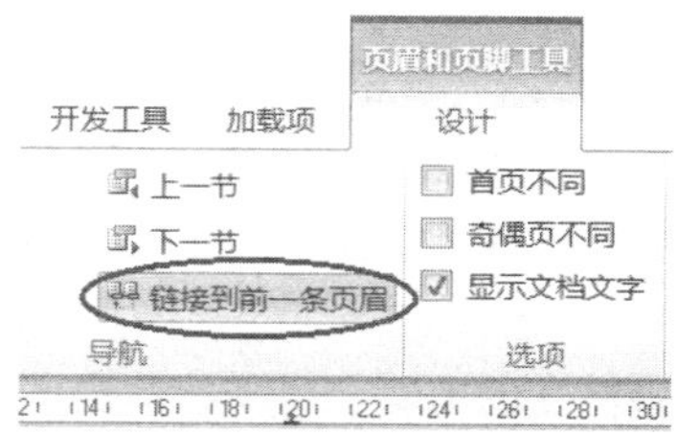

图 2-41　“链接到前面一条页眉”工具位置

（3）设置偶数页页眉

① 单击“插入”选项卡 | “页眉和页脚”功能区 | “页眉”按钮，在下拉列表中选择“编辑页眉”命令，激活并打开“页眉和页脚工具-设计”选项卡，单击“导航”功能区的“下一节”按钮，当页眉左侧出现“偶数页页眉—第 4 节—”，页眉右侧出现“与上一节相同”时，单击“导航”功能区的“链接到前一条页眉”按钮，取消与前一节的链接，此时输入第一章的标题“一、物流成本及其特征”，选择“隶书”“三号”字，“居中”。

② 单击“导航”功能区的“下一节”按钮，当页眉左侧出现“偶数页页眉—第 5 节—”，页眉右侧出现“与上一节相同”时，单击“导航”功能区的“链接到前一条页眉”按钮，取消与前一节的链接，此时输入第二章的标题“二、物流成本控制与管理存在的问题”。

③单击“导航”功能区的“下一节”按钮，当页眉左侧出现“偶数页页眉—第 6 节—”，页眉右侧出现“与上一节相同”时，单击“导航”功能区的“链接到前一条页眉”按钮，取消与前一节的链接，此时输入第三章的标题“三、加强物流成本控制与管理的措施”。

④ 参照上面的操作，将结束语之后的页眉全部设置成“××××大学毕业论文（设计）”，选择“隶书”“三号”字，“居中”；在“××××大学毕业论文（设计）”右侧插入文本框，文本框内容为“孙韵丽”，文本框无边框，选择“隶书”“三号”字，右对齐。

（4）设置奇数/偶数页页脚

① 将插入点定位到“前言”处，单击“插入”选项卡 | “页眉和页脚”功能区 | “页脚”按钮，在下拉列表中单击“编辑页脚”。此时，页脚区的左侧显示“奇数页页脚”，单击“导航”功能区的“链接到前一条页眉”按钮，取消与前一节的链接。

② 单击“插入”选项卡 | “页眉和页脚”功能区 | “页码”按钮，在下拉列表中选择“页面底端” | “普通数字 2”，然后再次单击“页眉和页脚”功能区的“页码”按钮，在下拉列表中选择“设置页码格式”，弹出图 2-42 所示的“页码格式”对话框，在“页码编号”项选择“起始页码”为 1。如果要与前节统一编排页码，可选择“续前节”。

在页脚区选中页码，设置“宋体”“五号”字，“居中”。

③ 单击“导航”功能区的“下一节”按钮，此时页脚区的左侧显示“偶数页页脚”，单击“导航”功能区的“链接到前一条页眉”按钮，取消与前一节的链接。

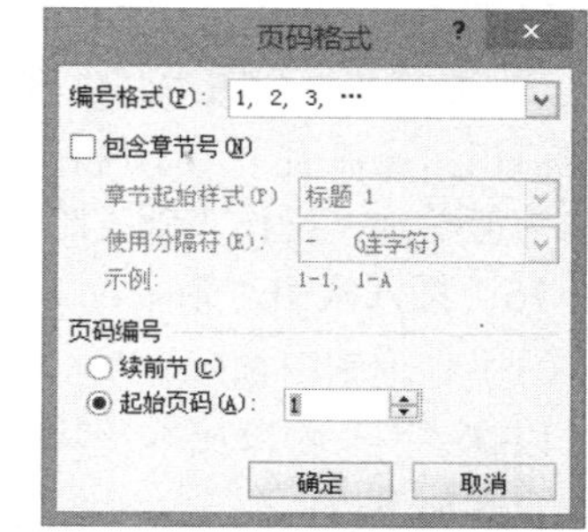

图 2-42　“页码格式”对话框

单击“页眉和页脚”功能区的“页码”按钮，在下拉列表框中选择“页面底端|普通数字 2”。在页脚区选中页码，设置“宋体”“五号”字，“居中”。

④ 在文档编辑区双击，退出页眉和页脚的编辑状态。双击任何一页的页眉或页脚区域即可进入页眉和页脚编辑状态。

13．插入脚注

① 将插入点定位在“一、物流成本及其特征”中“物流成本”处，单击“引用”选项卡｜“脚注”功能区｜“插入脚注”按钮，光标自动定位到页面底端，脚注编号从1开始，在光标处输入脚注的内容“物流活动中产生的所有费用”，并设置脚注为“宋体”“小五号”字。

② 将插入点定位在“一、物流成本及其特征”（三）的标题“乘数效应”处，用同样的方法插入脚注2的内容“降低物流成本所产生的利润”，并设置脚注为“宋体”“小五号”字。

③ 将插入点定位在“二、物流成本控制与管理存在的问题”（一）的“表2.1”处插入脚注3，内容为“中国物流协会2015年12月统计”，并设置脚注为“宋体”“小五号”字。

14．绘制结构图（附录Ⅰ～Ⅲ）

（1）绘制组织结构图

在附录Ⅰ中，绘制组织结构图：打开文件“图4.bmp”，将插入点移动到源文档的附录Ⅰ后，单击“插入”选项卡｜“插图”功能区｜SmartArt按钮，弹出“选择SmartArt图形”对话框，选择“层次结构”｜“组织结构图”，单击“确定”按钮。在相应位置输入给定信息即可。

若要添加形状，选中一个形状后右击，在弹出的快捷菜单中选择“添加形状”的相应命令。选中需要调整形状布局的上一级某个形状，单击“创建图形”功能区的“布局”按钮，选择其中的“标准”布局格式。

（2）绘制流程图

在附录Ⅱ中，绘制流程图：打开文件“图 5.bmp”为参考，将插入点移动到源文档的附录Ⅱ后，单击“插入”选项卡｜“插图”功能区｜“形状”按钮，在打开的下拉列表框中选择流程图形状，设置形状填充和形状轮廓等，添加文字和注释等并进行组合绘制流程图。

（3）绘制组合图

在附录Ⅲ中，绘制组合图：用组合图完成两副对联。

① 将插入点移动到源文档的附录Ⅲ后，单击“插入”选项卡｜“文本”功能区｜“文本框”按钮，选择“绘制文本框”命令绘制横幅，并设置文本框的“形状填充”和“形状轮廓”。

选择“绘制竖排文本框”绘制两个竖联并设置文本框的“形状填充”和“形状轮廓”，中间插入剪贴画。对联内容为王昌龄的两首诗：《从军行二首——王昌龄》，即：“黄沙百战穿金甲，不破楼兰终不还！”“青海长云暗雪山，孤城遥望玉门关。”

② 第二个组合图对联内容是李白的一首诗：《望庐山瀑布》，即：“日照香炉生紫烟，遥看瀑布挂前川。飞流直下三千尺，疑是银河落九天。”横幅用文本框，竖联用两个椭圆添加文字即可，中间为剪贴画，操作步骤省略。

15．插入索引（附录Ⅳ）

（1）标记索引项

以在“一、物流成本及其特征”（一）的标题“物流成本”处标记索引项为例，标记索引项的操作步骤如下：

① 在文档中选中要标记的索引项内容“物流成本”。

② 单击“引用”选项卡｜“索引”功能区｜“插入索引”按钮，弹出“索引”对话框，单击“标记索引项”按钮，弹出“标记索引项”对话框，该对话框“主索引项”文本框中显示“物流成本”，也可以在此指定其他选项，对话框中其他选项使用默认值，单击“标记”按钮，Word为其插入一个特殊的XE（索引项）域。也可以用标记命令：【Alt+Shift+X】标记。

③ 重复①②的过程，可标记指定的所用索引项并为其插入索引域。

按照 3.文档排版格式及要求（6）插入索引指定的位置标记索引项。

（2）生成索引

① 标记完所用索引项后，将插入点定位到附录Ⅳ后，按【Enter】键。

② 单击“引用”选项卡｜“索引”功能区｜“插入索引”按钮，弹出图 2-43 所示的“索引”对话框，在“索引”选项卡中选择所需的索引格式，包括“类型”“栏数”“语言种类”“排序依据”“制表符前导符”“格式”“页码右对齐”等选项。

图 2-43 “索引”对话框

③ 单击“确定”按钮，生成最终的索引。

16. 文档视图

分别在页面视图、阅读版式视图、Web 版式视图、大纲视图和草稿视图下浏览文档，注意观察文档的显示方式有什么变化。

不同视图之间的切换可通过单击“视图”选项卡｜“文档视图”功能区中的有关按钮实现，也可以在 Word 2010 文档窗口的右下方单击“视图”按钮选择视图。

在“页面视图”中可以看到页面的所有内容，包括页眉和页脚、页码、脚注和尾注、图片、艺术字等。页面视图是文档内容最完整的一种显示方式，显示时以页面为单位，与打印出来的文档完全一样，是一种所见即所得的视图形式。对于有标题的长篇文档，在“页面视图”方式下一定要打开“导航窗格”，导航窗格显示的文档结构按标题级别呈缩进格式，从而使文档的层次结构一目了然。标题文字前有标记◢，表示该标题有下级标题且可以折叠；标题文字前没有任何标记，表示该标题没有下级标题；标题文字前有一个标记▷，表示该标题已经折叠，可以展开。单击导航窗格的标题，在右侧的文档窗口中显示该标题所属的标题及正文文字。

“阅读版式视图”以图书的分栏样式显示 Word 2010 文档，“文件”按钮、功能区等窗口元素被隐藏起来。在阅读版式视图中，用户还可以单击“工具”按钮选择各种阅读工具。

“Web 版式视图”以网页的形式显示 Word 2010 文档，文档中的页眉和页脚被隐藏了起来，分页符和分节符显示为一条水平虚线，其中人工分页符带有“分页符”字样，分节符带有“分节符”字样。Web 版式视图适用于发送电子邮件和创建网页。

大纲视图主要用于创建、查看或整理文档结构，例如，一篇文章的标题结构、一本图书的章节目录结构等。在大纲视图下，一定要选中“视图”选项卡｜“显示”功能区｜“导航窗格”复选框，导航窗格显示的文档结构按标题级别呈缩进格式，从而使文档的层次结构一目了然，并且可以方便地折叠和展开各种层级的文档。单击导航窗格的标题，在右侧的文档窗口中显示该标题所属的标题及正文文字。大纲视图广泛用于 Word 2010 长文档的快速浏览和设置中。

“草稿视图”取消了页面边距、分栏、页眉和页脚、图片等元素，仅显示标题和正文，是最节省计算机系统硬件资源的视图方式。当然，现在计算机系统的硬件配置都比较高，基本上不存在由于硬件配置偏低而使 Word 2010 运行遇到障碍的问题。

17. 生成目录

操作步骤如下：

① 将插入点定位到“目录”节“插入目录”之前。按【Enter】键，插入一个空行。

② 单击“引用”选项卡｜“目录”功能区｜“目录”按钮，在下拉列表中选择“插入目录”命令，弹出图 2-44 所示的“目录”对话框，选择“目录”选项卡。在此选项卡中可作如下设置：

- 显示页码：选中该复选框，在创建的目录中显示对应的页码。
- 页码右对齐：选中该复选框，页码在创建的目录中右对齐。
- 制表符前导符：从该列表中可以选择目录项目与页码之间的连接符。
- 格式：从该列表中可以选择创建目录的格式，如来自模板、古典、优雅、流行、现代等。当选择某种格式时，在该对话框的“打印预览”和“Web 预览”列表框中显示相应的样本。
- 显示级别：用于指定目录的级别数目。默认显示 3 级标题目录。

如果用户已经将自定义样式应用于标题，则创建目录时，可通过单击“选项”按钮，对有效样式与目录级别进行对应设置。通过上述操作生成所需要的目录。

如果文档中的标题或者页码有所改变，可以在目录区域内右击，在弹出的快捷菜单中选择“更新域”命令，弹出图 2-45 所示的“更新目录”对话框，在该对话框中选择设置“只更新页码”或者“更新整个目录”选项。

③ 将目录文字全部选中，设置宋体五号字。

排版后的论文格式，可参阅目标效果文档 E2-4 效果.pdf。

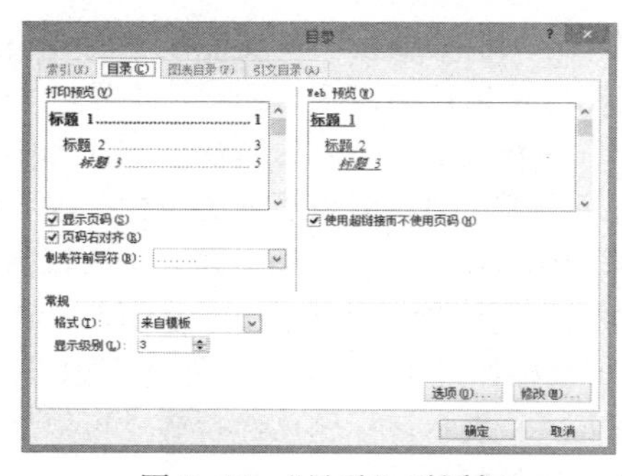

图 2-44 “目录”对话框

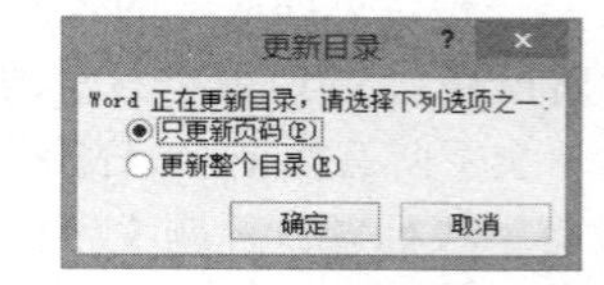

图 2-45 “更新目录”对话框

2.5 综合应用实验二

2.5.1 实验目的

① 综合运用前面掌握的知识，学会对长文档进行编辑和排版。

② 掌握分节符的使用，掌握页面设置、标题设置、目录的生成。

③ 网络下载素材：E2-5.zip（E2-5 素材.docx 和 E2-5 效果.pdf）。

2.5.2 实验内容

打开 E2-5 素材.docx 文档，文档分为：封面、目录和正文三部分。具体操作要求及操作步骤如下：

1. 页面设置

文档页面设置：纸张大小 16 开（18.4 厘米 × 26 厘米）；页边距：上下左右均为 2 厘米。

2. 正文设置

除封面和目录，选中所有内容，正文设置：宋体、五号字；两端对齐，段落前后间距 0 行，行距单倍行距；首行缩进 2 字符。

3. 插入分节符

封面、目录后均插入“下一页”分节符；“六、会议主题”前的段落插入“下一页”分节符，即将表格独立为一页，共 3 个“下一页”分节符，把文档分为 4 节：封面、目录、正文（一至五）和表格“六、会议主题” 。插入“下一页”分节符操作：单击“页面布局”选项卡 | “页面设置”功能区 | “分隔符”按钮 | “下一页”。

4. 标题设置

文档中分为两级标题。

第 1 级标题：宋体、加粗、三号字、居中，段落前后间距 0.5 行，单倍行距。

第 2 级标题：宋体、加粗、小四号字、左对齐，段落前后间距 0 行，单倍行距。

5. 生成目录

在目录页生成两级目录：单击“引用”选项卡 | “目录”功能区 | “目录”按钮 | “插入目录”，设置显示级别为 2。

6. 表格页面设置

注释：表的标题和表为单独一页，表格尺寸不能调整。

由于“3. 插入分节符”已在表的标题前一自然段插入了“下一页”分节符，所以在表格页可直接设置页面：页边距上下左右均为 2 厘米；纸张大小，依据表格大小自定义，设置 30 厘米宽和 26 厘米高即可。

7. 封面设置

先选中封面所有内容，设置为宋体、五号字；两端对齐、大纲级别（O）正文文本、特殊格式（S）：（无）、段落前后间距 0 行，行距为单倍行距。提示：如果不理解，可看效果图！

文章标题：先选中文章标题（2015 年人工智能与软件工程国际会议）；设为：宋体、二号字、加粗；居中、大纲级别（O）正文文本、特殊格式（S）：（无）、段落前后间距 1.5 行，行距为单倍行距；

图像：在第 15 个回车符前插入图像（人工智能手臂.jpg）；图像可适当裁切，调整图片大小为高 6 厘米或 113.35 磅（宽不设置）、居中对齐。

其他：日期和地点均为宋体、四号字、加粗、文本效果（填充-白色，轮廓-强调文字颜色 1）；段落两端对齐、正文文本、首行缩进：8 字符。

完成后的效果如图 2-46 所示，可见 E2-5 效果.pdf 文档。

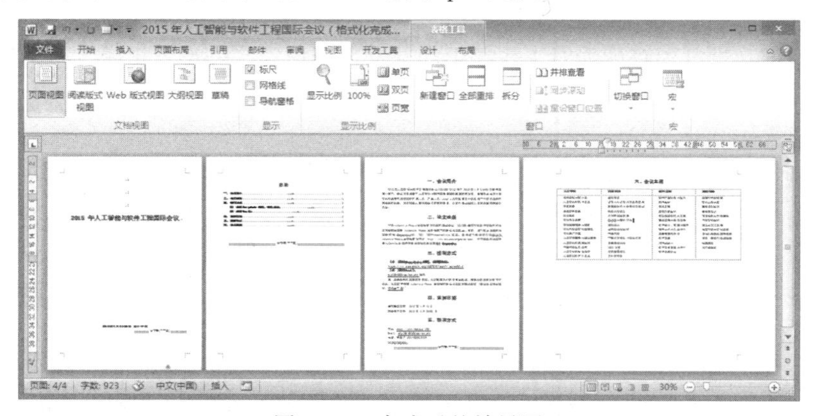

图 2-46 完成后的效果图

第 3 章 Excel 2010 电子表格处理

Excel 电子表格处理软件是美国微软公司研制的办公自动化软件 Office 中的重要成员，经过了多次改进和升级，本章以 Excel 2010 版本为基础进行讲解。Excel 2010 能够方便地制作出各种电子表格，使用公式和函数对数据进行复杂的运算；用各种图表来表示数据直观明了；利用超链接功能，用户可以快速打开局域网或 Internet 上的文件，与世界上任何位置的互联网用户共享工作簿文件。另外，它还能将各种报告和统计图表打印输出。

3.1 Excel 电子表格与基本操作简介

3.1.1 Excel 电子表格简介

Excel 提供了许多张非常大的空白工作表，每张工作表由 16 384 列和 1 048 576 行组成，行和列交叉处组成单元格，每一单元格可容纳 32 767 个字符。这样大的工作表可以满足大多数数据处理的业务需要；将数据从纸上存入 Excel 工作表中，这对数据的处理和管理已发生了质的变化，使数据从静态变成动态，能充分利用计算机自动、快速地进行处理。

1. Excel 的基本功能

（1）数据编辑

启动 Excel 之后，显示出由横竖线组成的空白表格，可以直接填入数据，就可形成现实生活中的各种表格，如学生登记表、考试成绩表、工资表、物价表等；而表中不同栏目的数据有各种类型，创建表格输入数据时无须特别指定，Excel 会自动区分数字型、文本型、日期型、时间型、逻辑型等。

对表格的编辑也非常方便，可任意插入和删除表格的行、列或单元格；对数据进行字体、大小、颜色、底纹等修饰，对单元格数据设置条件格式，插入批注、插入图表等对象。

（2）数据管理

在 Excel 中不必进行编程就能对工作表中的数据进行检索、分类、排序、筛选等操作，利用系统提供的函数可完成各种数据的分析。

（3）制作图表

Excel 提供了 11 类 100 多种基本的图表，包括柱形图、饼图、条形图、面积图、折线图、气泡图以及股价图等。图表能直观地表示数据间的复杂关系，同一组数据用不同类型的图表表示也很容易改变，图表中的各种对象，如标题、坐标轴、网络线、图例、数据标志、背景等能任意地进行编辑，图表中可添加文字、图形、图像，利用图表向导可方便、灵活地完成图表的制作。

（4）数据网上共享

Excel 提供了强大的网络功能，用户可以创建超链接获取互联网上的共享数据，也可将自己的工作簿设置成共享文件，保存在互联网的共享网站中，让世界上任何一个互联网用户分享。

2．选项卡

Excel 2010 提供的基本操作包括字符格式、数字格式、单元格格式、文档的视图等。高级操作技术包括图表、公式函数、页眉页脚、艺术字、数据分析和管理、批注、页面布局等。这些功能以面向“服务”划分类别，以“选项卡”和“面板”为功能区的方式显示在 8 个默认选项卡上。下面就 8 个默认选项卡和自主设置的“开发工具”进行简要介绍：

①“开始”选项卡中有 7 个功能区：剪贴板、字体、对齐方式、数字、样式、单元格和编辑，这些功能区在新文档创建后第一个任务阶段使用，是文本及数字输入和编辑所需要的工具，如图 3-1 所示。

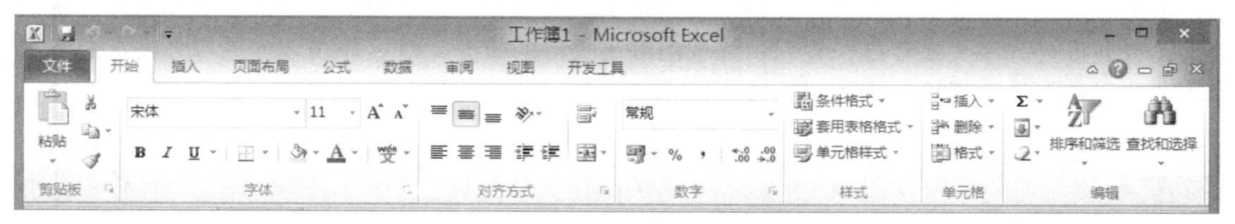

图 3-1　“开始”选项卡及功能区

②“插入”选项卡中的 8 个功能区：表格、插图、图表、迷你图、筛选器、链接、文本（文本框、页眉页脚、艺术字等）和符号（公式和特殊符号）。主要功能是完成常规对象（图片、剪贴画、各种形状、屏幕截图、与文本有关的对象等）、特殊对象（数据透视表、11 类 100 多种基本的图表、页眉页脚等）的创建与编辑。这是进入工作表编辑的第二个任务阶段，即各种对象的创建和编辑操作，如图 3-2 所示。

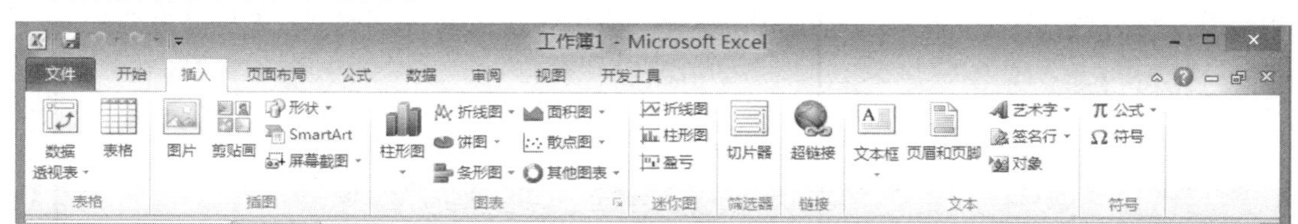

图 3-2　“插入”选项卡及功能区

③“页面布局”选项卡有 5 个功能区：主题、页面设置、调整为合适大小、工作表选项、排列。主要功能是工作表的整体外观设置、页面设置和页面背景等的设置。主题是文档的整体外观快速样式集，是系统提供的样式集集合，有 44 种之多，每一种包括一组主题颜色、一组主题字体（包括标题和正文字体）以及一组主题效果（包括线条和填充效果），如图 3-3 所示。

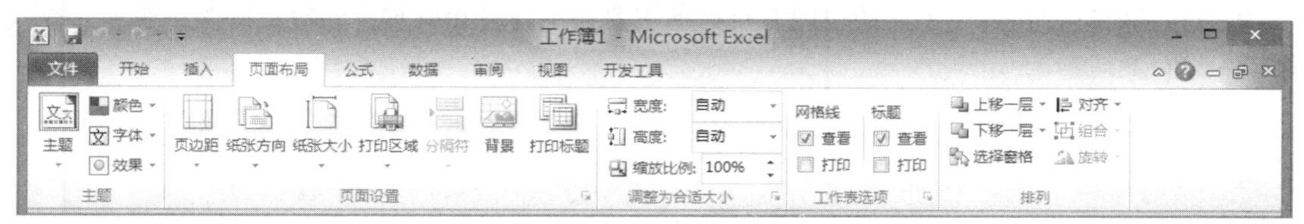

图 3-3　“页面布局”选项卡及功能区

④“公式”选项卡有 4 个功能区：函数库、定义的名称、公式审核和计算。主要功能是用户可以自定义单元格或单元格区域的名称，使用各种函数进行计算，对于使用公式计算的数据，追踪公式引用的单元格，追踪公式从属的单元格，将单元格数据显示为计算的数据还是计算公式，对公式出现的错误进行错误检查，如图 3-4 所示。

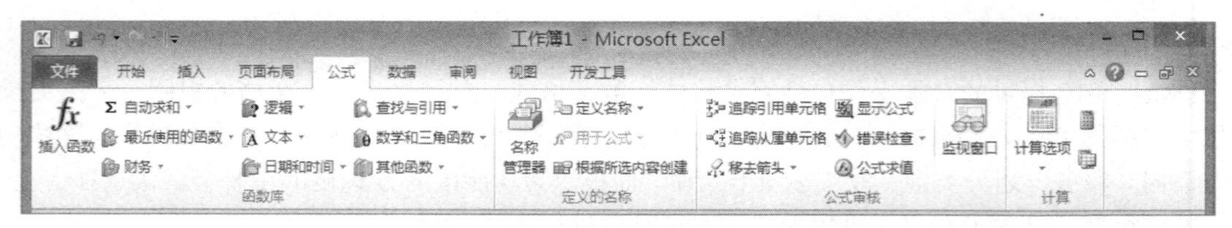

图 3-4 “公式”选项卡及功能区

⑤“数据”选项卡有 5 个功能区：获取外部数据、连接、排序和筛选、数据工具、分级显示。获取外部数据的主要功能是将 Access 数据库或者是其他类型数据库中的工作表、来自网站的数据、满足一定格式的文本文件数据转换为 Excel 工作表数据。排序和筛选的主要功能是对选定的工作表数据进行升序（或降序）排列，筛选出满足条件的数据，对工作表数据进行分类汇总等，这些是数据管理的主要操作，如图 3-5 所示。

图 3-5 “数据”选项卡及功能区

⑥“审阅”选项卡有 5 个功能区：校对（拼写检查、信息检索、同义词库）、中文简繁转换、语言（翻译）、批注、更改。更改功能区的主要功能是给工作表设置只读模式（可以是单元格、单元格区域、行、列、整个工作表）、给工作簿设置只读模式、共享工作簿等，如图 3-6 所示。

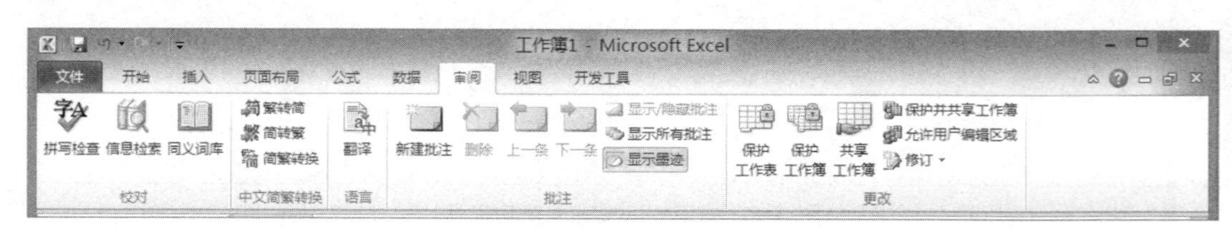

图 3-6 “审阅”选项卡及功能区

⑦“视图”选项卡有 5 个功能区：工作簿视图（普通视图、分页预览视图、全屏显示视图等）、显示（标尺、编辑栏、网格线、标题）、显示比例、窗口（新建窗口、全部重排、冻结窗口、拆分窗口、隐藏窗口、并排查看窗口等）以及宏。其主要功能是人机交互界面展示方式的切换、界面显示比例和界面拆分显示；不同的视图有自己的主要显示内容和所对应的特定操作功能和任务，如图 3-7 所示。

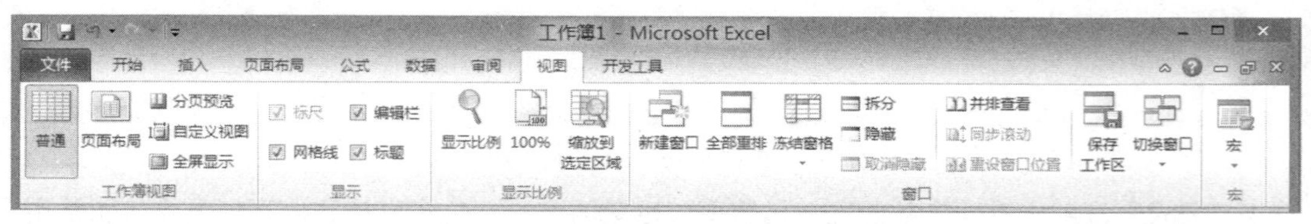

图 3-7 “视图”选项卡及功能区

⑧“开发工具”选项卡有 5 个功能区：代码、加载项、控件、XML 和修改。每一部分的功能与 Word 相同，在此不再赘述，如图 3-8 所示。

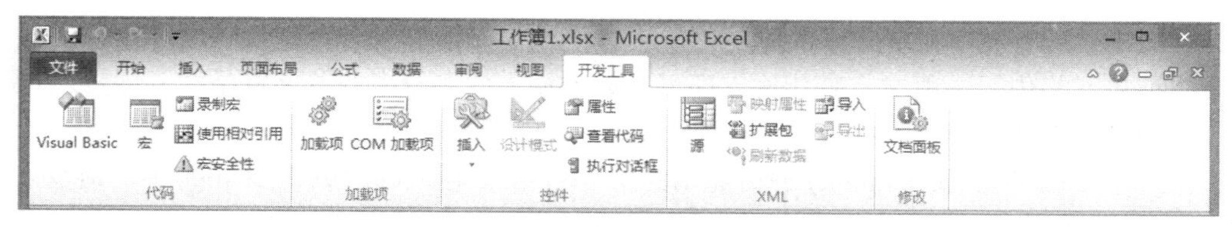

图 3-8　“开发工具”选项卡及功能区

3.1.2　Excel 电子表格基本操作

Excel 的绝大部分操作都是在工作表中进行的，而工作表是包含在工作簿中的，因此，本节将介绍有关工作簿的创建以及工作表的基本操作。

1．新建工作簿

Excel 2010 启动之后，已经自动创建了一个名为“工作簿 1”的空白工作簿，工作窗口如图 3-9 所示。如果用户还需要创建新的工作簿，可以单击“文件”选项卡，选择“新建”命令，在“可用模板”组选择合适的模板来创建工作簿，通常默认为“空白工作簿”，然后单击“创建”按钮，即可创建一个基于默认工作簿模板的新工作簿。

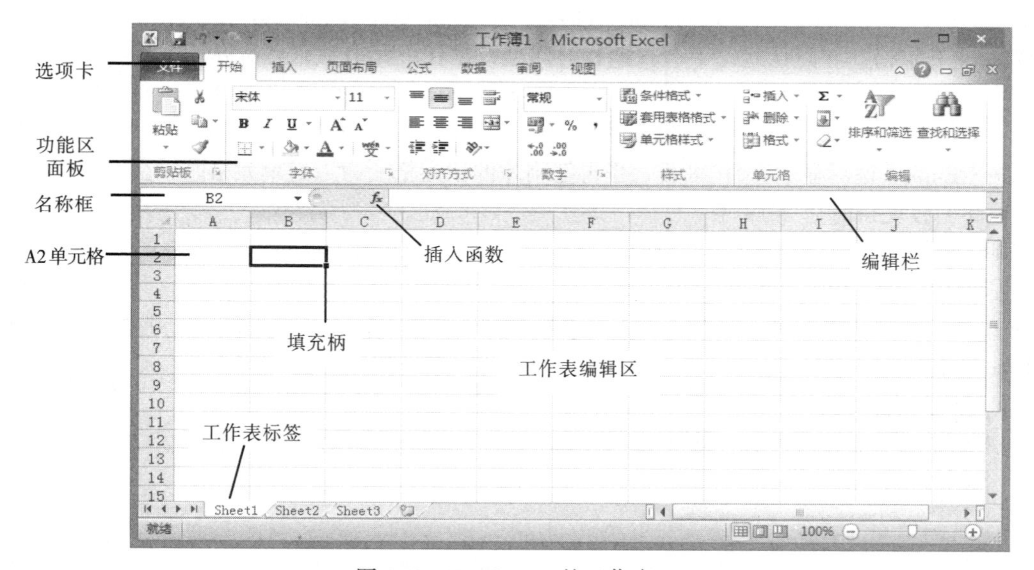

图 3-9　Excel 2010 的工作窗口

2．打开与关闭工作簿

打开与关闭工作簿与打开与关闭 Word 文档相似，在这里不再赘述。

3．保存工作簿

保存新的工作簿可以单击常用工具栏中的“保存”按钮，或选择“文件”|“保存”命令。

4．Excel 的数据输入

在工作表中用户可以输入两种数据——常量和公式，两者的区别在于单元格内容是否以等号（=）开头。Excel 中常量数据类型可以分为文字（或称字符）型、数字（值）型、日期和时间型、逻辑型。

（1）文字（字符或文本）型数据及输入

在 Excel 2010 中，文字可以是汉字、英文字母、数字、空格及键盘能输入的其他符号的组合。

在默认状态下，所有文字在单元格中均左对齐。

在当前单元格中，一般文字直接输入即可。如果输入的字符串的首字符是“=”号或者是类似于邮政编码、电话号码之类的数字，则应先输入一个单引号“ ' ”，再输入等号或其他字符。例如，输入“ ' = 3+8”，按【Enter】键后显示的是“=3+8”。输入邮政编码 264000 时，应输入“ ' 264000”。如果要使单元格中的内容实现分行，可按【Alt+Enter】组合键。

（2）数字（值）型数据及输入

在 Excel 2010 中，数值除了由数字（0～9）组成的字符串外，还包括+（正号）、−（负号）、（千分位号）、/、$、￥、%、.（小数点）、E、e 等字符（如￥50 000）。

在默认状态下，所有数字在单元格中均右对齐。如果输入的数据太长，Excel 自动以科学计数法表示，如输入 4567890123，则以 4.567890123E+9 显示。

输入分数时，为了与日期加以区别，应在分数前输入 0（零）及一个空格，如分数 3/4 应输入“0　3/4”。如果直接输入 3/4 或 03/4，则系统会将其视为日期，认为是 3 月 4 日。输入负数时，应先输入减号，或将其置于括号中。例如−2 应输入−2 或（2）。

（3）日期和时间型数据及输入

Excel 常见的日期和时间格式为“mm/dd/yy”“dd-mm-yy”“hh:mm:ss（am/pm）”，其中 am/pm 与秒之间应有空格。在默认状态下，日期和时间型数据在单元格中靠右对齐。

例如，2019/9/5、2019-9-5、5/Sep/2019 和 5-Sep-2019 都表示 2019 年 9 月 5 日。如果只输入月和日，Excel 2010 会取计算机内部时钟的年份作为默认值。例如，在当前单元格中输入 4-28 或 4/28，按【Enter】键后显示 4 月 28 日，当再把刚才的单元格变为当前单元格时，在编辑栏中显示 2019-4-28（假设当前是 2019 年）。

时间分隔符一般使用冒号“:”。例如，输入 7:0:1 或 7:00:01 都表示 7 点零 1 秒。输入 AM 或 PM（也可以是 A 或 P），用来表示上午或下午。

如果要输入当天的日期，则按【Ctrl+;】组合键；如果要输入当前的时间，则按【Ctrl+Shift+;】组合键。

（4）逻辑型常量

逻辑型常量只有两个，即 TRUE（T/真/是/1）和 FALSE（F/假/否/0），默认居中对齐。

5. 填充数据

（1）自动填充

自动填充是根据初始值和步长自动完成后续单元格中数据序列的自动有效输入。它不是在工作表中手动输入数据。用鼠标单击填充内容所在的单元格，将鼠标移到填充柄上，当鼠标指针变成黑色十字形时，按住鼠标左键拖动到所需的位置，松开鼠标，所经过的单元格都被填充上了相同的数据。拖动时，向上、下、左、右均可，视实际需要而定。

当初始值为纯字符或纯数字时，填充相当于数据复制。

当初始值为文字和数字混合体时，填充时文字不变，字符中的数字递增或递减。

当初始值为 Excel 预设的自定义序列中的一员时，按预设序列填充。例如，初始值为二月，自动填充为三月、四月……

（2）输入任意等差、等比数列

先选定待填充数据区的起始单元格，输入序列的初始值。再选定相邻的另一单元格，输入序列的第二个数值。这两个单元格中数值的差额将决定该序列的增长步长。选定包含初始值的两个单元格，用鼠标拖动填充柄经过待填充区域。

以上这些操作，也可以选择“开始”选项卡“编辑”功能区的“填充”|“系列”命令来完成。执行上述命令时，弹出如图 3-10 所示的“序列”对话框，完成相应的设置即可。

（3）创建自定义序列

如果要输入新的序列表，则需要选择“文件”|“选项”|“高级”|“常规”组中“编辑自定义列表”，弹出如图 3-11 所示的“自定义序列”对话框，在“输入序列”文本框中从第一个序列元素开始输入，在输入每个元素后按【Enter】键，整个序列输入完毕后，单击“添加”按钮。

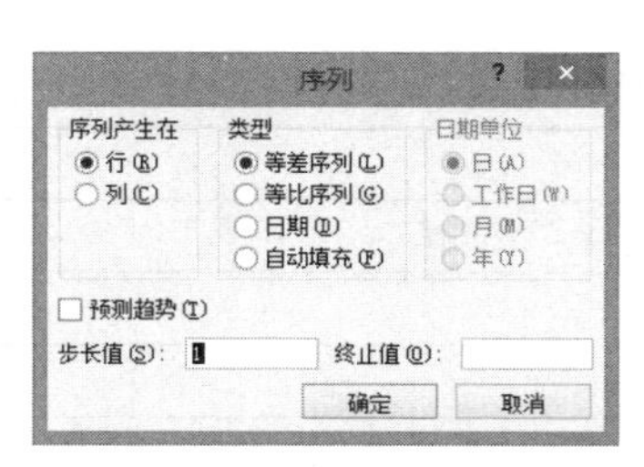

图 3-10 “序列”对话框

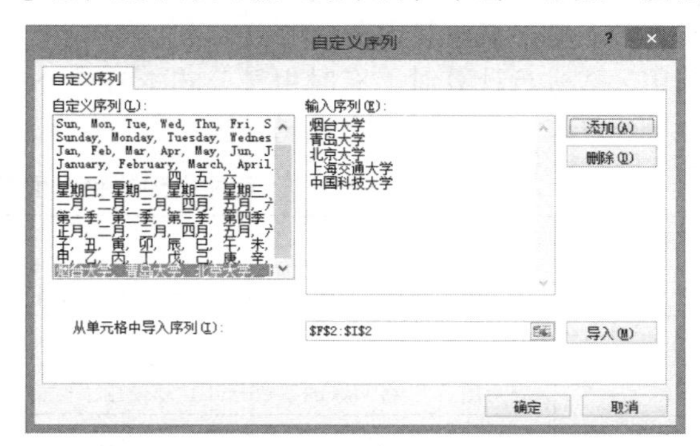

图 3-11 “自定义序列”对话框

6. 输入批注

批注的作用是可以对一些复杂的公式或者某些特殊单元格中的数据添加相应的注释。单击需要添加批注的单元格，单击“审阅”选项卡“批注”功能区的“新建批注”按钮，在弹出的批注框中输入批注文本。完成文本输入后，单击批注框外部的工作表区域，则添加了批注的单元格的右上角出现了一个小红三角，同时，不再显示批注框中的批注内容。

要查看批注内容，只要将鼠标指针移到该单元格处，其批注的内容便会自动显示出来。

选中有批注的单元格，通过“审阅”选项卡“批注”功能区的相关按钮完成批注的浏览、删除、显示/隐藏等操作。也可以右击有批注的单元格，在弹出的快捷菜单中选择“编辑批注”“删除批注”“隐藏批注”“显示批注”等命令。

7. 使用公式和函数

在 Excel 中，可以在单元格中输入公式或者使用系统提供的函数来完成对工作表中的数据进行总计、平均、汇总以及其他更为复杂的计算。

（1）使用公式

公式是以等号开头的由常量、单元格引用、函数和运算符等组成的式子。输入公式的方法和在单元格中输入数据一样，只是输入公式时注意必须以等号开头。

在公式中可以使用的运算符有以下几类：

① 算术运算符：%（百分比）、^（乘方）、*（乘）、/（除）、+、-，优先级从左到右。

② 比较运算符：=、>、<、>=、<=、<>（不等于）。

运算结果是一个逻辑型的量，要么是 TRUE，要么是 FALSE。

③ 文本运算符：&。

将两个字符串连接成一个字符串。例如，"ABCD"&"XYZ"，运算结果为"ABCDXYZ"。

④ 引用运算符：引用运算符在公式中主要用于选取单元格区域，共有 3 个。

“冒号（:）”，区域运算符，对两个引用之间、包括两个引用在内的所有单元格进行引用，例如 B5:D15 表示选取从 B5 到 D15 之间的所有单元格。

"逗号（,）"，联合运算符，将多个引用合并为一个引用，为并集。例如：公式"=SUM(B5:B15,D5:D15)"，表示对 B5:B15 和 D5:D15 两个不连续区域的所有单元格求和。

"空格"，交叉运算符，产生对两个引用的单元格区域重叠部分的引用，为交集。例如，公式"=SUM(B5:B15 A6:D7)"，B5:B15 和 A6:D7 两个区域交叉的部分是 B6 和 B7 单元格，则公式只对 B6 和 B7 求和。

（2）公式错误值及其含义

利用公式进行计算时，有时由于公式本身或公式中引用的单元格出现异常，而导致出错。表 3-1 列出了常见的错误值及出错原因。

表 3-1 可能出现的错误值及一般的出错原因

错误值	原因
#####	单元格中的数值长度比单元格宽或单元格的日期时间公式产生了一个负值
#DIV/0!	做除法时分母为零
#NULL?	应当用","将函数的参数分开，却使用了空格
#VALUE!	在公式中输入了错误的运算符，对文本进行了算术运算
#NAME?	在公式中引用了 Excel 2010 不能识别的文本
#REF!	公式中出现了无效的单元格地址
#N/A	函数或公式中没有可用数值
#NUM!	公式或函数中某个数字有问题

（3）使用函数

① COUNT：统计非空数值型单元格个数。

格式：COUNT(参数 1,参数 2,…)

功能：统计参数表中的数值参数和包含数值的单元格的个数，只有数值型数据才被统计，并忽略空白单元格。

示例：=COUNT(A1:C8)，统计 A1:C8 单元格区域中数值型数据的单元格个数。

② COUNTA：统计非空（各种数据类型）单元格个数。

格式：COUNTA(参数 1,参数 2,…)

功能：参数值可以是任何类型，可以包括空字符（""），但不包括空白单元格。统计参数表中的非空单元格的个数，并忽略空白单元格。

示例：=COUNTA(A1:C8)，统计 A1:C8 单元格区域中非空单元格个数，不包括空白单元格。

③ COUNTIF：统计单元格数目函数

格式：COUNTIF(单元格区域,条件字符串)

功能：统计某个单元格区域中符合指定条件的单元格数目。允许引用的单元格区域中有空白单元格出现。

示例：=COUNTIF(B1:B13,">=80")，统计出 B1 至 B13 单元格区域中，数值大于或等于 80 的单元格数目。

④ AVERAGE：平均值函数。

格式：AVERAGE(参数 1,参数 2,…)

功能：计算参数的算术平均值。

示例：=AVERAGE(A1:A10)，求 A1:A10 单元格区域中数据的平均值。

⑤ SUM：求和函数。

格式：SUM(参数 1,参数 2,…)

功能：求一组参数的和。

示例：=SUM(A1:A10)，求 A1:A10 单元格区域中数据之和。

⑥ SUMIF：条件求和函数。

格式：SUMIF(范围,条件,数据区域)

功能：在给定的范围内，对满足条件并在数据区域中的数据求和。数据区域是指定实际求和的位置，如果省略数据区域项，则按给定的范围求和。

示例 1：=SUMIF(A1:C8,">0")，对 A1:C8 区域单元格中大于 0 的单元格数据求和。

示例 2：=SUMIF(A2:A7,"水果",C2:C7)，A2:A7 为水果蔬菜类别（数据区域），C2:C7 为食物的销售额（数据求和区域），结果是“水果”类别下所有食物的销售额之和。

⑦ MAX：求最大值函数。

格式：MAX(参数 1,参数 2,…)

功能：返回一组参数的最大值，忽略逻辑值及文本。

示例：=MAX(A1:C8)，求 A1:C8 单元格区域中数据的最大值。

⑧ MIN：求最小值函数。

格式：MIN(参数 1,参数 2, ...)

功能：返回一组值中的最小值。空白单元格、逻辑值或文本将被忽略。

示例：=MIN(A3:A10)，返回区域 A3:A10 中的最小数。

⑨ MOD：返回两数相除的余数。

格式：MOD(被除数,除数)

功能：返回两数相除的余数。结果的符号与除数相同。

示例 1：=MOD(3,–2)，3/–2 的余数为–1。

示例 2：=MOD(任意整数,2)，任意奇数被 2 除得余数为 1，任意偶数被 2 除得余数为 0。

⑩ ROUND：四舍五入函数。

格式：ROUND(数值型参数,小数位数)

功能：对数值型参数按保留的小数位数四舍五入。

示例：=ROUND(A3,2)，对 A3 单元格中的数值保留 2 位小数，第三位小数四舍五入。如果 A3 单元格中的数值为 8.6573，则 ROUND(A3)的返回值为 8.66。

⑪ IF：条件函数。

格式：IF(条件,值 1,值 2)

功能：IF 函数是一个逻辑函数，条件为真时返回值 1，条件为假时返回值 2。

示例：=IF(A3>=60,"Y","N")，A3 单元格中的数据大于等于 60 时，返回字符“Y”，否则返回字符“N”。

IF 条件函数嵌入使用：=IF(F8>300,"优良",IF(B8>=80,"口语较好",IF(D8>80,"听力较好",IF(E8>80,"作文较好",IF(C8>75,"语法较好","需要辅导")))))。

⑫ RANK()：排位函数。

格式：RANK(number,ref,order)

功能：返回参数 number 在 ref 范围以升序（或降序）的排位。

说明：number 为需要找到排位的数字。

ref 为数字列表数组或对数字列表的引用，其中的非数值型参数将被忽略。

order 为一数字，指明排位的方式。为 0 或省略不写时，按照降序排列列表，不为零时按升序排列。

示例：=RANK(A3,$A$2:$A$6,1)，计算 A3 在$A$2:$A$6 区域单元格中的排位，并按升序排列。$A$2:$A$6 为绝对地址区域。思考在此为何用绝对地址？

相对地址 A2:A6 转换成绝对地址$A$2:$A$6 操作：选中 A2:A6 单元格区域，按【F4】键即可。

⑬ LEFT：从字符串的左侧第一个字符开始，截取指定数目的字符

格式：`LEFT(文本字符串,提取的字符的数目)`

功能：从文本字符串的第一个字符开始返回指定个数的字符。

示例：当 B2 中有字符串“销售价格”，则：=LEFT(B2,2)，返回字符“销售”。

⑭ MID：从一个字符串指定位置起，截取指定数目的字符

格式：`MID(文本字符串,起始位置,提取的字符的数目)`

功能：返回文本字符串中从指定位置开始的特定数目的字符，该数目由用户指定。

示例：=MID(B4,3,2)，从 B4 内字符串“常用函数”中第 3 个字符开始，返回 2 个字符为“函数”。

⑮ DATE：返回表示特定的日期序列号。

格式：`DATE(year,month,day)`

功能：返回与 1900 年 1 月 1 日的天数差值或年月日的日期格式。

示例：A2 单元格年：2019，B2 单元格月：5，C2 单元格日：20，则：=DATE(A2,B2,C2)返回天数：43605 或日期 2019-5-20。

⑯ YEAR：返回对应于某个日期的年份。

格式：`YEAR(serial_number)`

功能：参数 serial_number 为 DATE 日期序列号或日期，返回其中的年份。 年份是介于 1900 到 9999 之间的整数。

示例：A2 单元格中为 2015-4-15，则：=YEAR(A2)，返回单元格 A2 中日期的年份：2015。

⑰ MONTH：返回以序列数表示日期中的月份。

格式：`MONTH(serial_number)`

功能：参数 serial_number 为 DATE 日期序列号或日期，返回其中的月份。月份是介于 1 到 12 之间的整数。

示例：A2 单元格中为 2019-4-15，则：=MONTH(A2)，返回单元格 A2 中日期的月份：4。

⑱ DAY：返回以序列数表示的某日期的天数。

格式：`DAY(serial_number)`

功能：参数 serial_number 为 DATE 日期序列号或日期，返回其中的天数。天数是介于 1 到 31 之间的整数。

示例：A2 单元格中为 2019-4-15，则：=DAY(A2)，返回单元格 A2 中日期的天数：15。

⑲ FREQUENCY：以一列垂直数组返回某个区域中数据的频率分布。

格式：`FREQUENCY(data_array, bins_array)`

功能：一组给定的值 data_array 和一组给定的间隔 bins_array，返回每个间隔 bins_array 在 data_array 参数中出现的次数。

说明：data_array 为一个单元格区域，bins_array 为另一个单元格区域，返回的结果为一个数组，该数组的个数与 bins_array 区域单元格个数相同。

通过按【Ctrl+Shift+Enter】组合键，获得返回结果。

示例：首先选中结果单元格 K3:K5，然后输入公式：=FREQUENCY(G3:G12,H14:H16)，最后按【Ctrl+Shift+Enter】组合键，获得 3 个结果值。

上面示例的含义是：统计 H14、H15 和 H16 三个单元格数值在 G3:G12 区域分别出现的次数。

⑳ VLOOKUP：纵向查找函数。

格式：`VLOOKUP(lookup_value,table_array,col_index_num,range_lookup)`

功能：参数 lookup_value 为需要在数据表第一列中进行查找的数值；table_array 为需要在其中查找数据的数据表。使用对区域或区域名称的引用；col_index_num 为 table_array 中查找数据的数据列序号；range_lookup 为一逻辑值，指明函数 VLOOKUP 查找时是精确匹配，还是近似匹配。如果为 false 或 0 ，则返回精确匹配。如果为 TRUE 或 1，函数 VLOOKUP 将查找近似匹配值。

提示：如果某个具体函数不会使用，可通过系统帮助学习函数使用。如获取 VLOOKUP 函数的使用帮助。计算机事先联上网络，6 个操作步骤如下：打开 Excel，如图 3-12 所示；①单击插入函数按钮；②找到使用的函数，如 VLOOKUP 函数；③单击“有关该函数的帮助”超链接，打开 Excel 帮助对话框；④单击“YouTube 视频从 Excel 社区专家与 VLOOKUP ！”超链接，获得视频帮助（见图 3-12 视频）,YouTube 是一个视频网站；⑤或向下移动滚动条；⑥获得示例帮助。

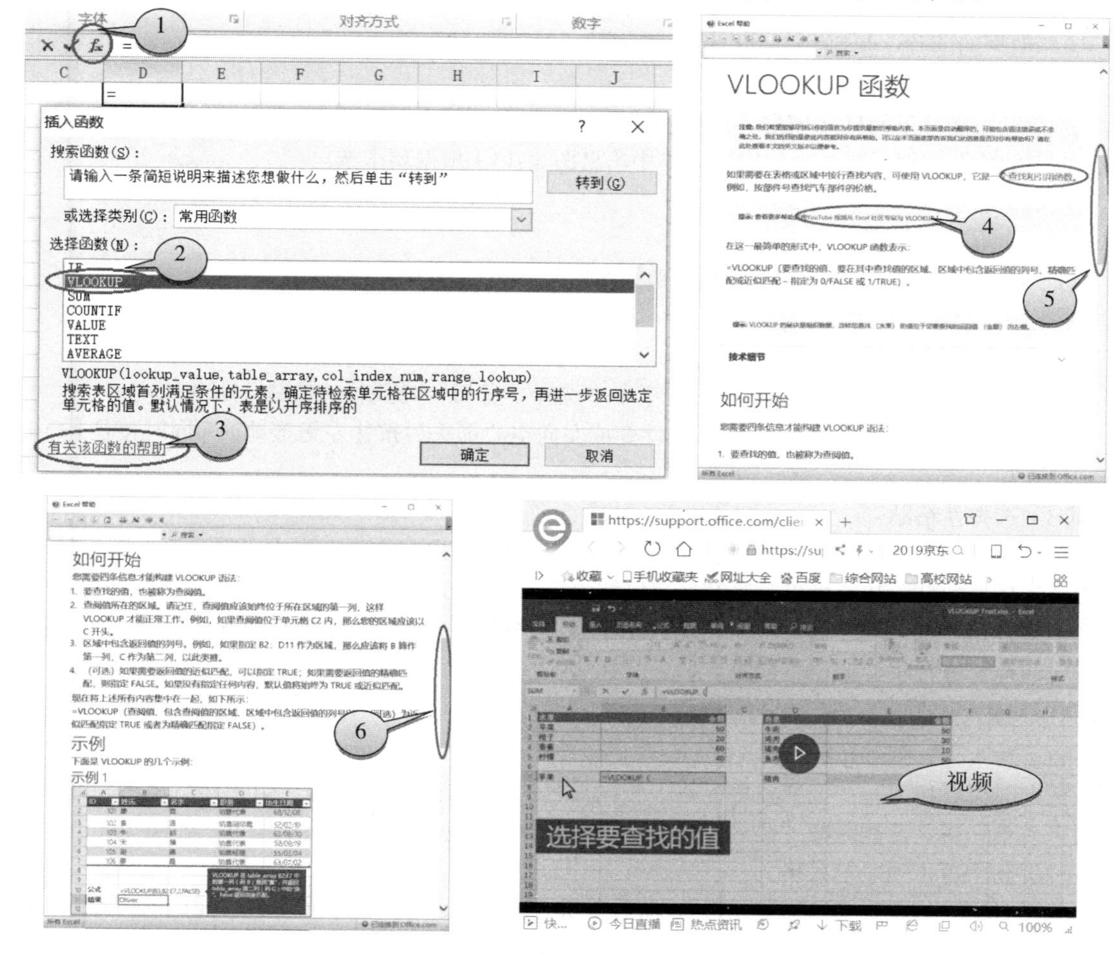

图 3-12　通过系统获取 VLOOKUP 函数的使用帮助

8. 单元格和单元格区域的选择

Excel 在执行大多数命令和任务之前，都需要先选择相应的单元格或单元格区域。表 3-2 列出了常用的选择操作。

表 3-2 常用的选择操作

选择内容	具体操作
单个单元格	单击相应的单元格，或用方向键移动到相应的单元格
某个单元格区域	单击选定该区域的第一个单元格，然后拖动鼠标直至选定最后一个单元格
工作表中的所有单元格	单击工作表编辑区左上角的“全选”按钮
不相邻的单元格或单元格区域	先选定第一个单元格或单元格区域，然后按住【Ctrl】键再选定其他的单元格或单元格区域
较大的单元格区域	单击选定该区域的第一个单元格，然后按住【Shift】键再单击该区域的最后一个单元格（若此单元格不可见，则用滚动条使之可见）
整行	单击行标题
整列	单击列标题
相邻的行或列	沿行号或列标拖动鼠标，或者先选定第一行或第一列，然后按住【Shift】键再选定其他的行或列

9. 数据的清除、复制和移动、选择性粘贴

（1）清除

选择单元格或单元格区域后，再单击“开始”选项卡“编辑”功能区的“清除”按钮，在弹出的级联菜单中（见图 3-13）根据要求选择相应的命令。

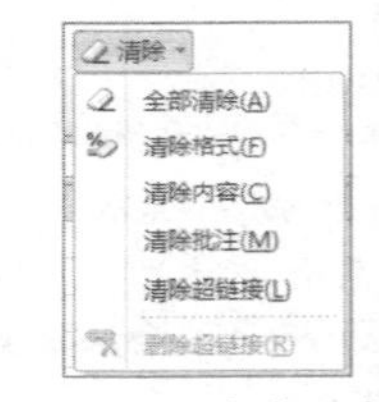

图 3-13 “清除”命令

（2）实现数据复制和移动的方法

① 利用“开始”选项卡“剪贴板”功能区的“剪切”“复制”“粘贴”按钮。

② 直接按【Ctrl+X】、【Ctrl+C】、【Ctrl+V】组合键。

③ 选定区域后右击，在弹出的快捷菜单中选择“剪切”“复制”“粘贴”命令。

④ 将鼠标指向选定区域，当鼠标指针变成左向空心箭头后按住左键拖动，并同时按住【Ctrl】键实现复制。

（3）选择性粘贴

在上面介绍的复制过程中，Excel 会对选定区域的所有内容（值、格式、批注等）进行复制，利用“选择性粘贴”功能可以只复制选定区域内容的一部分，比如只复制数值，不要格式和批注等。在“开始”选项卡“剪贴板”功能区中选择“粘贴”|“选择性粘贴”命令，弹出如图 3-14 所示对话框，进行相应的设置即可。

10. 插入（删除）行、列和单元格

（1）插入行、列和单元格

选定与需要插入行（或列或单元格）相同数目的行（或列或单元格）数，然后单击“开始”选项卡“单元格”功能区的“插入”按钮，在级联菜单中选择需要的命令即可，如图 3-15 所示。

（2）删除行（列、单元格）

选择要删除的行（或列或单元格），然后单击“开始”选项卡“单元格”功能区的“删除”按钮，在级联菜单中选择需要的命令即可，如图 3-16 所示。

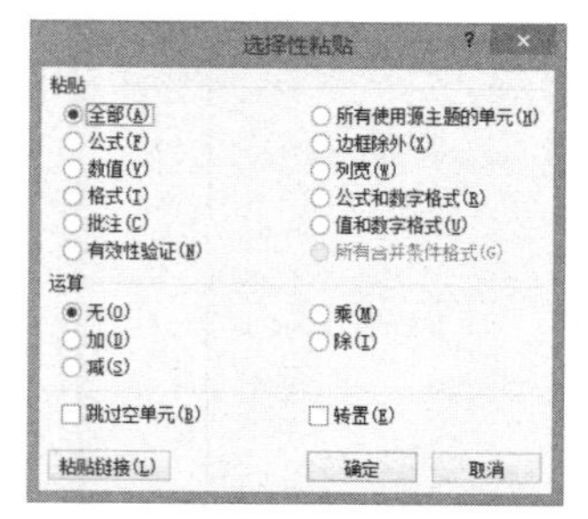

图 3-14　“选择性粘贴”对话框

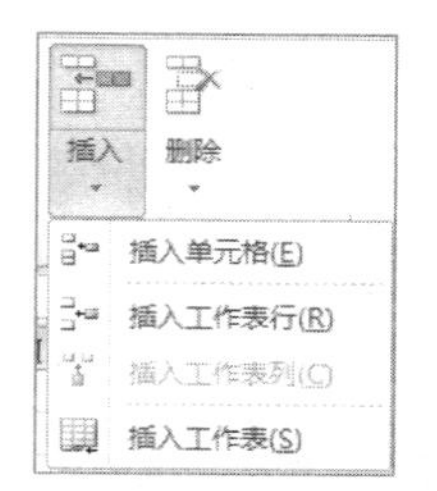

图 3-15　“插入”下拉列表框

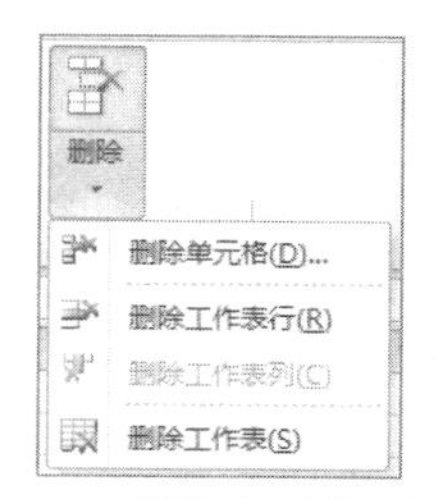

图 3-16　“删除”下拉列表框

11. 设置行高列宽

（1）拖动鼠标设置行高、列宽

将鼠标指向两个行号（或列号）之间的格线上，当鼠标形状变为双箭头时，按下鼠标左键拖动，这时将自动显示高度（或宽度）值。

如果要改变多行（或列）的高度（或宽度），先选定要更改的行（或列），然后拖动其中一行（或列）的格线。

（2）用菜单命令精确设置行高、列宽

选择所需调整的区域，可以是多行、多列或单元格区域，然后单击“开始”选项卡“单元格”功能区中的“格式”按钮，在弹出的级联菜单中，选择“行高”或“列宽”命令框，在弹出的对话框中输入精确数值即可。

3.2　Excel 文档建立及基本操作

3.2.1　实验目的

①掌握工作簿的新建、打开、保存/另存及关闭操作。

②掌握单元格中数据（文本、数值、日期/时间等）的输入及填充方法。

③掌握创建工作簿和工作表的方法。

④掌握工作表的格式化。

3.2.2　实验内容

1. 创建表格

在 D 盘创建名为“学生”的文件夹，并在该文件夹下建立一个名为“一月份员工工资表（实验 3.2）.xlsx”的工作簿，在工作表 Sheet1 中创建图 3-17 所示的工作表。

操作步骤如下：

① 选择“开始”|“所有程序”| Microsoft Office | Microsoft Office Excel 2010 命令，启动 Excel 2010。

② 单击 Sheet1 工作表标签，使其成为活动工作表，在 Sheet1 上右击，在弹出的快捷菜单中选择“重命名”命令，将 Sheet1 重命名为“实验 3.2”。

③ 选择“文件”|“另存为”命令，利用“另存为”对话框将该工作簿以“一月份员工工资表.xlsx”为名保存在 D 盘。

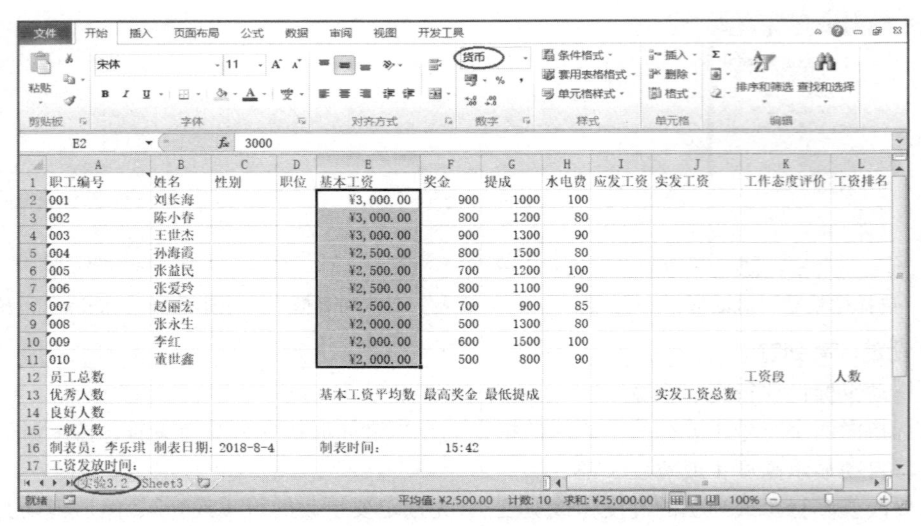

	A	B	C	D	E	F	G	H	I	J	K	L
1	职工编号	姓名	性别	职位	基本工资	奖金	提成	水电费	应发工资	实发工资	工作态度评价	工资排名
2	001	刘长海			¥3,000.00	900	1000	100				
3	002	陈小春			¥3,000.00	800	1200	80				
4	003	王世杰			¥3,000.00	900	1300	90				
5	004	孙海霞			¥2,500.00	800	1500	80				
6	005	张益民			¥2,500.00	700	1200	100				
7	006	张爱玲			¥2,500.00	800	1100	90				
8	007	赵丽宏			¥2,500.00	700	900	85				
9	008	张永生			¥2,000.00	500	1300	80				
10	009	李红			¥2,000.00	600	1500	100				
11	010	董世鑫			¥2,000.00	500	800	90				
12	员工总数										工资段	人数
13	优秀人数				基本工资平均数	最高奖金	最低提成			实发工资总数		
14	良好人数											
15	一般人数											
16	制表员：李乐琪	制表日期：2018-8-4			制表时间：	15:42						
17	工资发放时间：											

图 3-17 “一月份员工工资表”原始数据

2．文本型和数值型数据的输入

按照图 3-17 所示的工作表，在第 1 行的第 A1 至 L1 单元格中依次向右输入“职工编号”“姓名”“性别”“职位”“基本工资”“奖金”“提成”“水电费”“应发工资”“实发工资”“工作态度评价”“工资排名”。

操作步骤如下：

① 单击 A2 单元格，注意此列中数据为文本型数字，所以在输入职工编号数字前应加一个英文状态下的单引号“'”，即输入“'001”后按【Enter】键完成输入。然后按住 A2 单元格右下角的填充柄直接拖动到 A11 完成第一列的输入。

② 选中 E2:E11 单元格区域并右击，在弹出的快捷菜单中选择“设置单元格格式”命令，在弹出的对话框“分类”列表中，选择“货币”项，设置小数位数为 2 位；然后完成 E2:E11 单元格区域输入基本工资数值（见图 3-17），效果如图 3-18 所示。按图 3-17 所示在“奖金”、“提成”和“水电费”三列中输入相应数值。

3．日期型数据的输入

操作步骤如下：

情况一：若在 C16 单元格中输入固定日期，如输入“2018-8-4”或“2018/8/4”后按【Enter】键即可完成（见图 3-18）。

情况二：若在 C16 单元格中输入当前计算机的日期，只需要在单元格中按【Ctrl+;（分号）】组合键即可完成。

4．时间数据的输入

操作步骤如下：

情况一：若在 F16 单元格中输入固定时间，如输入“15:42”后按【Enter】键即可完成（见图 3-18）。

情况二：若在 F16 单元格中输入当前计算机的时间，只需要在单元格中按【Ctrl+Shift+;（分号）】组合键即可完成。

5．批注的输入

给“职工编号”添加批注“工资单编号”。

操作步骤如下：

右击 A1 单元格，在弹出的快捷菜单中选择“插入批注”命令，在批注框中输入“工资单编号”，如图 3-18 所示。完成文本输入后，单击批注框外部的工作表区域，则添加了批注单元格的右上角出现一个小红三角。

	A	B	C	D	E	F	G	H
1	职工编号	工资单编号		位	基本工资	奖金	提成	水电费
2	001				¥3,000.00	900	1000	100
3	002				¥3,000.00	800	1200	80
4	003				¥3,000.00	900	1300	90
5	004	孙海霞			¥2,500.00	800	1500	80
6	005	张益民			¥2,500.00	700	1200	100
7	006	张爱玲			¥2,500.00	800	1100	90
8	007	赵丽宏			¥2,500.00	700	900	85
9	008	张永生			¥2,000.00	500	1300	80
10	009	李红			¥2,000.00	600	1500	100
11	010	董世鑫			¥2,000.00	500	800	90
12	员工总数							
13	优秀人数				基本工资平均数	最高奖金	最低提成	
14	良好人数							
15	一般人数							
16	制表员：李乐琪	制表日期：2018-8-4			制表时间：	15:42		
17	工资发放时间：							

图 3-18 插入批注

6. 数据有效性检验

设置“职位”列的数据有效性，即输入“部门经理”“高级职员”“一般职员”以外的字符都是非法的。

操作步骤如下：

选定要限制其数据有效性范围的单元格区域 D2:D11，然后单击“数据”选项卡 |“数据工具”功能区 |“数据有效性”按钮，打开“数据有效性”对话框。在“设置”选项卡的“允许”下拉列表框中选择“序列”，在“来源”框中输入“部门经理,高级职员,一般职员”，如图 3-19 所示，单击“确定”按钮。这样设置后，在“职位”输入项中输入“部门经理”“高级职员”“一般职员”以外的字符都是非法的。

图 3-19 数据有效性检验

7. 插入或删除行

在表格中第一行前面插入一个标题行，在 A1 单元格中输入文字“员工工资表”。

操作步骤如下：

① 右击第一行行号，在弹出的快捷菜单中选择“插入”命令，将会在该行上方插入一个新行，然后在 A1 单元格中输入“员工工资表”，如图 3-20 所示。

② 若要删除某行，只需在该行行号处右击，在弹出的快捷菜单中选择“删除”命令。此题不删除行。

8．插入或删除列

在表格中 A、B 两列之间插入一个新列，新列在 B2 单元格中输入文字“身份证号”，然后在 B3：B12 单元格区域依次输入身份证号码。

操作步骤如下：

① 右击 B 列列标，在弹出的快捷菜单中选择“插入”命令，将会在该列左侧插入一个新列，然后在 B2 单元格中输入“身份证号”，如图 3-20 所示。

② 在 B3:B12 单元格区域中依次输入每个人的身份证号：“******198301052535、******198506105739、******198503264528、******198812060624、******198910111958、******198606031164、******198704070865、******199306200234、******199212074912、******199102104022”。

③ 若要删除某列，只需在该列列标处右击，在弹出的快捷菜单中选择“删除”命令。此题不删除列。

9．设置表格标题

将表格的标题“员工工资表”设置为居中，且字体为宋体、18 磅、加粗，填充“橙色，强调文字颜色 6，淡色 60%”。

操作步骤如下：

① 选中 A1:M1 单元格区域，单击“开始”选项卡 | “对齐方式”功能区 | “合并后居中”按钮，将“员工工资表”标题在第 1 行 A 到 M 列居中显示，如图 3-20 所示。

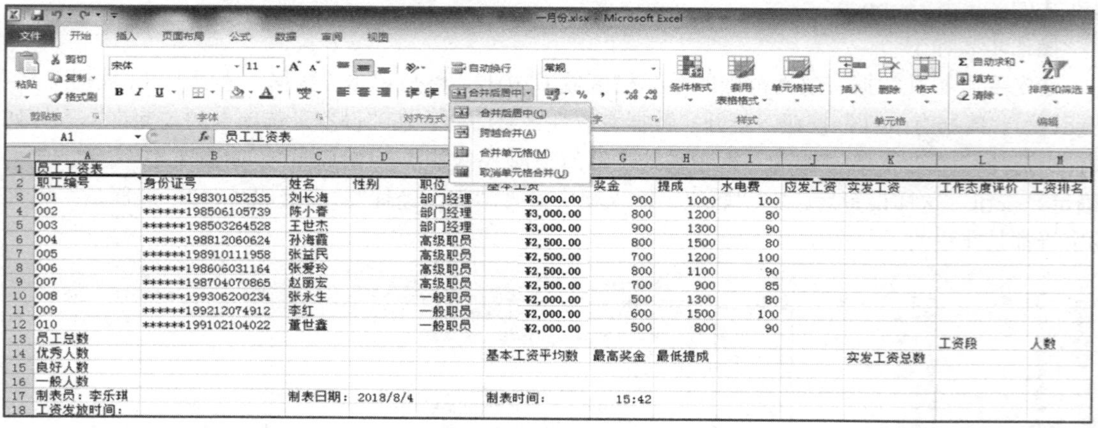

图 3-20　标题居中显示

② 选中标题单元格，单击“开始”选项卡 | “字体”功能区 | “字号”按钮，字号设置为 18 磅，然后单击“加粗”按钮 **B**。

③ 选中标题单元格，单击“开始”选项卡 | “字体”功能区 | “填充颜色”按钮 | “主题颜色” | “橙色，强调文字颜色 6，淡色 60%”。

10．区域表格线的设置

给表格中的单元格区域 A2:M12 添加边框线。

操作步骤如下：

① 选中 A2:M12 单元格区域，单击“开始”选项卡 | “字体”功能区 | “粗匣框线”按钮，在下拉列表中选择“所有框线”。

② 如果要求外框线为粗框线，内框线为细框线，可选择下拉列表中的“其他边框”命令，

弹出图 3-21 所示的“设置单元格格式”对话框，设置“线条样式”“颜色”，然后在“预置”栏设置“外边框”或者“内部”。

11．行高和列宽的设置

设置第 1 行和第 2 行行高为 30，设置 F、G、H、I、J、K 六列列宽为 15。

操作步骤如下：

① 选中第 1 行和第 2 行，单击“开始”选项卡 |“单元格”功能区 |“格式”按钮，在下拉列表中选择“行高”，弹出“行高”对话框，在“行高”文本框中输入 30，单击“确定”按钮。

② 选中 F、G、H、I、J、K 六列，单击“开始”选项卡 |“单元格”功能区 |“格式”按钮，在下拉列表中选择“列宽”，弹出“列宽”对话框，在“列宽”文本框中输入 15，单击“确定”按钮。

注意：如若要求自动调整行高和列宽，单击“开始”选项卡 |“单元格”功能区 |“格式”按钮，在下拉列表中选择“自动调整行高”和“自动调整列宽”。

12．设置单元格的对齐方式

设置 A2:M18 单元格区域中的单元格水平居中垂直居中。

操作步骤如下：

① 选中 A2:M18 单元格区域，单击“开始”选项卡 |“对齐方式”功能区 |“居中”按钮，使文本水平居中。

② 单击“对齐方式”功能区右下角的按钮，弹出图 3-22 所示的“设置单元格格式”对话框，在“文本对齐方式”|“垂直对齐”下拉列表中选择“居中”，完成文本垂直居中对齐。

图 3-21　“边框”选项卡

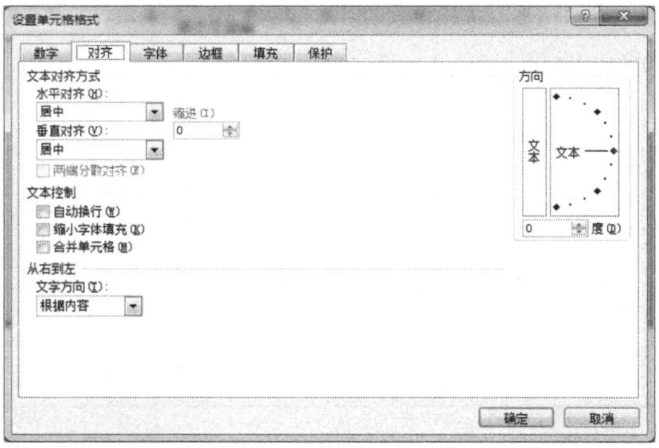

图 3-22　“对齐”选项卡

13．设置单元格的数据格式

设置“基本工资”列加上人民币符号￥。

操作步骤如下：

选中 F3:F12 单元格区域，单击“开始”选项卡 |“数字”功能区 |“数字格式”下拉按钮，在下拉列表中选择“货币”，如图 3-23 所示。效果见图 3-25①。

14．利用“新建规则”设置条件格式

将表格中奖金超过 800（包含 800）的用红色斜体显示。

操作步骤如下：

① 选中 G3:G12 单元格区域，单击“开始”选项卡 |“样式”功能区 |“条件格式”按钮，在下拉列表中选择“新建规则”，弹出图 3-24 所示的“新建格式规则”对话框。

② 在“选择规则类型”列表框中选择“只为包含以下内容的单元格设置格式”，在“编辑规则说明”栏中选择“单元格值”“大于或等于”“800”。

③ 单击“格式”按钮，弹出“设置单元格格式”对话框，设置红色斜体，最后单击“确定”按钮。效果见图 3-25②。

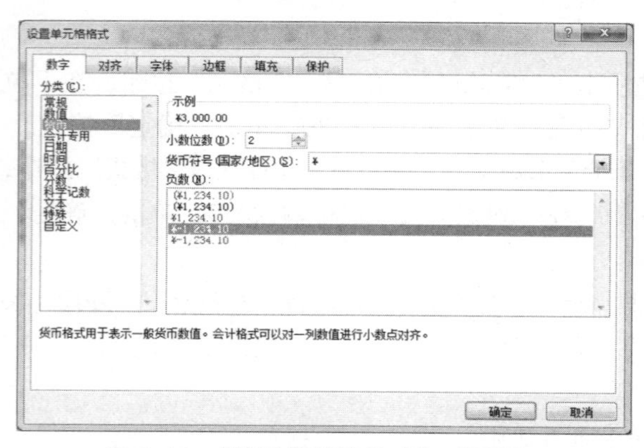

图 3-23 “设置单元格格式”对话框

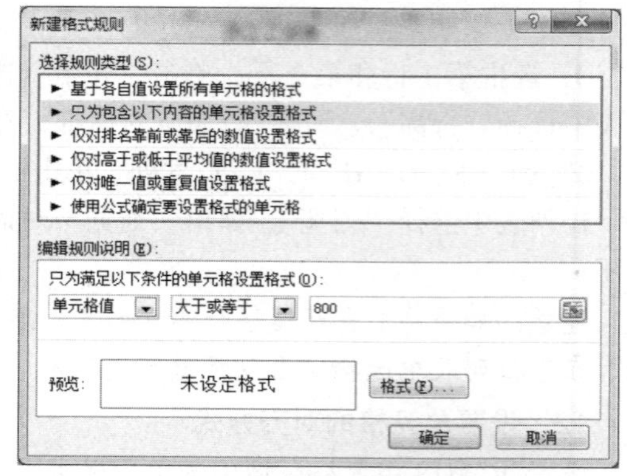

图 3-24 “新建格式规则”对话框

15. 利用“数据条”设置条件格式

给表格中“基本工资”列添加绿色数据条。

操作步骤如下：

选中 F3:F12 单元格区域，单击“开始”选项卡 |“样式”功能区 |“条件格式”按钮，在下拉列表中选择“数据条”，在“数据条类型”列表中选择“渐变填充”|“绿色数据条”，单击即可完成。效果见图 3-25③。

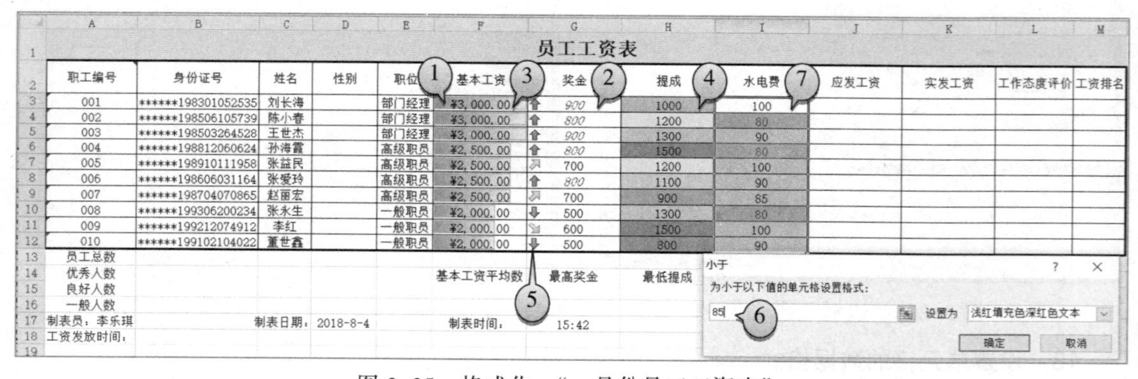

员工工资表

职工编号	身份证号	姓名	性别	职位	基本工资	奖金	提成	水电费	应发工资	实发工资	工作态度评价	工资排名
001	******198301052535	刘长海		部门经理	¥3,000.00	900	1000	100				
002	******198506105739	陈小春		部门经理	¥3,000.00	800	1200	80				
003	******198503264528	王世杰		部门经理	¥3,000.00	900	1300	90				
004	******198812060624	孙海霞		高级职员	¥2,500.00	800	1500	80				
005	******198910111958	张益民		高级职员	¥2,500.00	700	1200	100				
006	******198606031164	张爱玲		高级职员	¥2,500.00	800	1100	90				
007	******198704070865	赵丽宏		高级职员	¥2,500.00	700	900	85				
008	******199306200234	张永生		一般职员	¥2,000.00	500	1300	80				
009	******199212074912	李红		一般职员	¥2,000.00	600	1500	100				
010	******199102104022	董世鑫		一般职员	¥2,000.00	500	800	90				

图 3-25 格式化 “一月份员工工资表”

16. 利用“色阶”设置条件格式

给表格中“提成”列添加“红-黄-绿色阶”。

操作步骤如下：

选中 H3:H12 单元格区域，单击“开始”选项卡 |“样式”功能区 |“条件格式”按钮，在下拉列表中选择“色阶”，在“色阶类型”列表中选择“红-黄-绿色阶”单击即可完成。效果见图 3-25④。

17. 利用“图标集”设置条件格式

给表格中“奖金”列添加“四向箭头”样式。

操作步骤如下：

选中 G3:G12 单元格区域，单击“开始”选项卡 |“样式”功能区 |“条件格式”按钮，在下拉列表中选择“图标集”|“四向箭头”单击即可完成。效果见图 3-25⑤。

18. 利用“突出显示单元格规则”设置条件格式

给表格中“水电费”中所有小于 85 的单元格设置突出显示。

操作步骤如下：

① 选中 I3:I12 单元格区域，单击“开始”选项卡 |“样式”功能区 |“条件格式”按钮，在下拉列表中选择“突出显示单元格规则”|“小于”。

② 然后在“为小于以下值的单元格设置格式”中输入 85（见图 3-25⑥），在“设置为”中选择“浅红填充色深红色文本”或“自定义格式”，如图 3-25⑦所示，即可将符合条件的数据突出显示出来。

19. 保存文档

操作步骤如下：

选择“文件”|“保存”命令，或者单击标题栏左侧的“保存”按钮，把格式化之后的工作簿以原名保存在 D 盘。

格式化后的表格“一月份员工工资表”如图 3-25 所示。

3.3　工作表中公式函数以及图表实验

3.3.1　实验目的

① 掌握常用函数的使用方法。

② 掌握常用公式的使用方法以及复制公式的方法。

③ 掌握创建图表的方法以及格式化图表的方法。

3.3.2　实验内容

1. 公式与函数的使用

打开实验素材中的“一月份员工工资表（实验 3.3）.xlsx”工作簿，本实验在此文件基础上完成。

（1）计算应发工资和实发工资

计算应发工资和实发工资（见图 3-26），操作步骤如下：

① 单击 J3 单元格，使其成为活动单元格。

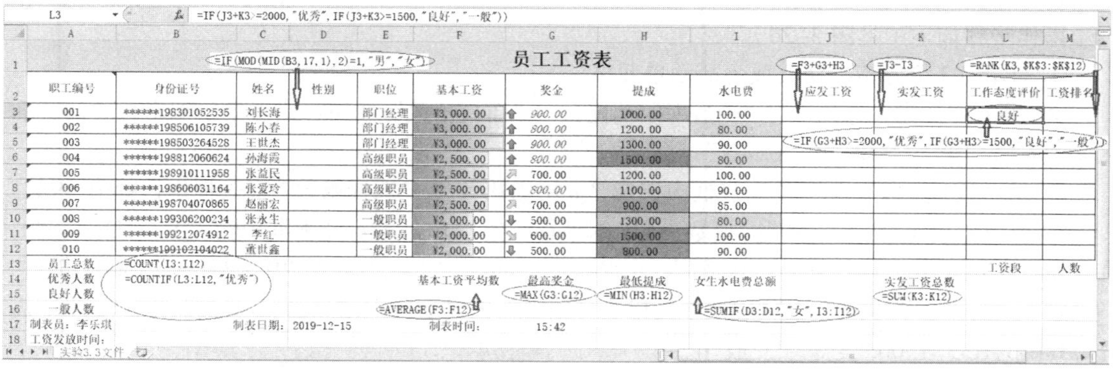

L3　=IF(J3+K3>=2000,"优秀",IF(J3+K3>=1500,"良好","一般"))

	A	B	C	D	E	F	G	H	I	J	K	L	M
1		=IF(MOD(MID(B3,17,1),2)=1,"男","女")					员工工资表			=F3+G3+H3	=J3-I3	=RANK(K3,$K$3:$K$12)	
2	职工编号	身份证号	姓名	性别	职位	基本工资	奖金	提成	水电费	应发工资	实发工资	工作态度评价	工资排名
3	001	******198301052535	刘长海		部门经理	¥3,000.00	900.00	1000.00	100.00			良好	
4	002	******198506105739	陈小春		部门经理	¥3,000.00	800.00	1200.00	80.00				
5	003	******198503264528	王世杰		部门经理	¥3,000.00	900.00	1300.00	90.00	=IF(G3+H3>=2000,"优秀",IF(G3+H3>=1500,"良好","一般"))			
6	004	******198812060624	孙海霞		高级职员	¥2,500.00	800.00	1500.00	80.00				
7	005	******198910111958	张益民		高级职员	¥2,500.00	700.00	1200.00	100.00				
8	006	******198606031164	张爱玲		高级职员	¥2,500.00	800.00	1100.00	90.00				
9	007	******198704070865	赵丽宏		高级职员	¥2,500.00	700.00	900.00	85.00				
10	008	******199306200234	张永生		一般职员	¥2,000.00	500.00	1300.00	80.00				
11	009	******199212074912	李红		一般职员	¥2,000.00	600.00	1500.00	100.00				
12	010	******199102104022	董世鑫		一般职员	¥2,000.00	500.00	800.00	90.00				
13	员工总数	=COUNT(I3:I12)										工资段	人数
14	优秀人数	=COUNTIF(L3:L12,"优秀")				基本工资平均数	最高奖金	最低提成	女生水电费总额		实发工资总数		
15	良好人数						=MAX(G3:G12)	=MIN(H3:H12)			=SUM(K3:K12)		
16	一般人数					=AVERAGE(F3:F12)			=SUMIF(D3:D12,"女",I3:I12)				
17	制表员：李乐琪		制表日期：	2019-12-15		制表时间：	15:42						
18	工资发放时间：												

实验3.3文件

图 3-26　公式与函数使用的“一月份员工工资表”

② 在 J3 单元格中输入“=F3+G3+H3”，或者单击“公式”选项卡 |“函数库”功能区中 |“自动求和”按钮∑，选中 F3:H3 单元格区域，公式为“=SUM(F3:H3)”，然后按【Enter】键，计算获得应发工资。

③ 单击 J3 单元格，将光标指针移动到 J3 单元格右下角的“填充柄”处，当光标指针变为“+”时，拖动光标至 J12 单元格，松开鼠标左键。

④ 单击 K3 单元格，使其成为活动单元格。在 K3 单元格中输入“=J3–I3”，计算获得实发工资。

⑤ 单击 K3 单元格，将光标移动到 K3 单元格右下角的“填充柄”处，当光标变为“+”时，拖动光标至 K12 单元格，松开鼠标左键。

（2）AVERAGE 函数

计算基本工资平均数（见图 3–26），操作步骤如下：

① 单击 F15 单元格，使其成为活动单元格。

② 单击“公式”选项卡 |“函数库”功能区 |“插入函数”按钮，或者单击编辑栏中的“插入函数”按钮 fx，弹出“插入函数”对话框，在“或选择类别”下拉列表框中选择“常用函数”，在“选择函数”列表框中选择 AVERAGE 函数。

③ 单击“确定”按钮，弹出“函数参数”对话框，在此对话框 Number1 文本框中输入 F3:F12 单元格区域。F15 单元格在编辑栏内显示公式结果为：=AVERAGE(F3:F12)。

④ 单击“确定”按钮，F15 单元格内即显示求得的平均工资 2500。

（3）MAX 函数、MIN 函数、SUM 函数、COUNTA 或 COUNT 函数

计算员工中最高奖金金额、计算员工中最低提成额、计算员工实发工资总额和统计员工总人数（参考图 3–26）。

操作步骤与 AVERAGE 函数类似，在此省略。特别指出的是 COUNTA 函数用来统计姓名中文本型数据：COUNTA(C3:C12)，即员工总数。COUNT 为数值型数据统计个数。

G15 单元格内显示求得的最高奖金 900，公式为：=MAX(G3:G12)

H15 单元格内显示求得的最低提成 800，公式为：=MIN(H3:H12)

K15 单元格内显示求得的实发工资总数 43105，公式为：=SUM(K3:K12)

B13 单元格内显示求得的总人数 10，公式为：=COUNTA(C3:C12)

（4）IF 函数的嵌入使用

根据员工的奖金和提成之和对员工加以评价，若奖金与提成之和大于或等于 2000，则评价结果为优秀；若奖金与提成之和大于或等于 1500，则评价结果为良好；其余为一般。

操作步骤如下（见图 3–26）：

① 单击 L3 单元格，使其成为活动单元格。

② 单击“公式”选项卡 |“函数库”功能区 |“插入函数”按钮，或者单击编辑栏中的“插入函数”按钮 fx，弹出“插入函数”对话框。

③ 在“或选择类别”下拉列表框中选择“常用函数”，在“选择函数”列表框中选择 IF 函数。

④ 单击“确定”按钮，弹出“函数参数”对话框，在 Logical_test 文本框中输入 G3+H3>=2000；在 Value_if_true 文本框中输入“"优秀"”，在 Value_if_false 文本框中输入“IF(G3+H3>=1500,"良好","一般")”，如图 3–27 所示。选中 L3 单元格，在编辑栏内显示公式结果为：=IF(G3+H3>=2000,"优秀",IF(G3+H3>=1500,"良好","一般"))。

⑤ 单击“确定”按钮，L3 单元格内显示评价结果“良好”。

⑥ 拖动 L3 单元格的填充柄，复制公式到其他单元格。

（5）RANK 函数

对员工的实发工资进行排名（参考图 3-26）。操作步骤如下：

① 单击 M3 单元格，使其成为活动单元格。

② 单击“公式”选项卡 | “函数库”功能区 | “插入函数”按钮，或者单击编辑栏中的“插入函数”按钮 *fx*，弹出“插入函数”对话框。

③ 在“或选择类别”下拉列表框中选择“全部函数”，在“选择函数”列表框中选择 RANK 函数。

④ 单击“确定”按钮，弹出“函数参数”对话框，在 Number 文本框中输入 K3；在 Ref 文本框中输入$K$3:$K$12，此为绝对地址（可用 F4 将相对地址 K3:K12 转换为绝对地址$K$3:$K$12）；在 Order 文本框中输入 0，如图 3-28 所示。M3 单元格在编辑栏内显示公式结果为：=RANK(K3, $K$3:$K$12, 0)。

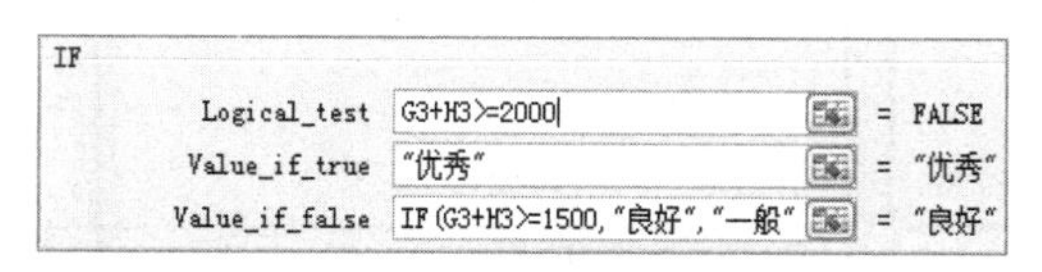

图 3-27　IF 函数设置

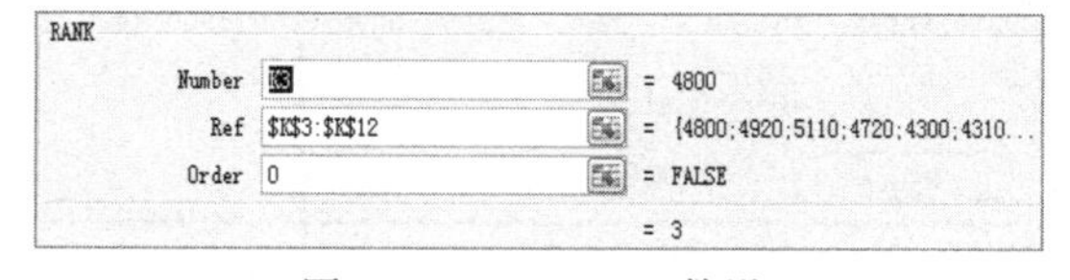

图 3-28　RANK 函数设置

⑤ 单击“确定”按钮，M3 单元格内显示排名结果 3。

⑥ 拖动 M3 单元格的填充柄，复制公式到其他单元格。

（6）COUNTIF 函数

统计员工工作态度评价结果为优秀的人数（参考图 3-26）。操作步骤如下：

① 单击 B14 单元格，使其成为活动单元格。

② 单击“公式”选项卡 | “函数库”功能区 | “插入函数”按钮，或者单击编辑栏中的“插入函数”按钮 *fx*，弹出“插入函数”对话框。

③ 在“或选择类别”列表框中选择“统计”选项，在“选择函数”列表框中，选择 COUNTIF 函数。

④ 单击“确定”按钮，弹出“函数参数”对话框，在 Range 文本框中输入 L3:L12，在 Criteria 文本框中输入“"优秀"”。选中 B14 单元格，在编辑栏内显示公式结果为：=COUNTIF(L3:L12, "优秀")。

⑤ 单击“确定”按钮，B14 单元格内显示求得的结果 4。

注：用同样的方法求得良好人数及一般人数。如公式：=COUNTIF(L3: L12, "良好")，=COUNTIF(L3: L12, "一般")。

（7）FREQUENCY 函数

统计员工应发工资处于 0～4000、4000～5000、5000～6000 各段的人数。操作步骤如下：

① 在 L14、L15 和 L16 单元格中分别输入 4000、5000、6000，选中 M14:M16 单元格区域。

② 单击“公式”选项卡 | “函数库”功能区 | “插入函数”按钮，或者单击编辑栏中的“插入函数”按钮 *fx*，弹出“插入函数”对话框。

③ 在“或选择类别”下拉列表框中选择“统计”选项，在“选择函数”列表框中选择 FREQUENCYF 函数。

④ 单击“确定”按钮，弹出“函数参数”对话框，在 Data_array 文本框中输入 J3:J12，在 Bins_array 文本框中输入 L14:L16。

⑤ 按下【Ctrl+Shift】组合键不放，单击“函数参数”对话框中的“确定”按钮，结果显示在

选定的区域 M14:M16 内，公式和函数计算结果如图 3-29 所示。

（8）IF、MOD、MID 函数

利用 IF、MOD、MID 函数统计员工性别。其中，身份证号的第 17 位表示性别，若为奇数表示“男”，若为偶数表示“女”（见图 3-26）。操作步骤如下：

① 单击 D3 单元格，使其成为活动单元格。

② 单击“公式”选项卡｜“函数库”功能区｜“插入函数”按钮，或者单击编辑栏中的“插入函数”按钮 fx，弹出“插入函数”对话框。

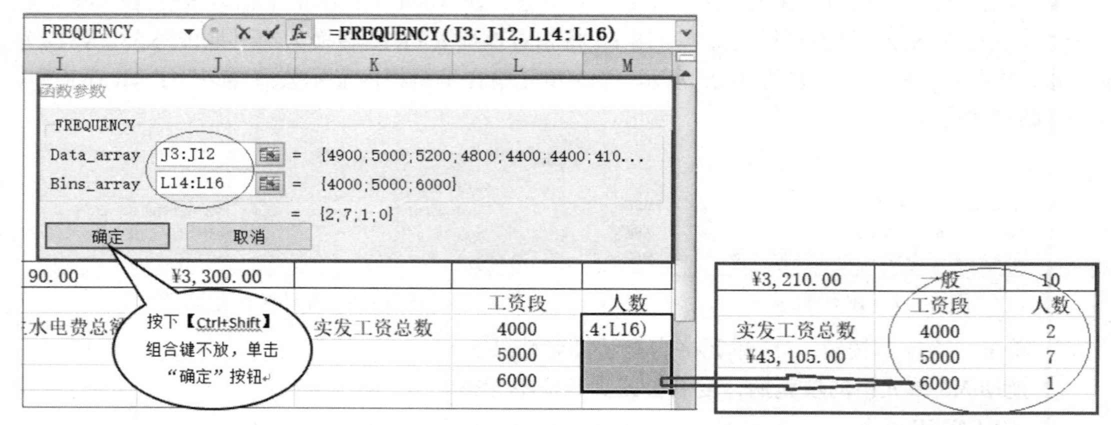

图 3-29 利用 FREQUENCY 函数求得的结果

③ 在“或选择类别”下拉列表框中选择“常用函数”，在“选择函数”列表框中选择 IF 函数。

④ 单击“确定”按钮，弹出“函数参数”对话框，在 Logical_test 文本框中输入 mod(mid(B3,17,1),2)=1；在 Value_if_true 文本框中输入“"男"”，在 Value_if_false 文本框中输入“女”，如图 3-30 所示。D3 单元格在编辑栏内显示公式结果为：=IF(mod(mid(B3,17,1),2)=1,"男","女"))。

⑤ 单击“确定”按钮，D3 单元格内显示评价结果“良好”。

⑥ 拖动 D3 单元格的填充柄，复制公式到其他单元格。

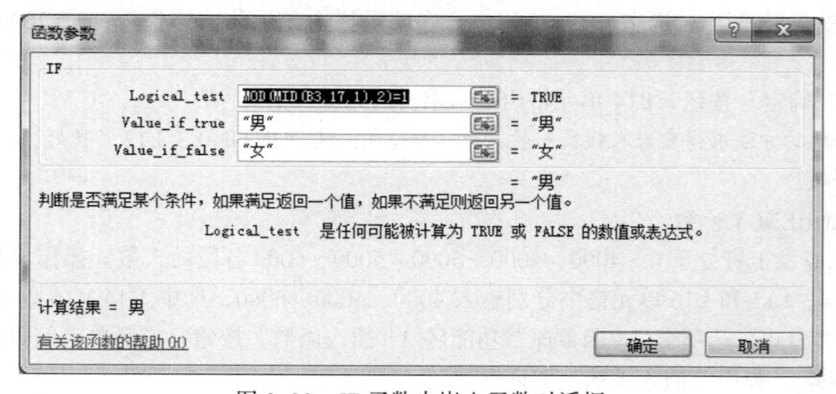

图 3-30 IF 函数中嵌入函数对话框

（9）SUMIF 函数

在 I15 单元格统计所有女生花费的水电费总额，设置为货币形式（见图 3-26）。操作步骤如下：

① 单击 I14 单元格，输入“女生水电费总额”。

② 单击 I15 单元格，使其成为活动单元格。

③ 单击“公式”选项卡 | “函数库”功能区 | “插入函数”按钮，或者单击编辑栏中的“插入函数”按钮 f_x，弹出“插入函数”对话框。

④ 在“或选择类别”下拉列表框中选择“统计”选项，在“选择函数”列表框中选择 SUMIF 函数。

⑤ 单击“确定”按钮，弹出“函数参数”对话框，在 Range 文本框中输入 D3:D12，在 Criteria 文本框中输入“"女"”，在 Sum_range 文本框中输入 I3:I12。选中 I15 单元格，在编辑栏内显示公式结果为：=SUMIF(D3:D12,"女",I3:I12)，效果见图 3-26。

⑥ 单击“确定”按钮，I15 单元格内显示求得的结果 435。

⑦ 选中 I15 单元格，单击“开始”选项卡 | “数字”功能区 | “数字格式”下拉按钮，在下拉列表中选择“货币”。

（10）LEFT 函数

在表格（见图 3-26）的 D 和 E 列之间插入三个新列，之后在 F2 单元格中输入文字“入职编码”，然后在 F3:F12 单元格区域依次输入：

“20080305”、“20070906”、“20060828”、“20100309”、“20100309”、“20091221”、“20080825”、“20130206”、“20141114”、“20140619”

在 G2 单元格中输入文字“入职年份”，其中，入职编码的前 4 位表示入职年份。统计其每位职工的入职年份。操作步骤如下：

① 在图 3-26 中，右击 E、F 和 G 三列列标，在弹出的快捷菜单中选择“插入”命令，将会在该 E 列左侧插入三个新列为 E、F 和 G 列（见图 3-31①②④），然后在 F2 单元格中输入“入职编码”，而后在 F3:F12 单元格区域依次输入数据，如图 3-31①所示。

② 在 G2 单元格中输入“入职年份”，单击 G3 单元格，使其成为活动单元格，如图 3-31②所示。

③ 单击“公式”选项卡 | “函数库”功能区 | “插入函数”按钮，或者单击编辑栏中的“插入函数”按钮 f_x，弹出“插入函数”对话框。

④ 在“或选择类别”下拉列表框中选择“常用函数”，在“选择函数”列表框中选择 LEFT 函数。

⑤ 单击“确定”按钮，弹出“函数参数”对话框，在 Text 文本框中输入 F3；在 Num_chars 文本框中输入“4”。G3 单元格在编辑栏内显示公式结果为：=LEFT(F3,4)。

⑥ 单击“确定”按钮，G3 单元格内显示评价结果“2008”，如图 3-31②所示。

⑦ 拖动 G3 单元格的填充柄，复制公式到 G3 单元格。

E3　=YEAR(NOW())-MID(B3,7,4)

	A	B	C	D	E	F	G	H	I	J	K	L	M	N	O	P
1	员工工资表															
2	职工编号	身份证号	姓名	性别	年龄	入职编码	入职年份	职位	基本工资	奖金	提成	水电费	应发工资	实发工资	工作态度评价	工资排名
3	001	******198301052535	刘长海	男	36	20080305	2008	部门经理	¥3,000.00	900	1000	100	¥4,900.00	¥4,800.00	良好	3
4	002	******198506105739	陈小春	男	34	20070906	2007	部门经理	¥3,000.00	800	1200	80	¥5,000.00	¥4,920.00	优秀	2
5	003	******198503264528	王世杰	女	34	20060828	2006	部门经理	¥3,000.00	900	1300	90	¥5,200.00	¥5,110.00	优秀	1
6	004	******198812060624	孙海霞	女	31	20100309	2010	高级职员	¥2,500.00	800	1500	80	¥4,800.00	¥4,720.00	优秀	4
7	005	******198910111958	张益民	男	30	20100309	2010	高级职员	¥2,500.00	700	1200	100	¥4,400.00	¥4,300.00	良好	6
8	006	******198606031164	张爱玲	女	33	20091221	2009	高级职员	¥2,500.00	800	1100	90	¥4,400.00	¥4,310.00	良好	5
9	007	******198704070865	赵丽宏	女	32	20080825	2008	高级职员	¥2,500.00	700	900	85	¥4,100.00	¥4,015.00	良好	7
10	008	******199306200234	张永生	男	26	20130206	2013	一般职员	¥2,000.00	500	1300	80	¥3,800.00	¥3,720.00	良好	9
11	009	******199212074912	李红	男	27	20141114	2014	一般职员	¥2,000.00	600	1500	100	¥4,100.00	¥4,000.00	优秀	8
12	010	******199102104022	董世鑫	女	28	20140619	2014	一般职员	¥2,000.00	500	800	90	¥3,300.00	¥3,210.00	一般	10
13	员工总数	10													工资段	人数
14	优秀人数	4							基本工资平均数	最高奖金	最低提成	女生水电费总额		实发工资总数	4000	2
15	良好人数	5							¥2,500.00	900	800	¥435.00		¥43,105.00	5000	7
16	一般人数	1													6000	1
17	制表员：李乐琪		制表日期：2019-12-15						制表时间：	15:42						
18	工资发放时间：	2019-12-20														

图 3-31　“一月份员工工资表”完成后

（11）DATE 函数

在 B18 单元格中输入工资发放时间，其中发放时间在制表时间 5 天后进行。操作步骤如下：

① 单击 B18 单元格，使其成为活动单元格。

② 单击“公式”选项卡 |“函数库”功能区 |“插入函数”按钮，或者单击编辑栏中的“插入函数”按钮 fx，弹出“插入函数”对话框。

③ 在“或选择类别”下拉列表框中选择“全部函数”，在“选择函数”列表框中选择 DATE 函数。

④ 单击“确定”按钮，弹出“函数参数”对话框，在 Year 文本框中输入 year(D17)；在 Month 文本框中输入 month(D17)；在 Day 文本框中输入 day(D17)+5，如图 3-32 所示。选中 B18 单元格，在编辑栏内显示公式结果为：=DATE(YEAR(D17),MONTH(D17),DAY(D17)+5)，如图 3-31③所示。

（12）YEAR 函数

在图 3-31 的 E2 单元格中输入文字“年龄”，利用当前日期、身份证等信息统计其每位职工的年龄。其中，身份证的第 7、8、9、10 位表示出身年份，如 B3 单元格的年份应为 1983。操作步骤如下：

图 3-32 DATE 函数对话框

① 在 E2 单元格中输入“年龄”，如图 3-31④所示。

② 单击 E3 单元格，使其成为活动单元格。

③ 单击“公式”选项卡中 |“函数库”功能区 |“插入函数”按钮，或者单击编辑栏中的“插入函数”按钮 fx，弹出“插入函数”对话框。

④ 在“或选择类别”下拉列表框中选择“常用函数”，在“选择函数”列表框中选择 YEAR 函数。

⑤ 单击“确定”按钮，弹出“函数参数”对话框，在 Serial_number 文本框中输入 now( )，得出当前的年份。然后利用 MID 函数计算出生的年份，公式为 mid(B3,7,4)。两项相减即为年龄。选中 E3 单元格，在编辑栏内显示公式结果为：=YEAR(NOW())-MID(B3,7,4)。

⑥ 单击“确定”按钮，E3 单元格内显示年龄。

⑦ 拖动 E3 单元格的填充柄，复制公式到 E12 单元格。

（13）利用 MOD、ROW 函数

为表格 A2:P12 单元格区域中奇数行设置填充颜色为“白色，背景 1，深色 15%”，如图 3-31⑤所示。操作步骤如下：

① 选中 A2:P12 单元格区域，单击“开始”选项卡 |“样式”功能区 |“条件格式”按钮，在下拉列表中选择“新建规则”，弹出图 3-33 所示的“新建格式规则”对话框。

② 在“选择规则类型”列表框中选择“使用公式确定要设置格式的单元格”，在“编辑规则说明”栏中输入公式“=Mod(Row(),2)=1”。

图 3-33 “新建格式规则”对话框

③ 单击“格式”按钮，弹出“设置单元格格式”对话框，选择“填充”选项卡，确定好颜色，最后单击“确定”按钮，效果见图 3-31⑤所示。

注意：如果设置偶数行，公式应该为：=Mod(Row(),2)=0。

（14）VLOOKUP 函数

在图 3-31 的 A25:B28 单元格区域中按照图 3-34 设计表格 2，并利用 VLOOKUP 函数查找相关数据的结果。操作步骤如下：

① 在图 3-31 的 A25:B28 单元格区域中按照图 3-34①设计表格 2。

② 单击 B27 单元格，使其成为活动单元格，如图 3-34①所示。

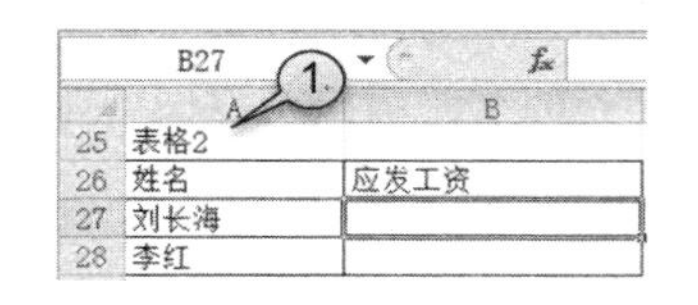

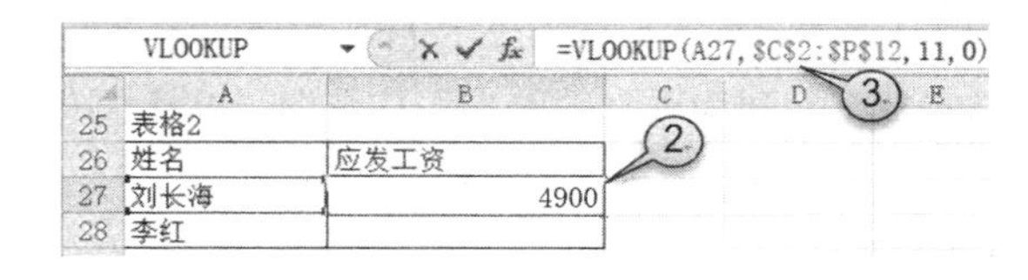

图 3-34　表格 2 样式

③ 单击“公式”选项卡 | “函数库”功能区 | “插入函数”按钮，或者单击编辑栏中的“插入函数”按钮 fx，弹出“插入函数”对话框。

④ 在“或选择类别”下拉列表框中选择“全部函数”，在“选择函数”列表框中选择 VLOOKUP 函数。

⑤ 单击“确定”按钮，弹出“函数参数”对话框，如图 3-35 所示，在 Lookup_value 文本框中输入 A27，在 Table_array 文本框中输入$C$2:$P$12，在 Col_index_num 文本框中输入 11，在 Range_lookup 文本框中输入 0，如图 3-35 所示。最后 B27 单元格和编辑栏内显示公式结果为：=VLOOKUP(A27,$C$2:$P$12,11,0)，如图 3-34②③所示。

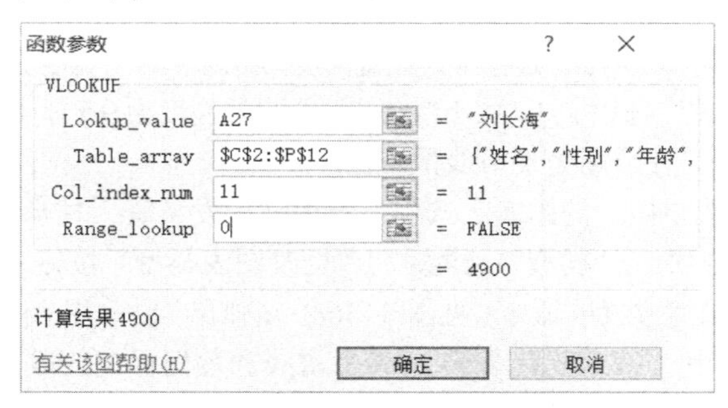

图 3-35　VLOOKUP 函数对话框

⑥ 在图 3-35 中，单击“确定”按钮，B27 单元格内显示评价结果“4900”。

⑦ 同理可求出 B28 单元格的结果为“4100”，公式为=VLOOKUP(A28,$C$2:$P$12,11,0)。

（15）保存工作簿

将计算所得数据以原工作簿名（员工工资.xlsx）保存。

2. 创建图表以及图表的格式化

（1）工作表的复制

打开“员工工资.xlsx”工作簿，为“一月份员工工资表”建立副本，并命名为“员工工资表图表”，在此表中绘制“柱形图”。

操作步骤如下：

打开“员工工资”工作簿，单击“一月份员工工资表”工作表标签，按住【Ctrl】键向右拖动此工作表，完成复制，并且重命名为“员工工资表图表”。

（2）行、列的隐藏

在“员工工资表图表”工作表中，隐藏不需要参加创建图表的列：D、E、F、G、H和L列。

操作步骤如下：

选中D、E、F、G、H和L列后右击，在弹出的快捷菜单中选择“隐藏”命令，将不需要参与创建图表的列隐藏。

（3）创建图表

打开“员工工资”工作簿，为“员工工资表图表”创建“姓名”列为水平轴和“基本工资”“奖金”“提成”三列为垂直轴的堆积柱形图，以及“应发工资”列的平滑散点图在同一张图中出现的图表。

操作步骤如下：

方法一：选中C2:M12单元格区域。

方法二：先拖动鼠标选择C2:C12，再按下不放【Ctrl】键+鼠标拖动选择I2:M12，实现将C2:C12（水平轴）和I2:M12（垂直轴）两部分（五列）选中用来绘图（这种方式上面的隐藏D、E、F、G、H和L列可以不做）。

单击“插入”选项卡 |“图表”功能区 |“柱形图”按钮，在下拉列表中选择“二维柱形图”|“堆积柱形图”，即在工作表区域插入柱形图表。

（4）图表布局、样式和大小

①设置图表的布局和样式。单击并选中插入的图表，单击“图表工具-设计”选项卡 |“图表布局”功能区 |“布局3”，使“图例”位于图表区的下方；在“图表样式”功能区选择“样式2”。

②设置图表大小。右击图表空白区，在弹出的快捷菜单中选择“设置图表区域格式”命令，弹出“设置图表区格式”对话框，选择“大小”选择卡，设置高度为9.5厘米，宽度为16厘米，单击“关闭”按钮。或在“图表工具-格式”选项卡 |“大小”功能区中设置高度为9.5厘米，宽度为16厘米。

（5）更改“应发工资”柱形图为平滑线散点图

在图3-36中单击并选中插入的图表，选中上部的“应发工资”柱形图部分（见图3-36①），单击“图表工具-设计”选项卡|“类型”功能区 |“更改图表类型”按钮；或右击柱形图，在弹出的快捷菜单中选择“更改图表类型”命令（见图3-36②）；弹出“更改图表类型”对话框，如图3-36③所示。在此对话框中选中“XY（散点图）”|“带平滑线和数据标记的散点图”（见图3-36④），单击“确定”按钮，“应发工资”柱形图变为“应发工资”平滑线散点图，如图3-36⑤所示。

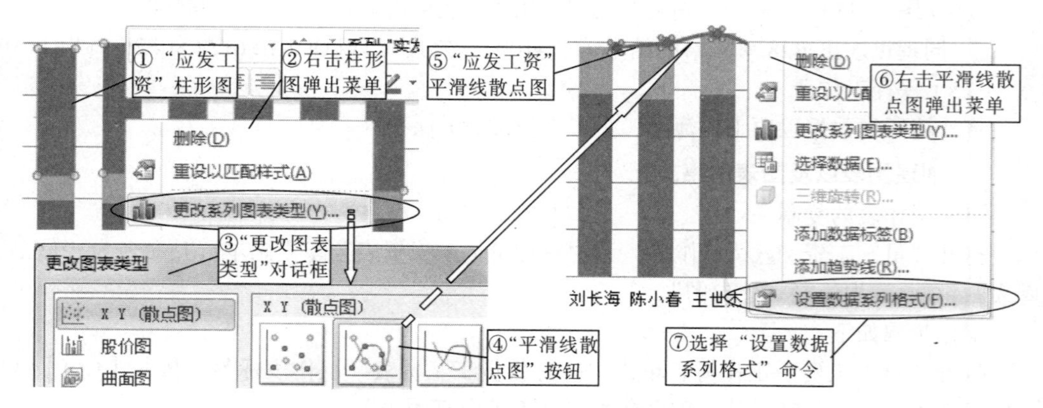

图3-36 “应发工资”柱形图更改为平滑线散点图

在图 3-36⑤中，右击“应发工资”平滑线散点图，在弹出的快捷菜单（见图 3-36⑥）中选择“设置数据系列格式”命令（见图 3-36⑦），弹出“设置数据系列格式”对话框，如图 3-37 所示。在“设置数据系列格式”对话框中设置，系列选项：主坐标轴；数据标记选项：内置；类型：菱形，大小为 6 磅；线条颜色：实线，黑色；线型：宽度 2 磅；标记线颜色：实线，黑色。也可以设置自己所喜欢的颜色和大小等。

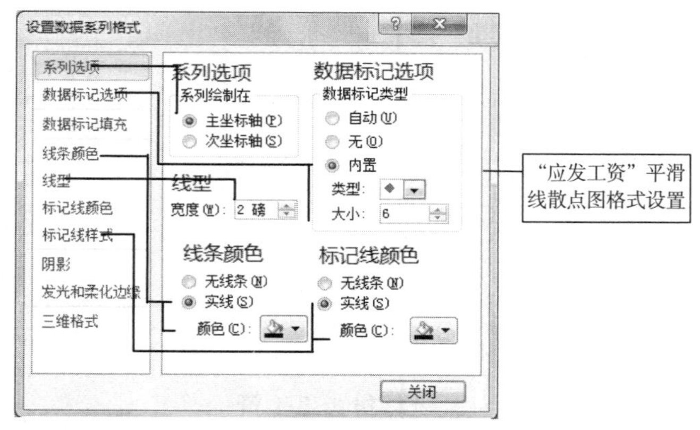

图 3-37 “设置数据系列格式”对话框

（6）格式化图表

单击并选中插入的图表，出现 “图表工具-布局”选项卡。

① 单击“标签”功能区中 |“图表标题”按钮，在下拉列表中选择“图表上方”，为图表添加标题，内容为“一月份员工工资”。

② 单击“标签”功能区 |“坐标轴标题”按钮，在下拉列表中选择“主要纵坐标轴标题”|“竖排标题”，为纵坐标轴添加标题，内容为“工资数额”。

③ 单击“标签”功能区 |“图例”按钮，在下拉列表中选择“其他图例选项”，弹出“设置图例格式”对话框。设置填充为“无填充”；设置“边框颜色”|“实线”|“颜色：红色”；设置“边框样式”|宽度：1 磅|复合类型：双线，最后单击“关闭”按钮。

④ 单击“坐标轴”功能区 |“坐标轴”按钮，在下拉列表中选择“主要横坐标轴”|“其他主要横坐标轴选项”，弹出图 3-38 所示的“设置坐标轴格式”对话框（横轴），设置横坐标轴，坐标轴选项为默认；线条颜色：实线|颜色：红色；线型：宽度为 1 磅。单击“关闭”按钮，完成横坐标轴格式的设置。

⑤ 单击“坐标轴”功能区 |“坐标轴”按钮，在下拉列表中选择“主要纵坐标轴”|“其他主要纵坐标轴选项”，弹出图 3-39 所示的“设置坐标轴格式”对话框（纵轴），设置纵坐标轴，坐标轴选项：最小值|固定 0；最大值|固定 5500；主要刻度单位|固定 500；主要刻度线形“内部”；数字“货币”|小数位数为 0；线条颜色“实线”|颜色“红色”；线型“宽度为 1 磅”。单击“关闭”按钮，完成纵坐标轴格式的设置。

⑥ 单击“坐标轴”功能区 |“网格线”按钮，在下拉列表中选择“主要横网格线”|“其他主要横网格线选项”，在弹出的对话框中，选择“线条颜色”|“无线条”。单击“关闭”按钮，完成横网格线的设置。同理，纵网格线的设置为“线条颜色”|“无线条”。

⑦ 单击“背景”功能区 |“绘图区 |”按钮，在下拉列表中选择“其他绘图区选项”，弹出“设置绘图区格式”对话框，填充设置为纯色填充；填充颜色设置为黄色。单击“关闭”按钮。

完成整个图表的绘制，实现了“基本工资”“奖金”“提成”“应发工资”的堆积柱形图，以及“应发工资”的平滑散点图在同一张图中出现，如图 3-40 所示。

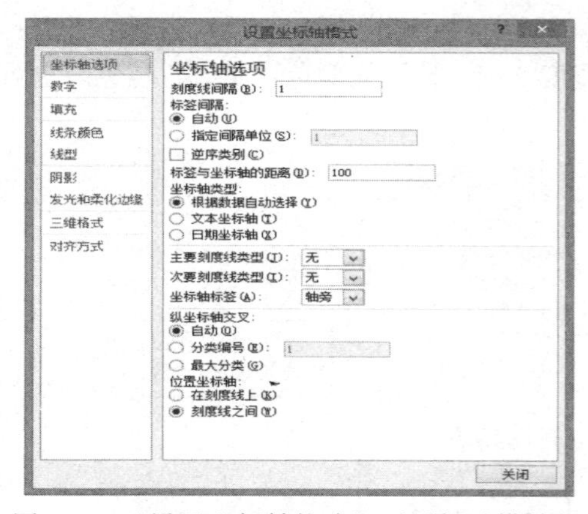

图 3-38 “设置坐标轴格式”对话框（横轴）

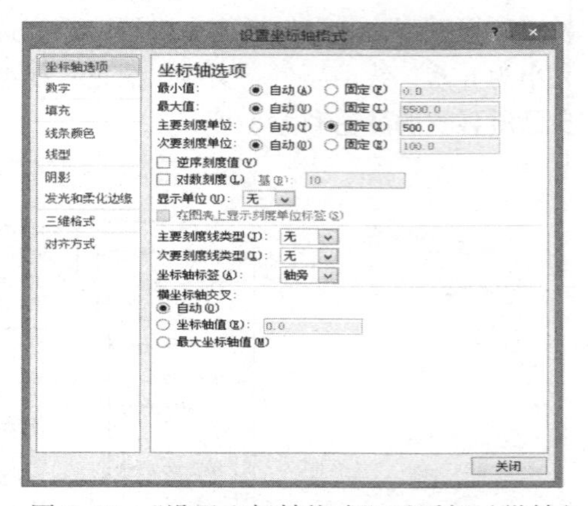

图 3-39 “设置坐标轴格式”对话框（纵轴）

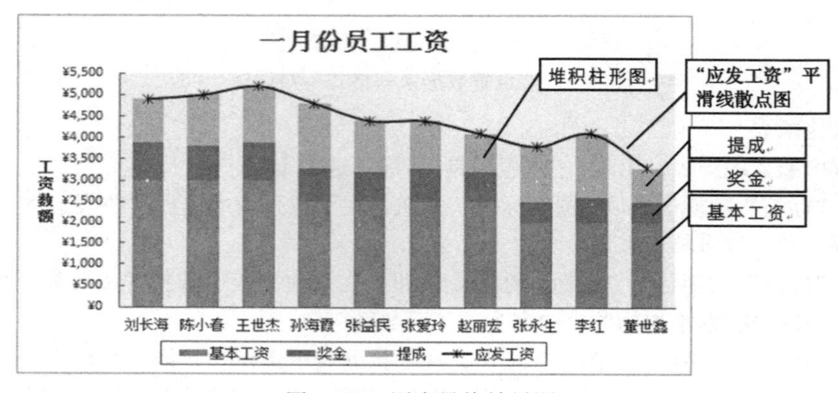

图 3-40 图表最终效果图

注释：以上图形格式的设置和编辑，均可以右击要编辑的对象，在弹出的快捷菜单中选择相应的命令进行操作。

3.4 数据管理与分析实验

3.4.1 实验目的

① 掌握数据的排序操作以及筛选操作。
② 掌握对数据清单进行分类汇总的操作。
③ 掌握数据透视表的建立和使用。
④ 掌握页面布局的设置，掌握打印预览。
⑤ 网站下载素材：数据管理与分析数据（实验 3.4）.xlsx。

3.4.2 实验内容

打开“数据管理与分析数据（实验 3.4）.xlsx”数据表，完成如下操作。

1. 插入工作表、重命名工作表、复制工作表数据

打开“E3-4：实验 3.4 数据分析素材.xlsx”工作簿，在工作簿中插入一个名为“排序”的新

工作表，将“销售金额清单”工作表中的数据复制到“排序”工作表中。

操作步骤如下：

① 右击“销售金额清单”工作表，在弹出的快捷菜单中选择“插入”命令。弹出“插入”对话框，在“插入”对话框中选择“工作表”，然后单击“确定”按钮。

② 右击新插入的工作表，在弹出的快捷菜单中选择“重命名”命令，将新工作表命名为“排序”。

③ 单击“销售金额清单”工作表，选中 A1:G35 单元格区域，单击“复制”按钮复制数据，然后单击“排序”工作表，单击 A1 单元格，单击“粘贴”按钮。

2. 记录的排序

打开“E3-4：实验 3.4 数据分析素材.xlsx”工作簿，将“排序”工作表的数据清单中记录按季度递减的次序进行排序，若有季度相同的记录，则按销售金额递增的次序排序。然后，按排序后的结果以第 10 行递增的顺序重新排列数据清单中的记录。

操作步骤如下：

① 选中 A1:G35 单元格区域。

② 单击“数据”选项卡 |“排序和筛选”功能区 |“排序”按钮，弹出图 3-41 所示的“排序”对话框。

③ 在“主要关键字”下拉列表中选择“季度”；在“排序依据”下拉列表中选择“数值”；在“次序”下拉列表中选择“降序”。

④ 单击对话框中的“添加条件”按钮。在“次要关键字”下拉列表中选择“销售金额”；在“排序依据”下拉列表中选择“数值”；在“次序”下拉列表中选择“升序”。

⑤ 在“排序”对话框右上角选中“数据包含标题”复选框。

⑥ 单击“确定”按钮，排序后的部分结果如图 3-42 所示。

⑦ 再次选中 A1:G35 单元格区域。

⑧ 单击“数据”选项卡 |“排序和筛选”功能区 |“排序”按钮，弹出图 3-41 所示的“排序”对话框。

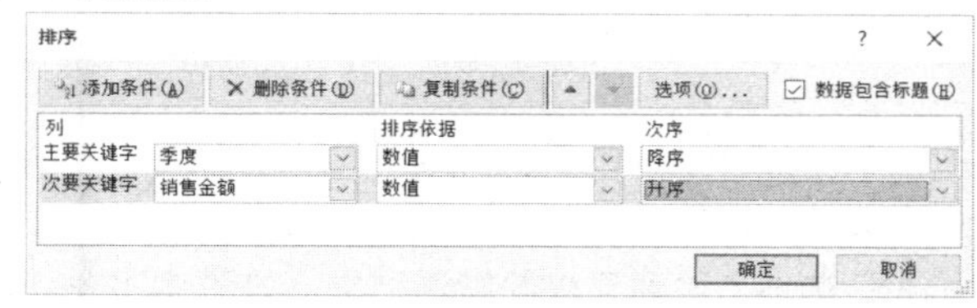

图 3-41 “排序”对话框

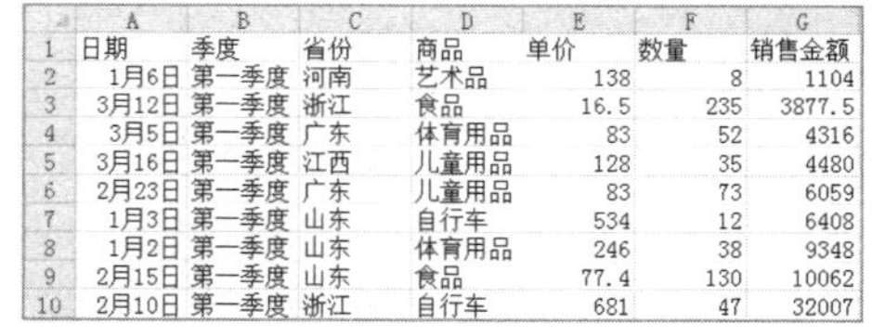

	A	B	C	D	E	F	G
1	日期	季度	省份	商品	单价	数量	销售金额
2	1月6日	第一季度	河南	艺术品	138	8	1104
3	3月12日	第一季度	浙江	食品	16.5	235	3877.5
4	3月5日	第一季度	广东	体育用品	83	52	4316
5	3月16日	第一季度	江西	儿童用品	128	35	4480
6	2月23日	第一季度	广东	儿童用品	83	73	6059
7	1月3日	第一季度	山东	自行车	534	12	6408
8	1月2日	第一季度	山东	体育用品	246	38	9348
9	2月15日	第一季度	山东	食品	77.4	130	10062
10	2月10日	第一季度	浙江	自行车	681	47	32007

图 3-42 排序后的部分结果

⑨ 单击该对话框中的“选项”按钮，弹出图 3-43 所示的“排序选项”对话框。在“方向”选项组中选中“按行排序”单选按钮。

⑩ 单击“确定”按钮，回到图 3-41 所示的“排序”对话框。在该对话框的“主要关键字”下拉列表框中选择“行 10”，并选择其右边的“升序”次序，如图 3-44 所示。

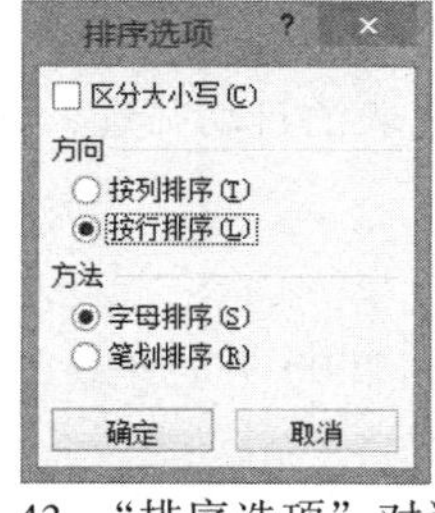

图 3-43 “排序选项”对话框

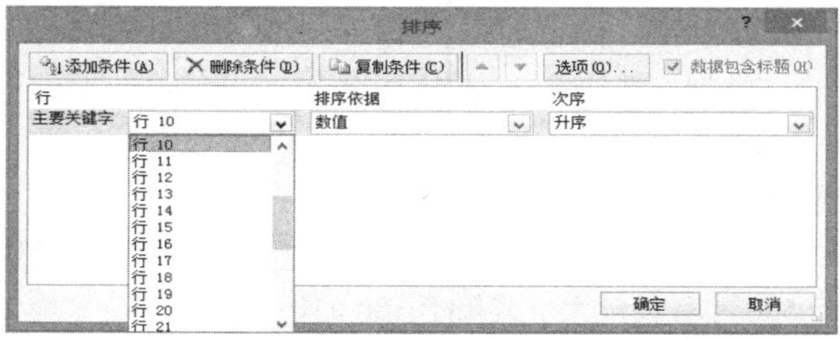

图 3-44 “排序”对话框

⑪ 单击“确定”按钮，最后的排序部分结果如图 3-45 所示。

	A	B	C	D	E	F	G
1	数量	单价	销售金额	日期	季度	省份	商品
2	8	138	1104	1月6日	第一季度	河南	艺术品
3	235	16.5	3877.5	3月12日	第一季度	浙江	食品
4	52	83	4316	3月5日	第一季度	广东	体育用品
5	35	128	4480	3月16日	第一季度	江西	儿童用品
6	73	83	6059	2月23日	第一季度	广东	儿童用品
7	12	534	6408	1月3日	第一季度	山东	自行车
8	38	246	9348	1月2日	第一季度	山东	体育用品
9	130	77.4	10062	2月15日	第一季度	山东	食品
10	47	681	32007	2月10日	第一季度	浙江	自行车
11	600	16.8	10080	11月30日	第四季度	浙江	食品
12	200	67	13400	11月1日	第四季度	河南	食品

图 3-45 按第 10 行递增排序后的部分结果

3．记录的自动筛选

使用“销售金额清单”的数据记录，筛选出所有销售金额数据大于或等于 6000 并且小于 10000 的记录，并且省份为山东的记录。

操作步骤如下：

① 单击数据清单中的任意单元格，单击“数据”选项卡 |“排序和筛选”功能区中 |“筛选”按钮，进入筛选清单状态，此时第一行每个标题名字的右侧出现一个筛选按钮▾。

② 单击“销售金额”右边的筛选按钮▾，选取其中的“数字筛选”|“大于或等于”，弹出图 3-46 所示的“自定义自动筛选方式”对话框。在“自定义自动筛选方式”对话框左上方的下拉列表框中选择“大于或等于”，在右边下拉列表框中输入 6000；选中“与”单选按钮；在“自定义自动筛选方式”对话框左下方的下拉列表框中选择“小于”，在右边下拉列表框中输入 10000，如图 3-46 所示。

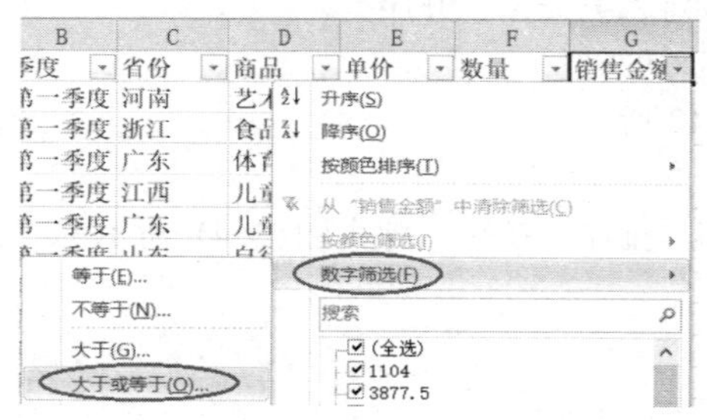

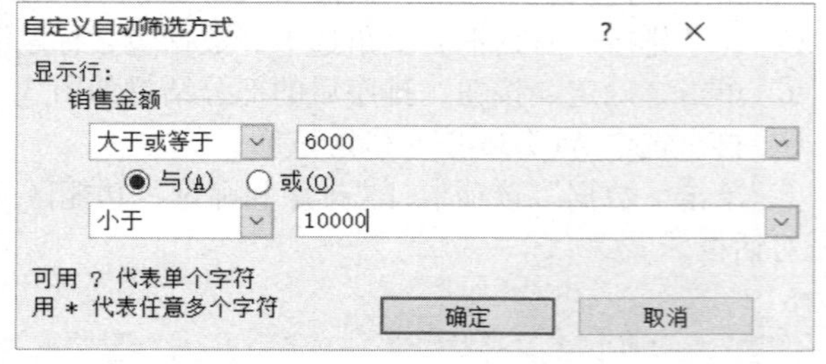

图 3-46 “自定义自动筛选方式”对话框

③ 单击“确定”按钮，得到图 3-47 所示的满足“销售金额”条件的筛选结果。

④ 单击“省份”右边的按钮▾，选择“山东”选项，得到要求的筛选结果，如图 3-48 所示。

	A	B	C	D	E	F	G
1	日期	季度	省份	商品	单价	数量	销售金额
2	1月2日	第一季度	山东	（全选）品	246	38	9348
3	1月3日	第一季度	山东	广东 河南	534	12	6408
7	2月23日	第一季度	广东	山东 品	83	73	6059
12	4月16日	第二季度	山东	艺术品	1055	7	7385
23	8月31日	第三季度	河南	食品	56.8	150	8520

图 3-47 满足“销售金额”条件的筛选结果

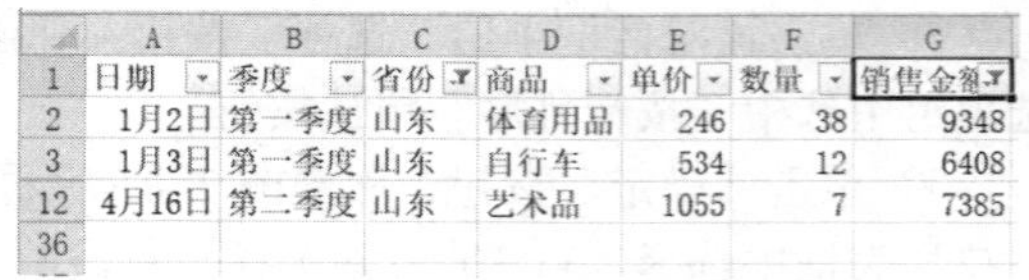

	A	B	C	D	E	F	G
1	日期	季度	省份	商品	单价	数量	销售金额
2	1月2日	第一季度	山东	体育用品	246	38	9348
3	1月3日	第一季度	山东	自行车	534	12	6408
12	4月16日	第二季度	山东	艺术品	1055	7	7385
36							

图 3-48 最终的筛选结果

⑤ 单击“数据”选项卡 |“排序和筛选”功能区 |“筛选”按钮，取消自动筛选，回到普通视图方式。

4．记录的高级筛选

使用“销售金额清单”的数据记录，筛选出所有销售金额数据大于 7000 并且单价大于 2000 或单价大于 500 并且数量大于或等于 100 的记录。

操作步骤如下：

① 在数据清单以外的区域输入筛选条件，如图 3-49 所示。

	A	B	C	D	E	F	G	H	I	J	K
1	日期	季度	省份	商品	单价	数量	销售金额				
2	1月2日	第一季度	山东	体育用品	246	38	9348		单价	销售金额	数量
3	1月3日	第一季度	山东	自行车	534	12	6408		>2000	>7000	
4	1月6日	第一季度	河南	艺术品	138	8	1104		>500		>=100
5	2月10日	第一季度	浙江	自行车	681	47	32007				
6	2月15日	第一季度	山东	食品	77.4	130	10062				
7	2月23日	第一季度	广东	儿童用品	83	73	6059				
8	3月5日	第一季度	广东	体育用品	83	52	4316				
9	3月12日	第一季度	浙江	食品	16.5	235	3877.5				

图 3-49　高级筛选条件的位置

② 选中数据清单内的任意单元格，单击“数据”选项卡|“排序和筛选”功能区 |“高级”按钮高级，弹出图 3-50 所示的“高级筛选”对话框。选择“方式”选项组中的“在原有区域显示筛选结果”单选按钮，单击“数据区域”右端的折叠按钮，在数据清单中选取$A$1:$G$35 数据区域，然后单击“高级筛选”对话框“条件区域”右端的折叠按钮，在数据清单中选取$I$2:$K$4 条件区域。

③ 单击“高级筛选”对话框中的“确定”按钮，筛选结果如图 3-51 所示。

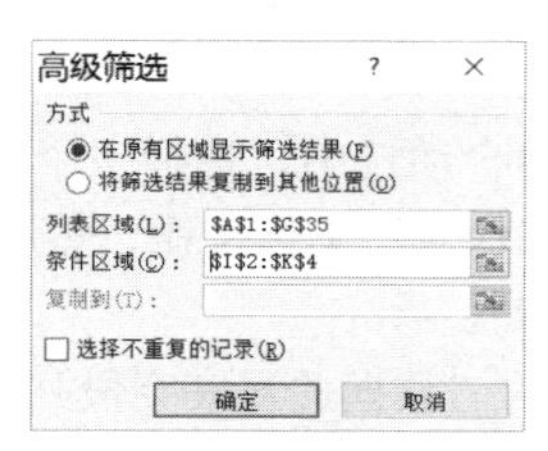

图 3-50　“高级筛选”对话框

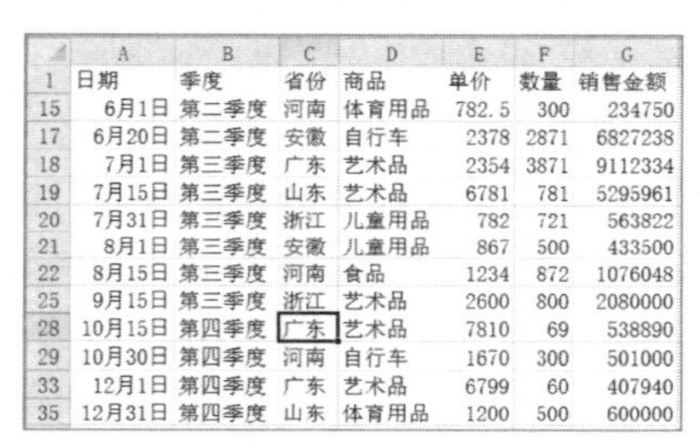

	A	B	C	D	E	F	G
1	日期	季度	省份	商品	单价	数量	销售金额
15	6月1日	第二季度	河南	体育用品	782.5	300	234750
17	6月20日	第二季度	安徽	自行车	2378	2871	6827238
18	7月1日	第三季度	广东	艺术品	2354	3871	9112334
19	7月15日	第三季度	山东	艺术品	6781	781	5295961
20	7月31日	第三季度	浙江	儿童用品	782	721	563822
21	8月1日	第三季度	安徽	儿童用品	867	500	433500
22	8月15日	第三季度	河南	食品	1234	872	1076048
25	9月15日	第三季度	浙江	艺术品	2600	800	2080000
28	10月15日	第四季度	广东	艺术品	7810	69	538890
29	10月30日	第四季度	河南	自行车	1670	300	501000
33	12月1日	第四季度	广东	艺术品	6799	60	407940
35	12月31日	第四季度	山东	体育用品	1200	500	600000

图 3-51　高级筛选结果

单击“数据”选项卡 |“排序和筛选”功能区 |“清除”按钮清除，退出高级筛选，切换回普通视图。

5. 数据的分类汇总

打开“销售金额清单”的数据表，实现数据记录按季度分类，并对每个季度的销售金额进行汇总。

操作步骤如下：

① 查看数据清单是否以“季度”为关键字升序或降序排序，若是即可进行第二步；否则按“季度”排序。

② 选中数据清单内的任意单元格。选择“数据”选项卡 |“分级显示”功能区 |“分类汇总”按钮，弹出图 3-52 所示的“分类汇总”对话框。

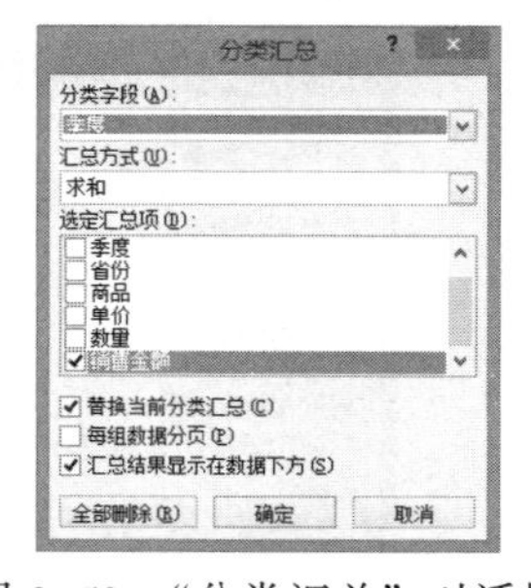

图 3-52　“分类汇总”对话框

③ 在“分类字段”下拉列表框中选择“季度”，在“汇总方式”下拉列表框中选择“求和”，在“选定汇总项”列表框中选中“销售金额”复选框，并选中“汇总结果显示在数据下方”复选框。

④ 单击“确定”按钮，得到分类汇总的结果，部分结果如图 3-53 所示。

说明：

① 如果要取消分类汇总，可以再次打开“分类汇总”对话框，在该对话框中单击“全部删除”按钮。

② 如果要每种类型单独一页显示或者输出，可在“分类汇总”对话框中选中“每组数据分页”复选框。

	A	B	C	D	E	F	G
1	日期	季度	省份	商品	单价	数量	销售金额
2	1月2日	第一季度	山东	体育用品	246	38	9348
3	1月3日	第一季度	山东	自行车	534	12	6408
4	1月6日	第一季度	河南	艺术品	138	8	1104
5	2月10日	第一季度	浙江	自行车	681	47	32007
6	2月15日	第一季度	山东	食品	77.4	130	10062
7	2月23日	第一季度	广东	儿童用品	83	73	6059
8	3月5日	第一季度	广东	体育用品	83	52	4316
9	3月12日	第一季度	浙江	食品	16.5	235	3877.5
10	3月16日	第一季度	江西	儿童用品	128	35	4480
11		**第一季度 汇总**					77661.5
12	4月2日	第二季度	江苏	自行车	534	63	33642

图 3-53　分类汇总部分结果

6. 数据透视表的创建与编辑

数据透视表是 Excel 提供的一个很有用的功能，能帮助用户分析和组织数据。利用该功能可以快速从不同方面对数据进行分类汇总统计。下面以“销售金额清单”数据表的数据清单为例，建立一个按季度（为行）统计各个省份（为列）的销售金额总和的数据透视报表。其操作过程如下：

① 单击数据清单中的任意单元格。

② 单击“插入”选项卡 |“表格”功能区 |“数据透视表”按钮，弹出图 3-54 所示的“创建数据透视表”对话框。

③ 在该对话框的“请选择要分析的数据”区域中系统会自动选中“选择一个表或区域”单选按钮。在“选择放置数据透视表的位置”区域选中“现有工作表”单选按钮，然后单击 I2 单元格，此时，在“位置”文本框中自动出现“数据透视表！$I$2”。

④ 单击“确定”按钮，在工作表中出现如图 3-55 所示的“数据透视表字段列表”对话框。选中“季度”字段并按下鼠标左键拖动到“行标签”文本框内（注意查看数据表内数据透视表区域的变化），选中“省份”字段并按下鼠标左键拖动到“列标签”文本框内，选中“销售金额”字段并按下鼠标左键拖动到“数值”文本框内。

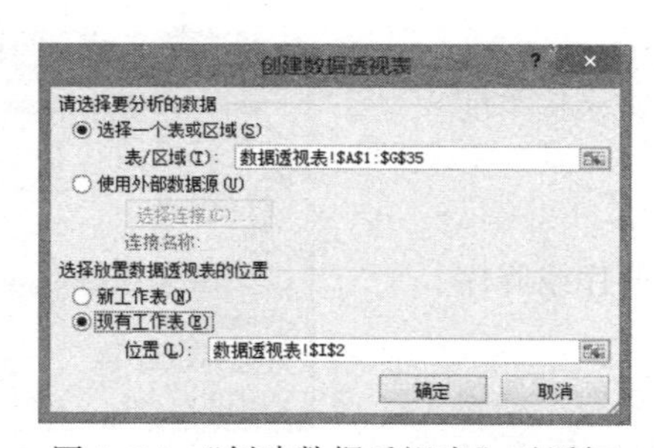

图 3-54　“创建数据透视表”对话框

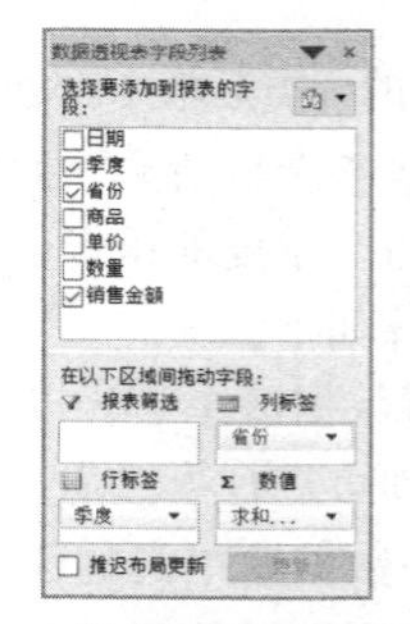

图 3-55　数据透视表字段列表

⑤ 透视表结果如图 3-56 所示，可得到各季度和各省份销售额和总计销售额报表。

求和项:销	列标签							
行标签	安徽	广东	河南	江苏	江西	山东	浙江	总计
第二季度	6839922		246190.8	33642		7385	160822.2	7287962
第三季度	433500	9112334	1084568			5620261	2643822	18894485
第四季度	206770	946830	514400	100000		1208000	10080	2986080
第一季度		10375	1104		4480	25818	35884.5	77661.5
总计	7480192	10069539	1846263	133642	4480	6861464	2850608.7	29246188.5

图 3-56　数据透视表结果

7. 数据表的页面设置及分页预览

（1）画框线

打开“销售金额清单”数据表，把 A1:G35 单元格区域画上网格线（所有框线）。

操作步骤如下：

打开“销售金额清单”的数据表，选择 A1:G35 单元格区域，单击“开始”选项卡｜“字体”功能区｜“所有框线”按钮田，在下拉列表中单击“所有框线”。

（2）页面设置

设置“页边距”为上 2、下 2、左 1.5、右 1.5，并使表格在页面居中打印。设置页眉为“各省销售金额明细”，页脚为页码，页眉和页脚均居中显示。如果数据量大，需要多页显示，则每页开头重复第 1 行标题。

操作步骤如下：

① 单击“页面布局”选项卡｜“页面设置”功能区｜“页边距”按钮，在下拉列表中单击“自定义边距”，弹出图 3-57 所示的“页面设置”对话框。

② 在“页面设置”对话框中选择“页边距”选项卡，设置上下左右页边距，同时设置居中方式：水平。

③ 在“页面设置”对话框中选择“页眉/页脚”选项卡，单击“自定义页眉”按钮，弹出图 3-58 所示的“页眉”对话框，在“中”文本框中输入页眉内容“各省销售金额明细”。

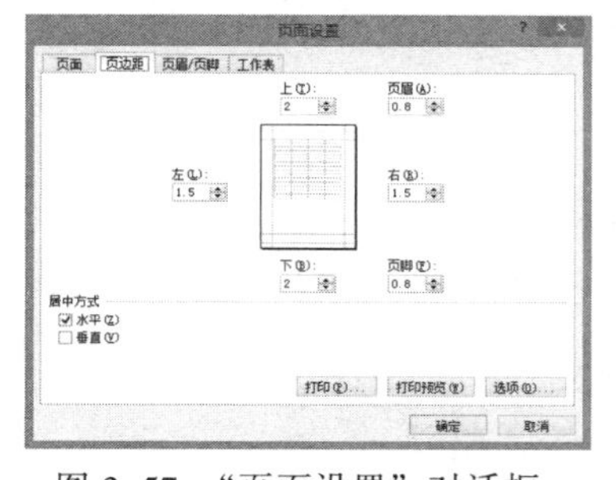

图 3-57 “页面设置”对话框

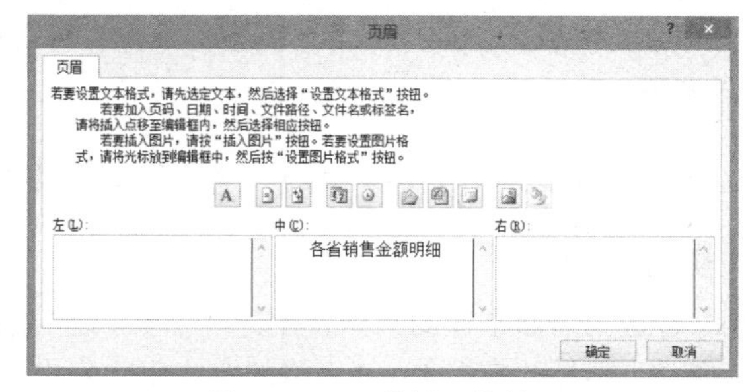

图 3-58 “页眉”对话框

④ 单击“确定”按钮返回到“页面设置”对话框。单击“自定义页脚”按钮，弹出“页脚”对话框，将光标定位在“中”文本框内，单击“插入页码”按钮。

⑤ 单击“确定”按钮，再次返回到“页面设置”对话框。在该对话框中选择“工作表”选项卡，在“打印标题”｜“顶端标题行”文本框内输入“$1:$1”。最后单击“确定”按钮，完成设置要求。

（3）分页预览

操作步骤如下：

单击“视图”选项卡｜“工作簿视图”功能区｜“分页预览”按钮。

① 插入分页符。在打印一个数据量较大的工作表时，Excel 会根据选定的打印纸张自动分页，在屏幕上会显示分页线（虚线）。若要自行设置分页线的位置，可按下列步骤操作：

- 确定分页位置。例如，要在 11 行的上面设置一条水平分页线，可单击 A11 单元格；若要在 F 列的左边设置一条垂直分页线，可选中 F1 单元格。
- 单击“页面布局”选项卡｜“页面设置”功能区｜“分隔符”按钮，在下拉列表中选择“插入分页符”，即可以实线作为分页的标记。

② 查看及移动分页符。单击“视图”选项卡｜“工作簿视图”功能区｜“分页预览”按钮，在显示窗口中，自动分页符显示为虚线，人工分页符显示为实线；如果要改变分页线的位置，用鼠标拖动蓝色分页线到新的位置即可。

③ 删除分页符。若要取消水平（或垂直）分页线，可单击水平（或垂直）分页线下边（或右边）的任一单元格，单击“页面布局”选项卡 | “页面设置”功能区 | “分隔符”按钮，在下拉列表中选择“删除分页符”即可。

8. 视图及打印数据表

在普通视图、分页预览、页面设置、全屏显示 4 种视图下查看“3.3 数据管理与分析实验.xlsx”数据表数据，查看各个对象在不同视图下的可见状况。冻结首行标题。使用“打印预览”按钮查看打印效果。

操作如下：

（1）冻结窗格

切换到“普通视图”或“分页预览”视图。单击第 2 行中的任意单元格，然后单击“视图”选项卡 | “窗口”功能区 | “冻结窗格”按钮，如果冻结多行，在下拉菜单中选择“冻结拆分窗格”；如果冻结首行，在下拉菜单中选择“冻结首行”。

浏览表格数据，查看冻结窗格后的效果。

（2）查看打印效果

打开图 3-57 所示的“页面设置”对话框，单击“页面”选项卡中的“打印预览”按钮，可以查看打印预览的效果。如果有需要调整的地方，可以回到“普通视图”或者“分栏预览”视图进行设置调整。

3.5 综合应用实验一

3.5.1 实验目的

① 综合运用前面掌握的知识，设计一个 Excel“报销单”。

② 进一步熟悉并掌握 Excel 表格的格式化、公式与函数的应用。

③ 掌握单元格的保护，掌握工作表的保护。

④ 进一步熟悉 Excel 各种视图。

⑤ 进一步熟悉 Excel 表格的打印预览和打印输出。

⑥ 网上下载素材：“实验 3.5 报销单 xlsx”和“报销单效果图.jpg”。

3.5.2 实验内容

为某单位设计一张如图 3-59 所示的“报销单”。

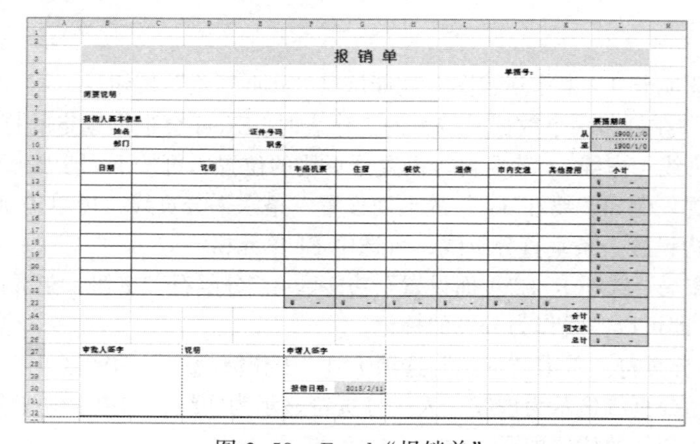

图 3-59 Excel“报销单”

"报销单"设计要求如下：

1．基本格式要求

① 参照图 3-59 所示的报销单格式，输入"报销单"原始数据。

② 按照图 3-59 所示的报销单，给表格添加框线，并按图 3-59 所示，合并相应的单元格，去掉多余的表格线。

③ 标题"报销单"为"幼圆"、加粗、22 号字，水平居中，黄色底纹，标题行行高 27。

④ 除了标题文字"报销单"外，其余标题文字均为"宋体"、加粗、11 号字。除了标题行外，其余行的行高均为 19，列宽为 12，"小计"列宽为 14。

⑤ 参照图 3-59，设置标题文字对齐方式。

⑥ 从"车船机票"到"小计"共 7 列（F13:L23，L24:L26），数字的格式默认为货币格式，即数字前自动加上人民币符号"￥"，加上千分位，并且保留到小数点后 2 位。数字均为"宋体"、11 号字。

⑦"日期"列和"票据期限"起止日期默认的数据格式是"短日期"。

⑧ 输入的"单据号"和"证件号码"默认的数据格式是文本。

2．页面设置

设置纸张大小为：A4；纸张方向为：横向；页边距为：上下均为 2，左右均为 1.9；页眉页脚均为 1.3。

3．公式和函数

"报销单"中浅绿色底纹的单元格能够自动计算。能自动计算"票据期限""小计""合计""总计"等。其中：

①"票据期限"是报销单"日期"的最小值至最大值。

②"小计"是按照日期计算每天的总花费用：F13:K13 的合计。

③"合计"是求小计的总和。

④"总计"是"合计"去掉"预支"的费用。

⑤ 另外还要分类计算小计，例如"车船机票"的小计、"住宿"小计等。

⑥"报销日期"由系统自动填写，无须手工输入。

⑦ 给以上单元格加上浅绿色底纹。

4．工作表的保护

①"报销单"中所有的行高和列宽均不能被调整。

②"报销单"中所有的标题文字不能被更改。

③"报销单"中所有自动计算的数据不能被修改。

5．调整报销单的布局

以"页面视图"和"分页预览"视图调整"报销单"的布局。显示或打印输出一张完整的"报销单"。以"实验 3-5 报销单.xlsx"为名保存工作簿。

【实验操作过程和步骤】

1．输入原始数据

参照图 3-59 所示的"报销单"格式，输入"报销单"原始数据。

操作说明：在输入文字时，要注意格式化前文字所在单元格的位置，例如在 B2 单元格内输入标题“报销单”；在 J4 单元格内输入“单据号:”；在 B6 单元格内输入“简要说明”；在 B8 单元格内输入“报销人基本信息”，等等。

2．给表格添加框线

按照图 3-59 所示的“报销单”，给表格添加框线，合并相应的单元格，去掉多余的表格线。

操作步骤如下：

（1）“合并居中”以及画“下框线”

① 选中“K4:L4”单元格区域，单击“开始”选项卡 |“对齐方式”功能区 |“合并后居中”按钮，选择“合并单元格”。然后单击“字体”功能区 |“所有框线”按钮，选择“下框线”。

② 选中“C6:H6”单元格区域，单击“开始”选项卡 |“对齐方式”功能区 |“合并后居中”按钮，选择“合并单元格”。然后单击“字体”功能区 |“所有框线”按钮，选择“下框线”。

（2）画“所有框线”

① 选中“B9:L23”单元格区域，单击“开始”选项卡 |“字体”功能区 |“所有框线”按钮，选择“所有框线”。

② 选中“L24:L26”单元格区域，单击“开始”选项卡 |“字体”功能区 |“所有框线”按钮，选择“所有框线”。

（3）合并相应的单元格

例如：选中“C9:D9”单元格区域，单击“开始”选项卡 |“对齐方式”功能区 |“合并后居中”按钮，选择“合并单元格”。其余的合并单元格操作类同，在此省略。

（4）擦除多余框线

① 单击“字体”功能区 |“所有框线”按钮，选择“擦除边框”，此时鼠标变成一块橡皮，按照图 3-59 所示，在多余框线上单击，将表格中多余的线擦除。

② 当多余的表格线删除后，在任意单元格内双击，使鼠标恢复正常。

（5）画蓝色细框线、蓝色粗框线、虚线框线

下面以画蓝色细实线为例，介绍操作步骤：

① 单击“字体”功能区 |“所有框线”按钮，选择“线型”，在线型模板中选择“细实线”。

② 单击“字体”功能区 |“所有框线”按钮，选择“线条颜色”，在色板中选择“蓝色”。

③ 此时光标变成一支笔，在需要画蓝色细框线上按下鼠标左键拖动，即可画出蓝色细框线。

④ 在任意单元格内双击，使鼠标恢复正常。

3．设置标题“报销单”

标题“报销单”为“幼圆”、加粗、22 号字，水平居中，标题行行高 27。

操作步骤如下：

① 选中 B2 单元格，单击“开始”选项卡 |“字体”功能区中的相应按钮，设置“幼圆”、加粗、22 号字，黄色底纹。

② 选中 B3:L3 单元格区域，单击“开始”选项卡 |“对齐方式”功能区 |“合并后居中”按钮。

③ 选中 B3 单元格，单击“开始”选项卡 |“单元格”功能区 |“格式”按钮，设置行高为 27。

4．设置其余标题

除了标题文字“报销单”外，其余标题文字均为“宋体”、加粗、11 号字。除了标题行外，其余行的行高均为 19，列宽为 12，“小计”列宽为 14。

操作步骤参照 3，在此省略。

5．设置对齐方式

参照图 3–59，设置标题文字的对齐方式。

注意：只对标题文字单元格设置对齐方式。操作步骤在此省略。

6．设置货币格式

从“车船机票”到“小计”共 7 列，数字格式默认为货币格式，即数字前自动加上人民币符号“￥”，加上千分位，并且保留到小数点后 2 位。数字均为“宋体”、11 号字。

操作步骤如下：

① 选中 F13:L23 单元格区域，然后按下【Ctrl】键的同时拖动鼠标选中 L24:L26 单元格区域。

② 单击“开始”选项卡的“数字”功能区，在“常规”下拉列表中选择“会计专用”。

7．设置日期

“日期”列和“票据期限”起止日期默认的数据格式是“短日期”。

操作步骤如下：

① 选中 B13:B22 单元格区域，然后单击“开始”选项卡 |“数字”功能区，在“常规”下拉列表中选择“短日期”。

② 选择 L9:L10 单元格区域，然后单击“开始”选项卡 |“数字”功能区，在“常规”下拉列表中选择“短日期”。

8．设置输入的数据格式

输入的“单据号”和“证件号”默认的数据格式为文本。

操作步骤如下：

① 选中 K4 单元格，然后单击“开始”选项卡 |“数字”功能区，在“常规”下拉列表中选择“文本”。

② 选择 F9 单元格，然后单击“开始”选项卡 |“数字”功能区，在“常规”下拉列表中选择“文本”。

9．设置页面

设置纸张大小：A4；纸张方向：横向；页边距：上下均为 2，左右均为 1.9；页眉页脚均为 1.3。

操作步骤如下：

① 单击“页面设置”选项卡 |“页面设置”功能区 |“纸张大小”按钮，在下拉列表中选择“A4”。

② 单击“页面设置”选项卡 |“页面设置”功能区 |“纸张方向”按钮，在下拉列表中选择“横向”。

③ 单击“页面布局”选项卡 |“页面设置”功能区 |“页边距”按钮，在下拉列表中选择“自定义边距”，在弹出的“页面设置”对话框中设置页边距。

10．公式和函数

“报销单”中蓝色底纹的单元格能够自动计算。能自动计算“票据期限”“小计”“合计”“总计”等。其中：

①“票据期限”是报销单“日期”的最小值至最大值。

②“小计”是按照日期计算每天的总花费。

③ 另外还要分类计算小计，例如，“车船机票”的小计、“住宿”小计等。

④“合计”是求小计的总和。

⑤“总计”是“合计”去掉“预支”的费用。

⑥“报销日期”由系统自动填写，无须手工输入。

⑦ 给以上单元格加上浅绿色底纹。

操作步骤如下：

① 选中 L9 单元格，然后输入公式：=MIN(B13:B22)。选中 L10 单元格，然后输入公式：=MAX(B13:B22)。

② 选中 L13 单元格，然后输入公式：=SUM(F13:K13)。最后拖动 L13 单元格的填充柄复制公式一直到 L22 单元格。

③ 选中 F23 单元格，然后输入公式：=SUM(F13:F22)。最后拖动 F23 单元格的填充柄复制公式一直到 K23 单元格。

④ 选中 L24 单元格，然后输入公式：=SUM(L13:L22)。

⑤ 选中 L26 单元格，然后输入公式：=(L24-L25)。

⑥ 选中 G30 单元格，然后输入公式：=TODAY()。

⑦ 选中以上单元格，加上浅绿色底纹。

11. 工作表的保护

①“报销单”中所有的行高和列宽不能被调整。

②“报销单”中所有的标题文字不能被更改。

③“报销单”中所有自动计算的数据不能被修改。

操作步骤如下：

① 按【Ctrl+A】组合键，选中所有单元格后右击，在弹出的快捷菜单中选择“设置单元格格式”命令，弹出“设置单元格格式”对话框，在“保护”选项卡中取消选中“锁定”复选框，如图 3-60 所示。

② 选中表格中所有有文字的单元格和有蓝色底纹的单元格，然后再次打开“设置单元格格式”对话框，选中“保护”选项卡中的“锁定”复选框。

③ 保证上一步选中的单元格仍然被选中（一定要选中要设置保护的单元格），然后单击“审阅”选项卡 |“更改”功能区 |“保护工作表”按钮，弹出“保护工作表”对话框，按图 3-61 所示进行设置。在“取消工作表保护时使用的密码”文本框中输入密码（自定义），单击“确定”按钮。

④ 打开“确认密码”对话框，在“重新输入密码”文本框中重新输入一次密码，单击“确定”按钮。

上述 4 个步骤完成了工作表的保护设置。

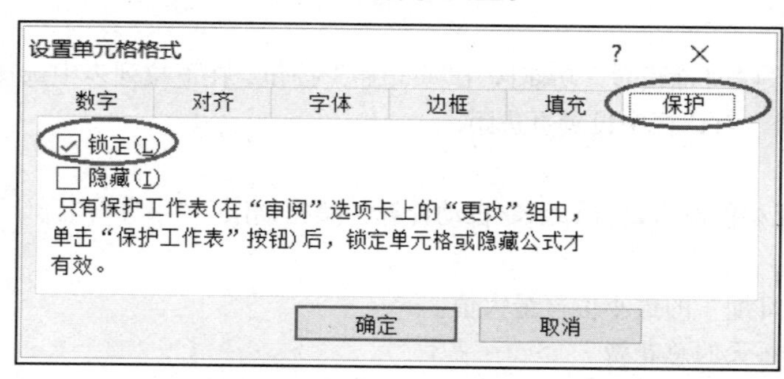

图 3-60 “设置单元格格式”对话框

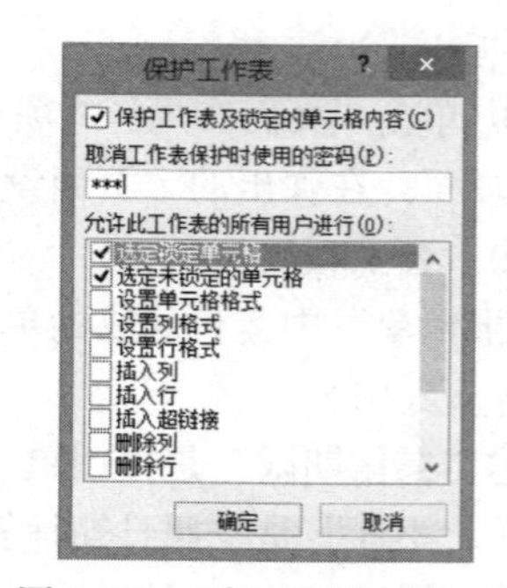

图 3-61 “保护工作表”对话框

12. 调整报销单的布局

以“页面视图”和“分页预览”视图调整“报销单”的布局。显示或打印输出一张完整的“报销单”，如图 3-62 所示。以“实验 3-5 报销单.xlsx”为名保存工作簿。

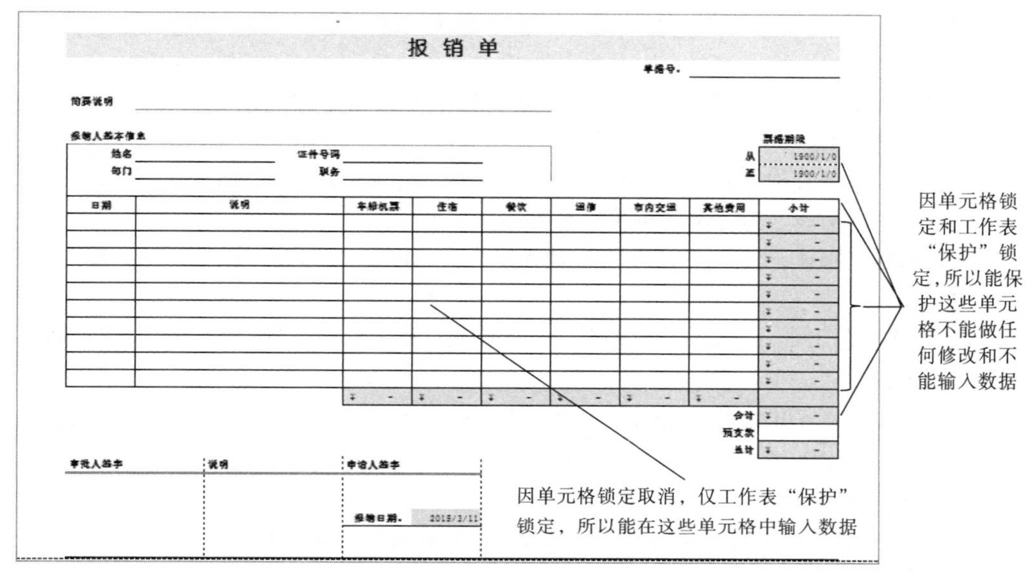

图 3-62　打印预览的“报销单”效果图

3.6　综合应用实验二

3.6.1　实验目的

① 综合运用前面掌握的知识，创建 Excel 图表并格式化图表。

② 掌握在 Excel 中插入文本框等各种对象。

③ 网上下载素材：Excel 图表绘制（实验 3.6）.xlsx。

3.6.2　实验内容

打开“Excel 图表绘制（实验 3.6）.xlsx”工作簿，工作表数据如图 3-63 所示。本实验要求依据“司法问题的法社会学调查问卷”的 B15 单选题，绘制选择项（水平(值)轴）与单选百分比（垂直(值)轴）的平滑曲线图形。绘制的图表效果图如图 3-64 所示。

	A	B	C	D
1	司法问题的法社会学调查问卷（B15单选题）			
2	序号	选择项	法律人（%）	一般公民（%）
3	1	A、很高，是法律发达的标志	16.8	32.6
4	2	B、一般，与其他职业大体相同	38.7	38.9
5	3	C、以前不高，现有改善和提升	38.8	21.3
6	4	D、较低，比其他职业差	4.4	4.7
7	5	E、很低，不受尊重	1.3	2.5
8	题目	B15、与其他职业相比，您认为法官、检察官的法律地位和整体素质：		

图 3-63　工作表

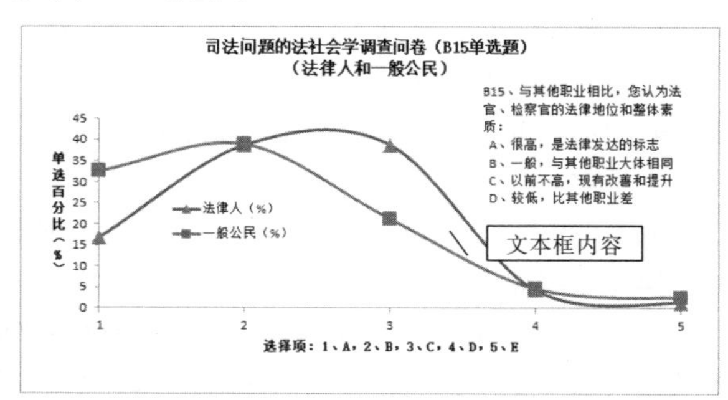

图 3-64　绘制的图表

具体要求如下：

1. 创建图表

①“图表类型”中子图表类型 T=“带平滑线和数据标记的散点图”。

②“图表源数据”为系列产生在“列”。A2:A7 为水平轴(H)和 C2:D7 为垂直轴(V)的绘图数据。

③ 图表选项：

- “标题”：图表标题为“司法问题的法社会学调查问卷（B15 单选题）（法律人和一般公民）”；横坐标轴(H)或水平(值)轴为“序号”（选择项：1、A，2、B，3、C，4、D，5、E）；纵坐标轴(V) 或垂直(值)轴为“法律人（%）和一般公民（%）”（单选百分比（%））。
- 横和纵“网格线”为主次网格线均不要。
- 图表标题：宋体，12 号字。横坐标轴标题为：宋体，10 号字。纵坐标轴标题为：宋体，10 号字。
- “坐标轴”“图例”“数据标志”都不动，即默认。“图表位置”为“作为其中的对象插入”。

2. 编辑图表

以下 5 方面参考效果图 3-64 设置：①水平(值)轴(H)的“坐标轴格式”；②垂直(值) 轴(V)的“坐标轴格式”；③“绘图区格式”；④“图例格式”；⑤文本框格式。

3. 图中文本框内容

B15、与其他职业相比，你认为法官、检察官的法律地位和整体素质：

A. 很高，是法律发达的标志

B. 一般，与其他职业大体相同

C. 以前不高，现有改善和提升

D. 较低，比其他职业差

E. 很低，不受尊重

【实验操作过程和步骤】

1. 创建图表

①“图表类型”中子图表类型 T=“带平滑线和数据标记的散点图”。

②“图表源数据”为系列产生在“列”。A2:A7 为水平轴(H)和 C2:D7 为垂直轴(V)的绘图数据。

③ 图表选项。

- “标题”：图表标题为“司法问题的法社会学调查问卷（B15 单选题）（法律人和一般公民）”；横坐标轴(H)或水平(值)轴为“选择项”（选择项：1、A，2、B，3、C，4、D，5、E）；纵坐标轴(V) 或垂直(值)轴为“法律人（%）和一般公民（%）”（单选百分比（%））。
- 横和纵“网格线”为主次网格线均不要。
- 图表标题：宋体，12 号字。横坐标轴标题为：宋体，10 号字。纵坐标轴标题为：宋体，10 号字。
- “坐标轴”“图例”“数据标志”都不动，即默认。“图表位置”为“作为其中的对象插入”。

操作步骤如下：

① 选择 A2:A7 和 C2:D7 单元格区域的绘图数据。操作如下：先拖动鼠标选择 A2:A7 单元格区域，再按住【Ctrl】键+拖动鼠标选择 C2:D7 单元格区域。

② 单击“插入”选项卡 |“图表”功能区 |“散点图”|“带平滑线和数据标记的散点图”，即可创建一个未格式化的散点图图表。

③ 该图表默认为系列产生在“列”。如果要更改数据系列，单击“图表工具-设计”选项卡 | “数据”功能区 | “切换行/列”按钮。注：此题不用更改数据系列。

④ 设置图表标题。选中图表，激活“图表工具-布局”选项卡，然后单击“标签”功能区 | “图表标题” | “图表上方”，在“图表标题”文本框中输入“司法问题的法社会学调查问卷（B15 单选题）（法律人和一般公民）”，宋体，12 号字。

单击“标签”功能区 | “坐标轴标题” | “主要横坐标轴标题” | “坐标轴下方标题”，在“坐标轴标题”文本框中输入“选择项：1、A，2、B，3、C，4、D，5、E”。

单击“标签”功能区 | “坐标轴标题” | “主要纵坐标轴标题” | “竖排标题”，在“坐标轴标题”文本框中输入“单选百分比（%）”。

⑤ 删除“绘图区”的主要横（纵）网格线。

选中“绘图区”，激活“绘图工具-布局”选项卡，单击“坐标轴”功能区 | “网格线” | “主要横网格线” | “无”。

纵网格线使用类似的操作方法删除。

⑥ 设置图表标题、横坐标轴标题、纵坐标轴标题的字体和字号。

操作步骤在此省略。

2．编辑图表

以下 5 方面参考效果图 3-64 设置：①水平(值)轴(H)的“坐标轴格式”；②垂直(值) 轴(V)的“坐标轴格式”；③“绘图区格式”；④“图例格式”；⑤文本框格式。

（1）水平轴(H)的“坐标轴格式”

由效果图分析可以看出，横坐标轴最小值为 1，最大值为 5，主要刻度单位为 1，次要刻度单位为 0。操作如下：

① 激活“图表工具-布局”选项卡，在“当前所选内容”功能区的下拉列表中选择“水平(值)轴”，使横坐标轴被选中，如图 3-65 所示。

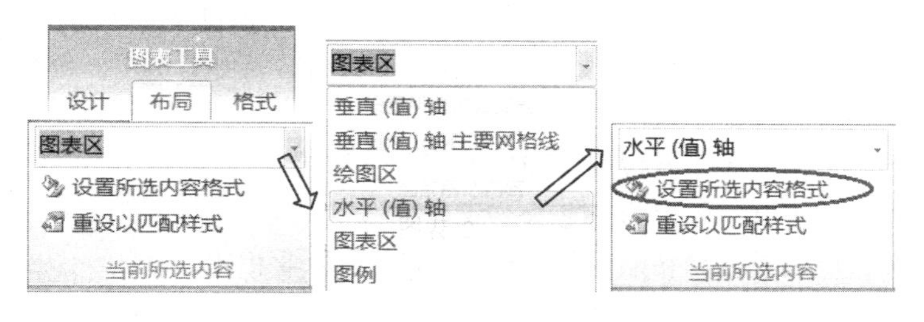

图 3-65　选择水平轴

② 单击“当前所选内容”功能区 | “设置所选内容格式”按钮，打开图 3-66 所示的“设置坐标轴格式”对话框。单击“坐标轴选项”选项，按照图 3-66 所示设置横坐标轴的刻度值。

③ 单击“数字”选项，在“类别”列表框中选择“常规”。最后单击“关闭”按钮。

（2）垂直轴(V)的“坐标轴格式”

由效果图分析可以看出，纵横坐标轴最小值为 0，最大值为 45，主要刻度单位为 5，次要刻度单位为 0。采用上面横坐标类似的操作方法设置纵坐标格式。

（3）绘图区格式

由效果图可以看出绘图区“法律人”平滑线颜色为“深蓝色”，数据标志为“三角形”。“一般公民”平滑线颜色为“绿色”，数据标志为“方块”。操作如下：

① 在绘图区“法律人”平滑线上右击，在弹出的快捷菜单中选择“设置数据系列格式”命令，弹出图 3-67 所示的“设置数据系列格式”对话框。

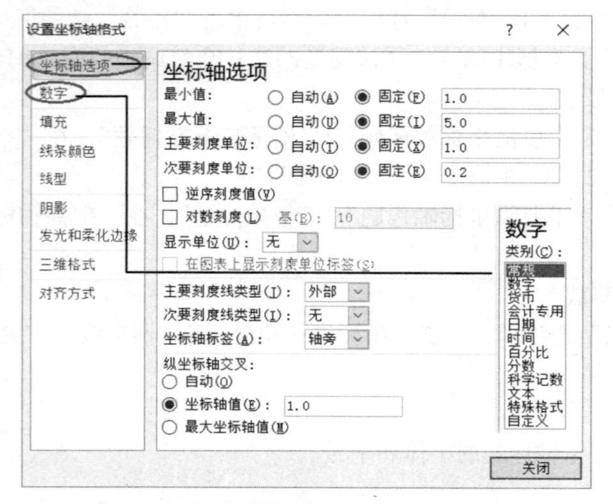

图 3-66 设置横坐标轴的刻度值

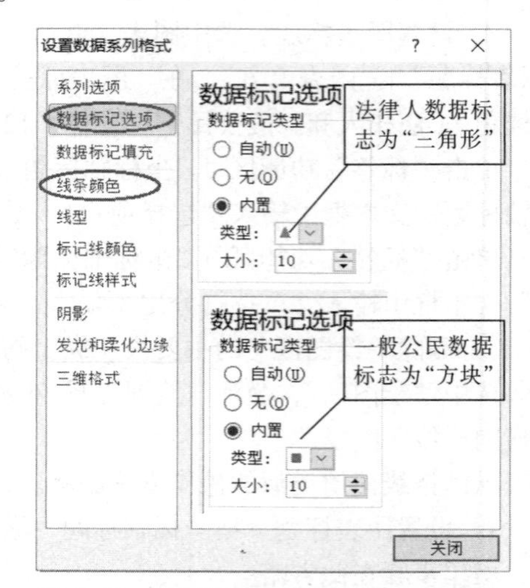

图 3-67 “设置数据系列格式”对话框

② 在“数据标志选项”选项组中选中“内置”，类型为“三角”，大小为 10。

③ 在“线条颜色”选项组中选中“实线”，颜色为“深蓝色”。

④ 单击“关闭”按钮。

“一般公民”平滑线的颜色为“绿色”，数据标志为“方块”，设置参考上述步骤完成。

（4）图例格式

由效果图可以看出图例位于“绘图区”。单击选中图例并拖动到“绘图区”适当的位置。

（5）文本框格式

① 单击“插入”选项卡 |“文本”功能区 |“文本框”|“横排文本框”，在绘图区适当的位置拖动鼠标插入文本框，然后将指定的文本“复制”|“粘贴”到文本框中，设置文本框字体为宋体，10 号字。

② 调整图表和文本框的大小及位置，使它们互相不覆盖。

③ 选中文本框，设置其“轮廓形状”为“无轮廓”。

④ 在文本框中，输入或复制粘贴内容：B15、与其他职业相比，……

格式化完成后的效果图如图 3-64 所示。

第 4 章　PowerPoint 2010 演示文稿制作

Microsoft Office PowerPoint 2010（简称 PowerPoint 2010）是目前广泛使用的演示文稿制作软件。演示文稿中的每一页称为幻灯片，一个演示文稿通常由若干页幻灯片组成，通过文本、图形、图像、图表、音频、视频等组合，结合动画效果，动态地展示内容效果。因此，在报告会、产品介绍会、项目汇报、多媒体教学等方面，演示文稿得到广泛应用。

4.1　PowerPoint 2010 功能介绍

PowerPoint 2010 界面主要有“文件”菜单及“开始”“插入”“设计”“切换”“动画”“幻灯片放映”“审阅”“视图”选项卡，每个选项卡包含若干个功能区。

1．“开始”选项卡

如图 4-1 所示，包含“剪贴板”“幻灯片”“字体”“段落”“绘图”“编辑”等功能区。“剪贴板”功能区可实现被编辑内容的复制、剪切、粘贴操作，提供了格式刷，可快速对文本或段落进行格式复制；“幻灯片”功能区可以实现新建幻灯片、设置幻灯片版式、设置文档内容分节等；“字体”功能区可对选中的文本进行字体、字形、颜色等设置；“段落”功能区可实现段落对齐、编号与项目符号、段落缩进等设置；“绘图”功能区可实现自选图形的插入及编辑操作；“编辑”功能区可实现查找替换等操作。单击相应功能区右下角的按钮可弹出相应对话框进行详细设置。

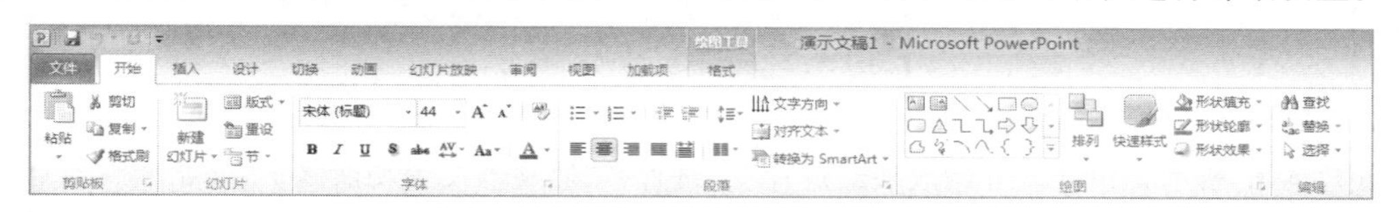

图 4-1　“开始”选项卡

2．“插入”选项卡

如图 4-2 所示，包含“表格”“图像”“插图”“链接”“文本”“符号”“媒体”等功能区。“表格”功能区可实现插入表格操作；“图像”功能区可实现插入来自文件的图片、插入剪贴画、屏幕截图、插入相册等操作；“插图”功能区可实现形状、SmartArt 图形、图表的插入操作；“链接”功能区可实现超链接和动作的设置；“文本”功能区可实现插入文本框、艺术字等对象，设置页眉和页脚、日期和时间、幻灯片编号等；“符号”功能区可实现数学公式的插入；“媒体”功能区可实现音频和视频媒体信息的插入。

3．“设计”选项卡

如图 4-3 所示，包含“页面设置”“主题”“背景”等功能区。“页面设置”功能区可实现页面设置、更改幻灯片方向的操作；“主题”功能区可实现对相应幻灯片的主题的设置；“背景”功能区可设置相应幻灯片的背景格式。

图 4-2 “插入”选项卡

图 4-3 “设计”选项卡

4. “切换”选项卡

如图 4-4 所示，包含“预览”“切换到此幻灯片”“计时”等功能区。“预览”功能区可实现对幻灯片的切换效果的预览；“切换幻灯片”可对相应幻灯片设置切换效果；“计时”功能区可实现幻灯片切换时的参数设置。

图 4-4 “切换”选项卡

5. “动画”选项卡

如图 4-5 所示，包含“预览”“动画”“高级动画”“计时”等功能区。“预览”功能区可预览幻灯片中已设置的动画；“动画”功能区可实现对幻灯片中对象的动画设置；“高级动画”功能区可对幻灯片中的对象进行高级动画设置；“计时”功能区可实现动画时的参数设置。

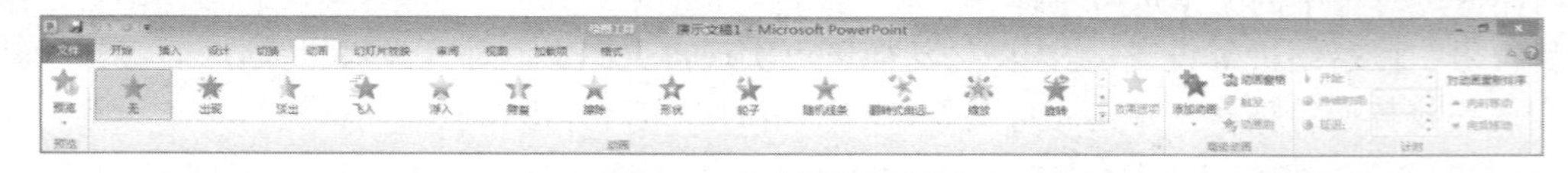

图 4-5 “动画”选项卡

6. “幻灯片放映”选项卡

如图 4-6 所示，包含“开始放映幻灯片”“设置”“监视器”等功能区。“开始放映幻灯片”功能区可实现放映幻灯片、自定义放映等操作；“设置”功能区可实现设置放映方式、隐藏幻灯片、操练计时、录制幻灯片等操作。

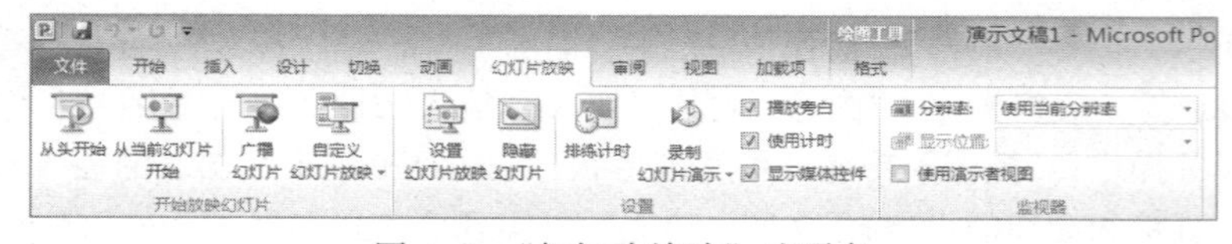

图 4-6 “幻灯片放映”选项卡

7. “审阅”选项卡

如图 4-7 所示，包含“校对”“语言”“中文简繁转换”“批注”“比较”等功能区。“校对”功能区可实现拼写检查等功能；“语言”功能区可实现翻译等功能；“中文简繁转换”功能区可实现中文的简繁转换；“批注”功能区可实现在文档中插入批注操作；“比较”功能区可实现记录文档内容修订过程及对修订记录进行审阅。

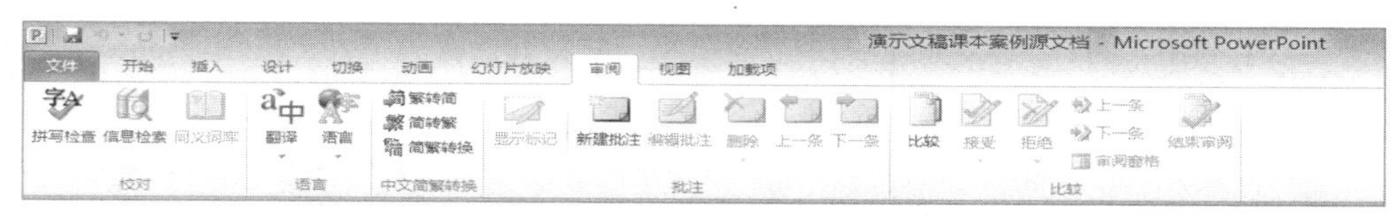

图 4-7 “审阅”选项卡

8.“视图”选项卡

如图 4-8 所示，包含“演示文稿视图”“母版视图”“显示”“显示比例”“颜色/灰度”“窗口”等功能区。“演示文稿视图”功能区可实现在各个视图之间进行切换；“母版视图”功能区可实现对幻灯片母版的设置；“显示”功能区可实现标尺、网格线、参考线等界面元素是否显示；“显示比例”功能区可设置页面显示比例；“颜色/灰度”功能区可将幻灯片设置为灰度或黑白显示模式；“窗口”功能区可实现新建或拆分窗口等操作。

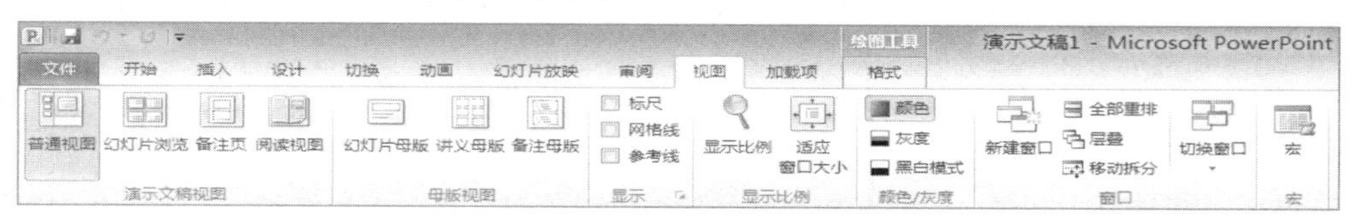

图 4-8 “视图”选项卡

4.2 演示文稿软件基本操作实验

4.2.1 实验目的

① 熟练掌握演示文稿的创建。

② 熟练掌握幻灯片内容的格式化。

③ 熟练掌握幻灯片的组织。

④ 熟练掌握对象的插入。

⑤ 熟练掌握幻灯片的外观设置。

⑥ 网络下载素材：E4-2.zip（大学生创业-素材.pptx、创业.jpg、爱拼才会赢.mp3、E4-2 效果 1.pdf 和 E4-2 效果 2.pdf）。

4.2.2 实验内容

1. 创建演示文稿

方法一：创建空白演示文稿。其中只包含一张幻灯片，采用默认的设计模板，版式为“标题幻灯片”，文件名为演示文稿 1.pptx。创建空白演示文稿具有最大限度的灵活性，用户可以使用颜色、版式和一些样式特性，充分发挥自己的创造力。

方法二：根据模板创建演示文稿。用户可以根据系统提供的内置模板创建演示文稿，也可以从 office.com 模板网站上下载所需的模板进行创建，还可以使用已安装到本地驱动器上的模板。创建出来的演示文稿既有格式又有内容，用户可以根据自己的需求调整完善。

方法三：根据主题创建演示文稿。用户可以创建基于主题的演示文稿，其中只包含一张幻灯片，采用相应主题的设计模板，只有格式没有内容。

方法四：根据现有内容新建演示文稿。实际上是创建了原有演示文稿的副本，用户可以在此基础上进一步编辑加工。

本处要求：利用“图钉”主题创建一个演示文稿，并将其保存为“大学生创业.pptx”。操作步骤如下：

① 选择“文件”|“新建”命令，在“可用的模板和主题”中选择“主题”，然后选择“图钉”主题，单击右边主题预览图片下方的“创建”按钮。

② 选择“文件”|“保存”命令，将该演示文稿保存至D盘，文件名为“大学生创业.pptx”。

注：此演示文稿文件备份保存好，下一个实验仍然要使用。

2. 幻灯片的组织

在以上利用“图钉”主题创建的“大学生创业.pptx”演示文稿基础上，依次新建或重用其余幻灯片，并输入相应的内容。调整幻灯片至合理位置，并隐藏不需要的幻灯片，创建一个拥有 9 张幻灯片的完整演示文稿。操作步骤如下：

① 在第1张幻灯片的占位符“单击此处添加标题”处，输入主标题：大学生创业；副标题：当前日期和作者姓名，如图 4-9a 所示。

占位符是一种带有虚线或阴影线边缘的框（对象），在这些框内可以放置标题、正文、图表、表格和图片等对象。

② 单击“开始”选项卡 |“幻灯片”功能区 |“新建幻灯片”下拉按钮 |“标题和内容”版式，或者直接单击“新建幻灯片”按钮，即可插入一张新的幻灯片，在新插入幻灯片的标题占位符和内容占位符中分别输入图 4-9b 所示的文字内容，此为第 2 张幻灯片。

③ 单击“开始”选项卡 |“幻灯片”功能区 |“新建幻灯片”下拉按钮 |“重用幻灯片”选项，打开“重用幻灯片”窗格（见图 4-9c）。单击“浏览”按钮 |“浏览文件”选项，打开“浏览”对话框，找到名为“大学生创业-素材.pptx”的演示文稿文件素材并打开，在“重用幻灯片”窗格中显示出该文件中所有幻灯片的缩略图（见图 4-9c），依次单击“创业的优势”“创业的优惠政策”“创业的风险”“与人交流”“校园代理”，将相应的幻灯片插入第 2 张幻灯片之后。目前已有 7 张幻灯片。

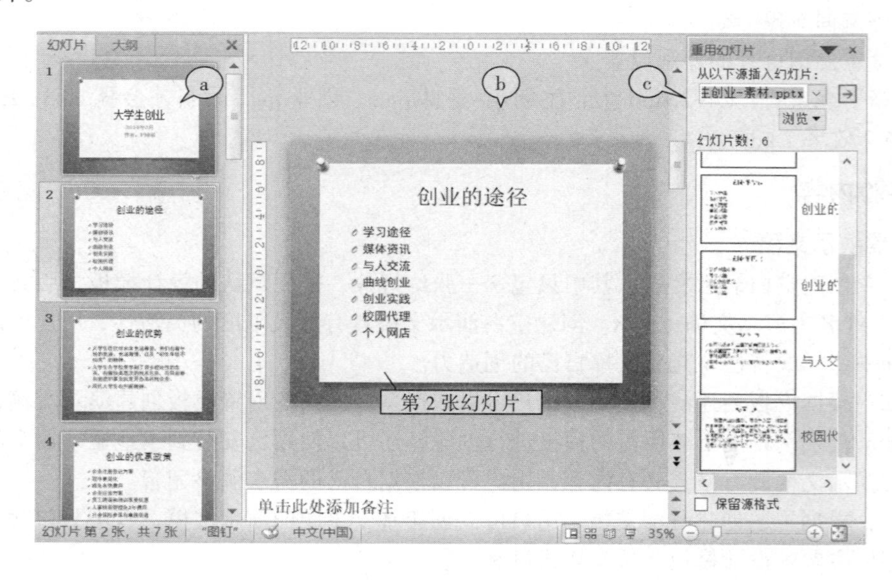

图 4-9 “普通”视图的“幻灯片”窗格

④ 考虑到描述问题的逻辑性，需要将第 2 张幻灯片和第 3 张幻灯片交换位置。在默认视图

（“普通”视图）的“幻灯片”窗格中，选中第 2 张幻灯片（见图 4-9a），将其拖动至第 3 张幻灯片下方，即可完成位置的交换。

⑤ 在图 4-9a 所示的“幻灯片”窗格中，选中标题为“创业的风险”的幻灯片并右击，在弹出的快捷菜单中选择“隐藏幻灯片”命令，将其隐藏，该幻灯片的编号被设置为隐藏标记。

如果要删除幻灯片，可以在弹出的快捷菜单中选择“删除幻灯片”命令，或者直接按【Delete】键。如果有多张幻灯片执行删除或隐藏，可按住【Ctrl】键将其选中，再统一操作。

3．幻灯片内容格式化

将第 1 张幻灯片的标题“大学生创业”设置为华文行楷、66 号字、加粗、颜色为自定义颜色 RGB（200,100,100）。其余幻灯片的标题与第 1 张幻灯片标题的字体、字形、颜色一致，但字号设置为 48 号，正文文本设置为黑体、28 号、两端对齐、段前段后 6 磅，其他默认。然后，为“创业的优惠政策”幻灯片的正文文本设置级别，使其层次更加清晰。操作步骤如下：

① 定位到第 1 张幻灯片，选中其标题文本，单击“开始”选项卡 |“字体”功能区，设置：华文行楷、66 号、加粗。单击“字体颜色”下拉按钮 |“其他颜色”选项，打开“颜色”对话框，单击“自定义”选项卡，设置：红色 200，绿色 100，蓝色 100，单击“确定”按钮。

② 利用前面的操作方法，分别为第 2 张幻灯片的标题文本和正文文本设置格式。其中，标题文本的格式为：华文行楷、48 号、加粗、自定义颜色 RGB（200,100,100）。正文文本的格式为：黑体、28 号、两端对齐、段前段后 6 磅，其他默认。设置正文的对齐方式可以单击“开始”选项卡 |“段落”功能区，设置：两端对齐，但段前段后间距只能在“段落”对话框中设置，如图 4-10 所示。

③ 使用格式刷，为其余幻灯片的标题和正文设置格式，使其与第 2 张幻灯片一致。

④ 定位到“创业的优惠政策”幻灯片，选中需要设置级别的文本，单击“开始”选项卡 |“段落”功能区 | 单击“提高列表级别”按钮，调整相应文本的级别，结果如图 4-11 所示。

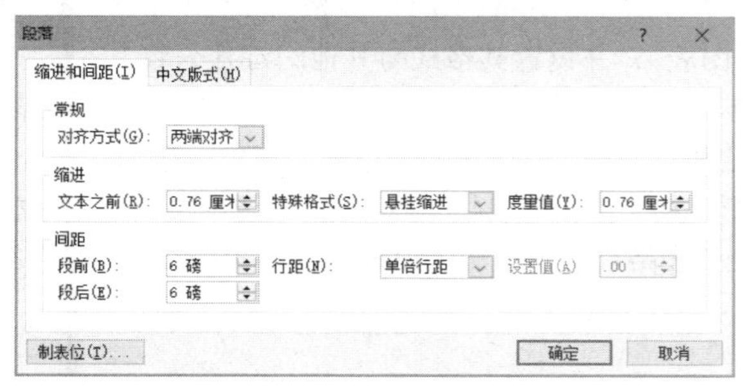

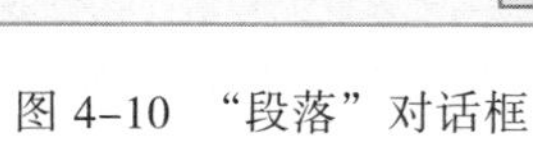
图 4-10 “段落”对话框

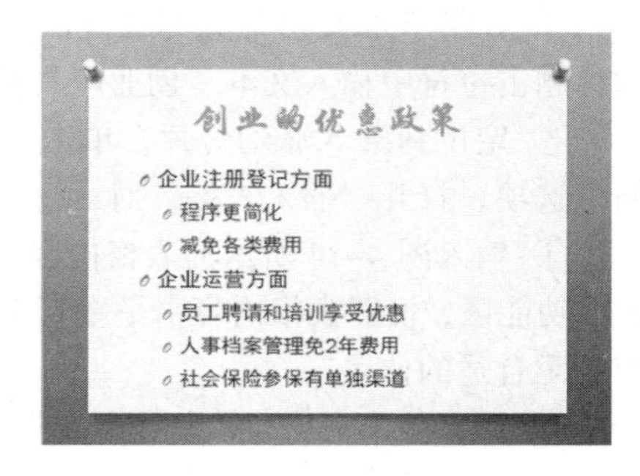

图 4-11 设置文本级别

4．插入对象

（1）插入剪贴画

在“创业的途径”幻灯片中插入一个“职业”类别的剪贴画，设置高度和宽度均为 6 厘米，并调整至合适的位置。操作步骤如下：

① 定位到“创业的途径”幻灯片，单击“插入”选项卡 |“图像”功能区 |“剪贴画”按钮，打开“剪贴画”窗格，输入“职业”，单击“搜索”按钮，在窗格下方列表框中列出所有“职业”类别的剪贴画。任选一个，单击即可将其插入幻灯片中。

② 选中剪贴画，单击“图片工具-格式”选项卡 |“大小”功能区右下角的 按钮，或者右击剪

贴画，在弹出的快捷菜单中选择“大小和位置”命令，打开图 4-12 所示的“设置图片格式”对话框，设置高度和宽度均为 6 厘米，注意：不能锁定纵横比。

③ 将剪贴画拖动到合适的位置。

（2）插入音频

在第 1 张幻灯片中插入音频文件“爱拼才会赢.mp3”，并设置其在放映时隐藏、跨幻灯片播放。

① 定位到第 1 张幻灯片，单击“插入”选项卡 | “媒体”功能区 | “音频”下拉按钮 | “文件中的音频”命令，打开“插入音频”对话框，选择“爱拼才会赢.mp3”，单击“插入”按钮。

② 此时，系统会自动在幻灯片中显示声音播放对象，只需单击“播放/暂停”按钮，即可播放插入的声音，如图 4-13 所示。

③ 单击“音频工具-播放”选项卡 | “音频”功能区，选中“放映时隐藏”复选框，并在“开始”下拉列表中选择“跨幻灯片播放”。

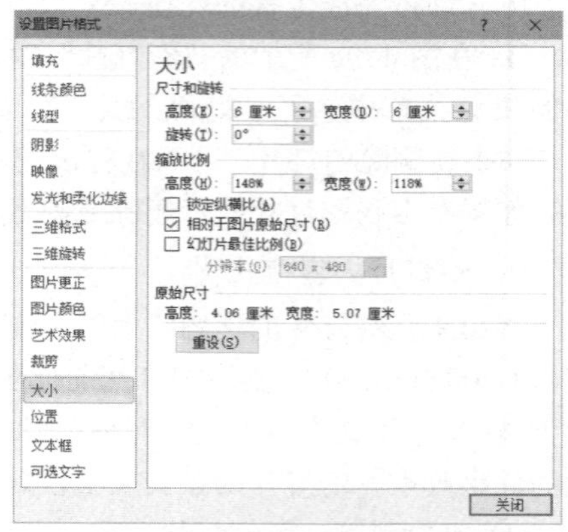

图 4-12 “设置图片格式”对话框

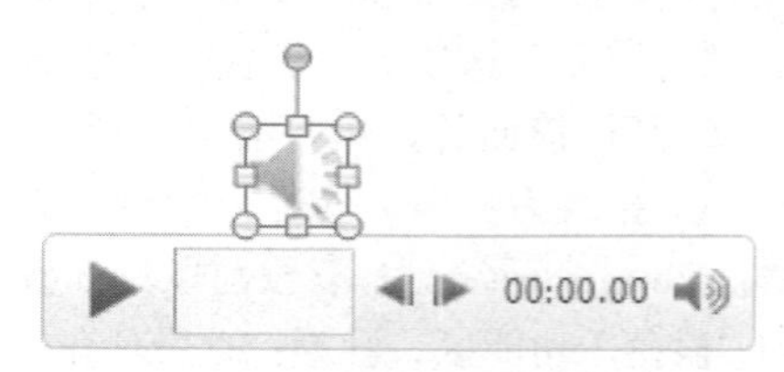

图 4-13 声音播放对象

（3）插入表格和图表

在“创业的优惠政策”幻灯片之后插入两张新的幻灯片，输入标题内容，并插入表格和图表，完成后共 9 张幻灯片。操作步骤如下：

① 选中“创业的优惠政策”幻灯片，单击“开始”选项卡 | “幻灯片”功能区 | “新建幻灯片”下拉按钮 | “仅标题”版式，在其后插入一张新的幻灯片。重复此操作，再插入一张新的幻灯片。

② 在第 5 张幻灯片的标题占位符中输入文本“创业应具备的条件-表格”，在第 6 张幻灯片的标题占位符中输入文本“创业应具备的条件-图表”，并设置其格式与其他幻灯片一致。

③ 定位到第 5 张幻灯片，单击“插入”选项卡 | “表格”功能区 | “表格”按钮 | “插入表格”选项，打开“插入表格”对话框，输入列数和行数分别为 6 和 2，单击“确定”按钮。

④ 输入图 4-14 所示的表格内容。选中整个表格，单击“表格工具-布局”选项卡 | “对齐方式”功能区，设置表格内容水平垂直都居中，在“表格尺寸”功能区设置宽度为 19 厘米，将表格拖动至合适的位置。

⑤ 选中整个表格，执行“复制”命令。

⑥ 定位到第 6 张幻灯片，单击“插入”选项卡 | “插图”功能区 | “图表”按钮，打开图 4-15 所示的“插入图表”对话框。选择“簇状柱形图”，单击“确定”按钮。

	资金支持	人脉	创业团队	市场环境	其他
重要程度	81%	69%	65%	35%	27%

图 4-14 表格内容

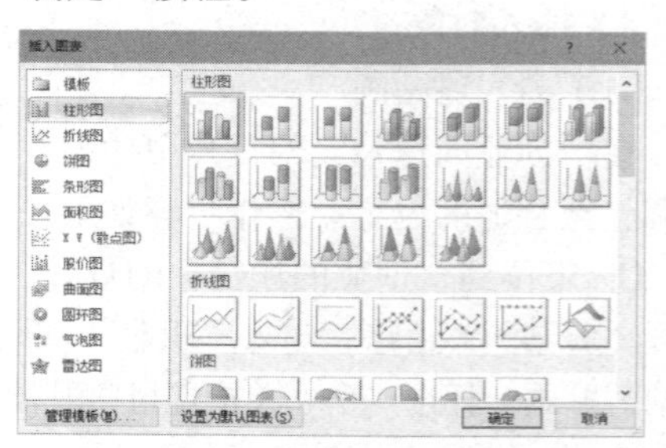

图 4-15 “插入图表”对话框

⑦ 在弹出的工作表中，删除原有的数据，选中 A1 单元格，执行“粘贴”命令，将刚才复制的表格数据粘贴到工作表中。关闭工作表，此时幻灯片中出现图表，将图表拖动至合适的位置，如图 4–16 所示。

⑧ 如果图表与图 4-16 不一致，可以选中图表，单击“图表工具–设计”选项卡 |“数据”功能区 |“选择数据”按钮，检查工作表中的数据区域是否正确，如不正确，重新拖动鼠标即可。也可以在“选择数据源”对话框中单击“切换行/列”按钮，将数据源中的行列互换，如图 4–17 所示。如果出现多余的图表标题，可以将其删除。

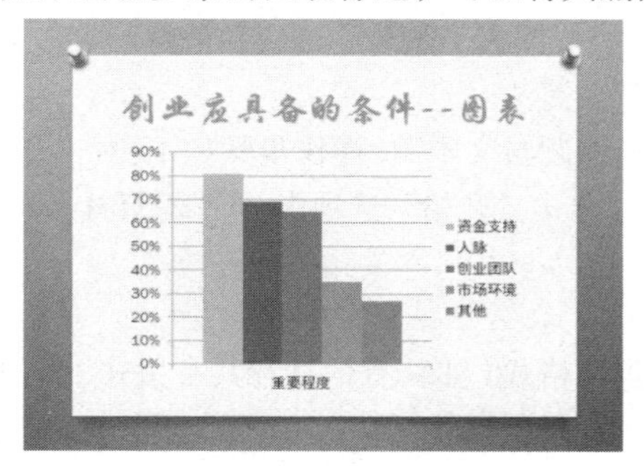

图 4–16　图表效果图

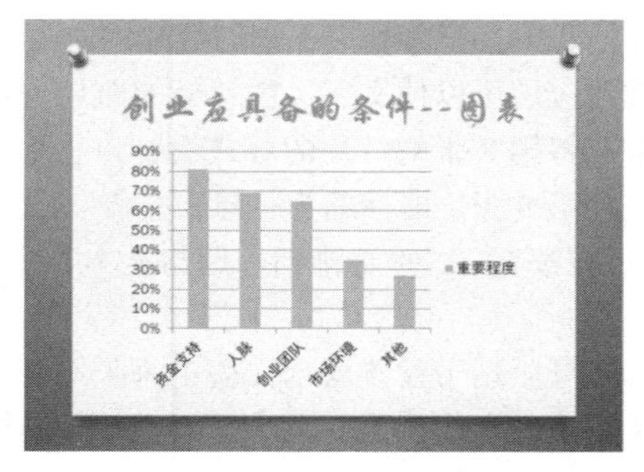

图 4–17　行列互换后的图表效果

本处操作完成后，演示文稿的效果如图 4–18 所示。

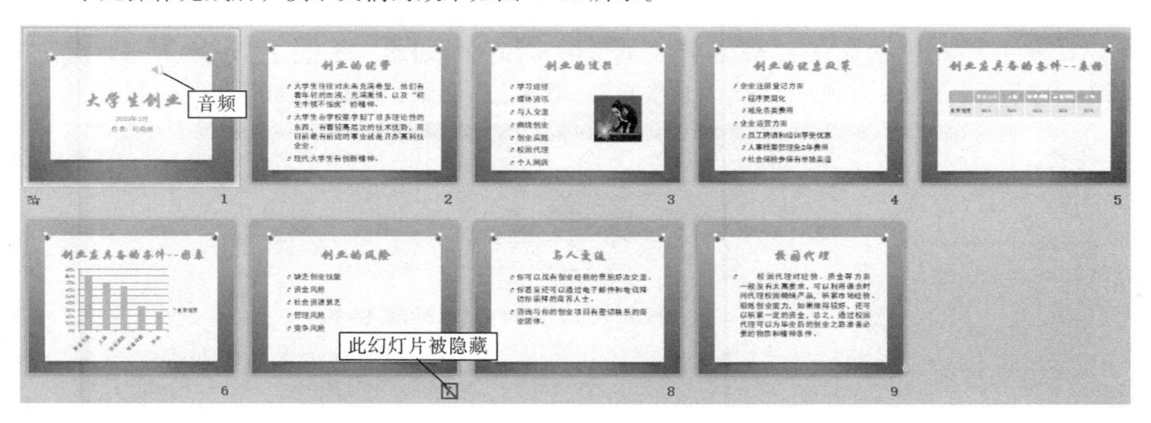

图 4–18　本处操作完成后的效果图

5. 幻灯片外观设置

（1）主题与背景

将整个演示文稿的主题设置为“龙腾四海”，将第 7 张幻灯片的主题设置为“技巧”、背景样式设置为“样式 5”，将第 2 张幻灯片的背景纹理设置为“再生纸”。操作步骤如下：

① 定位到第 1 张幻灯片，单击“设计”选项卡 |“主题”功能区 |“龙腾四海”主题，所有幻灯片都会应用该主题。

② 定位到第 7 张（即标题为“创业的风险”）幻灯片，在“技巧”主题上右击，在弹出的快捷菜单中选择“应用于选定幻灯片”命令。继续单击“背景”功能区 |“背景样式”下拉按钮，在“样式 5”上右击，在弹出的快捷菜单中选择“应用于所选幻灯片”命令。至此，第 7 张幻灯片的主题和背景样式均发生改变。

如果对主题样式不够满意，还可以利用“主题”功能区右侧的“颜色”“字体”“效果”按钮对主题的颜色、字体、效果进行设置。

③ 定位到第 2 张幻灯片。单击“设计”选项卡 |“背景”功能区 |“背景样式”下拉按钮 |“设置背景格式”命令，打开“设置背景格式”对话框，选择“图片或纹理填充”单选按钮，在“纹理”下拉列表中选择“再生纸”纹理，单击“关闭”按钮，所选背景应用于当前幻灯片。如果单击“全部应用”按钮，则会将背景应用于所有幻灯片。

（2）版式

版式指的是幻灯片中的对象在幻灯片上的排列方式。版式由占位符组成，占位符中可放置文字（如标题和项目符号列表）和幻灯片的对象（如表格、图表、图片、形状和剪贴画等）。通过幻灯片版式的应用可以使文字、图片等的布局更加合理、简洁。

要求：将第 8 张幻灯片的版式设置为“垂直排列标题与文本”。操作步骤如下：

定位到第 8 张（即标题为“与人交流”）幻灯片，单击“开始”选项卡 | “幻灯片”功能区 |“版式”下拉按钮 |“垂直排列标题与文本”主题。

（3）母版

幻灯片母版用于设置演示文稿中每张幻灯片的预设格式（如共有信息和共有格式），包括共有的标题及正文文字的位置、大小、项目符号的样式、背景图案等。

要求：在幻灯片母版中插入一张图片，并将该图片的高度和宽度均设置为 2.5 厘米，位置设置为“自左上角，水平 22.5 厘米，垂直 1 厘米”，样式设置为“映像右透视”，使得应用了该母版的幻灯片上都显示该图片。操作步骤如下：

① 单击“视图”选项卡 |“母版视图”功能区 |“幻灯片母版”按钮，进入幻灯片母版视图，如图 4–19 所示。将鼠标移到左侧幻灯片窗格的某一版式上，会显示出该版式被哪几张幻灯片使用。

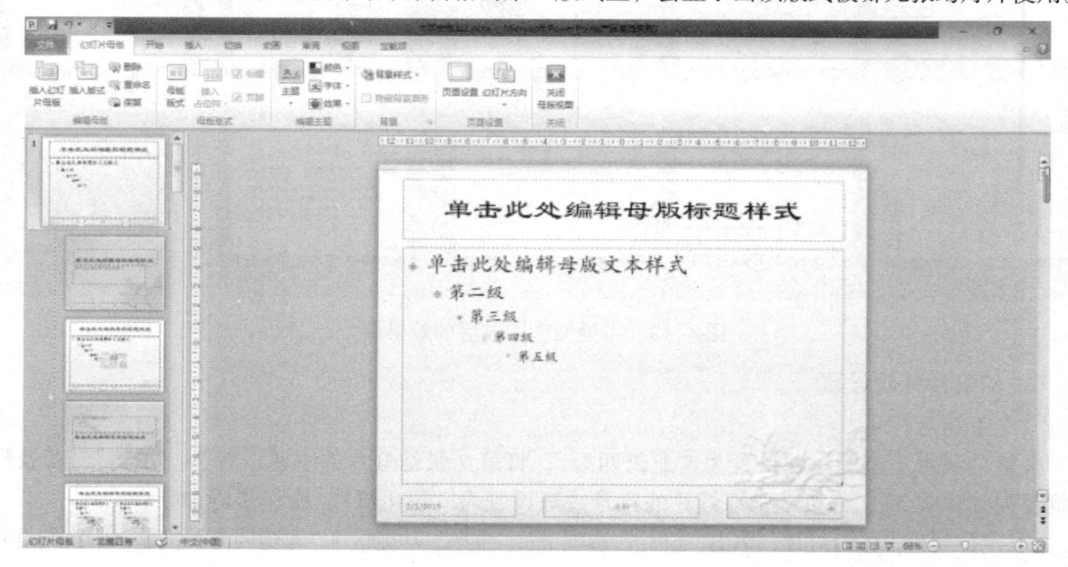

图 4–19　幻灯片母版视图

② 选中第 1 张幻灯片，单击“插入”选项卡 | “图像”功能区 |“图片”按钮，打开“插入图片”对话框，选择“创业.jpg”，单击“插入”按钮。

③ 选中该图片，单击“图片工具–格式”选项卡 |“大小”功能区右下角的 按钮，或者右击图片，在弹出的快捷菜单中选择“大小和位置”命令，打开“设置图片格式”对话框，设置高度和

宽度均为 2.5 厘米，注意：不能锁定纵横比。单击“位置”选项，设置图片在幻灯片上的位置为：水平 22.5 厘米，垂直 1 厘米，自“左上角”，如图 4–20 所示。单击“关闭”按钮。

④ 选中该图片，选择“图片工具–格式”选项卡 |“图片样式”功能区 |“映像右透视”(第 3 行第 1 个)。

⑤ 单击“幻灯片母版”选项卡 |“关闭”功能区 |“关闭母版视图”按钮，回到正常编辑状态，观察各张幻灯片的变化。由于第 7 张幻灯片应用了不同的主题，母版的设置未对其产生影响。

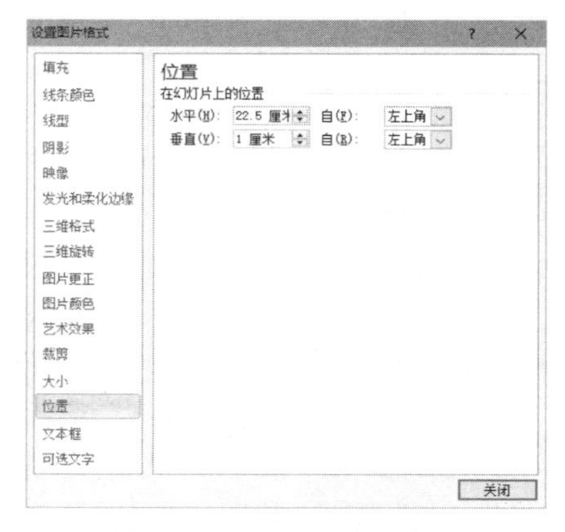

图 4–20　设置图片的位置

(4) 页眉和页脚

为标题幻灯片之外的其他幻灯片设置：自动更新日期和时间，幻灯片编号，页脚内容为“大学生创业”、字号均为 20 号。操作步骤如下：

① 进入图 4–19 所示的“幻灯片母版”视图，定位到第 1 张幻灯片，选中下方的“日期”“幻灯片编号”“页脚”占位符。单击“开始”选项卡 |“字体”功能区 |“增大字号”按钮，使这三部分的字号增大到 20，字体不变。

② 关闭“幻灯片母版”视图，单击“插入”选项卡 |“文本”功能区 |“页眉和页脚”按钮，弹出“页眉和页脚”对话框，设置日期为自动更新，选中“幻灯片编号”“标题幻灯片中不显示”复选框，设置页脚信息为“大学生创业”。单击“全部应用”按钮，并观察最终效果。仍然由于第 7 张幻灯片应用了不同的主题，所以效果与其他幻灯片不同。

③ 保存该演示文稿。

本节操作完成后，演示文稿的效果如图 4–21 所示。

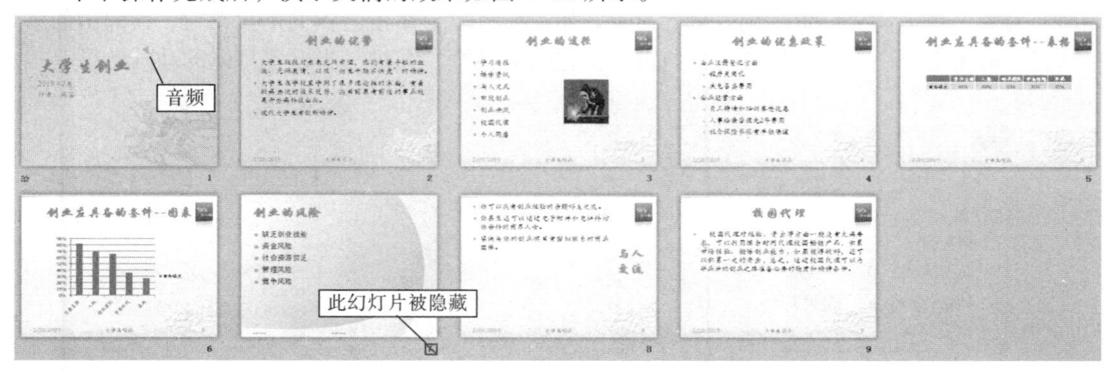

图 4–21 本节操作完成后的效果图

4.3　演示文稿软件高级操作实验

4.3.1　实验目的

① 熟练掌握动态交互操作。

② 熟练掌握幻灯片放映。

③ 熟练掌握幻灯片的输出。

④ 素材：上一节创建的“大学生创业.pptx”演示文稿。网络下载素材：E4–3 效果.pdf。

4.3.2 实验内容

基于“4.2 演示文稿软件基本操作实验”创建的“大学生创业.pptx”演示文稿，完成本实验。

1. 动画设置

在“大学生创业.pptx”演示文稿中，为第 4 张幻灯片上的标题文字设置动画效果：浮入、下浮、持续时间 2 秒、单击鼠标开始动画；为幻灯片上其他内容设置动画：飞入、自右侧、在上一动画之后开始动画、持续时间 3 秒。操作步骤如下：

① 打开“大学生创业.pptx”演示文稿文件。

② 定位到第 4 张（即标题为“创业的优惠政策”）幻灯片，选中标题占位符，单击“动画”选项卡 |“动画”功能区 |“浮入”，可以立即预览到动画效果。对于动画效果的进一步设置可以有三种方法。

方法一：利用“动画”选项卡 |“动画”功能区和“计时”功能区。其中，选择“动画”功能区 |“效果选项”下拉按钮 |“下浮”，设置了“浮入”动画效果的方向；选择“计时”功能区 |“开始”下拉列表 |“单击时”，可以设置动画开始的时机，在“持续时间”数字框中输入“2”，可以控制动画显示的速度。

方法二：定位到任意一个设置了动画的对象中，单击“动画”选项卡 |“动画”功能区右下角的 按钮，打开图 4–22 所示的对话框。此处，定位的是标题占位符，为其设置的动画效果是“浮入”中的“下浮”，所以对话框的名字是“下浮”。在该对话框中，也可以设置动画的具体效果，包括声音、动画的开始方式和持续时间等。

方法三：在动画窗格中设置动画效果。单击“动画”选项卡 |“高级动画”功能区 |“动画窗格”按钮，即可打开图 4–23 所示的动画窗格，其中的列表框中显示了当前幻灯片中设置了动画的所有对象。单击需要设置动画效果的对象，如“标题 1”，单击右侧的下拉按钮，在弹出的菜单中选择“效果选项”命令，同样可以打开“下浮”对话框，并进一步设置具体的动画效果。

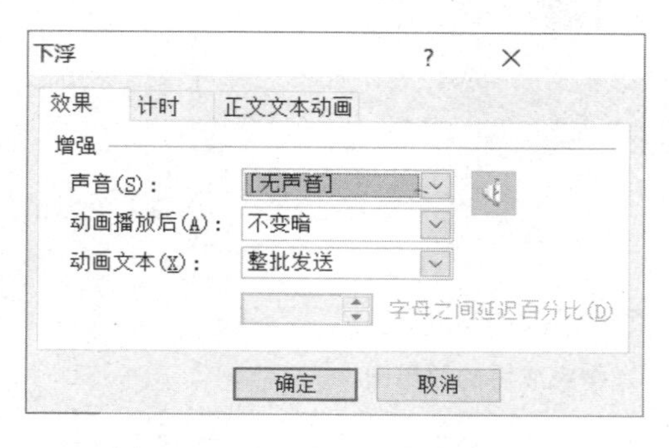

图 4–22 “下浮”动画效果对话框

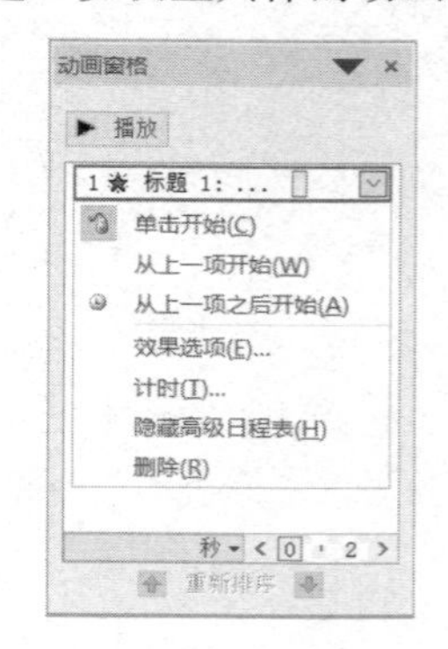

图 4–23 动画窗格

③ 选中内容占位符，利用前面的操作方法，设置动画：飞入、自右侧、在上一动画之后开始动画、持续时间 3 秒。

2. 切换效果

幻灯片间的切换效果是指演示文稿播放过程中，幻灯片进入和离开屏幕时产生的视觉效果。可以为每一张幻灯片设计不同的切换效果，也可以为一组幻灯片设计相同的切换效果。

本处要求同时为第 5 张和第 6 张幻灯片设置切换效果：分割，中央向上下展开，风铃声音，持续时间 3 秒，自动换页时间 3 秒。操作步骤如下：

① 单击带有表格的第 5 张幻灯片，按住【Ctrl】键，单击带有图表的第 6 张幻灯片。

② 单击“切换”选项卡 |“切换到此幻灯片”功能区 |“分割”按钮，可以立即预览到切换效果。在“效果选项”下拉列表中选择“中央向上下展开”，在“计时”功能区中选择声音为“风铃”，输入持续时间为“3”，取消选中“单击鼠标时”复选框，选中“设置自动换片时间”复选框，并输入“3”。如果单击“全部应用”按钮，会将该切换效果应用到所有幻灯片。

3. 动作设置与超链接

为第 3 张幻灯片的“与人交流”进行动作设置，单击链接到第 8 张幻灯片；为第 3 张幻灯片的“校园代理”建立超链接，链接到第 9 张幻灯片。在第 9 张幻灯片上插入自定义按钮，文字为“返回”，幻灯片放映时，单击返回到第 3 张幻灯片。

① 定位到第 3 张（即标题为“创业的途径”）幻灯片。

② 选中文本“与人交流”，单击“插入”选项卡 |“链接”功能区 |“动作”按钮，打开图 4-24 所示的“动作设置”对话框，选择“超链接到” |“幻灯片”，在弹出的对话框中选择编号为 8 的幻灯片。单击“确定”按钮，设置了动作的文本下方增加了下画线，字体颜色也发生了变化。

③ 选中文本“校园代理”，单击“插入”选项卡 |“链接面板”功能区 |“超链接”按钮，打开图 4-25 所示的“插入超链接”对话框，选择“链接到” |“本文档中的位置” | 请选择文档中的位置：幻灯片标题→9.校园代理，单击“确定”按钮，设置了超链接的文本下方增加了下画线，字体颜色也发生了变化。

当然，除了可以为文本设置超链接，图片、自选图形等对象也可以设置超链接。链接的目标除了本文档中的位置，还可以链接到现有文件或网页中，还可以链接到电子邮件地址，还可以在链接的同时新建文档。

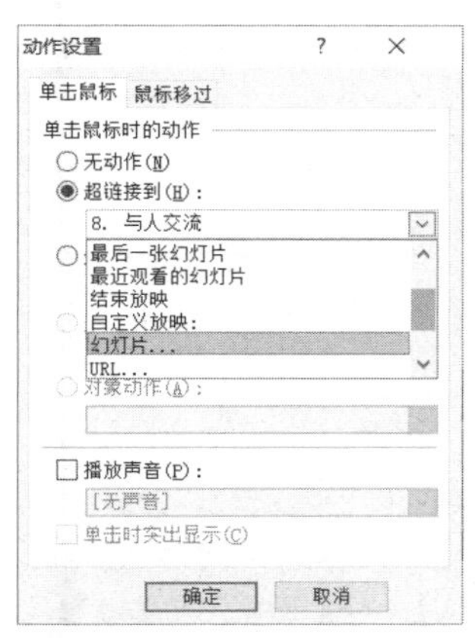

图 4-24 “动作设置”对话框

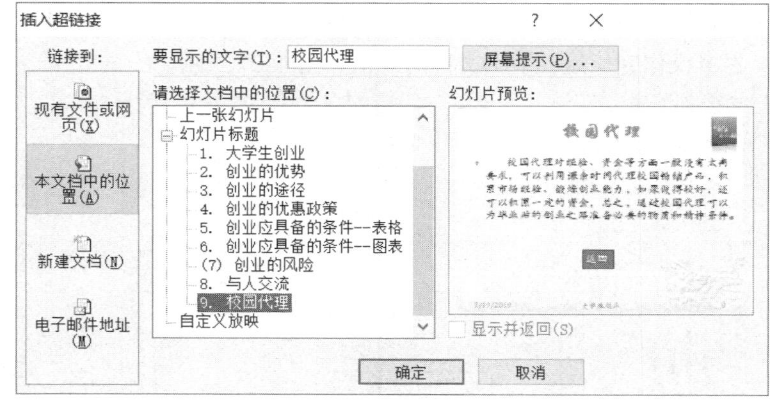

图 4-25 “插入超链接”对话框

④ 选中第 9 张（即标题为“校园代理”）幻灯片，单击“插入”选项卡 |“插图”功能区 |“形状”按钮 |“动作按钮” |“动作按钮：自定义”按钮，在幻灯片的空白处拖动鼠标，画出自定义动作按钮。释放鼠标时，弹出“动作设置”对话框，利用前面的操作方法，设置超链接到第 3 张幻灯片。

⑤ 右击该动作按钮，在弹出的快捷菜单中选择“编辑文字”命令，输入文本“返回”。可调整动作按钮和字体大小至合适的状态。

注意：动作与超链接的效果只能在幻灯片放映时才能看到。

4．自定义放映

单击“幻灯片放映”选项卡 | “开始放映幻灯片”功能区 | “自定义幻灯片放映”下拉按钮 | “自定义放映”命令，弹出“自定义放映”对话框，单击“新建”按钮，进一步在弹出的对话框中将编号为 1、3、5、6 的幻灯片添加到自定义放映中，单击“确定”按钮。

5．排练计时与录制旁白

① 选择“幻灯片放映”选项卡 | “设置”功能区 | “排练计时”按钮，开始放映幻灯片，同时进行计时，待最后一张幻灯片放映结束时，提示是否保留排练计时。如果保留计时，则每张幻灯片会显示放映所需时间。

② 单击“幻灯片放映”选项卡 | “设置”功能区 | “录制幻灯片演示”按钮，在弹出的对话框中选择“开始录制”，开始放映并录制幻灯片。

6．设置放映方式

单击“幻灯片放映”选项卡 | “设置”功能区 | “设置幻灯片放映”按钮，在弹出的对话框中选择“观众自行浏览（窗口）”放映类型。如果选中“放映时不加旁白”复选框，则已录制的旁白不会播放，如果选中“放映时不加动画复选框”，则已设置的动画不起作用；如果选择换片方式为“手动”，则已进行的排练计时不起作用。

7．幻灯片打印

选择“文件” | “打印”命令，单击“幻灯片”标签下方的下拉按钮，选择“讲义”类别中的“9 张水平放置的幻灯片”，结果如图 4-26 所示。

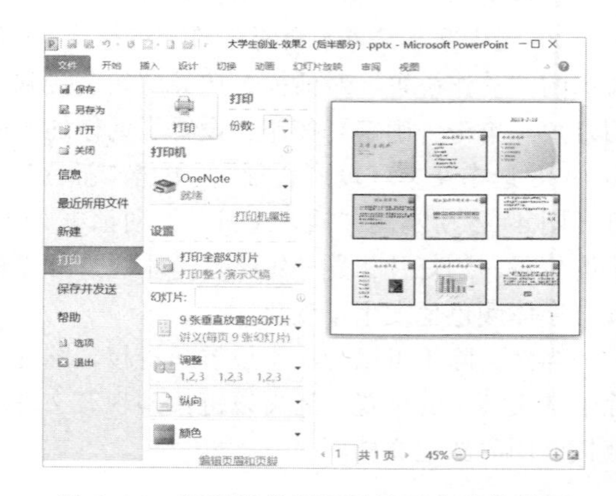

图 4-26　打印讲义界面及演示文稿效果图

本节操作完成后，演示文稿的效果如图 4-27 所示。

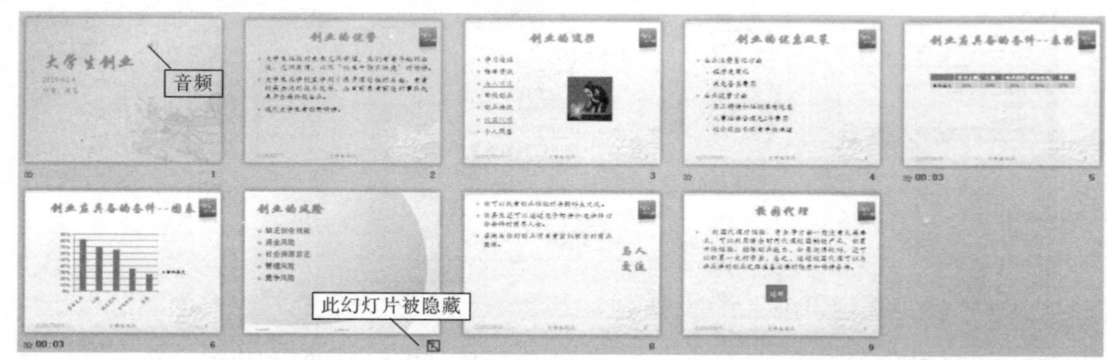

图 4-27　本节操作完成后的效果图

4.4　综合应用实验

4.4.1　实验目的

① 熟练掌握演示文稿的基本操作知识点。

② 熟练掌握演示文稿的高级操作知识点。

③ 网络下载素材：E4–4.zip（E4–4 素材–青春文经逐梦远行.pptx、校徽.jpg、校门.jpg、梦中的婚礼.mp3 和 E4–4 效果–青春文经逐梦远行.pdf）。

4.4.2 实验内容

打开名为“E4–4 素材–青春文经逐梦远行.pptx”的文件，按要求完成以下操作：

1. 基本要求

① 设置主题和背景样式。

② 在幻灯片母版中设置图片填充。

③ 设置页眉和页脚。

2. 高级要求

① 第 1 张幻灯片中插入音频，设置音频连续播放。

② 第 2 张变更幻灯片版式，插入图片文件“校门.jpg”。

③ 第 2 张变更项目符号，更改文本级别。

④ 第 3 张插入 SmartArt 图形。

⑤ 第 4 张插入组织结构图。

⑥ 第 5 张设置图片动画显示。

⑦ 设置切换效果。

⑧ 第 6 张设置艺术字，插入自选图形，动作设置到首页。

【实验操作过程和步骤】

① 单击“设计”选项卡 |“主题”功能区 |“活力”（第 2 行），所有幻灯片都会应用该主题。选择“设计”选项卡 |“背景”功能区 |“背景样式”下拉按钮 |“样式 3”。

② 单击“视图”选项卡 |“母版视图”功能区 |“幻灯片母版”按钮，进入幻灯片母版视图。定位到第 1 张幻灯片，单击“幻灯片母版视图”选项卡 |“背景”功能区 |“背景样式”下拉按钮 |“设置背景格式”命令，打开“设置背景格式”对话框（见图 4–28）| 填充：图片或纹理填充 | 单击“文件”按钮，打开“插入图片”对话框 | 选择素材“校徽.jpg”，单击“插入”按钮，将图片文件以填充的方式插入母版中。

继续根据图 4–28 所示数据设置图片的偏移量和透明度，单击“关闭”按钮，校徽图片出现在每一张幻灯片中。单击“视图”选项卡 |“演示文稿视图”功能区 |“普通视图”按钮，退出“幻灯片母版”视图。

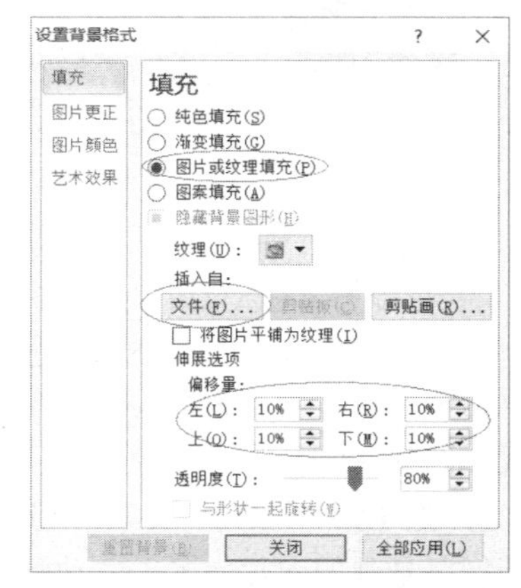

图 4–28　“设置背景格式”对话框

③ 选中第 1 张幻灯片。单击“插入”选项卡 |“文本”功能区 |“页眉和页脚”按钮，弹出“页眉和页脚”对话框，设置日期为自动更新，选中“幻灯片编号”复选框，设置页脚信息为“我爱文经”。单击“全部应用”按钮使其对所有幻灯片有效。

单击“视图”选项卡 |“母版视图”功能区 |“幻灯片母版”按钮，进入幻灯片母版视图。选中第 1 张幻灯片，分别选择“页脚”占位符、“编号”占位符、“日期”占位符，

设置文本字号为 20 磅、加粗、深红、居中对齐。设置完成后，退出幻灯片母版视图，回到普通视图。

④ 选中第 1 张幻灯片。单击“插入”选项卡 | “媒体”功能区 | “音频”按钮 | “文件中的音频”命令，弹出“插入音频”对话框，选择“梦中的婚礼.mp3”音频文件。在当前幻灯片中会出现音频图标。选中新插入的音频图标，单击“音频工具–播放”选项卡 | “音频选项”功能区 | “放映时隐藏”按钮，使其在放映时不显示。选择“开始”下拉列表中的“自动”选项，使其放映幻灯片时自动播放。此处可自行放映，测试效果。

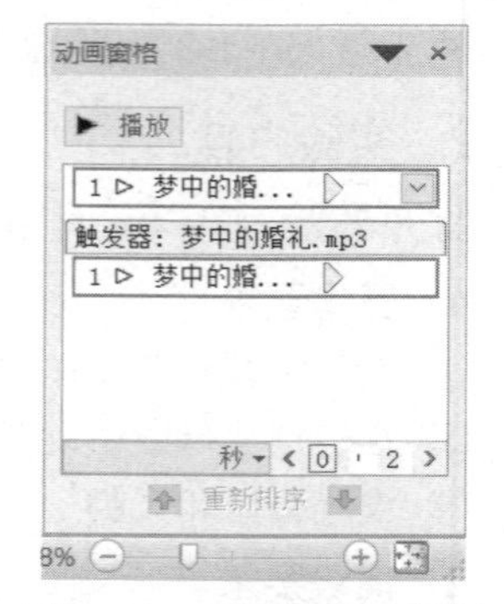

图 4–29 音频设置示意图

单击“动画”选项卡 | “高级动画”功能区 | “动画窗格”按钮，可显示刚才设置的动画对象，如图 4–29 所示。单击动画对象右侧的下拉按钮，选择“效果选项”命令，在弹出对话框的“停止播放”选项中设置音频在 6 张幻灯片后。

⑤ 选中第 2 张幻灯片。单击“开始”选项卡 | “幻灯片”功能区 | “版式”按钮 | “图片与标题”。单击图片占位符，插入图片文件“校门.jpg”。

⑥ 调整标题和内容占位符的位置，设置标题和文本的颜色、字号、形状填充、形状轮廓等。效果可参考图 4–30。选定需要设置项目符号的文本段落，单击“开始”选项卡 | “段落”功能区 | “项目符号”下拉按钮，设置相应段落的项目符号。单击“开始”选项卡 | “段落”功能区 | “提高列表级别”按钮，设置相应段落的文本级别。

⑦ 选中第 3 张幻灯片。单击“插入”选项卡 | “插图”功能区 | SmartArt 按钮，在弹出的对话框中选择“列表”类别，选择“垂直曲形列表”（倒数第 2 行第 3 列），单击“确定”按钮即可插入图形。选中新插入的图形，分别在列表中输入“博文、约礼、经世、致用”4 个文本标题，效果如图 4–31 所示。

图 4–30 设置幻灯片版式并插入图片

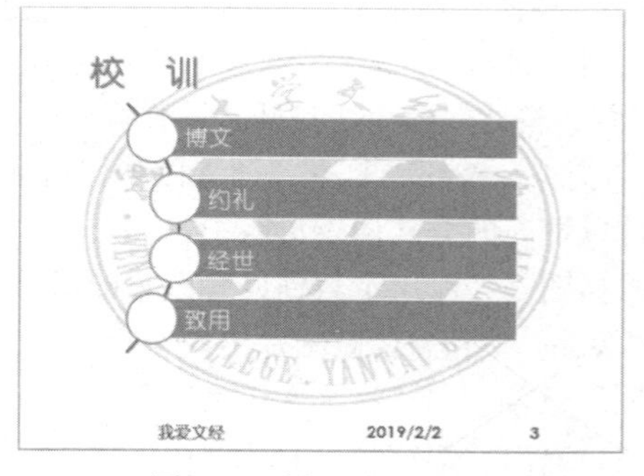

图 4–31 插入 SmartArt 图形

⑧ 选中第 4 张幻灯片。单击“插入”选项卡 | “插图”功能区 | SmartArt 按钮，在弹出的对话框中选择“层次结构”类别，选择“圆形图片层次结构”（第 1 行第 4 列），单击“确定”按钮即可插入图形。选中新插入的图形，在其中输入各机构名称，并设置文字格式为：黑色、加粗，效果如图 4–32 所示。

⑨ 选中第 5 张幻灯片。该幻灯片中有 4 张图片，分别代表文经的四大景观，选中展示“文道芳柳”景观的图片，单击“动画”选项卡 | “高级动画”功能区 | “添加动画”按钮 | “进入”→“翻转式由远及近”效果，为图片对象添加一个“进入”效果。其他 3 张图片依次设置动画效

果为“形状”“轮子”“楔入”。选择“动画”选项卡 | “高级动画”功能区 | “动画窗格”按钮，可显示所设置的所有动画对象，选中第一个动画对象，在“计时”功能区中设置开始方式为“上一动画之后”。然后，依次对其他动画对象设置同样的开始方式，效果如图 4-33 所示。

图 4-32 插入组织结构图

图 4-33 设置自定义动画效果

⑩ 选中第 1 张幻灯片。单击“切换”选项卡 | “切换到此幻灯片”功能区 | “闪耀”按钮（第 2 行），可以立即预览到切换效果。在“计时”功能区中设置声音为“鼓掌”。如果单击“全部应用”按钮时，会将该切换效果应用到所有幻灯片。分别为第 2～6 张幻灯片，设置切换效果为“涟漪”“蜂巢”“立方体”“门”“涡流”。

⑪ 选中第 6 张幻灯片。单击“插入”选项卡 | “文本”功能区 | “艺术字”下拉按钮 | “填充–粉红，强调文字颜色 1，塑料棱台，映像”样式（第 5 行第 5 列），在新产生的占位符中输入文本“仰望星空，祝福文经!”。选中新插入的艺术字对象，单击“绘图工具–格式”选项卡 | “形状样式”功能区 | “强烈效果–粉红，强调颜色 1”（最后一行第 2 列）。选择“形状效果”下拉列表“预设”选项中的“预设 7”效果。选择“形状效果”下拉列表“发光”选项中的“粉红，18pt 发光，强调文字颜色 2”（第 4 行第 2 列）。

⑫ 选中第 6 张幻灯片。单击“插入”选项卡 | “插图”功能区 | “形状”下拉按钮 | “动作按钮”→“动作按钮:开始”（第 3 个）。在幻灯片中拖动产生动作按钮，同时在弹出的对话框中设置超链接到第 1 张幻灯片。选中此动作按钮，单击“绘图工具–格式”选项卡 | “形状样式”功能区 | “形状效果”按钮 | 预设：预设 4，效果如图 4-34 所示。

图 4-34 插入艺术字和动作按钮

本节操作完成后的效果如图 4-35 所示。

图 4-35　本节操作完成后的效果

第 5 章　Access 数据库基础

随着大数据时代的到来，数据的价值越来越重要，而数据的管理正是通过数据库管理系统来完成的。通过 Access 2010 数据库管理系统的学习和操作，掌握数据库管理系统的使用，并建立一个小型数据库应用系统完成信息的管理。本章实验以学生成绩管理数据库为例（E5-MyDB.accdb），学习数据库的基本操作、表创建、查询设计、窗体设计和报表设计，从而完成一个小型数据库应用系统。

5.1　Access 简介与基本操作

5.1.1　Access 2010 简介

Access 2010 是 Microsoft Office 2010 办公系列软件的一个重要组成部分，主要用于数据库管理。使用它可以高效地完成各类中小型数据库管理工作，广泛应用于现实社会的各个领域。Access 2010 不仅继承和发扬了以前版本的功能强大、界面友好、易学易用的优点，而且也增加和改进了智能特性、用户界面、创建网络数据库功能、新的数据类型、宏的改进和增强、主题的改进、布局视图的改进以及生成器功能的增强等几方面，使得数据库的管理、应用和开发工作更简单、更轻松、更方便。

1. Access 2010 集成环境介绍

双击已有的数据库文件即可进入 Access 2010 工作界面，如图 5-1 所示。

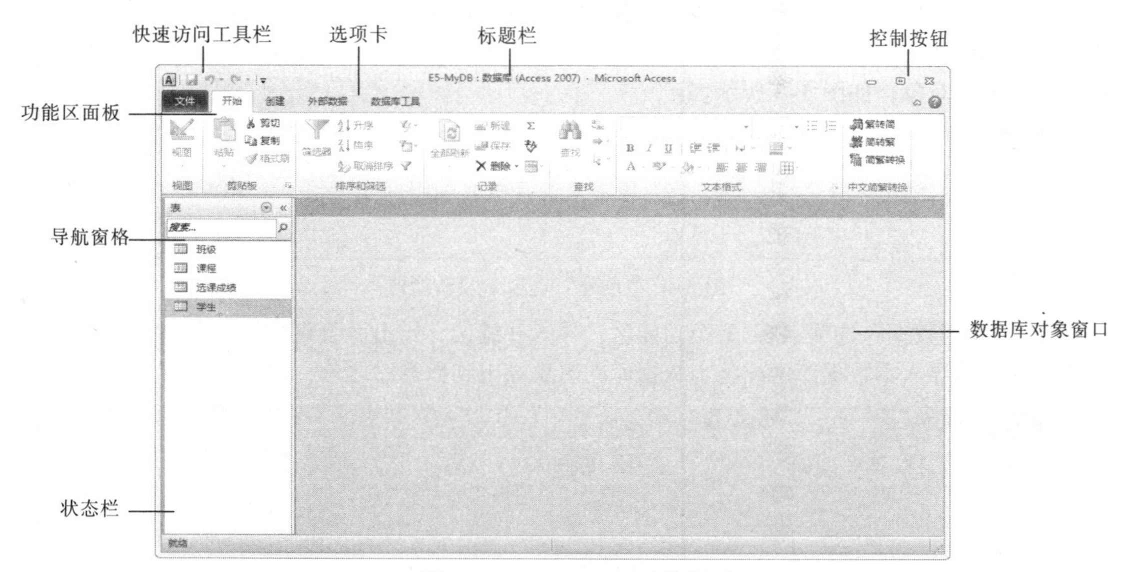

图 5-1　Access 2010 工作界面

标题栏位于 Access 2010 窗口的最上端，用于显示当前打开的数据库文件名。在标题栏的右侧有 3 个小图标，分别用于代表控制窗口最小化、最大化（还原）和关闭数据库的按钮。

快速访问工具栏是一个可自定义的工具栏，它包含一组独立于当前显示功能区上选项卡的命令。通常系统默认的快速访问工具栏位于窗口标题栏的左侧。

数据库对象窗口是用来设计、编辑、修改、显示以及运行数据表、查询、窗体、报表和宏等对象的区域。

功能区包括的“文件”“开始”“创建”“外部数据”“数据库工具”选项卡，是数据库操作工具的主要区域。各选项卡中包含各自的功能区面板，面板中为具体工具。

导航窗格显示数据库中的所有对象，并且按类别进行分组，单击窗格上部的下拉箭头，可以显示分组列表。

状态栏位于 Access 2010 窗口的底部，可以查找状态信息、属性提示、进度指示以及操作提示等。状态栏右下角有 4 个命令按钮，单击其中一个按钮，即切换到该对象相应的视图。

2. Access 2010 选项卡介绍

Access 2010 每个选项卡都包含多个功能区面板。Access 2010 有 4 个默认的主选项卡，下面做简要介绍。

①“开始”选项卡中有 7 个功能区：视图、剪贴板、排序和筛选、记录、查找、文本格式和中文简繁转换，这些功能区在打开表、查询、窗体、报表、宏等对象后使用，是各个对象切换不同的视图方式、文本及数字输入和编辑、排序和筛选等所需要的工具，如图 5-2 所示。

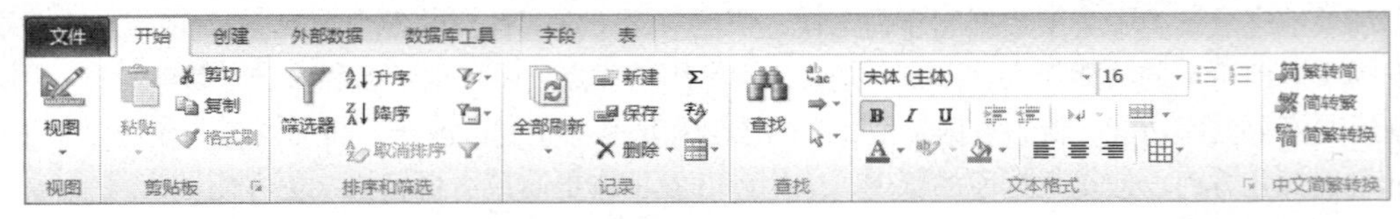

图 5-2 “开始”选项卡及功能区

② “创建”选项卡中有 6 个功能区：模板、表格、查询、窗体、报表、宏与代码。主要功能是完成 6 个对象（表、查询、窗体、报表、宏、VBA 模块）的创建与编辑。在某些功能区上有创建对象的设计器按钮，以及创建对象的向导按钮，使用设计器能够设计并编辑对象，使用向导能够快速创建对象，如图 5-3 所示。

图 5-3 “创建”选项卡及功能区

③ “外部数据”选项卡有 3 个功能区：导入并链接、导出、收集数据。主要功能是将数据库之外的文档导入本数据库中或将本数据库的对象导出到数据库之外，如图 5-4 所示。

图 5-4 “外部数据”选项卡及功能区

④ “数据库工具”选项卡有 6 个功能区：工具、宏、关系、分析、移动数据、加载项。主要功能是压缩和修复数据库、创建编辑宏对象、创建和编辑 VBA 代码块、创建和编辑表间关系，如图 5-5 所示。

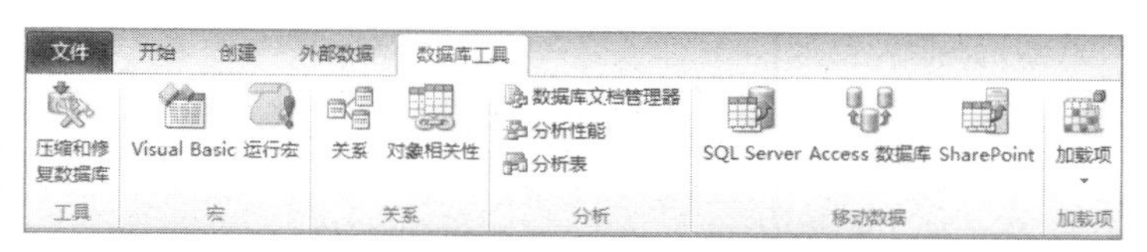

图 5-5 “数据库工具”选项卡及功能区

5.1.2 Access 2010 基本操作

1．创建数据库

创建数据库有两种方法：一是创建空数据库，二是利用模板创建数据库。Access 2010 创建的数据库文件的扩展名是.accdb。本节介绍如何创建一个空数据库。

操作步骤如下：

① 选择“开始”|“所有程序”|Microsoft Access 2010 命令，进入 Access 2010 系统后台窗口，如图 5-6 所示。

图 5-6 Access 2010 的后台（Backstage）视图

② 选择“文件”|“新建”命令，在启动窗口中的“可用模板”类别窗格中，选择“空数据库”图标，在窗口右侧的“文件名”文本框中输入所要创建数据库的名称。

③ 单击“文件名”文本框右侧的“打开”按钮，弹出“文件新建数据库”对话框，在该对话框中选择数据库存放的位置。

④ 单击“确定”按钮，返回到 Access 2010 系统后台窗口，单击右下角的“创建”按钮，这时 Access 2010 开始创建空数据库，并自动创建名称为“表 1”的数据表，该表以数据表视图的方式打开，如图 5-7 所示。

2．打开数据库

启动 Access 2010，选择“文件”|“打开”命令，弹出“打开”对话框，选择需要打开的数据库文件，单击“打开”按钮，数据库文件将被打开。

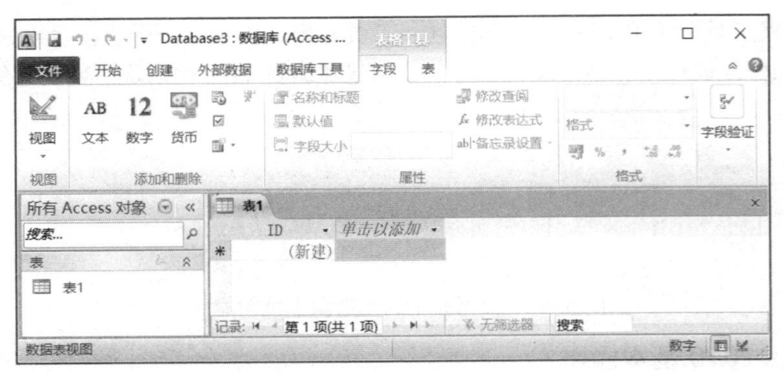

图 5-7　创建空数据库

3. 关闭数据库

选择“文件”|“关闭数据库”命令，可以关闭当前打开的数据库，但是并不关闭 Access。也可以单击数据库窗口右上角的“关闭”按钮关闭数据库并退出 Access。

5.2　表的创建及基本操作实验

5.2.1　实验目的

① 掌握创建数据库的方法。
② 熟练掌握表的创建方法。掌握设置字段属性、设置主键、建立索引的方法。
③ 掌握表属性的设置。掌握创建表之间关系的方法。
④ 掌握记录的基本操作。

5.2.2　实验内容

本实验完成一个 E5-MyDB.accdb 数据库，包括对应的“班级”“学生”“课程”“选课成绩”四张表的创建。这个数据库应备份保存好，以便后续几个实验使用。

1. 创建数据库

① 启动 Access 2010，如图 5-8a 所示，在启动对话框右侧文件名文本框中输入 E5-MyDB.accdb，然后单击“创建”按钮，此时，一个以 E5-MyDB.accdb 为名的数据库文件已创建完成，并打开一个如图 5-8b 所示的数据库窗口。

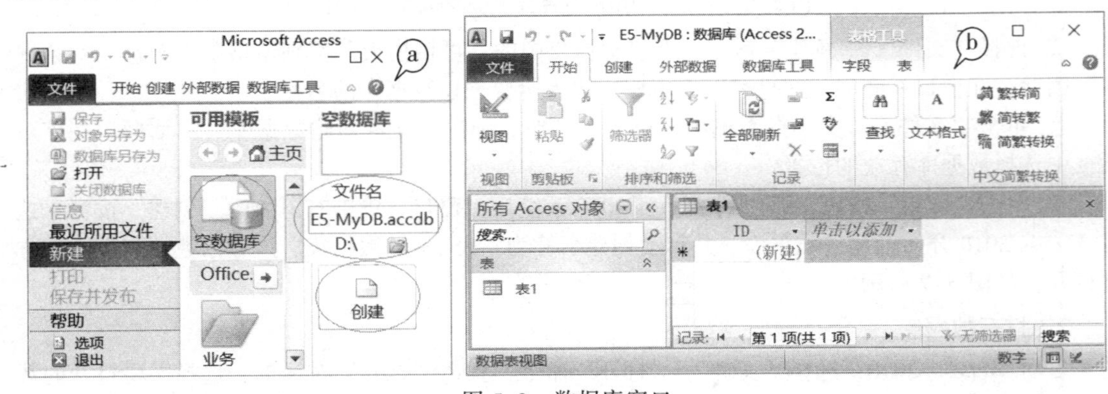

图 5-8　数据库窗口

② 在图 5-8b 所示数据库窗口中，单击右上角的“关闭”按钮，可关闭数据库。

2. 设计表结构

在 E5-MyDB.accdb 数据库中，依次添加“班级”表、“学生”表、“课程”表和“选课成绩”表。

① 在数据库窗口中，单击窗口上侧的“创建”选项卡 | “表格”功能区 | “表设计”按钮，打开图 5-9 所示的表设计视图窗口。

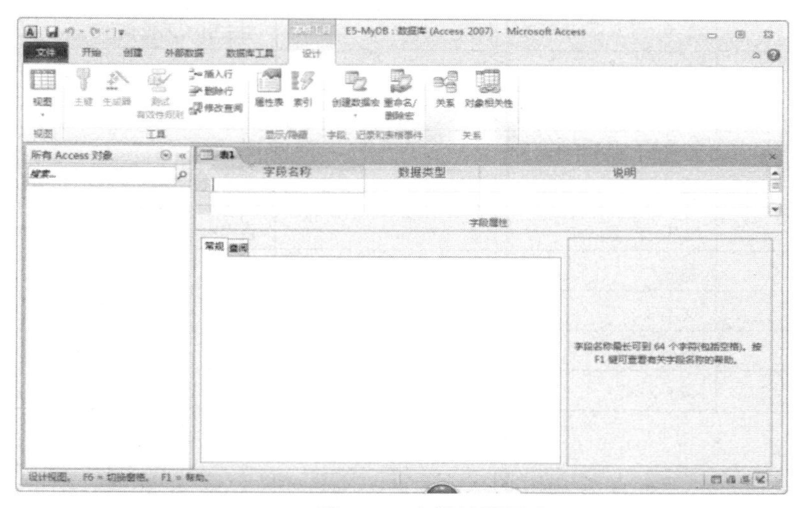

图 5-9　表设计视图窗口

② 按照表 5-1 所示的表结构，在表的设计视图中定义“班级”表的每个字段，在各栏中输入字段名称，选择数据类型，然后设置字段属性。

表 5-1　“班级”表结构

字　段　名	字 段 类 型	字 段 长 度	索 引 类 型	备　　注
班级 ID	文本	2	主索引，无重复	主键，不能为空串
班级名称	文本	10		不能为空

③ 设置主键。如图 5-10 所示，首先选中班级 ID，然后单击“表格工具-设计”选项卡 | “工具”功能区 | “主键”按钮，即可将班级 ID 设置为主键。

④ 输入所有字段名称、数据类型、字段属性等项，设置完毕后单击左上角的“保存”按钮，弹出图 5-11 所示的“另存为”对话框。

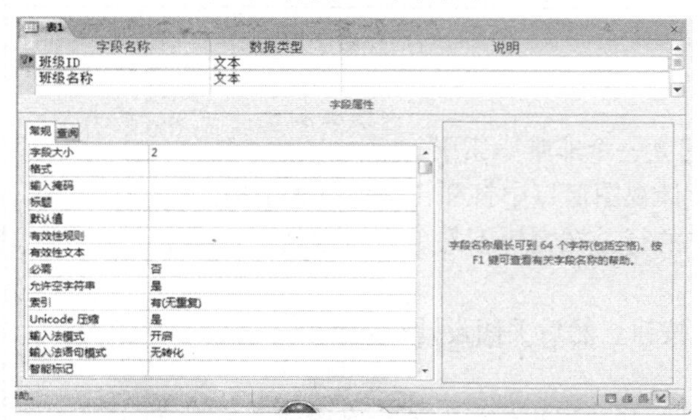

图 5-10　设置班级表主键

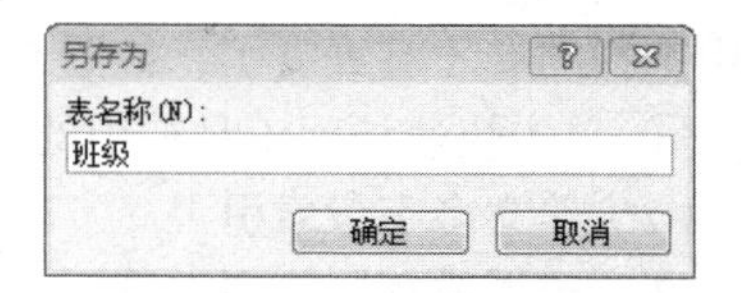

图 5-11　“另存为”对话框

⑤ 在该对话框中输入表名称：班级，单击“确定”按钮即完成班级表结构设计。

⑥ 重复上述步骤①～⑤，依次建立“学生”表、“课程”表和“选课成绩”表3个表结构，如表5-2～表5-4所示。

表5-2 “学生”表结构

字段名	字段类型	字段长度	索引类型	备注
学生编号	文本	8	主索引，无重复	主键（PrimaryKey）
姓名	文本	10		不能为空
性别	文本	1		默认值：男
出生日期	日期/时间（短日期）			
入学成绩	数字	单精度，小数1位		格式：固定
班级ID	文本	2	索引有重复	外键，不能为空串
团员否	是/否			
籍贯	文本	20		
简历	备注			
照片	OLE对象			

表5-3 “课程”表结构

字段名	字段类型	字段长度	索引类型	备注
课程编号	文本	2	主索引，无重复	主键，不能为空串
课程名称	文本	20		
课程类别	文本	10		
学分	数字	单精度（小数1位）		格式：固定

表5-4 “选课成绩”表结构

字段名	字段类型	字段长度	索引类型	备注
ID	自动编号	长整型	主索引，无重复	主键
学生编号	文本	10	索引有重复	外键，不能为空串
课程编号	文本	2	索引有重复	外键，不能为空串
期末成绩	数字	整型（小数0位）		
平时成绩	数字	整型（小数0位）		

3. 建立索引

（1）建立单字段索引

在“学生”表中，基于“姓名”字段建立一个非唯一索引。

① 打开E5-MyDB.accdb数据库，在设计视图窗口中打开“学生”表结构。

② 在窗口上部选择“姓名”字段所在的行，在窗口下部单击“常规”选项卡，从“索引”框中选择“有（有重复）”，如图5-12所示。

③ 单击快速访问工具栏中的“保存”按钮，然后关闭设计视图窗口。

（2）建立多字段索引

在“选课成绩”表中，基于“学生编号”和“课程编号”两个字段建立一个唯一索引。

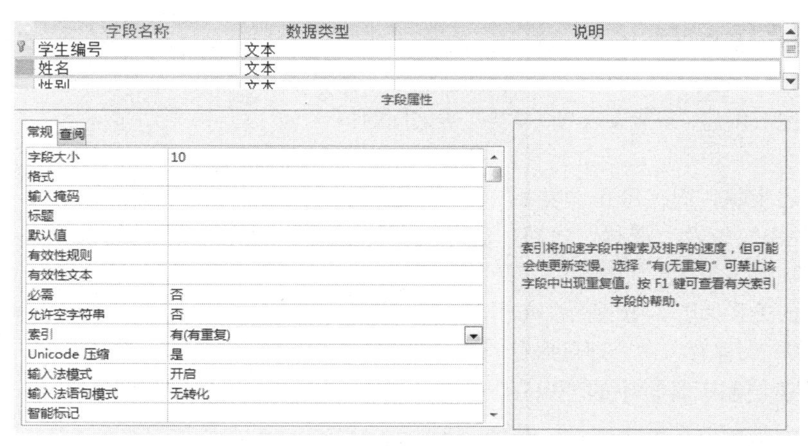

图 5-12　建立非唯一索引

① 打开 E5-MyDB.accdb 数据库，在设计视图窗口中打开“选课成绩”表结构。

② 选择单击“表格工具-设计”选项卡 |“显示/隐藏”功能区 |“索引”按钮，弹出“索引：选课成绩”对话框，如图 5-13 所示。

③ 在该对话框“索引名称”列的第一个空行中输入“学生编号与课程编号”，并选择字段名称为“课程编号”，排序次序为“升序”。

④ 将插入点移到下一行的“字段名称”列，并选择字段名称为“学生编号”，排序次序为“升序”。

⑤ 选择“学生编号与课程编号”所在的行，然后在对话框下方的“唯一索引”框中选择“是”。

⑥ 单击快速访问工具栏中的“保存”按钮，然后关闭设计视图窗口。

4．建立表之间关系

在学生成绩管理数据库的“班级表”“学生表”“课程表”“选课成绩表”之间分别建立关系。

① 打开 E5-MyDB.accdb 数据库，单击“数据库工具”选项卡 |“关系”功能区 |“关系”按钮，打开“关系”窗口。

② 在“关系”选项卡中右击，在弹出的快捷菜单中选择“显示表”命令，弹出“显示表”对话框，如图 5-14 所示。

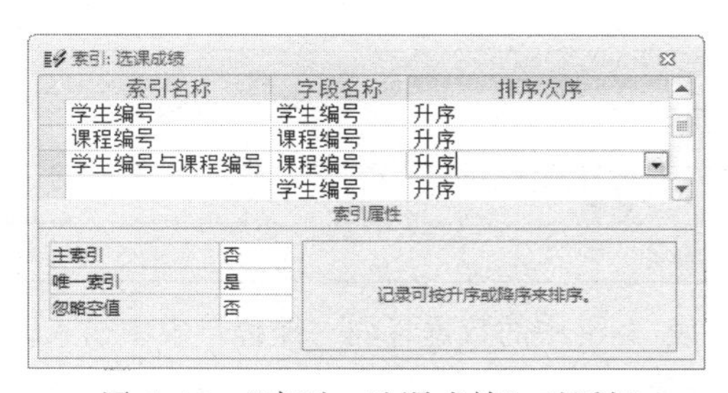

图 5-13　“索引：选课成绩”对话框

图 5-14　“显示表”对话框

③ 在“显示表”对话框中，依次将“班级”表、“学生”表、“课程”表与“选课成绩”表添加到“关系”窗口中，然后关闭“显示表”对话框。

④ 在“关系”窗口中，选中“班级”表中的“班级 ID”字段，按住鼠标左键不放，将“班级”表中的“班级 ID”字段拖到“学生”表中的“班级 ID”字段上，松开鼠标，弹出图 5-15 所示的“编辑关

系”对话框。在该对话框中选中“实施参照完整性”“级联更新相关字段”“级联删除相关记录”3个复选框，单击“新建”按钮，即可完成创建“班级”表与“学生”表之间的一对多关系。

⑤ 重复上述步骤，依次建立“学生”表和“选课成绩”表之间的关系，以及“课程”表和“选课成绩”表之间的关系。

⑥ 创建好的关系如图5-16所示，单击“保存”按钮，或者选择“文件”|“保存”命令即可保存创建的关系。

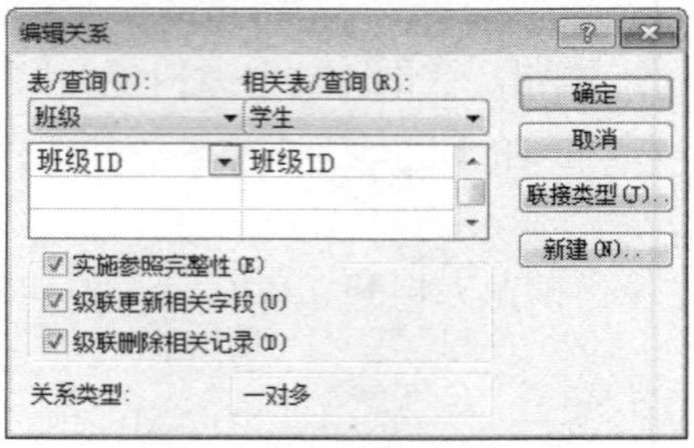

图5-15 “编辑关系”对话框

⑦ 单击快速访问工具栏中的“保存”按钮，然后关闭“关系”窗口。

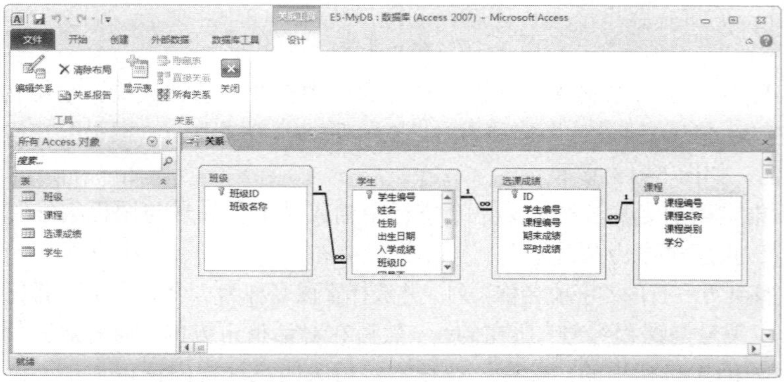

图5-16 “关系”窗口

5. 添加、编辑记录

打开E5-MyDB.accdb数据库，分别对“班级”表、“学生”表、“课程”表和“选课成绩”表进行添加记录、编辑记录和删除记录的操作。

① 打开E5-MyDB.accdb数据库。在数据库窗口的导航窗格中，在表对象列表中双击“班级”表，进入“班级”表的数据表视图。

② 在数据表视图中将表5-5给出的记录添加到“班级”表中，同时也可进行修改、删除记录的操作。

表5-5 “班级”表数据

班级ID	班级名称
01	国际贸易
02	经济管理
03	会计

③ 重复以上步骤，依次向“学生”表中输入表5-6中的数据；向“课程”表中输入表5-7中的数据；向“选课成绩”表中输入表5-8中的数据。

表5-6 “学生”表数据

学生编号	姓名	性别	出生日期	入学成绩	班级ID	团员否	籍贯	简历	照片
20120104	孙雅莉	女	1988-1-30	79	01	是	山东	略	位图图像
20120105	李先志	男	1991-2-14	88	01	否	辽宁	略	位图图像

续表

学生编号	姓名	性别	出生日期	入学成绩	班级 ID	团员否	籍贯	简历	照片
20120201	王小雅	女	1989-10-31	89.7	02	是	山东	略	位图图像
20120202	曹海涛	男	1990-12-1	78	02	否	北京	略	位图图像
20120306	张大虎	男	1991-3-23	91.8	03	是	江苏	略	位图图像

表 5-7 “课程”表数据

课程编号	课程名称	课程类别	学分
01	计算机网络工程	选修课	3
02	大学英语	必修课	3
03	数据结构	必修课	2.5
04	电子商务	选修课	2.5
05	.NET 程序设计	限选课	3

表 5-8 “选课成绩”表数据

ID	学生编号	课程编号	期末成绩	平时成绩
1	20120104	01	67	70
2	20120105	01	89	85
3	20120201	01	78	80
4	20120202	03	70	75
5	20120306	02	56	65
6	20120104	03	92	88

提示：输入照片时，在“数据表视图”方式下，在某条记录的“照片”字段网格内右击，在弹出的快捷菜单中选择“插入对象”命令，插入“数据库”文件夹下扩展名为.bmp 的图像文件，或者自己在本机上搜索.bmp 文件插入。

6. 筛选记录

在 E5-MyDB.accdb 数据库中，筛选出学生表中性别为“男”的同学。

① 打开 E5-MyDB.accdb 数据库。在数据库窗口的导航窗格中，在表对象列表中双击“学生”表，进入“学生”表的数据表视图。

② 单击“开始”选项卡 |“排序和筛选”功能区 |“高级”下拉按钮|“高级筛选/排序”命令，打开图 5-17 所示的高级筛选窗口。

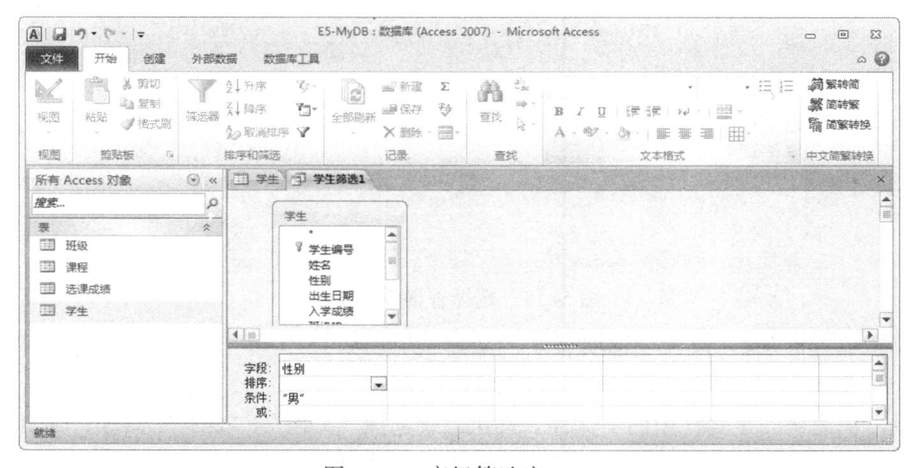

图 5-17 高级筛选窗口

③ 在筛选窗口“字段”行的第 1 个空列中选择“性别”字段，在“排序”行中选择“升序”，在“条件”行的第 1 个空列中输入“"男"”。

④ 单击“开始”选项卡 |“排序和筛选”功能区 |“切换筛选”按钮，在数据表视图中显示筛选结果。

5.3 查询设计实验

5.3.1 实验目的

① 掌握创建选择查询的方法。

② 掌握创建更新查询的方法。

③ 掌握创建生成表查询的方法。

5.3.2 实验内容

1. 选择查询

在学生成绩管理数据库中，使用查询设计器创建一个选择查询，查询期末成绩不小于 60 的成绩，要求在查询中显示班级名称、姓名、性别、课程名称、学分、期末成绩六列。具体操作如下：

① 找到学生成绩管理数据库文件 E5-MyDB.accdb 所在的文件夹，打开 E5-MyDB.accdb 数据库。

② 单击“创建”选项卡|“查询”功能区 |“查询设计”按钮，打开选择查询设计视图，同时弹出“显示表”对话框。

③ 在“显示表”对话框中，选择选择查询所涉及的“班级”表、“学生”表、“课程”表和“选课成绩”表，每选择一个表后即单击“添加”按钮，最后关闭“显示表”对话框。

④ 在查询设计视图的窗口上部双击“班级”表中的“班级名称”字段、“学生”表中的“姓名”“性别”字段、“课程”表中的“课程名称”“学分”字段以及“选课成绩”表中的“期末成绩”字段，将这些字段依次添加到设计网格的“字段”行。

⑤ 在设计网格中单击“期末成绩”字段的“条件”单元格，输入“>=60”，如图 5-18 所示。

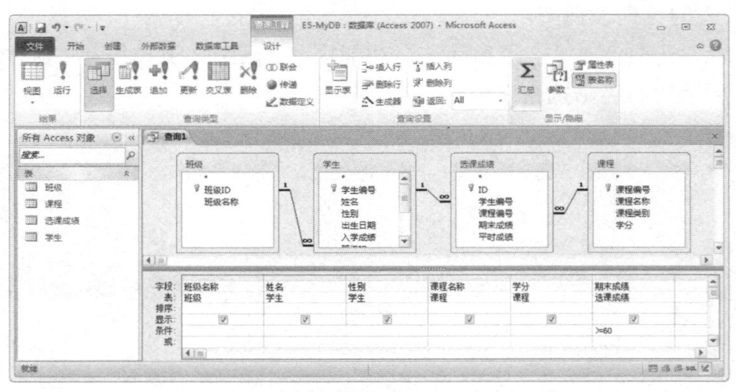

图 5-18 选择查询设计视图

⑥ 单击“查询工具-设计”选项卡 |“结果”功能区 |“运行”按钮，可看到查询运行结果，如图 5-19 所示。

⑦ 单击快速访问工具栏中的“保存”按钮，或选择“文件”|“保存”命令，弹出“另存为”对话框，将查询名称指定为“选择查询实例”，单击“确定”按钮。

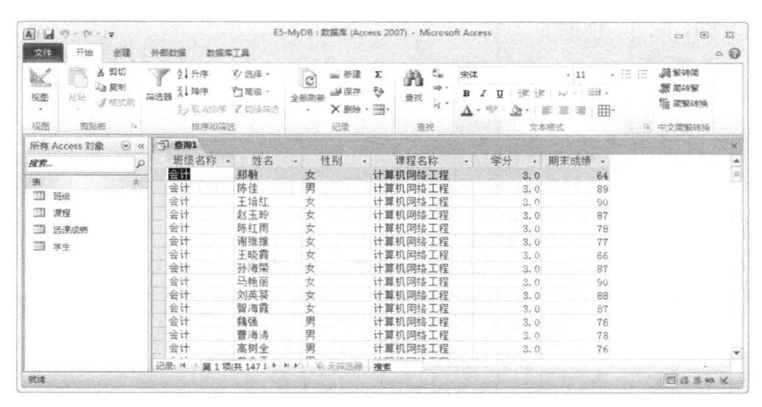

图 5-19 选择查询运行结果

2. 更新查询

在 E5-MyDB.accdb 数据库中，利用更新查询将“学生”表中女生“入学成绩”提高 10%。具体操作如下：

① 打开 E5-MyDB.accdb 数据库。

② 单击“创建”选项卡 | “查询”功能区 | “查询设计”按钮，打开选择查询设计视图，同时弹出“显示表”对话框。

③ 在“显示表”对话框中，选择 “学生”表，单击“添加”按钮，最后关闭“显示表”对话框。

④ 在“学生”表中双击选择“入学成绩”和“性别”字段。

⑤ 单击“查询设计-设计”选项卡 | “查询类型”功能区 | “更新”按钮，此时查询设计视图的窗口从“选择查询”变更为“更新查询”，同时在设计网格中增加“更新到”行。

⑥ 在“入学成绩”字段所对应的“更新到”行中输入 “[入学成绩]*1.1”，在“性别”字段下面的“条件”行中输入“女”，如图 5-20 所示。

⑦ 单击“运行”按钮 ！，弹出更新记录提示框，如图 5-21 所示。

⑧ 单击“是”按钮，更新表中的记录。

⑨ 单击快速访问工具栏中的“保存”按钮，或选择“文件” | “保存”命令，弹出“另存为”对话框，将查询的名称指定为“更新查询实例”，单击“确定”按钮，保存更新查询。

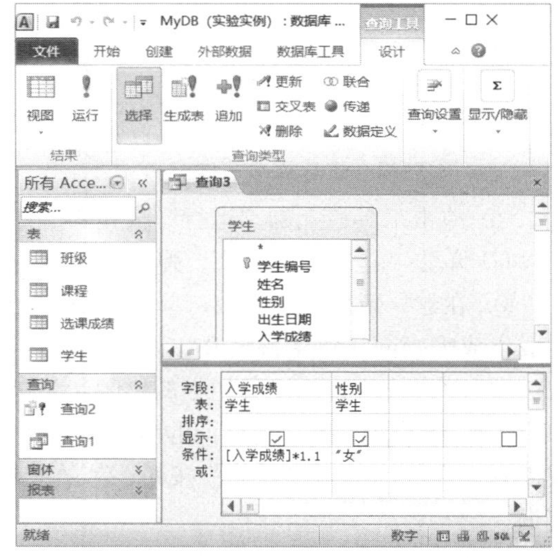

图 5-20 更新查询设计视图

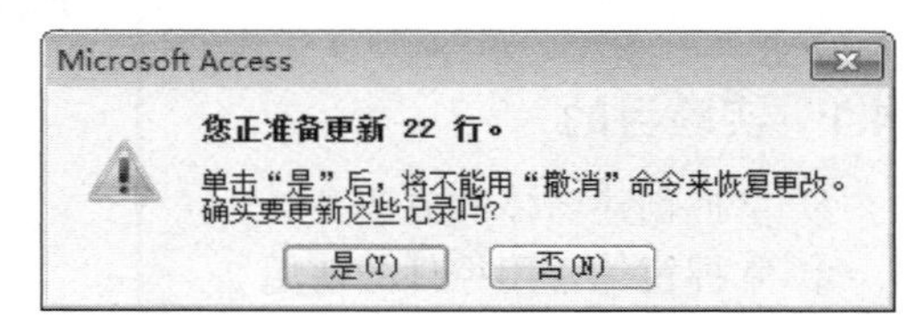

图 5-21 更新提示框

3. 生成表查询

将“选课成绩”表中期末成绩大于 80 的记录保存到名为“BAK”的新表中，新表中包含学生编号、姓名、课程名称、期末成绩四列。具体操作如下：

① 打开 E5-MyDB.accdb 数据库。

② 单击“创建”选项卡 | “查询”功能区 | “查询设计”按钮，打开选择查询设计视图，同时弹出“显示表”对话框，选择“学生”表、“课程”表和“选课成绩”表，每选择一个表后即单击“添加”按钮，最后关闭“显示表”对话框。

③ 双击“学生”表中的“学生编号”和“姓名”字段、“课程”表中的“课程名称”字段、“选课成绩”表中的“期末成绩”字段。

④ 单击“查询设计-设计”选项卡 | “查询类型”功能区 | “生成表”按钮，弹出“生成表”对话框，在“表名称”文本框中输入新表名称 BAK，并选中“当前数据库”单选按钮，如图 5-22 所示。

⑤ 单击“确定”按钮，查询设计视图窗口从“选择查询”变更为“生成表查询”，在“期末成绩”字段的“条件”行中输入查询条件“>80”，如图 5-23 所示。

图 5-22 生成表对话框

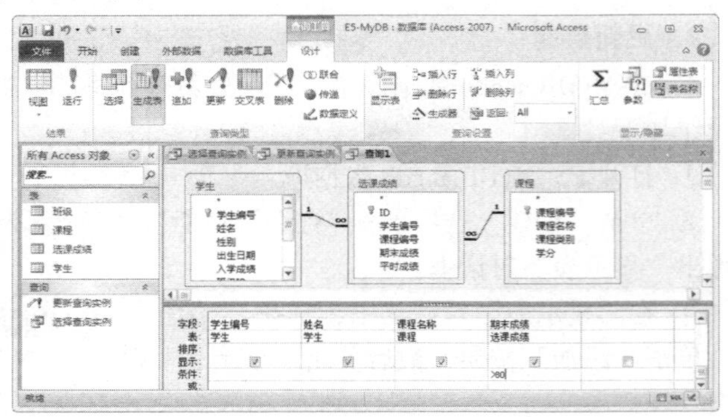

图 5-23 生成表查询设计视图

⑥ 单击工具栏上的“运行”按钮❗，将弹出一个生成表提示框，如图 5-24 所示。

⑦ 单击“运行”按钮❗，弹出建立新表的提示框。

⑧ 在建立新表提示框中，单击“是”按钮，完成生成表查询，建立新表 BAK。

⑨ 单击快速访问工具栏中的“保存”按钮，弹出“另存为”对话框，将查询的名称指定为“生成表查询实例”，单击“确定”按钮，保存生成表查询。

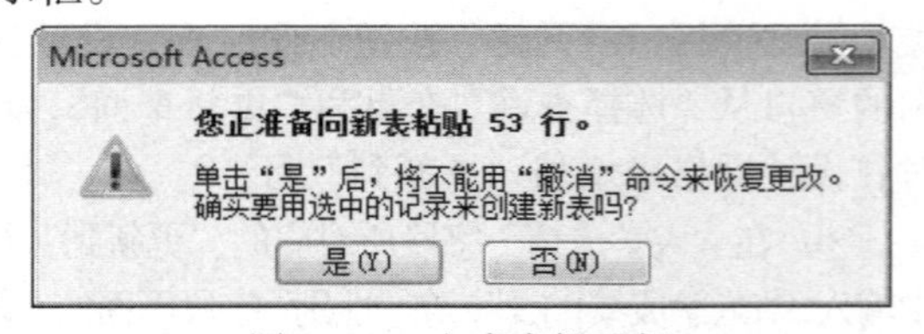

图 5-24 生成表提示框

5.4 窗体设计实验

5.4.1 实验目的

① 掌握创建窗体的方法。

② 掌握窗体常用控件的使用。

③ 掌握使用窗体处理数据的方法。

5.4.2 实验内容

1. “窗体”按钮创建窗体

以“学生”表为数据源，创建“F1 学生”窗体。操作步骤如下：

① 打开 E5-MyDB.accdb 数据库，在导航窗格中单击“学生”表。

② 单击“创建”选项卡 |“窗体”功能区 |“窗体”按钮，创建图 5-25 所示的窗体。

③ 单击快速访问工具栏中的“保存”按钮，弹出“另存为”对话框，将窗体的名称指定为“F1 学生”，单击“确定”按钮，保存窗体。

2.“窗体向导”创建窗体

使用“窗体向导”按钮创建主子窗体，其中主子窗体名称分别为：“F2 学生”和“F2 成绩”，主窗体显示学生编号、姓名、性别、籍贯和照片字段，子窗体以“表格”布局，显示课程名称和期末成绩字段。操作步骤如下：

① 打开 E5-MyDB.accdb 数据库。

② 单击“创建”选项卡|“窗体”功能区 |“窗体向导”按钮，进入“窗体向导”的第 1 个对话框，在“表/查询”下拉列表框中选择“表：学生”选项，双击“可用字段”列表框中的“学生编号”“姓名”“性别”“籍贯”“照片”字段；在“表/查询”下拉列表框中选择“表：课程”选项，双击“课程名称”字段；在“表/查询”下拉列表框中选择“表：选课成绩”选项，双击“期末成绩”字段，如图 5-26 所示。

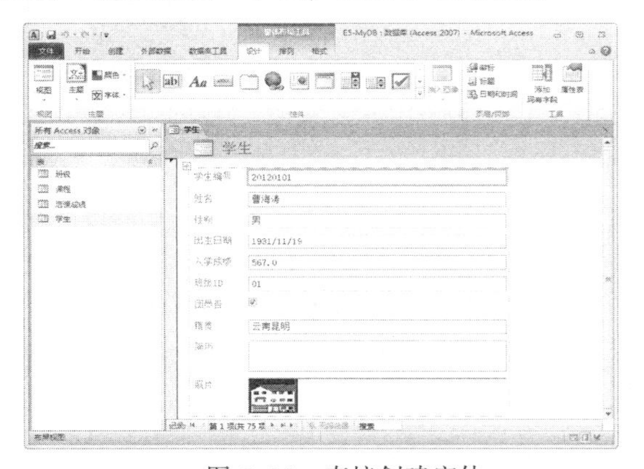

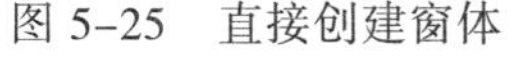

图 5-25 直接创建窗体

图 5-26 “窗体向导”对话框选择数据源和字段

③ 单击“下一步”按钮，打开“窗体向导”的第 2 个对话框，确定在窗体中查看数据方式，在对话框左侧选择“通过 学生”选项，在对话框右下选中“带有子窗体的窗体”单选按钮，这时在对话框右侧可以看到主子窗体的布局效果，如图 5-27 所示。

④ 单击“下一步”按钮，打开“窗体向导”的第 3 个对话框，确定子窗体使用布局方式，选择“表格”选项，可以在对话框左侧看到子窗体的布局方式，如图 5-28 所示。

⑤ 单击“下一步”按钮，打开“窗体向导”的第 4 个对话框，为窗体指定标题，为主窗体和子窗体分别指定“F2 学生”和“F2 成绩”标题，如图 5-29 所示。

⑥ 单击“完成”按钮完成窗体的创建。这时可以看到所建窗体，如图 5-30 所示。

3.“窗体设计”创建窗体

使用“窗体设计”按钮创建“F3 课程”窗体，用于显示“课程”表中的数据，然后在窗体上创建控件，并调整它们的布局方式。操作步骤如下：

① 打开 E5-MyDB.accdb 数据库。

② 单击“创建”选项卡 |“窗体”功能区 |“窗体设计”按钮，进入窗体的“设计视图”，如图 5-31 所示。

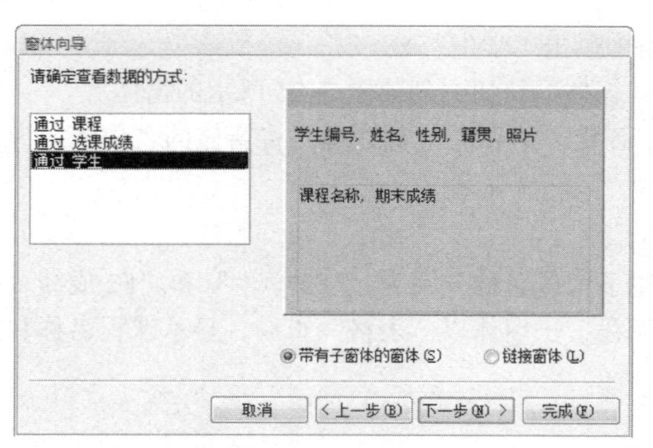

图 5-27 “窗体向导”对话框确定数据查看方式

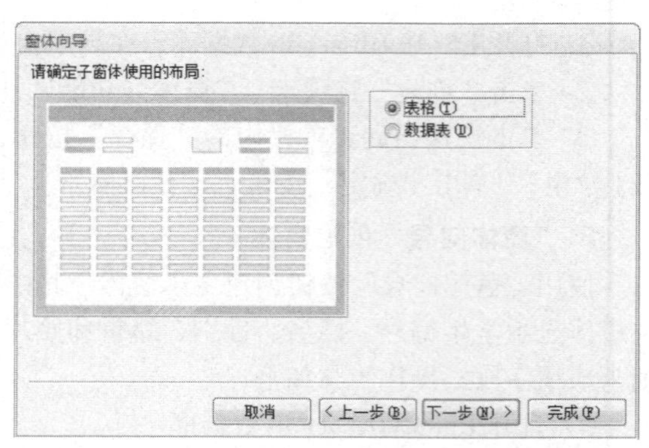

图 5-28 “窗体向导”对话框确定子窗体布局方式

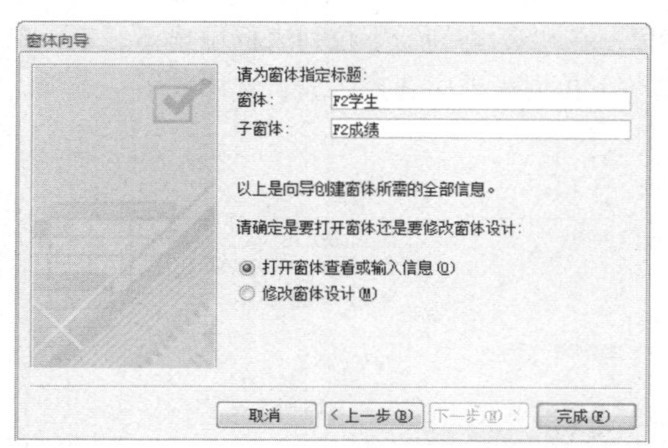

图 5-29 “窗体向导”对话框确定主子窗体标题

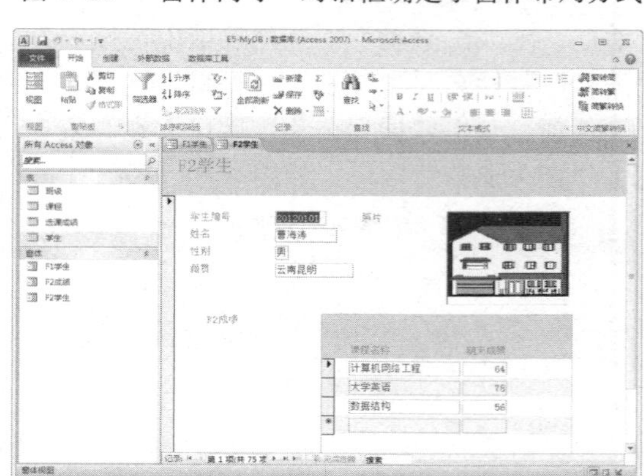

图 5-30 使用“窗体向导”创建的窗体

③ 单击“窗体设计工具–设计”选项卡 | “工具”功能区 | “添加现有字段”按钮，即可在窗体设计视图右侧显示“字段列表”窗格，如图 5-32 所示。

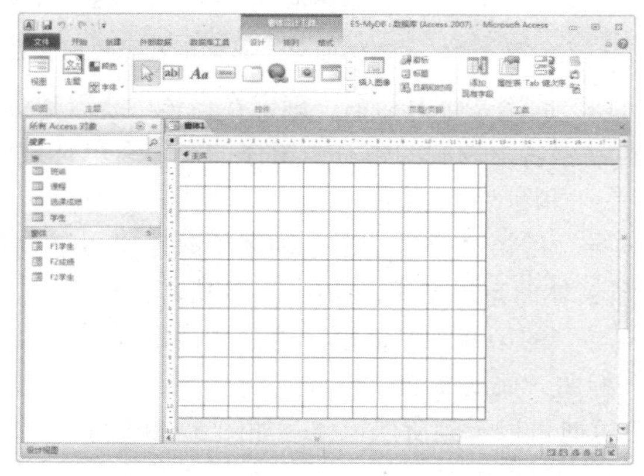

图 5-31 使用“窗体设计”创建窗体

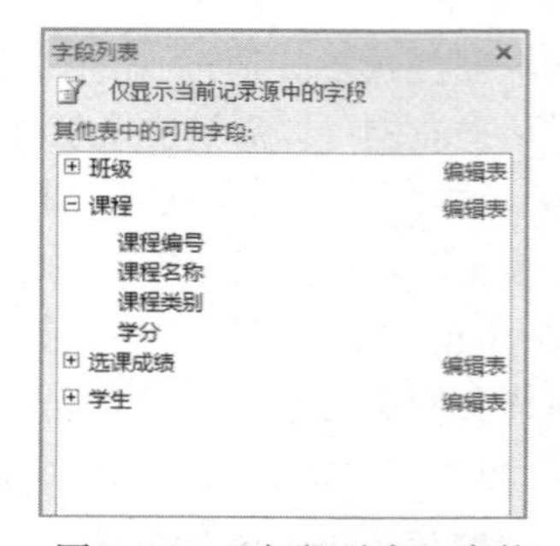

图 5-32 “字段列表”窗格

④ 右击窗体主体节的任意空白区，在弹出的快捷菜单中选择“窗体页眉/页脚”命令，即可显示窗体的页眉页脚节，单击“窗体设计工具–设计”选项卡“控件”功能区 | “标签”控件，在页眉节拖动鼠标添加一个标签控件，并输入内容“课程信息浏览窗体”，在“开始”选项卡 | “文本格式”功能区中设置字体为“微软雅黑”，字号为 22 磅。

⑤ 单击“课程”表前面的“+”号标志，即可显示该表中的字段，双击字段名称或者用鼠标

把字段拖动到窗体的主体节上，并可调整控件在窗体上的大小和对齐方式，如图 5-33 所示。

⑥ 单击“保存”按钮，将该窗体以“F3 课程”为名保存，单击右下角的切换按钮切换到窗体视图，查看窗体运行结果，如图 5-34 所示，在该视图中可以添加、修改、删除数据。

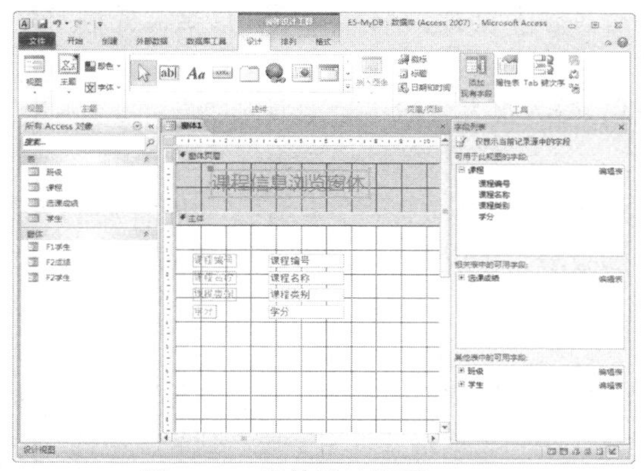

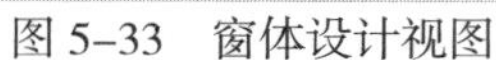
图 5-33　窗体设计视图

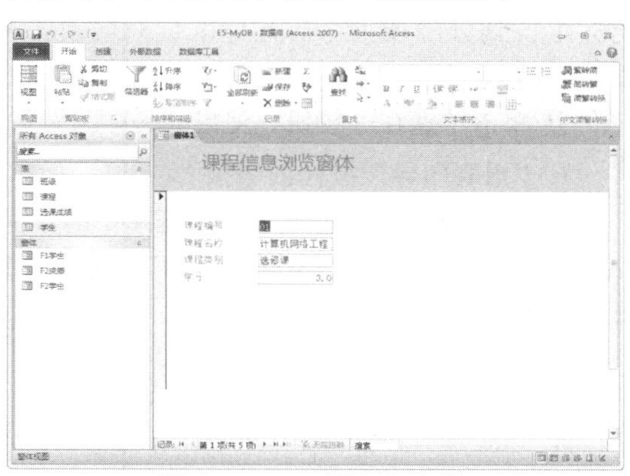

图 5-34　“F3 课程”窗体

5.5　报表设计实验

5.5.1　实验目的

① 了解报表布局，理解报表的概念和功能。

② 掌握创建报表的方法。

③ 掌握报表的分组及排序。

5.5.2　实验内容

1.“报表”按钮创建报表

使用“报表”按钮创建名称为“R1 选课成绩”的报表。操作步骤如下：

① 打开 E5-MyDB.accdb 数据库，在左侧导航窗格中选中“选课成绩”表。

② 单击“创建”选项卡 |“报表”功能区 |“报表”按钮，系统自动创建报表，如图 5-35 所示。

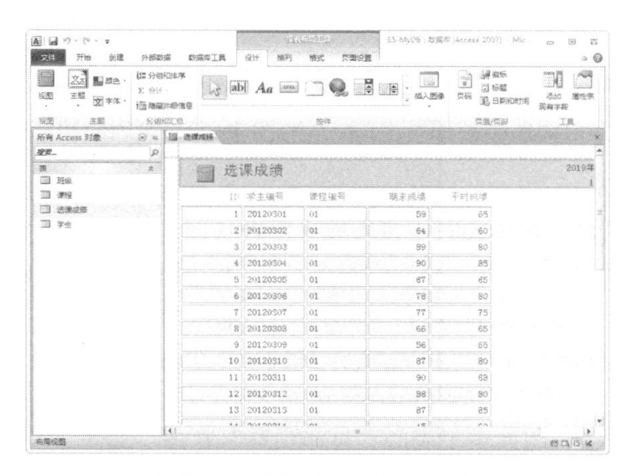

图 5-35　“报表”按钮创建报表

③ 此时 Access 自动进入报表的“布局视图”，主窗口切换为“报表布局工具”，使用这些工具可以对报表进行简单的编辑和调整控件布局。由于生成的报表一行中显示的信息过多，可能会跨页显示，因此需要调整报表布局。调整的方法是单击需要调整列宽的字段，将光标定位到分隔线上，当光标变成双向箭头↔后按住左键拖动鼠标，即可根据需要调整字段的列宽。

④ 单击“保存”按钮，弹出“另存为”对话框，输入报表名称“R1 选课成绩”。

2.“报表向导”按钮创建报表

使用“报表向导”按钮，以数据库中的数据表为数据源设计包含“学生编号”“姓名”“性别”“出生日期”“班级名称”“课程名称”“期末成绩”的报表，将报表命名为“R2 学生基本信息”。操作步骤如下：

① 打开 E5-MyDB.accdb 数据库。

② 单击“创建”选项卡 | “报表”功能区 | “报表向导”按钮，进入“报表向导”的第 1 个对话框，在“表/查询”下拉列表框中选择“表：学生”选项，双击“可用字段”列表框中的“学生编号”“姓名”“性别”“出身日期”字段；在“表/查询”下拉列表框中选择“表：班级”选项，双击“班级名称”字段；在“表/查询”下拉列表框中选择“表：课程”选项，双击“课程名称”字段；在“表/查询”下拉列表框中选择“表：选课成绩”选项，双击“期末成绩”字段，如图 5-36 所示。

③ 单击“下一步”按钮，打开“报表向导”的第 2 个对话框，确定在报表中查看数据的方式，在对话框左侧选择“通过 学生”选项，这时在对话框右侧可以看到报表的布局效果，如图 5-37 所示。

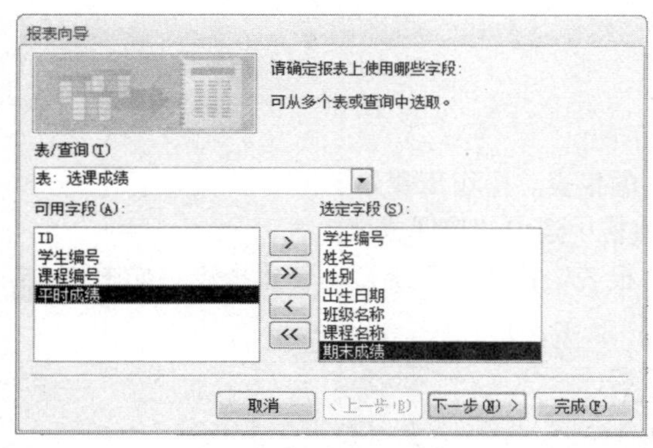
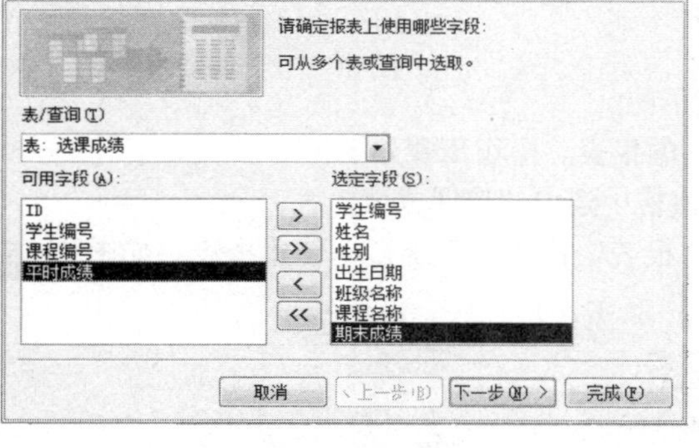

图 5-36 “报表向导”对话框选定字段

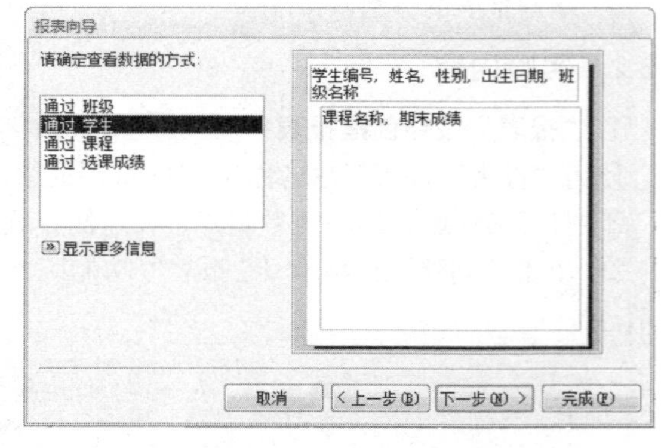

图 5-37 “报表向导”对话框选定分组字段

④ 单击“下一步”按钮，打开“报表向导”的第 3 个对话框，在该对话框中确定明细信息使用的排序次序和汇总信息，如果题目中没有要求，默认即可，如图 5-38 所示。

⑤ 单击“下一步”按钮，打开“报表向导”的第 4 个对话框，在该对话框中确定报表的布局方式，如果题目中没有要求，默认即可，如图 5-39 所示。

⑥ 单击“下一步”按钮，打开“报表向导”的第 5 个对话框，在“请为报表指定标题”文本框中输入“R2 学生基本信息”，如图 5-40 所示。

⑦ 单击“完成”按钮，切换至报表的“打印预览”视图，如图 5-41 所示。

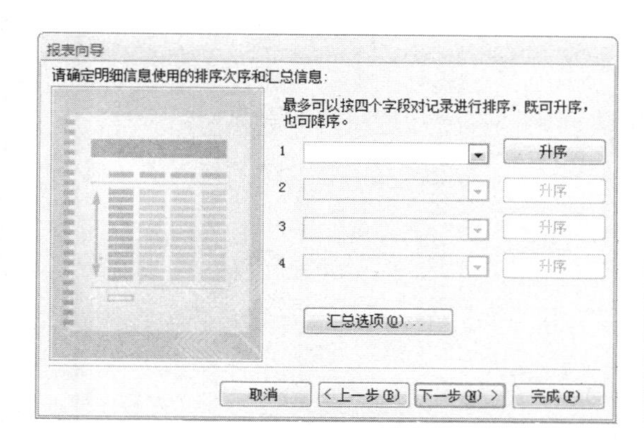

图 5-38　“报表向导”对话框选择排序字段

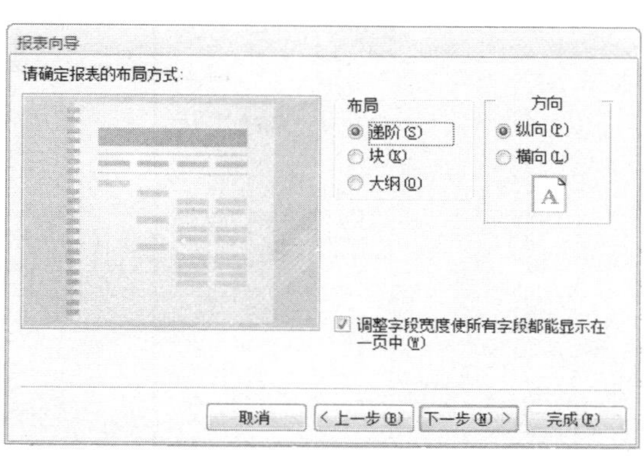

图 5-39　“报表向导”对话框选择报表布局方式

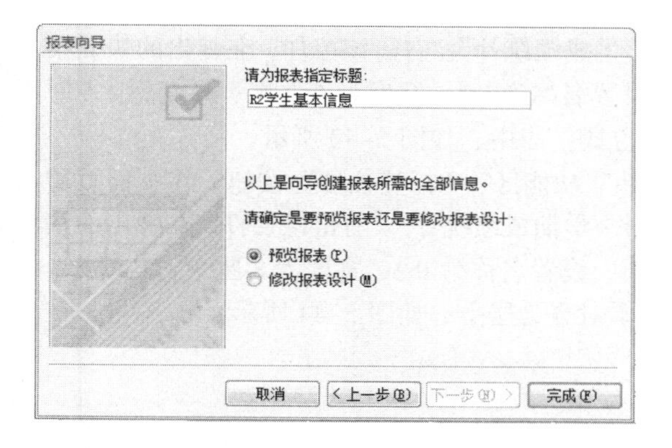

图 5-40　“报表向导”对话框指定报表标题

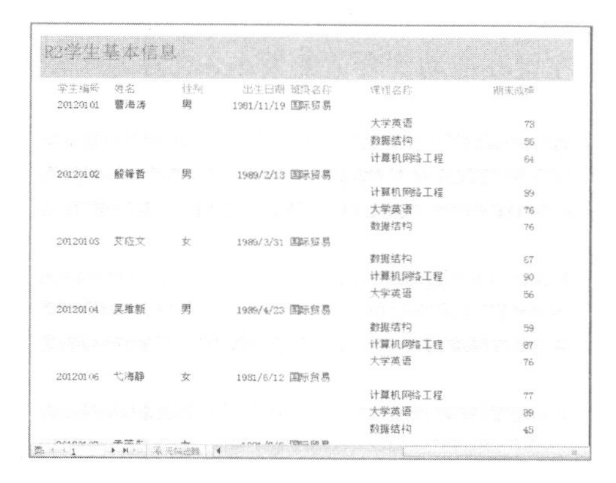

图 5-41　报表向导创建报表结果

3. “报表设计”按钮创建并设计报表

（1）使用“报表设计”按钮，以数据库中的表为数据源创建报表，报表中含有“学生编号”“姓名”“性别”“出生日期”“课程名称”“期末成绩”字段，将报表命名为“R3 学生成绩”。操作步骤如下：

① 打开 E5-MyDB.accdb 数据库。

② 单击“创建”选项卡 |“报表”功能区 |“报表设计”按钮，进入报表“设计视图”方式。

③ 单击“报表设计工具-设计”选项卡 |“工具”功能区 |“添加现有字段”按钮，在右侧弹出“字段列表”窗格，单击“字段列表”窗格中的“显示所有表”，依次双击“学生”表中的“学生编号”“姓名”“性别”字段，双击“选课成绩”表中的“期末成绩”字段，将字段添加到报表主体节中，并适当调整字段控件的位置，如图 5-42 所示。

④ 单击“保存”按钮，将报表以“R3 学生成绩”为名保存。

（2）添加并设置标签

在报表页眉区添加名为 lb1 的标签，标题为“学生成绩统计”，标签宽度 6 厘米，高度 1.5 厘米，字体隶书，红色，28 磅，居中显示；在页面页眉区添加名为 lb2 的标签，标题为“第一学期成绩统计”，标签宽度 8 厘米，高度 1 厘米，字体楷体，25 磅，蓝色，居中显示。操作步骤如下：

① 以设计视图打开“R3 学生成绩”报表。

② 在报表设计视图的任意空白区右击，在弹出的快捷菜单中选择“报表页眉/页脚”命令，即可添加报表页眉/页脚节。

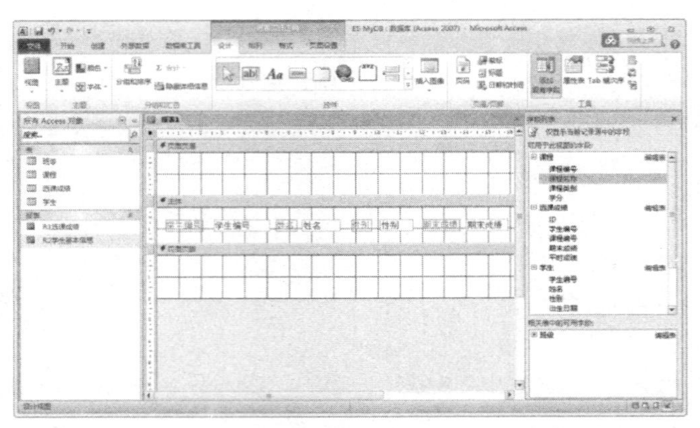

图 5-42 “R3 学生成绩报表”设计视图

③ 单击“报表设计工具-设计”选项卡 | “控件”功能区 | “标签控件”按钮，在报表页眉节按下左键并拖动到合适的大小，在标签中输入“学生成绩统计”。右击该控件，在弹出的快捷菜单中选择“属性”命令即打开该控件的属性窗口，设置名称为 lb1，宽度为 6 厘米，高度为 1.5 厘米，字体隶书，前景色为红色，字号：28 磅，对齐方式：居中，如图 5-43 所示。

④ 单击“报表设计工具-设计”选项卡 | “控件”功能区 | “标签控件”按钮，在页面页眉节按下左键并拖动到合适的大小，在标签中输入“第一学期成绩统计”。右击该控件，在弹出的快捷菜单中选择“属性”命令即打开该控件的属性窗口，设置名称为 lb2，宽度为 8 厘米，高度为 1 厘米，字体为楷体，前景色为蓝色，字号为 25，文本对齐为居中，如图 5-44 所示。

图 5-43 标签控件属性设置一

图 5-44 标签控件属性设置二

⑤ 单击“保存”按钮，保存报表。

（3）设置“分组”字段

添加课程名称组页眉，组页眉区添加名为 text1 的文本框，显示课程名称。操作步骤如下：

① 以设计视图打开“R3 学生成绩”报表。

② 在网格空白处右击，在弹出的快捷菜单中选择“排序与分组”命令，在设计视图下方弹

出“分组、排序和汇总”窗格。单击“添加分组”按钮，弹出“字段列表”窗格，单击选择“课程名称”字段，设计视图显示“课程名称页眉”，单击“报表设计工具–设计”选项卡 | “控件”功能区中的文本框控件，在课程名称页眉节按下左键并拖动到合适的大小，在文本框控件所带的标签和文本框中均输入“课程名称”，在该文本框的属性窗口中设置名称为 text1，如图 5–45 所示。

③ 单击“保存”按钮，保存报表。切换到打印预览视图查看结果。

（4）添加计算控件

在组页脚区添加计算控件 text2，用于显示平均成绩。操作步骤如下：

① 以设计视图打开“R3 学生成绩”报表。

② 在分组、排序和汇总窗格选择“更多”选项，把“无页脚节”修改为“有页脚节”，在报表设计视图即可显示“课程名称页脚”。

③ 单击“报表设计工具–设计”选项卡 | “控件”功能区 | “文本框控件”按钮，在课程名称页脚节按下左键并拖动到合适的大小，在文本框控件所带的标签中输入“平均成绩”，在文本框中输入“=avg([期末成绩])”，在该文本框的属性窗口中设置名称为 text2，如图 5–46 所示。

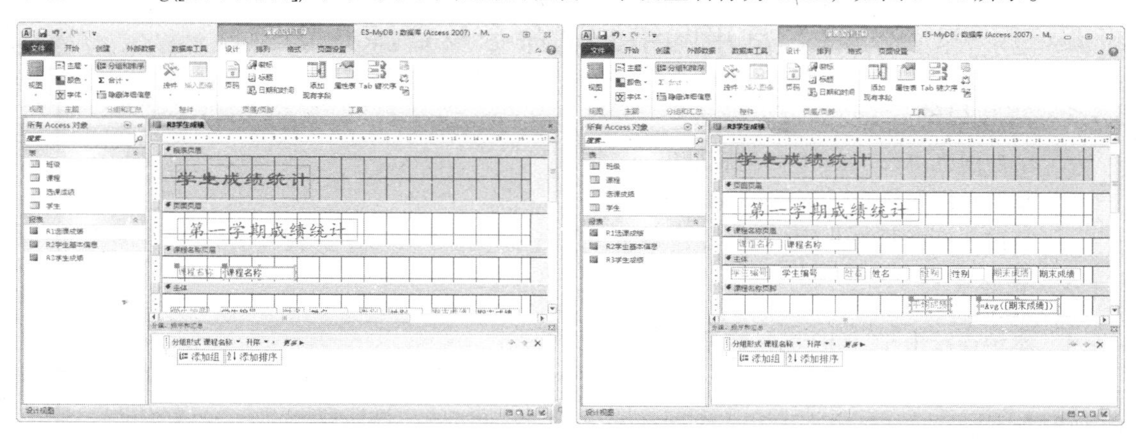

图 5–45 添加分组字段　　　　图 5–46 添加计算控件

④ 单击“保存”按钮，保存报表，切换到打印预览视图查看结果。

（5）添加页码

在页面页脚区添加控件 text3 用于显示页码，格式为“第 X 页，共 N 页”的形式。操作步骤如下：

① 以设计视图打开“R3 学生成绩”报表。

② 单击“报表设计工具–设计”选项卡 | “控件”功能区中的文本框控件，在页面页脚节按下左键并拖动到合适的大小，在文本框中输入“="第" & [Page] & "页，共" & [Pages] & "页"”文本，然后单击“辅助标签”控件，按【Delete】键将其删除，在该文本框的属性窗口中设置名称为 text3，设计结果如图 5–47 所示。

③ 单击“保存”按钮，保存报表，切换到打印预览视图查看结果。

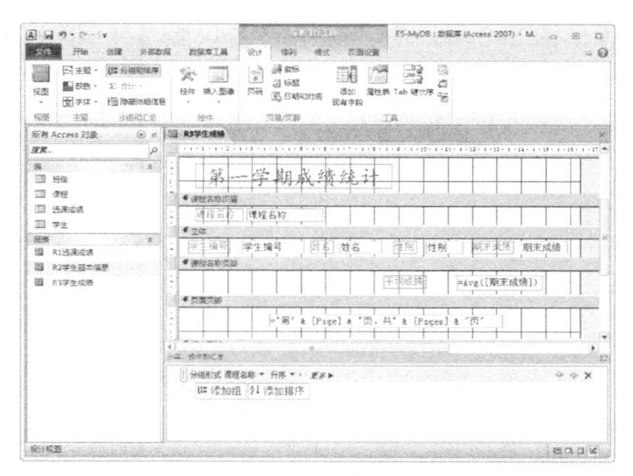

图 5–47 添加页码

第 6 章　网络基础和 Internet 应用

计算机网络是指将地理位置不同的具有独立功能的多台计算机及其外围设备通过通信线路连接起来，在网络操作系统、网络管理软件及网络通信协议的管理和协调下，实现资源共享和信息传递的计算机系统。

6.1　常用网络测试命令及资源共享

6.1.1　实验目的

① 掌握网络协议 TCP/IP 的配置过程。

② 掌握常用网络测试命令 ipconfig 和 ping。

③ 掌握共享资源的设置方法。

6.1.2　实验内容

1. 本地连接中 TCP/IP 属性的设置

① 选择“开始”|“控制面板”命令，双击“网络和共享中心”图标，打开“网络和共享中心”窗口。

② 单击左边的“更改适配器设置”超链接，在打开的窗口中右击“本地连接”图标，在弹出的快捷菜单中选择“属性”命令，弹出“本地连接 属性”对话框，如图 6-1 所示。

③ 在属性对话框中选中“Internet 协议版本 4（TCP/IPv4）”复选框，然后单击“属性”按钮，弹出图 6-2 所示的“Internet 协议版本 4（TCP/IPv4）属性”对话框。

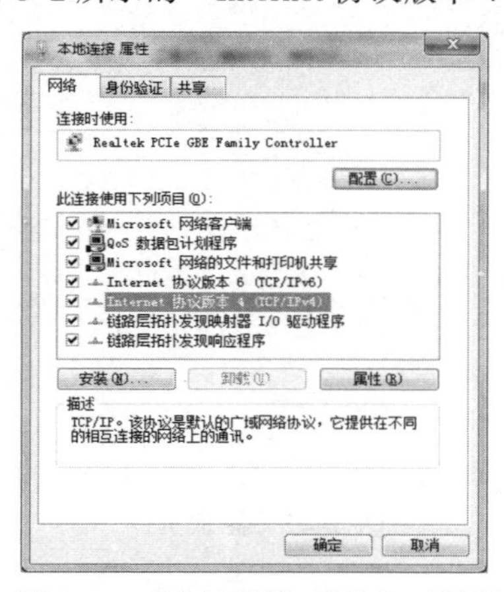

图 6-1　“本地连接 属性”对话框

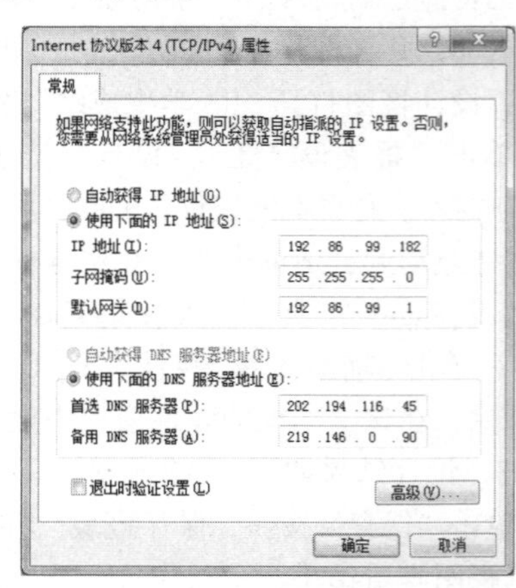

图 6-2　“Internet 协议版本 4（TCP/IPv4）属性”对话框

④ 在该对话框中可以根据需要进行配置。IP 地址可以自动获取，也可以固定分配。如果是固定 IP，需要输入相应的地址信息，可以按图 6-2 所示地址进行设置（注：在实验计算机上不要修改 IP 地址。如果修改，会导致网络不能连接上网）。

2. 两个常用网络测试命令的使用

网络连接及协议设置等工作完成后，除了可以通过登录相应网站判断是否与网络连通外，还可以通过网络测试命令进行测试。

（1）ipconfig 命令的使用

利用 ipconfig 命令可以查看和修改网络中 TCP/IP 的有关配置，如网卡的物理地址、IP 地址、子网掩码和默认网关等，还可以查看主机的有关信息，如主机名、DNS 服务器等。

ipconfig 命令的格式为：

```
ipconfig  [参数]
```

详细的命令格式可通过“ipconfig /？”命令查看。

选择“开始”|“所有程序”|“附件”|“命令提示符”命令，打开命令提示符窗口，输入“ipconfig /all”，按【Enter】键，则显示本机的配置信息（注：不同计算机的配置信息不同）。例如：

```
物理地址：00-21-70-6A-A5-F5
IPv4 地址：202.194.155.126（本地 IP）
子网掩码：255.255.255.128
默认网关：180.201.49.129
DNS 服务器：219.146.0.130
```

（2）ping 命令的使用

ping 命令的格式为：

```
ping  目标 IP 地址或域名  [参数 1]  [参数 2]…
```

① 选择“开始”|“所有程序”|“附件”|“命令提示符”命令，打开命令提示符窗口。

② 输入命令，假设为“ping 202.194.155.126”，按【Enter】键。（注：其中的 IP 地址是上机用的本地计算机的 IPv4，见上 ipconfig 命令所得到的结果。）

③ 如果网络连通正常，则出现如下信息：

```
Ping 202.194.155.126 with 32 bytes of data:
Reply from 202.194.155.126:bytes=32 time=2ms TTL=255
…
```

④ 如果结果是“Request timed out.”，说明网络没有连通。

3. 共享资源的设置

（1）共享本机文件夹

① 右击需要共享的文件夹图标，在弹出的快捷菜单中选择“属性”命令，弹出“属性”对话框。

② 在属性对话框中选择“共享”选项卡，单击“高级共享”按钮，弹出图 6-3 所示的“高级共享”对话框。

③ 在“高级共享”对话框中，选中“共享此文件夹”复选框后，单击“权限”按钮可设置用户的访问权限为完全控制、更改或读取。

④ 共享设置完成后，共享文件夹图标上将出现一把小锁。

（2）共享打印机

① 安装本地打印机。

② 通过控制面板或开始菜单，打开“设备和打印机”窗口，右击要共享的打印机图标，在弹出的快捷菜单中选择“打印机属性”命令，弹出图 6-4 所示的对话框。

③ 在打印机属性对话框中选择“共享”选项卡，选中“共享这台打印机”复选框，输入共享名称。单击“安全”选项卡，还可以设置相关用户的权限。

④ 单击“确定”按钮，共享打印机图标将出现一个上托的手掌。

⑤ 与本机互连的其他计算机可以通过添加网络打印机来共享该打印机。

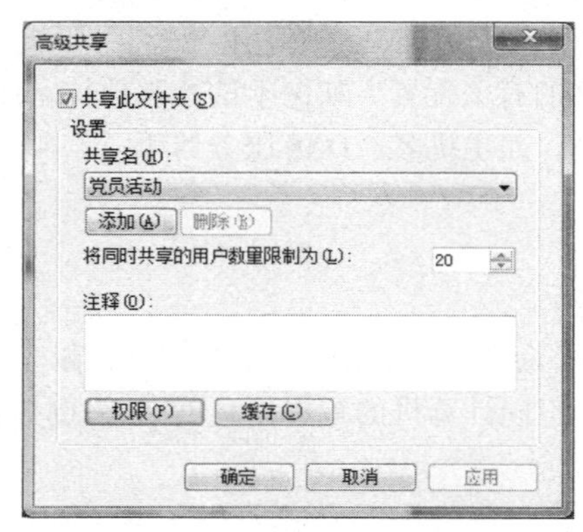

图 6-3　设置共享资源

图 6-4　设置共享打印机

6.2　无线局域网的配置

6.2.1　实验目的

掌握基本的无线局域网的配置过程。

6.2.2　实验内容

1. 认识无线路由器

配置无线路由器需要首先了解路由器背面的各个接口和前板指示灯的作用，背面接口依次包括：Reset 按钮、电源插口、WAN 接口、4 个 LAN 接口。正面各指示灯的含义分别为：电源连接成功，PWR 灯将恒亮绿色；SYS 灯闪烁表示系统运行正常，若恒亮或不亮，则代表设备故障；WLAN 灯恒亮表示无线网络已就绪，闪烁表示有资料在无线传输；1～4 号灯恒亮表示已正确接入计算机网络端口，闪烁表示有资料在传输；WAN 灯恒亮表示宽带已正常接入 WAN 接口，闪烁表示有资料在传输。

2. 物理连接

① 准备好相关设备，如无线路由器、连接用的双绞线。

② 将电源接头接到无线路由器背面的电源孔，然后将另一端插入电源插座。

③ 用双绞线将宽带连接出口和无线路由器背面的 WAN 接口相连，再用双绞线将计算机网络端口与无线路由器背面的任意一个 LAN 端口连接。物理连接过程如图 6-5 所示。

完成设备连接之后，无线路由器应该为：PWR 灯恒亮；SYS 灯约每秒闪烁一次；WAN 灯不定时闪烁；WLAN 灯闪烁；有接入的 LAN 指示灯闪烁。

3. 路由器参数设置

① 打开浏览器，在地址栏中输入路由器地址进行连接，例如输入 192.168.1.1，进入路由器

设置主页，在弹出的登录窗口中输入用户名和密码，通常用户名和密码皆为 admin。

② 进入路由器设置界面，可以使用设置向导按步骤进行设置，主要包括：

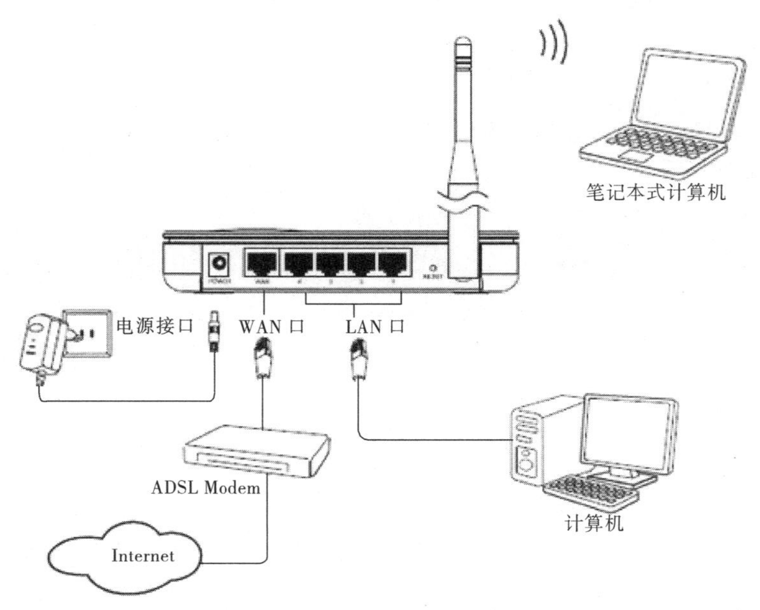

图 6-5　无线路由物理连接示意图

- 上网方式的选择：一般选择“动态 IP”方式。
- 设置上网参数：包括宽带上网的账号和密码。
- 设置无线参数：为了保证无线网络的安全，可以设置使用该无线网络的密码。

4. 使用无线网络

对于一些支持 Wi-Fi 功能的手机、PDA、笔记本式计算机等设备，开机后在其网络列表中选择路由器的无线网络名称，单击“连接”按钮，如果路由器参数中设置了使用密码，此时还需要输入相应的密码，验证通过后就可进入该无线网络。

6.3　浏览器的使用

6.3.1　实验目的

① 熟练掌握浏览器的使用和相关设置。

② 熟练掌握网页信息的下载与保存。

6.3.2　实验内容

1. 浏览器的使用

① 启动 IE 浏览器：双击桌面上的 Internet Explorer 图标，或选择“开始”| Internet Explorer 命令，打开 IE 浏览器窗口，如图 6-6 所示。

② 在地址栏中输入已知的网址或 IP 地址，如 wenjing.ytu.edu.cn，然后按【Enter】键或者单击地址栏右侧的“转到”按钮，相应的网页就会被打开，如图 6-6 所示。

③ 在页面中单击需要的超链接，例如“系部设置——信息工程系”，可以跳转到相应页面。

④ 分别单击工具栏中的“刷新”和“主页”等按钮了解其功能。“刷新”按钮可以使当前页面更新一次，“主页”按钮会显示已设置好的默认网站的首页（见图 6-6）。

图 6-6 浏览器界面

⑤ 收藏夹的使用：利用“收藏夹”菜单栏或“收藏夹”窗口，可以添加或整理已收藏的网站地址，单击这些地址就可以直接跳转到网站主页面而无须再次输入网站地址（见图 6-6）。

- 添加：选择“收藏夹”|“添加到收藏夹”命令，弹出相应对话框，在“名称”文本框中输入要保存的地址名称，例如“烟台大学文经学院”，在“创建到”栏中选择文件夹（此时也可以单击“新建文件夹”按钮来新建一个文件夹，例如“我的母校”），单击“确定”按钮。
- 整理：选择“收藏夹”|“添加到收藏夹”下拉按钮|“整理收藏夹”命令（见图 6-6），弹出图 6-7 所示的对话框，然后就可以创建新文件夹，可以删除、重命名和移动文件或文件夹等。
- 导入或导出地址：选择“收藏夹”|“添加到收藏夹”下拉按钮|“导入和导出”命令（见图 6-6），在弹出的对话框中选择“从文件中导入”或“导出到文件”，单击“下一步”按钮，选中“收藏夹”复选框，单击“下一步”按钮，选择需要导入或导出的收藏夹，单击“下一步”按钮，确定导入后的存放位置或者导出文件的地址和文件名之后，单击“导入”或“导出”按钮即可。

⑥ IE 浏览器的常用设置。在浏览器窗口中选择“工具”|“Internet 选项”命令（见图 6-6），弹出图 6-8 所示的对话框，通过该对话框可以做如下设置。

图 6-7 “整理收藏夹”对话框

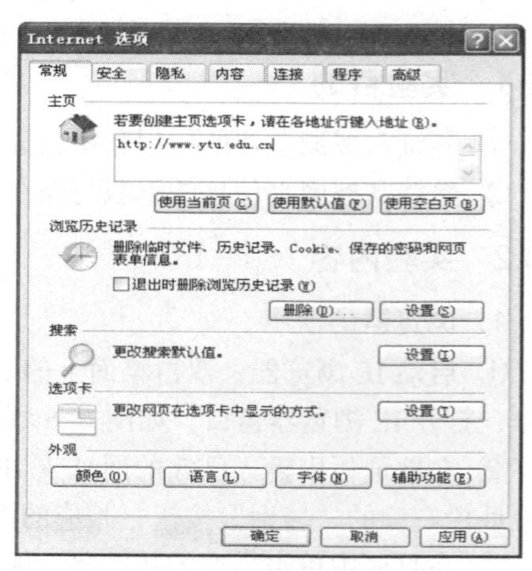

图 6-8 “Internet 选项”对话框

- 设置起始主页：在“常规”选项卡的“主页”区域的文本框中输入要设置的地址，如 http://wenjing.ytu.edu.cn。
- 删除临时文件和历史记录：在“浏览历史记录”区域单击“删除”按钮，在弹出的对话框中选择删除“Internet 临时文件”或“历史记录”。
- 在“高级”选项卡中可以设置相应属性，例如在“多媒体”栏中可以设置网页中的声音、动画、视频等是否播放。

2. 网页信息的保存与文件下载

（1）信息保存

① 保存当前网页：选择“文件”|“另存为”命令，弹出“保存网页”对话框。在“保存在”栏中选择保存的位置，在“文件名”文本框中输入文件名，在“文件类型”下拉列表框中选择保存的类型，单击“保存”按钮。

② 保存当前网页中的图片：右击要保存的图片，在弹出的快捷菜单中选择“图片另存为”命令，弹出“保存图片”对话框，进行相应设置后单击“保存”按钮。

③ 打开新窗口：右击相应的超链接，在弹出的快捷菜单中选择“在新窗口中打开”命令，可以打开一个新的浏览器窗口显示该超链接对应的页面。

（2）文件下载

在浏览网页过程中有时会遇到“点击下载”之类的提示信息，可以使用两种方式进行下载：

① 使用浏览器：如果系统中没有安装相应的下载软件，则单击下载提示信息会出现如图 6-9 所示的“新建下载任务”对话框，单击“浏览”按钮会出现“另存为”对话框，设置相应信息后，单击“浏览下载”按钮。

② 使用下载工具：首先保证本机已经安装相应的下载工具软件，例如迅雷等。单击下载提示信息或在下载提示信息的快捷菜单中选择“使用迅雷下载”命令，会弹出如图 6-10 所示的下载对话框，对存储目录和保存文件名进行设置后，单击“立即下载”按钮。

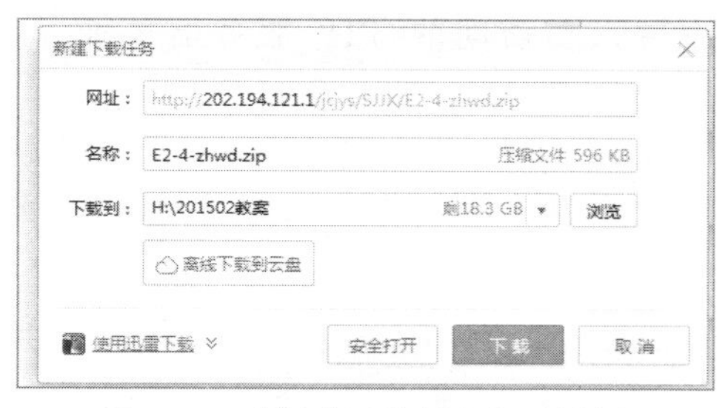

图 6-9　“新建下载任务”对话框

图 6-10　迅雷下载对话框

6.4 Internet 基本应用

6.4.1 实验目的

① 掌握搜索引擎的使用。

② 掌握文件传输操作。

③ 掌握远程登录操作。

④ 掌握 Windows 7 系统防火墙的配置。

6.4.2 实验内容

1. 使用搜索引擎

搜索引擎是在 Internet 中执行信息搜索的专门站点，一般按关键词为用户提供搜索服务。

首先启动浏览器，输入搜索引擎的地址，例如 http://www.baidu.com，打开网站首页；然后在搜索引擎网站的关键词文本框中输入关键词，例如“计算机等级考试”，单击搜索按钮就可看到搜索结果，如图 6–11 所示；最后单击搜索结果中的一项即可跳转到相应页面。

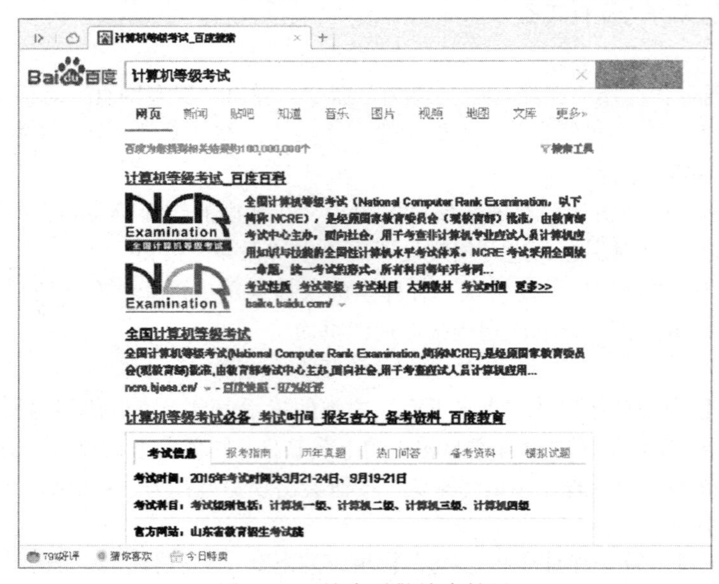

图 6–11 搜索引擎搜索结果

2. 文件传输

① 打开 Windows 资源管理器，在地址栏中输入要访问的 FTP 服务器地址，例如 ftp://202.194.119.76/，按【Enter】键后，出现相应的 FTP 登录窗口，如图 6–12 所示。

② 在 FTP 登录窗口输入用户名和密码后，单击“登录”按钮，进入 FTP 访问窗口，如图 6–13 所示。在访问窗口中选择要下载的文件，右击后在弹出的快捷菜单中选择“复制到文件夹”命令，接下来选择保存位置和文件名，即可将文件保存到本机。

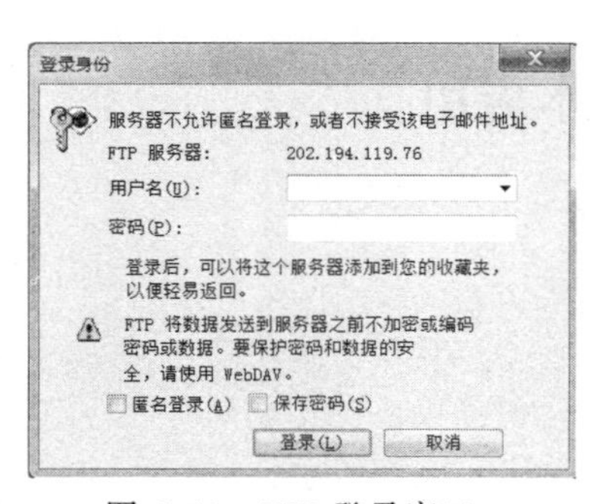

图 6–12 FTP 登录窗口

图 6–13 FTP 访问窗口

3. 远程登录

① 选择“开始”|“所有程序”|“附件”|“命令提示符”命令，在窗口中输入 Telnet bbs.tsinghua.edu.cn，按【Enter】键。结果如图 6-14 所示。

② 分别输入用户名和密码。

③ 登录成功后即可使用该远程主机上的各种资源。

4. 掌握 Windows 7 系统防火墙配置

① 选择“开始”|“控制面板”|“Windows 防火墙”，打开防火墙设置窗口。

② 选择窗口左边“打开或关闭 Windows 防火墙”选项，打开图 6-15 所示的设置页面。

③ 在该设置页面可进行打开或关闭防火墙的设置。

图 6-14　远程登录界面

图 6-15　防火墙配置页面

6.5　电子邮件基本操作

6.5.1　实验目的

① 掌握 Web E-mail 电子邮件操作。

② 熟练掌握电子邮件客户端软件 Foxmail 的使用。

6.5.2　实验内容

1. Web E-mail 电子邮件操作

（1）申请免费电子邮箱

① 在浏览器地址栏中输入提供免费电子邮件服务的网站，例如 http://www.126.com。

② 在打开的网站主页中单击“注册”按钮，打开图 6-16 所示的注册页面。

③ 在注册页面中填写注册信息：包括用户名（如 xiaoming20150903）、密码（如 xiaoming）等信息，单击“立即注册”按钮后，系统提示邮箱申请成功（地址为 xiaoming20150903@126.com）。

（2）登录邮箱

① 假设电子邮件地址是 xiaoming20150903@126.com，启动浏览器，在地址栏中输入提供电子邮件服务的网站，如 http://www.126.com，按【Enter】键或者单击地址栏右侧的“转到”按钮，打开邮箱登录页面。

图 6-16　电子邮箱注册

② 在邮箱登录页面中，分别输入用户名（如 xiaoming20150903）和密码（如 xiaoming），单击“登录”按钮，即可进入图 6-17 所示的邮箱窗口。邮箱窗口一般都以邮件夹的形式来管理邮件，分收件箱、草稿箱、已发送、已删除等。在用户邮箱窗口，可以进行在线收发邮件的操作以及邮件的管理。

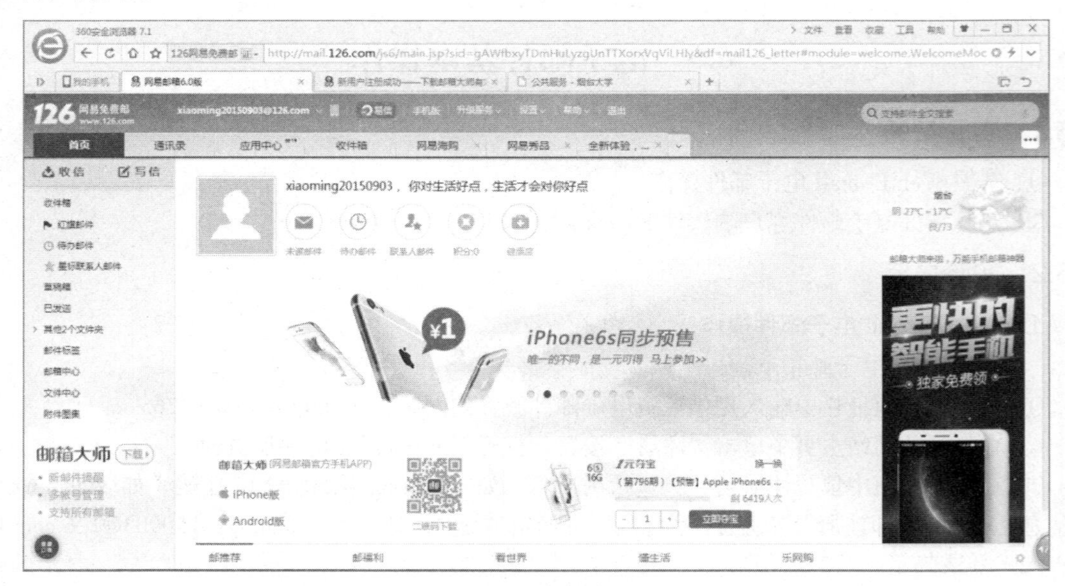

图 6-17　邮箱窗口

（3）发送电子邮件

成功登录邮箱后，在邮箱窗口中单击“写信”按钮，打开图 6-18 所示的窗口，在窗口的“收件人”栏中输入收件人的电子邮箱地址（如 tom@126.com），在“密送”栏中输入相应收件人的邮箱地址（此选项不是必需的），在“主题”栏中输入标题内容，单击“添加附件”按钮，选择本机中的一个文件作为附件（如 c:\car.png），在邮件正文区输入邮件内容，可以包括文本、图片、超链接等，还可以进行文档格式修饰。

邮件内容输入完成后，在单击“发送”按钮前可以进行保留副本和要求对方发回已读回执等设置。相关设置完成后，单击“发送”按钮即可发送邮件。

（4）管理邮件

① 查看邮件：单击“收件箱”按钮可以查看收到的所有邮件，单击某一封邮件的超链接可以查看邮件具体内容，如果邮件中包含附件，可以按照提示信息进行打开或下载。

图 6-18　发送邮件窗口

② 回复邮件：查看邮件时，可以单击“回复”按钮给发件人回复，发件人的地址会自动填写到收件人栏，接下来的操作与发送邮件相同。邮件服务器一般都提供自动回复功能，当邮箱收到某人的信件后，服务器会立刻回复对方邮件已收到。

③ 转发邮件：查看邮件时，可以将当前邮件转发到另外一个人的邮箱里，单击“转发”按钮后，一般只需要按要求输入一个电子邮件地址即可。

④ 删除邮件：在相应文件夹中选定要删除的邮件，单击“删除”或“彻底删除”按钮，可以将邮件送到“已删除”文件夹或进行彻底删除。

⑤ 转移邮件：将选定的邮件从一个邮件夹转移到其他邮件夹中。

2. 使用电子邮件客户端软件 Foxmail

① 双击桌面上的 Foxmail 图标或选择“开始”|“所有程序”| Foxmail 命令，启动 Foxmail。

② 在图 6-19 所示的“向导”对话框中输入相应的信息，例如电子邮件地址是 xiaoming20150903@126.com，密码是 xiaoming，账户名称为 internetexam，邮件中采用的名称为“小明”。

③ 单击“下一步”按钮，在弹出的对话框中对邮件服务器地址进行设置（可使用默认值）。

④ 单击“下一步”按钮，在弹出的对话框中单击“完成”按钮，即可在 Foxmail 中创建一个名为 internetexam 的账户，结果如图 6-20 所示。

⑤ 在 Foxmail 工作窗口中，单击“收取”按钮可从邮件服务器下载邮件。

⑥ 在 Foxmail 工作窗口中，单击“收件箱”按钮，可在右边窗口中看到邮件列表，双击某邮件可查看该邮件具体内容，在邮件内容窗口中单击“回复”按钮可对邮件进行回复。

⑦ 在 Foxmail 工作窗口中，单击“撰写”按钮可弹出邮件编辑窗口，在邮件编辑窗口中对收件人、主题、抄送、附件、正文内容等进行设置后，单击“发送”按钮即可发送邮件。

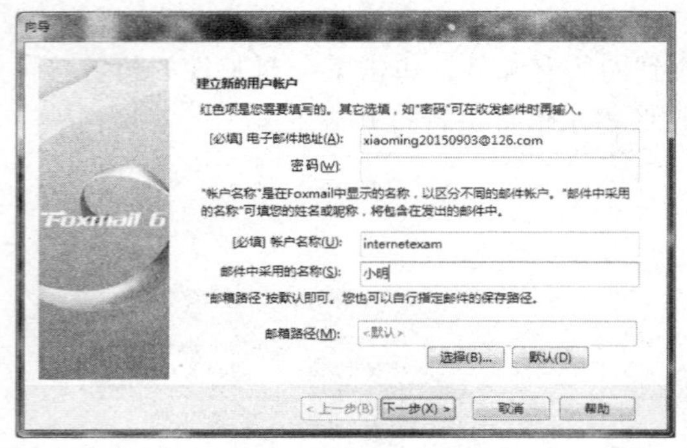

图 6-19 “向导”对话框

图 6-20 Foxmail 工作窗口

第 7 章　Adobe Photoshop 图像基础

计算机图像处理技术是多媒体技术中最重要的内容之一。通过图像处理技术，可以实现对图像的编辑、合成、美化等操作。本章主要介绍目前被广泛使用的图像处理软件 Adobe Photoshop 的基本应用和操作实例。

7.1　Adobe Photoshop 简介与基本操作

7.1.1　Adobe Photoshop 简介

Photoshop 是 Adobe 公司开发的一个跨平台的平面图像处理软件，是专业设计人员的首选。1990 年 2 月，Adobe 公司推出 Photoshop1.0，目前 Photoshop 的较新版本是 Photoshop CC 2018，随着时间推移还会有新的版本，这里介绍 Photoshop CS6 的基本操作和设计方法。

Photoshop CS6 提供了简洁的工作界面和丰富实用的功能，它由菜单栏、工具箱、属性栏和选项面板等组成，如图 7–1 所示。

图 7–1　Adobe Photoshop 工作界面

1．菜单栏

Photoshop CS6 的菜单栏由“文件”“编辑”“图像”“图层”“选择”“滤镜”“视图”“窗口”“帮助”9 个菜单项组成，提供了图像处理过程中使用的大部分操作命令。

2．工具箱

Photoshop CS6 工具箱中包含了所有的画图和编辑工具，功能非常强大。工具主要分为如下几大类：选取工具、着色工具、编辑工具、路径工具、切片工具、注释、文件工具和导视工具，如图 7-2 所示。

工具箱的下部是 3 组控制器：色彩控制器可以改变着色色彩；蒙版控制器提供了快速进入和退出蒙版的方式；图像控制器能改变图像窗口的显示状态。

3．选项面板

Photoshop CS6 工具箱中的每个工具都对应一个选项面板。随着工具箱中不同工具功能的变化，选项面板上的内容各不相同。图 7-3 所示为“魔棒”工具所对应的选项面板。

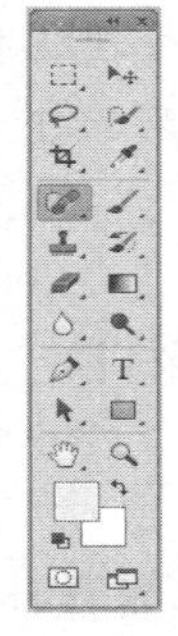

图 7-2　工具箱

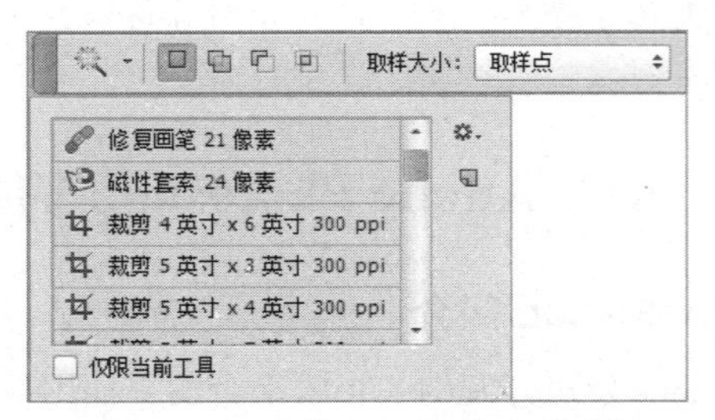

图 7-3　“魔棒”工具的选项面板

7.1.2　Adobe Photoshop 中的基本概念

下面介绍 Photoshop CS6 中关于图像处理的一些基本概念。

1．颜色模型

颜色模型是用来精确标定和生成各种颜色的一套规则和定义。某种颜色模型所标定的所有颜色构成了颜色空间。在不同应用领域，采用的颜色模型往往不同，常用的颜色模型包括：RGB 模型、CMYK 模型、HSB 模型、Lab 颜色模型。

① RGB 模型是指基于自然界中 3 种基色光的混合原理，将红（R）、绿（G）、蓝（B）三基色按照从 0（黑）到 255（白色）的亮度值在每个色阶中分配，从而指定其色彩。该模型常用于显示器。

② CMYK［Cyan（青）、Magenta（洋红）、Yellow（黄）、Black（黑）］模型是彩色印刷使用的一种颜色模式。CMYK 模式在本质上与 RGB 模式基本一致，只是产生色彩的原理不同，CMYK 模式产生颜色的方法又称色光减色法。

③ HSB 模型是基于人对颜色的心理感受的一种颜色模式。在此模式中，所有颜色都用色相或色调、饱和度、亮度 3 个特性来描述。此颜色模型比较符合人的视觉感受。

④ Lab 颜色模型解决了同一幅图像在不同的显示器和打印设备上输出时所造成的颜色差异，具有设备无关性。Lab 颜色模型是以一个亮度分量 L 及两个颜色分量 a 和 b 来表示颜色的，其颜色范围最广，能够包含 RGB 和 CMYK 模式中所有的颜色。

2．Photoshop CS6 的源文件格式“.PSD”

Photoshop CS6 用于编辑的源文件格式为.PSD 文件。PSD 文件可以存储成 RGB 或 CMYK 模式，还能够自定义颜色数并加以存储；可以保存 Photoshop CS6 的图层、通道、路径等信息，是目前唯一能够支持全部图像色彩模式的格式。

用 PSD 格式保存图像时，图像没有经过压缩。所以，当图层较多时，会占用很大的硬盘空间。图像制作完成后，一般会保存为通用的压缩格式，如 JPEG 文件。

3. 选区

在 Photoshop CS6 中处理局部图像时，首先要选取编辑操作的有效区域，即指定选区。选区就是 Photoshop CS6 中实际要处理的部分。选区建立后，就可以对选区内的图像进行操作处理。如果没有选区，默认是对当前整个图层进行操作。

选区的建立方法一般有以下几种：

① 选取全部图像作为选区（按【Ctrl+A】组合键）。

② 使用工具箱中的规则选框工具：矩形、椭圆、单行和单列等。

③ 使用工具箱中的套索工具组：自由套索、磁性套索、多边形套索工具。

④ 使用工具箱中的魔棒工具组：魔棒工具、快速选择工具。

⑤ 通过层、通道、路径来转换成选区。

⑥ 通过“快速蒙版”建立选区。

4. 图层

图层（Layer）是 Photoshop CS6 中非常重要的概念，通俗地讲，图层就像是含有图形等元素（点、线、面和文字）的胶片，一张张按顺序叠放在一起，组合起来形成页面的最终效果。图层中可以加入文本、图片、表格、插件，也可以在里面再嵌套图层。每个图层的内容都是独立的（如道路、水域、农田、草场、森林等），用户可以在不同的图层中进行设计、修改和编辑而不会影响其他图层。利用“图层”面板可以方便地控制图层的增加、删除、显示和顺序关系。当所有图层都编辑完成后，可以将其合成为最后的目标图像。通过使用图层的特殊功能可以创建很多复杂的图像效果。

5. 蒙版

简单地说，蒙版（Mask）就是“蒙”在图像上用来保护图像的一层“板”。蒙版可以隔离和保护图像的部分区域。一般情况下，蒙版的白色部分可以让图像变得透明，黑色部分使图像不透明，灰色使图像半透明。而这 3 种颜色可以使用任何绘图工具进行绘制。

蒙版分为快速蒙版、矢量蒙版、剪切蒙版和图层蒙版 4 种。

6. 通道

通道是用来存放颜色信息的。打开新图像时，系统会自动创建颜色信息通道。颜色通道的数量取决于图像的颜色模式。比如，RGB 模式具有 4 个通道：1 个复合通道（RGB 通道），3 个分别代表红色、绿色、蓝色的通道。可以这么说，通道就是特殊的“选区”。

Photoshop CS6 的通道包括复合通道、单个颜色通道、Aplha 通道、专色通道等多种类型。

7. 路径

路径是由一些点、线段或曲线构成的，利用 Photoshop CS6 中提供的路径功能，可以绘制线条或曲线，并可对绘制的线条进行填充和描边，完成一些绘画工具无法完成的工作。路径的形状是由锚点控制的，锚点标记路径段的端点。在工具箱面板中，路径工具组的图标呈现为“钢笔图标”。

路径工具按照功能可以分为三大类：

① 节点定义工具，包括“钢笔”“磁性钢笔”“自由钢笔”。

② 节点增删工具，包括“添加节点”“删除节点”。

③ 节点调整工具，包括“节点位置调整”“节点曲率调整”。

7.1.3　新建图像

注：首先下载素材 E7-1.zip（包括 E7-1-cat.jpg、E7-1-bird. psd 和 E7-1-back.jpg）。

① 启动 Photoshop CS6，选择“文件”|“新建”命令（或按【Ctrl+N】组合键），弹出“新建”对话框，设置新建图像文件的属性。

② 在“名称”文本框中输入 sample 为图像文件的名称。

③ 在“预设”选择框中系统提供了各种常用的文档预设选项，如默认大小、纸张类型等。

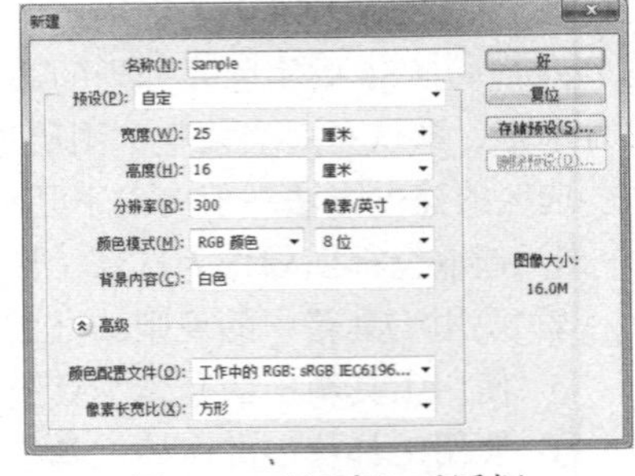
图 7-4 “新建”对话框

如果需要自己设定图像的属性，则在下面各个具体的属性设置框中输入自定义内容。在“宽度”和“高度”文本框中分别输入 25 和 16（单位：厘米）；在“分辨率”文本框中输入 300（单位：像素/英寸）；在“颜色模式”中选择 RGB、8 位；“背景内容”选择“白色”，如图 7-4 所示。

“高级”选择中可以设置“颜色配置文件”和“像素长宽比”。一般情况下，都应该选择“方形”像素（计算机显示器上的图像都是由方形像素组成的）。

④ 单击“好”按钮，就建立了一个名为 sample 的图像文件。

7.1.4 打开与保存图像

具体操作步骤如下：

① 启动 Photoshop CS6，选择“文件”|“打开”命令，在弹出的“打开”对话框（见图 7-5）中选择一个或多个文件，可以将图像文件打开，如打开素材文件 E7-1-cat.jpg。

② 对图像编辑完成后，选择“文件”|“存储为”命令，弹出“存储为”对话框，如图 7-6 所示。在该对话框中，选择文件的保存路径，输入文件名称并选择文件的保存格式（系统默认为“.PSD”格式）后，单击“保存”按钮即可保存图像。

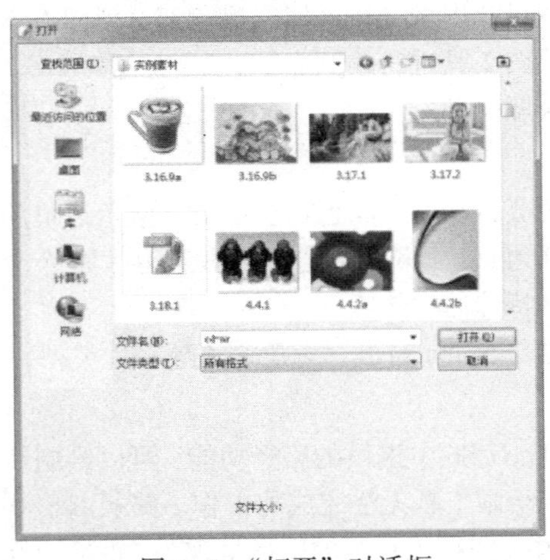
图 7-5 “打开”对话框

图 7-6 “存储为”对话框

注：Photoshop CS6 支持的文件格式很多。PSD 格式是系统默认的编辑文件格式，可以保留文档中的所有图层、蒙版、通道、路径、未栅格化的文字、图层样式等，也可以再次进行修改编辑。其他格式：如 BMP 格式，可以保存 24 位颜色的位图图像；GIF 格式，支持透明背景和动画的文件格式；EPS 格式，为打印机输出图像而开发的文件格式； PDF 格式，一种通用的便携文件格式，支持矢量图形和位图图像；PNG 格式，用于网络传输和显示的压缩图像格式，支持 24 位图像并可以产生无锯齿的透明背景。

7.1.5　图像属性的设置与修改

1. 修改图像尺寸

选择“图像”|“图像大小”命令，弹出“图像大小”对话框，可以进行图像尺寸的修改。如果改变了对话框中图像像素的大小，图像文件的大小也会随着发生变化，如图 7–7 所示。

图 7–7　“图像大小”对话框

2. 画布属性的设置

图 7–8　“画布大小”对话框

画布是指整个图像文件的工作区域，默认的大小和图像尺寸相同。选择“图像”|“画布大小”命令，弹出“画布大小”对话框，可以进行画布尺寸的修改，如图 7–8 所示。

在“新大小”选项组中设置新的画布尺寸数据，随着设置数据的改变，文件的大小也会随之改变。当新设置的数据小于原始图像大小时，系统会对原始图像进行一定的剪切操作。

如果选中“相对”复选框，则“宽度”和“高度”选项中的数值将代表相对于原始画布大小，增加和减少的数据量，而不是代表整个画布的宽度和高度；正值代表增大画布，负值代表减小画布。

“定位”选项可以指定修改画布尺寸后，当前图像在新画布上的位置。

“画布扩展颜色”可以用于选择新画布的填充颜色。如果原始图像的背景色是透明的，则该选项为不可用状态，新添加的画布也是透明的。

3. 图像的变换与变形操作

移动、旋转、缩放、扭曲等是图像处理的基本方法。其中，移动、旋转和缩放称为变换操作；扭曲和斜切称为变形操作。这些操作都可通过选择“编辑”|“变换”命令完成。

7.1.6　实例：酷炫飞鸟的制作

① 启动 Photoshop CS6，选择“文件”|“打开”命令，打开素材文件 E7–1–bird.psd。

② 选择“图层”|“复制图层”命令（或按【Ctrl+J】组合键）复制图层 1，如图 7–9 所示。

③ 选择“编辑”|“自由变换”命令（或按【Ctrl+T】组合键），建立变换区域，稍微缩小一下图像；选择“编辑”|“变换”|“旋转”命令，将图像稍微做旋转操作，并将中心锚点移动到图 7–10 所示位置。设置完成后一定要按【Enter】键退出自由变换。

④ 连续按【Alt+Shift+Ctrl+T】组合键，共重复 19 次，做重复自由变换操作，每按一次，就会复制出一个海鸥图像，效果如图 7–11 所示。

⑤ 在“图层”面板中可以看到 19 个图层副本，按住【Shift】键的同时单击“图层 1 副本”，将所有图层副本都选中，然后选择“图层”|“向下合并”命令（或按【Ctrl+E】组合键），将所有图层都合并为一个图层副本，如图 7-12 所示。

图 7-9　复制图层 1

图 7-10　改变图像大小和锚点位置

图 7-11　重复旋转

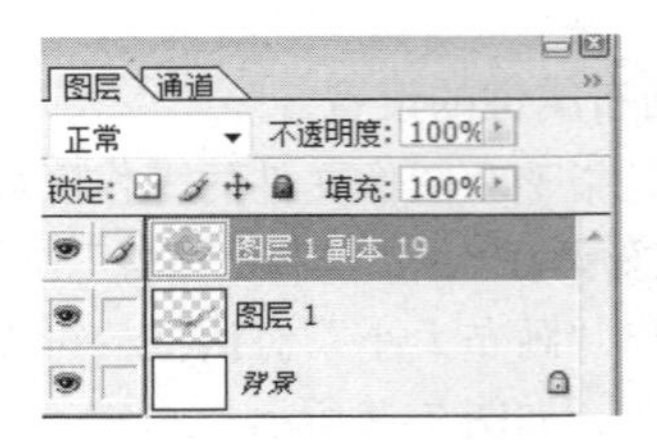

图 7-12　合并图层

⑥ 单击“图层”面板底部的按钮，为该图层添加蒙版。设置蒙版前景颜色为黑色；选择工具箱中的渐变工具，在画面中由底部中点垂直向上单击并拖动鼠标，填充线性渐变。渐变颜色会应用到蒙版中。在“图层”面板中，将“图层 1”拖动到最上方，效果如图 7-13 所示。

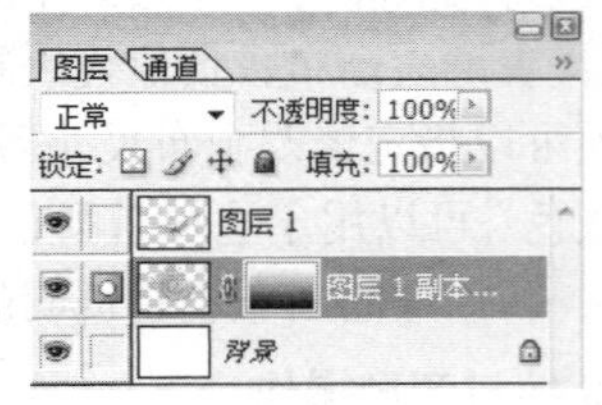

图 7-13　图层的编辑：蒙版操作

⑦ 打开另外一个图像素材文件 E7-1-back.jpg，使用工具箱中的“移动工具”将其移动到刚才编辑的图像文档中，并在“图层”面板中将其移动到底层作为背景，如图 7-14 所示。将编辑好的图像存储为需要的文件格式，如 JPEG 格式，完成操作，最终效果如图 7-14 右图所示。

图 7-14　添加背景图像，完成操作

7.2　Adobe Photoshop 图像编辑

7.2.1　实验目的

① 掌握 Photoshop CS6 图像编辑的常用操作：选区、图层、证件照的处理等。

② 掌握套索等选区工具的使用；图层的基本操作；裁剪、破损修复、描边等处理过程。

③ 下载素材 E7-2.zip，其中包括 E7-2-window.jpg、E7-2-back.jpg、E7-2-man.jpg。

7.2.2　实验内容

1．选区操作

Photoshop CS6 中常用的制作选区的方法有：使用椭圆选框工具制作圆形选区、使用套索工具创建选区以及使用魔棒工具快速抠图等。以下举例详细介绍使用套索工具创建选区的过程。

① 启动 Photoshop CS6，选择“文件”|“打开”命令，打开实验素材文件 E7-2-window.jpg，为背景图层（见图 7-15）。选择 PS（左侧）工具箱中的“多边形套索工具”。在 PS 左上套索工具选项面板中单击“添加到新选区”按钮。在窗户图像左侧门内的一个边角上单击为起始点，光标会变为形状，如图 7-15①所示；然后沿着左侧门内边缘的转折处继续单击，拉出直线，确定左侧门内选区范围，直至光标起点处，单击或双击即可封闭套索选区。

采用同样的方法，将窗户图像中间和右侧门内的图像部分都套索选中，创建封闭套索选区，如图 7-15②③所示。

② 选择背景图层，按【Ctrl+J】组合键，可见新创建的图层 1，选区图像会被复制到此图层 1 中，如图 7-16 所示。

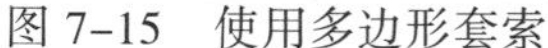

图 7-15　使用多边形套索

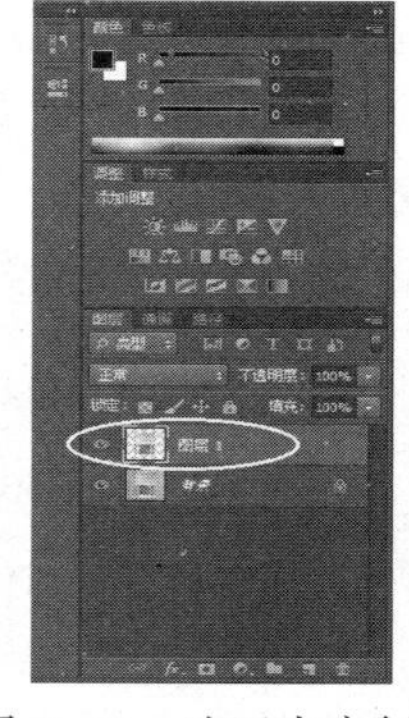

图 7-16　选区内容创建图层

③ 打开另外一个素材文件 E7-2-back.jpg，单击工具箱中的“移动工具”，在图像中单击左键不松开轻轻移动，然后拖动此图像至 E7-2-window.jpg 图像界面中，此时移动图像结束，位置如图 7-17 所示。

④ 按【Alt+Ctrl+G】组合键，自动创建图层 2 的剪贴蒙版，最终效果如图 7-18 所示。

2．图层基本操作

① 启动 Photoshop CS6，选择“文件”|“新建”命令，创建一个名称为 color 的空白文档，其参数设置如图 7-19 所示。

② 选择“横排文字工具” T，在“字符”面板中设置字体及大小，在画面中输入文字“Color”，如图 7-20 所示。此时，图像文件自动创建了新的文字图层。

图 7-17　添加外部图像为图层 2

图 7-18　图像制作效果

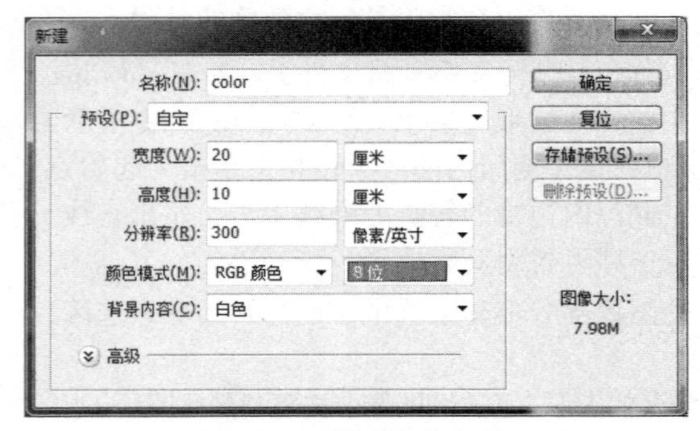

图 7-19　创建空白文档

图 7-20　创建文字图层

③ 双击文字图层，弹出“图层样式”对话框，添加“投影效果”，设置投影颜色为深蓝色。依此类推，分别添加“渐变叠加”“内阴影”“内发光”“斜面与浮雕”等效果。其中，“投影效果”和“渐变叠加”的参数设置如图 7-21 所示。其他效果的参数自行设置。

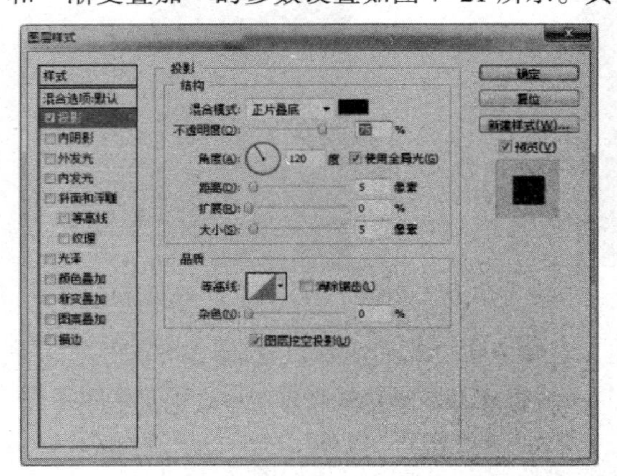

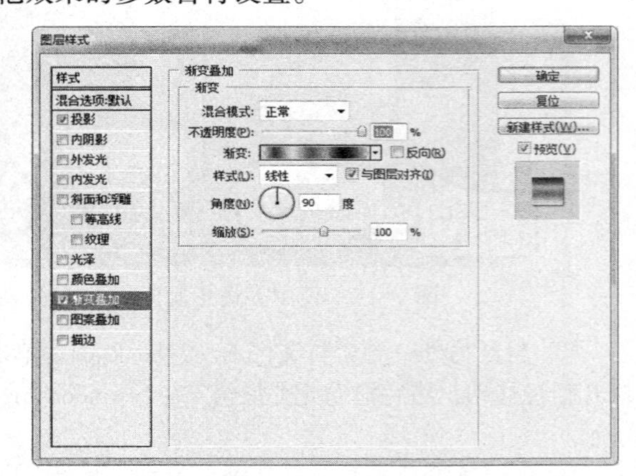

图 7-21　设置“投影”和“渐变”效果

④ 选择“移动工具”，按住【Alt】键向右下方移动鼠标，复制文字，此时自动产生了“Color 副本”图层。双击该图层，修改图层中的文字字体为 WCRhesusABta（此字体需要自行从互联网下载），文字会显示成墨点，如图 7-22 所示。

图 7-22　复制文字，改变字体

⑤ 选择“背景”图层，使用“渐变工具”▣设置背景的渐变效果。最终效果如图 7-23 所示。

图 7-23　图层应用效果

3. 数码证件照的规格转换

某考试网上报名时需要考生按规格上传电子照片。要求照片规格为 390 × 567 像素（宽 × 高），JPG 格式，分辨率为 72 像素/英寸。

① 启动 Photoshop CS6，选择“文件”|“打开”命令，打开实验素材文件 E7-2-man.jpg。

② 选择“裁剪工具”▣（见图 7-24a），单击图 7-24b 所示选项，选择图 7-24c 所示的“大小和分辨率”命令，打开“裁剪图像大小和分辨率”对话框，按规格要求如图 7-25 所示设置宽度、高度和分辨率（注意单位的选择）。拖动照片上出现的裁剪框，确定合适位置后按【Enter】键确认。

4. 制作一寸证件照

① 启动 Photoshop CS6，选择“文件”|“打开”命令，打开实验素材文件 E7-2-man.jpg。

② 选择“裁剪工具”▣，按照图 7-24 所示步骤打开图 7-25 所示“裁剪图像大小和分辨率”对话框后，设置宽度：2.5 厘米、高度：3.5 厘米和分辨率：300 像素/英寸（注意单位的选择）。拖动照片上出现的裁剪框，确定合适位置后在裁剪区域内双击或按【Enter】键确认。此时照片已被按照一寸照片规格裁剪完成。

③ 选择“图像”|“画布大小”命令，弹出“画布大小”对话框，按图 7-26 所示设置宽度、高度和画布扩展颜色，单击“确定”按钮。此时效果如图 7-27 所示，在一寸照片四周加了白边。

④ 按【Ctrl+A】组合键全选图像，选择“编辑”|“描边”命令，弹出“描边”对话框，设置宽度为 1 像素，颜色为蓝色，“位置”选择“内部”，如图 7-28 所示，单击“确定”按钮。按【Ctrl+D】组合键取消选区，完成剪切线的添加。

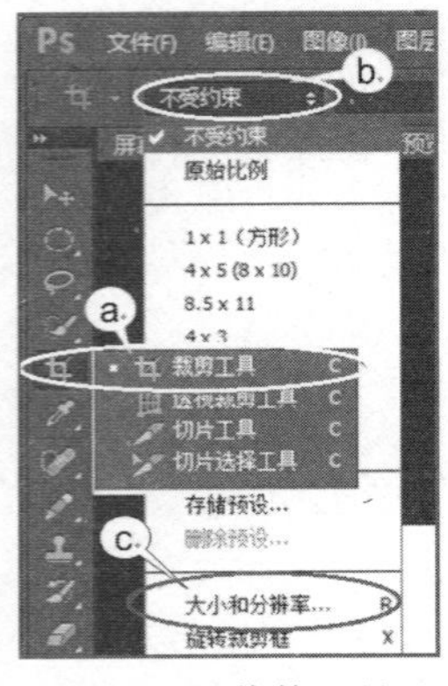

图 7-24　裁剪工具

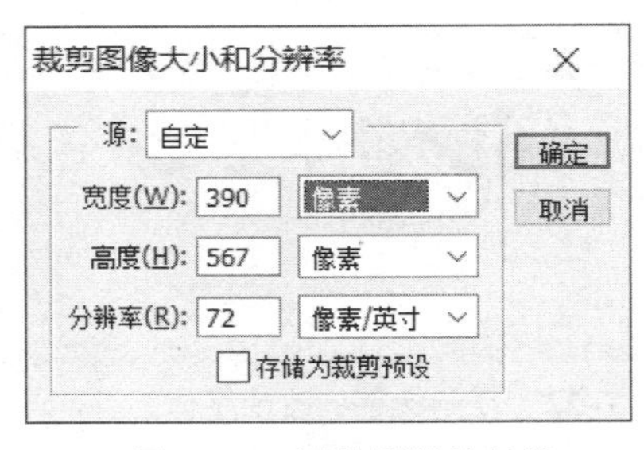

图 7-25　证件照规格转换

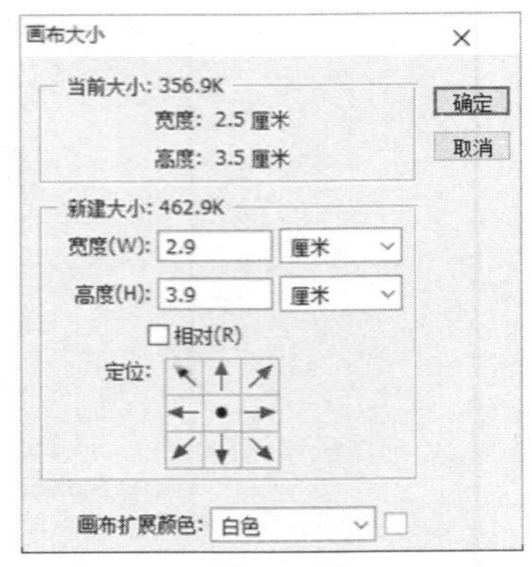

图 7-26　“画布大小”对话框

图 7-27　1 寸照片四周加白边

图 7-28　描边（添加剪切线）操作

⑤ 选择“编辑”|“定义图案”命令，弹出名称默认为“E7-2-man.jpg”的对话框，直接单击“确定”按钮，将带有白边的一寸照片定义为图案备用。

⑥ 选择“文件”|“新建”命令，创建一个名称为“八张一寸照片”的空白图像文档，其参数设置如图 7-29 所示。

⑦ 选择“编辑”|“填充”命令，弹出“填充”对话框，将“内容”栏的“使用”选为“图案”，并在“自定图案”中选中在第⑤步中定义好的带有白边的一寸照片“E7-2-man.jpg”图案，如图 7-30 所示。单击“确定”按钮，填充效果如图 7-31 所示（八张一寸照片之间的蓝色分隔线即为第④步中添加的剪切线）。

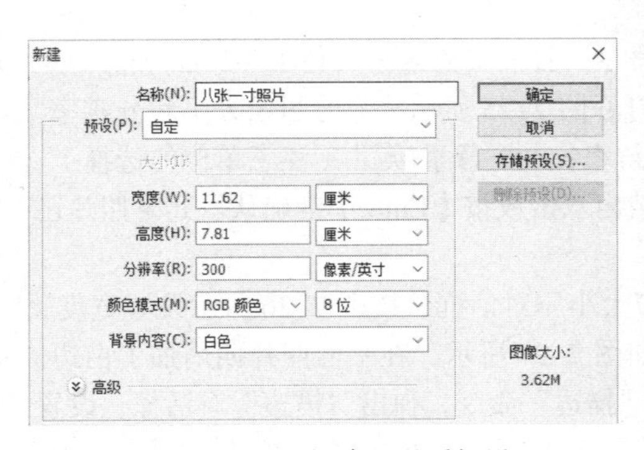

图 7-29　“新建”对话框设置

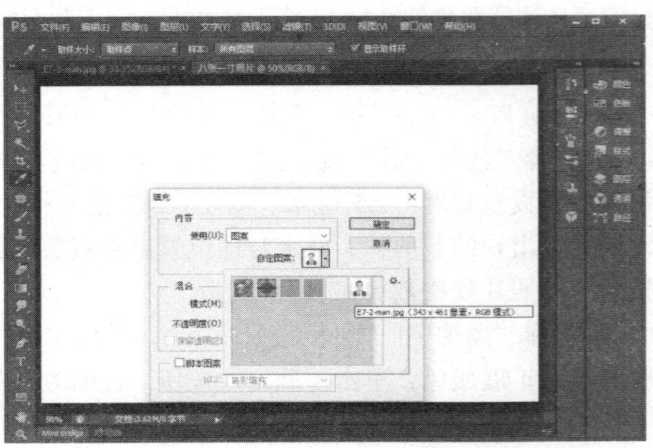

图 7-30　“填充”对话框设置

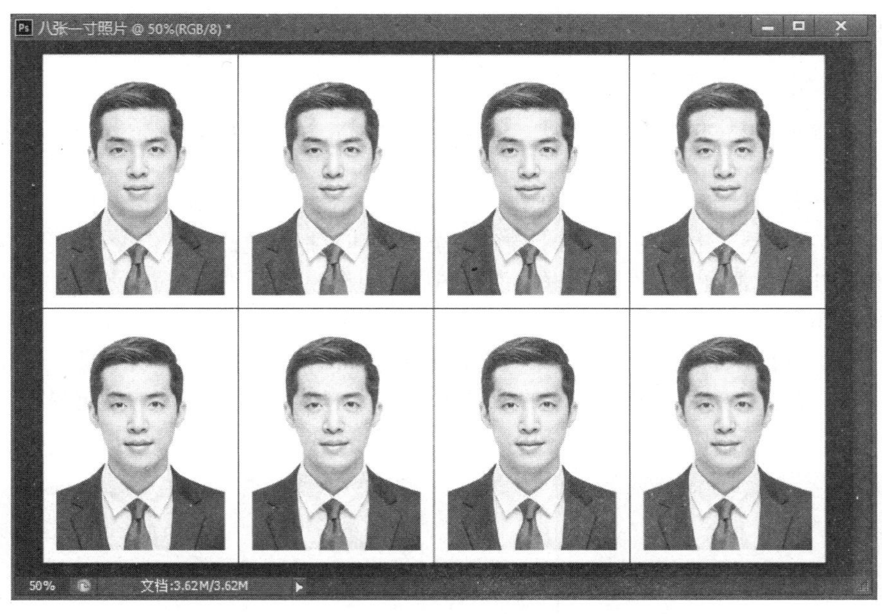

图 7-31　填充后的效果

⑧ 选择“图像”|“画布大小”命令，弹出“画布大小”对话框，按图 7-32 所示设置宽度、高度和画布扩展颜色，将图像扩展为 5 寸照片大小。单击“确定”按钮后照片最终排版效果如图 7-33 所示。

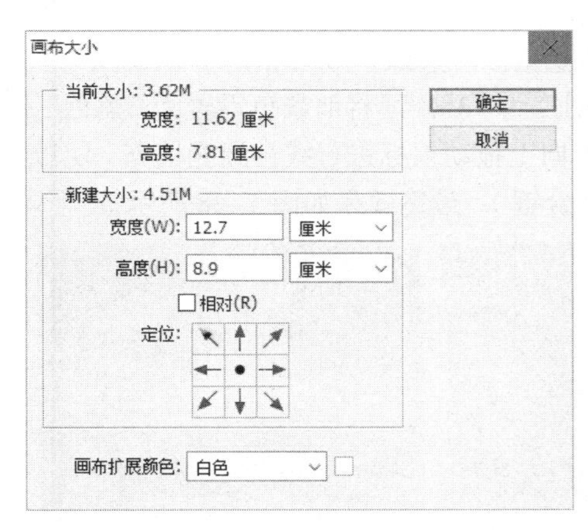

图 7-32　“画布大小”对话框设置

图 7-33　“填充”对话框设置

7.3　Photoshop 综合实例

7.3.1　实验目的

① 掌握 Photoshop CS6 图像编辑的综合应用技术。

② 掌握图层和蒙版的高级应用；几种常用工具的设置和使用。

③ 下载素材 E7-3.zip，其中包括 E7-3-sky.psd、E7-3-land.jpg、E7-3-pineapple.psd 和 E7-3-castle.psd。

7.3.2 实验内容

1. “菠萝城堡”背景图层的建立

① 启动 Photoshop CS6，选择“文件”|“打开”命令，打开实例素材 E7-3-sky.psd 文件，如图 7-34 所示。

② 选择“图层”|“新建”命令，新建“图层 1”，选择“渐变工具”，打开渐变编辑器，设置渐变属性，在图层 1 上按住【Shift】键由上至下拖动鼠标，填充线性渐变，如图 7-35 所示。

③ 在图层 1 的“混合选项”对话框中设置图层的混合模式为“强光”，使天空画面变得明亮纯净，如图 7-36 所示。

④ 按【Ctrl+O】组合键，打开新的素材文件 E7-3-land.jpg。使用“移动工具”将其拖动到 E7-3-sky.psd 中，系统会自动创建一个新的图层 2。按【Ctrl+T】组合键显示图像的定界框，按图 7-37 所示拖动鼠标调整沙滩图像的高度和宽度，按【Enter】键确认。

图 7-34 背景图片

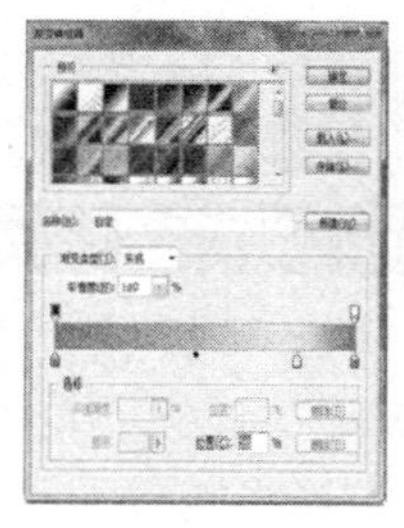

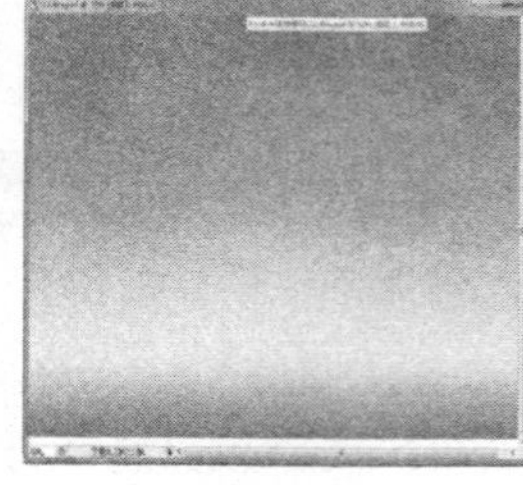

图 7-35 设置渐变图层

⑤ 单击该图层面板中的按钮，创建图层蒙版，使用渐变工具填充线性渐变，注意更改渐变颜色。操作起点应该在下部的沙滩图案内，才能很好地隐藏沙滩边缘，效果如图 7-37 所示。

⑥ 新建一个图层，设置其混合模式为“叠加”，不透明度为“35%”。将前景色设置为“黑色”，在渐变工具面板中选择“前景色到透明渐变”，由画面下方向上拖动鼠标进行线性渐变填充，使沙滩颜色变浓。最后将所有图层合并（按【Shift+Ctrl+E】组合键），最终效果如图 7-38 所示。

图 7-36 改变后的天空背景

图 7-37 沙滩图像的处理

2. “菠萝城堡”图像的创建

① 按【Ctrl+O】组合键，打开新的素材文件 E7-4-2-pineapple.psd，使用“移动工具”将其拖动到背景图像文件中。同样，系统会为其创建一个新图层“菠萝”。选择“编辑”|“变换”|“旋转 90 度（顺时针）”命令，将菠萝图像平放在沙滩上，如图 7-39 所示。

② 单击该图层面板中的按钮，创建图层蒙版。使用“画笔工具”，在“画笔工具”面板中选择“半湿描油彩笔”，在菠萝的底部涂抹黑色，使其看起来是隐藏在沙滩中的。再使用柔角画笔在菠萝叶的边缘涂抹灰色。使其看起来比较自然。

图 7–38　背景图像的最终效果

图 7–39　导入菠萝图像文件

③ 按【Ctrl+J】组合键复制该图层，创建图层“菠萝 副本”。选择“滤镜”|“模糊”|“高斯模糊”命令，在弹出的对话框中进行模糊属性设置，如图 7–40 所示。

图 7–40　设置高斯模糊

④ 单击“菠萝 副本”图层的蒙版缩览图，使用“柔角画笔工具”，在菠萝的中心位置涂抹黑色，隐藏中心的模糊图像，只让菠萝边缘呈现模糊效果。

⑤ 单击“菠萝”图层的蒙版缩览图，再次使用“柔角画笔工具”在菠萝的左侧涂抹灰色，使图像看起来更加自然。单击“菠萝 副本”图层，按【Ctrl+E】组合键合并这两个菠萝图层。

⑥ 按【Ctrl+B】组合键，弹出“色彩平衡”对话框，按照图 7–41 分别设置相应的色彩参数。设置后的图像效果如图 7–42 所示。

⑦ 再次按【Ctrl+O】组合键，导入素材文件 E7–3–castle.psd。注意该文件中包含 2 个图层，需使用“移动工具”分别将这 2 个图层移动至图像文件的不同位置，如图 7–43 所示。

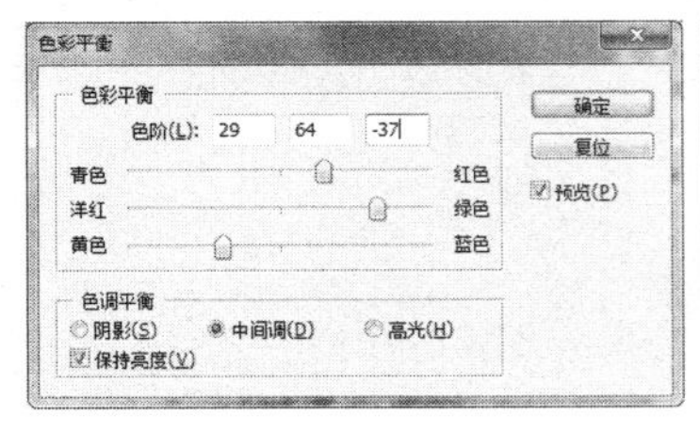

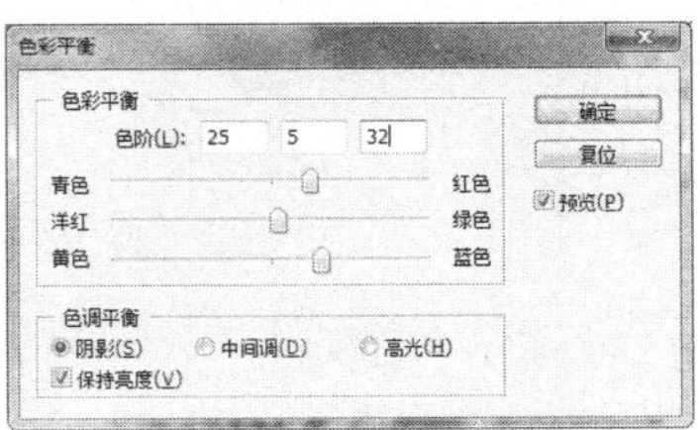

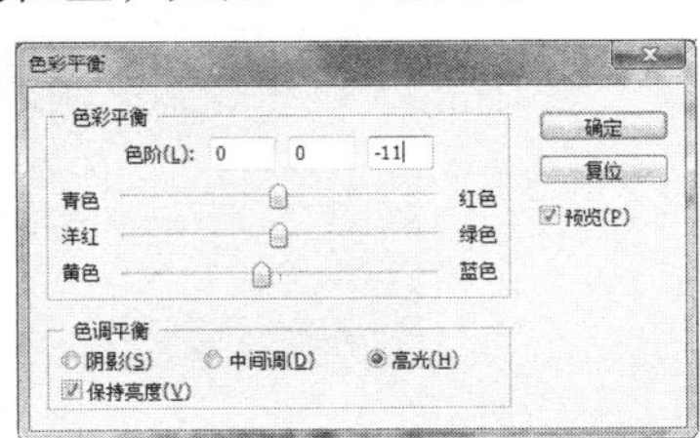

图 7–41　色彩平衡的设置

图 7–42　菠萝图像的效果图

⑧ 在“菠萝”图层上方新建一个图层，设置其混合模式为“正片叠底”。使用“柔角画笔工具” 设置其不透明度为“20%”，绘制图像上的门、窗、草丛和路灯的投影，使画面中各种元素的合成更加自然。最终效果如图 7–44 所示。

图 7–43　导入背景素材

图 7–44　“菠萝城堡”最终效果

第 8 章　Adobe Flash 动画基础

计算机动画制作是目前计算机多媒体技术应用的重要方面。动画制作包括二维动画和三维动画的制作。Adobe Flash 是 Adobe 公司推出的一款经典、优秀的矢量二维动画和多媒体内容创建的强大的创作平台。本章主要讲解 Adobe Flash 的基本概念和动画的类型。通过不同动画类型的实例讲解，掌握 Adobe Flash 动画的基本制作过程。

8.1　Adobe Flash 简介与基本操作

8.1.1　Adobe Flash 简介

Flash 是美国 Macromedia 公司于 1996 年 11 月推出的动画设计软件，第一版为 Macromedia Flash1，后来被 Adobe 公司收购，目前较新版本为 Adobe Flash Professional CC（2015）。Flash 是一种交互式动画设计工具，本章以 Adobe Flash Professional CS 5.5 （2011 年发布，v11）为制作环境。

1. 开始对话框介绍

启动 Flash，显示开始对话框，如图 8-1 所示。在开始对话框中集中了 Flash 制作的常用任务，包括“从模板创建”“打开最近的项目”“新建”项目“扩展”和“学习”软件等。

在开始对话框中选择“新建”下的 Flash 项目（图 8-1），这样就启动 Flash 的工作窗口并新建一个 Flash 文档（.fla）。Flash 文档包括.fla 和.swf，前者为 Flash 中可编辑的源码文件，称为 Flash 文档；后者为 Flash 生成的可直接播放的动画或视频，称为 Flash 影片。当完成一个 fla 文档创作后，可以选择“文件”|“发布”命令，发布一个压缩版的 Flash 影片文件，即扩展名为.swf。随后即可使用 Flash Player 在 Web 浏览器中播放这个 swf 文件，也可以作为一个独立应用程序播放。

图 8-1　开始对话框

2. 工作窗口介绍

Flash 的工作窗口由菜单栏、文档选项卡、编辑栏、时间轴、图层、工作区和舞台、工具面板以及其他各种控制面板组成，如图 8-2 所示。编辑栏有编辑场景和编辑元件按钮，及场景显示比例下拉列表。

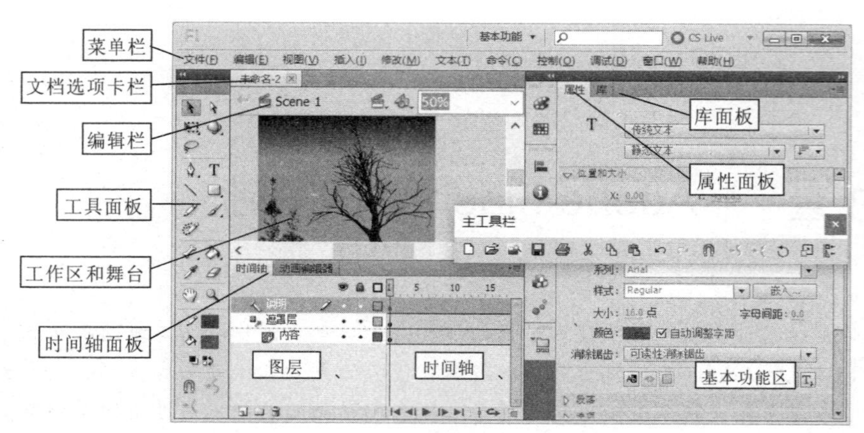

图 8-2　Flash 工作窗口

用户界面可分为 5 个主要部分：

① 舞台：可编辑图形、视频、按钮等区域，它是工作区的中间区域。

② 时间轴面板：控制影片中的元素出现在舞台中的时间。可以使用时间轴指定图形在舞台中的分层顺序，即图层的结构。高层图形显示在低层图形上方。

③ 工具箱或面板：包含一组常用工具，可使用它们选择舞台中的对象和绘制矢量图形。

④ 属性面板：显示有关任何选定对象的可编辑信息。

⑤ 库面板：用于存储和组织媒体元素和元件。

3. 工具面板介绍

Flash 工作窗口左侧是功能强大的“工具面板”（见图 8-2），它是 Flash 中最常用到的一个面板，包含了大量的图形制作、图形编辑、颜色处理等工具，如图 8-3 所示。

其中图形制作工具包括：“线条工具”“钢笔工具”“铅笔工具”“文本工具”“矩形工具”等。

图形编辑工具包括“选择工具”“部分选取工具”“填充变形工具”“套索工具”等。

颜色处理工具包括“墨水瓶工具”“颜料桶工具”“滴管工具”等。

在工具箱还包括了各种对于工具使用的设置选项。

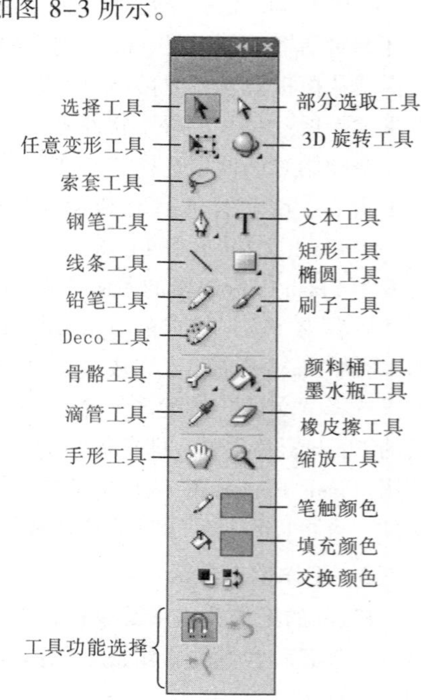

图 8-3　Flash 工具箱

8.1.2　Adobe Flash 基本概念

在 Flash 中关于动画制作的一些基本概念如下：

1. 图层

在 Flash 中，图层是一个很抽象的概念，具体来说，就是可以放置和编辑不同内容的透明画布。也可以将图层看作一叠透明的胶片，每张胶片上都有不同的内容，将这些胶片叠加在一起，就组成比较复杂的画面。可见画布是构成画面的基础，多个画布叠加成为画面，在此画布就是图层（见图 8-2）。

在上一图层添加内容，会遮住下一图层相同位置的内容。

如果上一图层某个位置没有内容，就会看到下一图层中位置的内容。

利用特殊的图层还可以制作特殊效果的动画。例如，如利用引导层可以制作引导层动画；利用遮罩层可以制作遮罩动画。

2. 帧

帧就是指图片或画面，一帧指的是一张图片或一个画面。它是制作 Flash 动画的最基本单位，每一个精彩的 Flash 动画都是由很多个精心雕琢的帧构成。每一帧都可以包含需要显示的所有内容，包括图形、声音、各种素材和其他多种对象。帧速率（帧频率）是指单位时间内播放多少张画面或图片。

Flash 的帧分为普通帧、关键帧和空白关键帧 3 种，如图 8-4 所示。

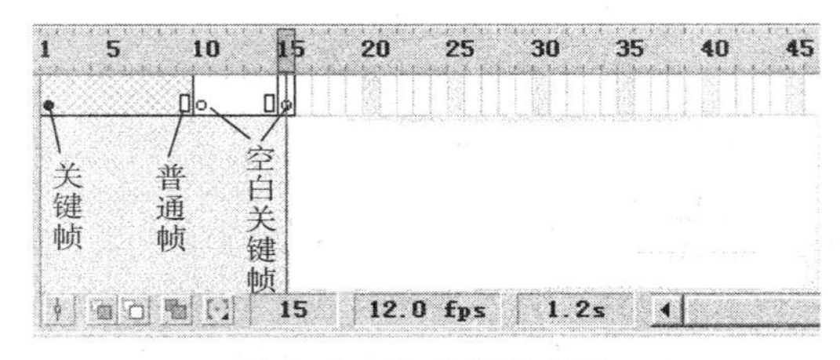

图 8-4　Flash 帧的概念

① 普通帧：指在时间轴上能显示实例对象，但不能对实例对象进行编辑操作的帧。普通帧在动画制作中可以起到过滤和延长关键帧内容显示的功能。在时间轴上显示为灰色填充的小方格。

② 关键帧：名思义，有关键内容的帧。用来定义动画变化、更改状态的帧，即编辑舞台上存在实例对象并可对其进行编辑的帧。在时间轴上显示为实心的圆点。

③ 空白关键帧：指没有包含舞台上的实例内容的关键帧。在此帧中添加任何内容，就会转变为关键帧。在时间轴上显示为空心的圆点。

同一图层中，在前一个关键帧的后面任一帧处插入关键帧，是复制前一个关键帧上的对象，并可对其进行编辑操作；如果插入普通帧，是延续前一个关键帧上的内容，不可对其进行编辑操作；插入空白关键帧，可清除该帧后面的延续内容，可以在空白关键帧上添加新的实例对象。

3. 时间轴

时间轴是一个以时间为基础的线性进度安排表，也是创建 Flash 动画的核心。

利用“时间轴”面板可以方便地组织和控制动画的内容。动画中各个对象何时何地出场，画面显示多久，归根结底，都是对时间轴的控制。

时间轴面板如图 8-5 所示，包括图层、播放头、帧标记、帧编号、状态栏等部分组成。

Flash 中包含了很多时间轴特效。利用这些特效，可以通过最少的步骤创建复杂的动画效果。可以应用时间轴特效的对象有文本、图形、元件等。

4. 元件

元件是指在 Flash 中创建且保存在库中的图形、按钮或影片剪辑等媒体资源，是 Flash 动画中最基本的元素。元件在 Flash 文档中的任意位置重复使用，而无须重新创建它。

① 图形元件是指静止的矢量图形或没有音效或交互的简单动画（GIF 动画）。

② 按钮实际上是一个只有 4 帧的影片剪辑，它的时间轴不能播放，只是根据鼠标指针的动作做出简单的响应，并转到相应的帧。按钮元件主要用于创建响应鼠标事件的交互式按钮。通过给舞台上的按钮实例添加动作语句而实现 Flash 影片强大的交互性。

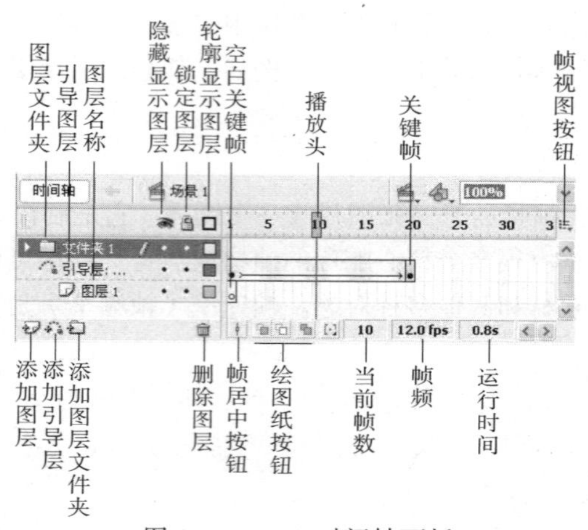

图 8-5　Flash 时间轴面板

③ 影片剪辑可以理解为电影中的小电影，可以完全独立于主场景时间轴并且可以重复播放。

几种元件的相同点是都可以重复使用，且当需要对重复使用的元素进行修改时，只需编辑元件，而不必对所有该元件的实例一一进行修改，Flash 会根据修改的内容对所有该元件的实例进行更新。

利用元件可以有效减小动画文件的体积；可以加快影片的播放速度。

5. 实例

实例是元件在舞台上的一次具体使用。重复使用实例不会增加文件的体积，因此在制作 Flash 动画时，应尽量使用实例，不仅可以减少重复劳动、提高制作效率，而且可以大幅度降低 Flash 文档的大小。

元件和实例之间存在着关联关系，元件的改变将直接导致所有对应的实例的改变。每个元件实例都有独立于该元件的属性，可以更改元件实例的色调、透明度和亮度，对元件实例进行变形等。

6. 库

库是 Flash 中存放和管理元件的场所。

Flash 中的库有两种类型：一种是 Flash 自身所带的公共库，此类库可以提供给任何 Flash 文档使用；另一种是在建立元件或导入对象时形成的库，此类库仅可以被当前文档或同打开的文档调用，该类库会随创建它的文档打开而打开，随文档关闭而关闭。

使用库可以减少动画制作中的重复制作并且可以减小文件的体积。

8.1.3 Adobe Flash 动画类型

Flash 动画基本类型主要包括两种：逐帧动画和补间动画。另外，还包括遮罩动画和引导动画等类型。

1. 逐帧动画

逐帧动画全部由关键帧组成，可以一帧一帧绘制，也可以从外部导入，如图 8-6 所示。

图 8-6　逐帧动画

逐帧动画的优点是对刻画动画对象（主要是人物或动物）的动作细节到位，因此一般在表现对象的走、跑、跳等精细动作时，常常采用逐帧动画的方式实现。

逐帧动画的缺点是需要一帧一帧地绘制，工作量比较大。最终形成的动画文件体积也比较大。

创建逐帧动画可以有以下几种方法：

① 用导入的静态图像文件建立逐帧动画。用 jpg、png 等格式的静态图像文件连续导入到 Flash 场景中，建立逐帧动画。

② 绘制矢量逐帧动画。使用鼠标或压感笔等绘图工具在场景中一帧帧的画出帧内容，形成逐帧动画。

③ 文字逐帧动画。用文字作帧中的元件，实现文字跳跃、旋转等特效。

④ 导入序列图像。通过导入 gif 序列图像、swf 动画文件或者利用第 3 方软件（如 Swish、Swift 3D 等）产生的动画序列，创建逐帧动画。

2. 补间动画

补间动画是动画设计中常见的基础动画类型，使用它可以制作出对象的位移、变形、旋转、透明度、滤镜以及色彩变化的动画效果。

补间动画又分为形状补间和动作补间两种：

① 形状补间：在一个关键帧中绘制一个形状，然后在另一个关键帧中更改其形状或重新绘制另一形状，Flash 根据两者之间的帧的数量和类型来创建的变形动画，如图 8-7 所示。

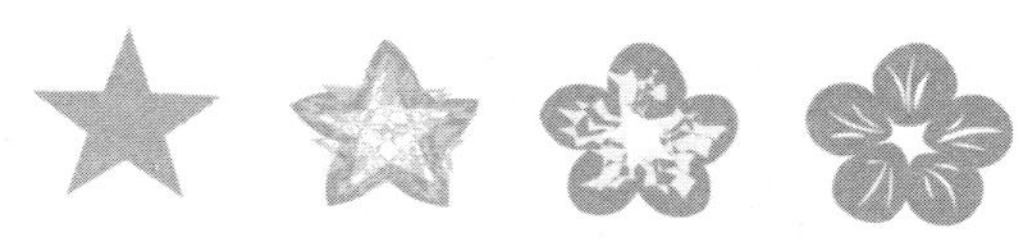

图 8-7　形状补间动画

② 动作补间：在一个关键帧中放置一个元件实例，在另一个关键帧中改变这个实例的大小、颜色、形状、位置、透明度等属性；Flash 根据这两个关键帧之间值的变化创建动画。

与形状补间不同，创建动作补间动画的对象必须是“元件”，包括图形元件、按钮、影片剪辑、文字元件、组合对象等。但是不能是形状，需要把“形状”进行组合或转换为元件，才能够制作动作补间动画。

3. 遮罩动画

首先了解一下什么是“遮罩”？顾名思义，“遮罩”就是遮挡住下面的对象。

遮罩层动画，是利用遮罩图层的特点，有选择地显示被遮罩层的内容，如图 8-8 所示。

遮罩有两种作用。一是用在整个场景或一个特定区域，使场景外的对象或特定区域外的对象不可见。

另一种作用是用来遮住元件的某一部分，从而达到一些特殊效果。

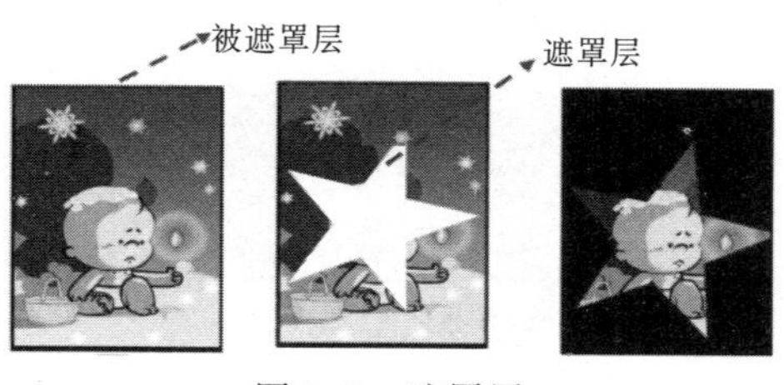

图 8-8　遮罩层

4．引导动画

在生活中，有很多运动轨迹是不规则的，如蝴蝶在花丛中飞舞等。Flash 提供了一种简单的方式来实现对象沿着复杂路径移动的效果，这就是引导动画。

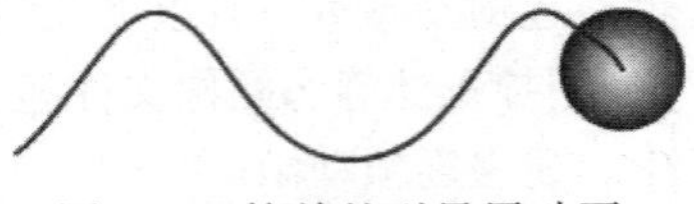

图 8-9　简单的引导层动画

引导动画需要创建一个引导层，在引导层定义运动路径，然后将一个或多个图层链接到引导层，使得这些图层中的对象可以沿着引导层定义的路径移动。

引导层可以实现如树叶飘落、小鸟飞翔、星体运动（见图 8-9）、激光显示等动画效果。

除了以上介绍的动画类型，Flash 还包括如蒙版动画、脚步动画等更多类型的复杂动画。因篇幅关系，本书不再赘述。

8.1.4　绘制和编辑线条

Flash 中绘制线条是最基本的操作。通过绘制和编辑不同线条，学会创建 Flash 项目，熟练使用工具面板中的“线条工具”“铅笔工具”和“墨水瓶工具”等，以及“属性面板”的使用和了解编辑场景。

启动 Flash 软件，在开始对话框［见图 8-10(a)］中选择“新建”下的“Flash 项目”，弹出“创建新项目”对话框［见图 8-10(b)］，在“项目名称”文本框中输入“Flash 作品 1”，单击“浏览”按钮，弹出“浏览文件夹”对话框，如图 8-10(c)所示。选择 D:盘，单击“确定”按钮。在“创建新项目”对话框中，“根文件夹”为：“file:/// D|/”，单击“创建项目”按钮，显示工作窗口：场景 1，系列线条在场景 1 中绘制。

① 画一条直线蓝色实心直线，直线粗细定为 3 像素。单击工具面板中的线条工具，鼠标变为“十”字，在属性面板中选中“笔触文本框”输入 3（像素），样式选择实线，单击“笔触”按钮，打开调色板，同时光标变成滴管。用滴管直接拾取颜色或者在“颜色文本框”中直接输入颜色的十六进制码，颜色码以#开头，如#0000FF（蓝色）［见图 8-11(b)］，在“场景 1”中绘制一条直线。

② 同上在样式（见图 8-12 和图 8-13）中选择：虚线、点状线、锯齿线、点刻线和斑马线等在“场景 1”中绘制直线，粗细均为 3 像素，颜色码依次为：#990000（深红）、# FF00FF、#669900、#0000FF 和#000000，如图 8-14 所示。

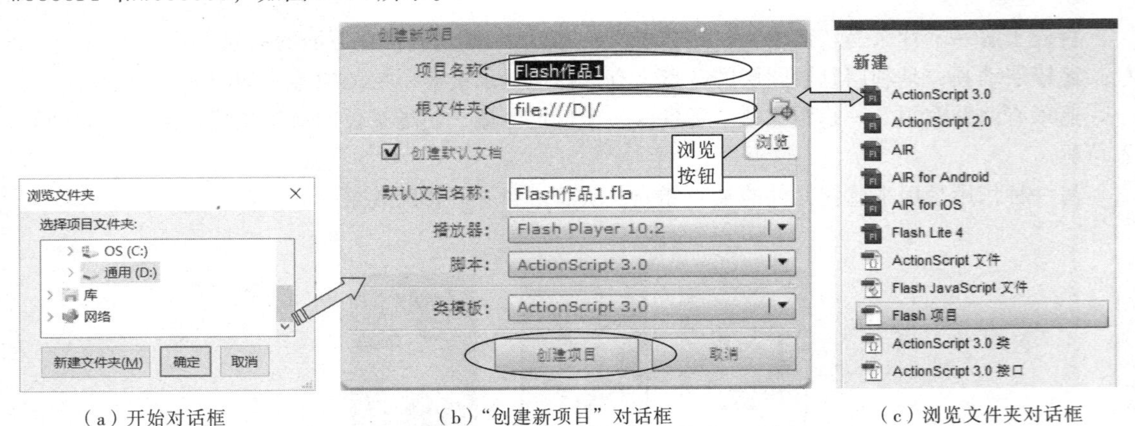

（a）开始对话框　（b）“创建新项目”对话框　（c）浏览文件夹对话框

图 8-10　创建新项目

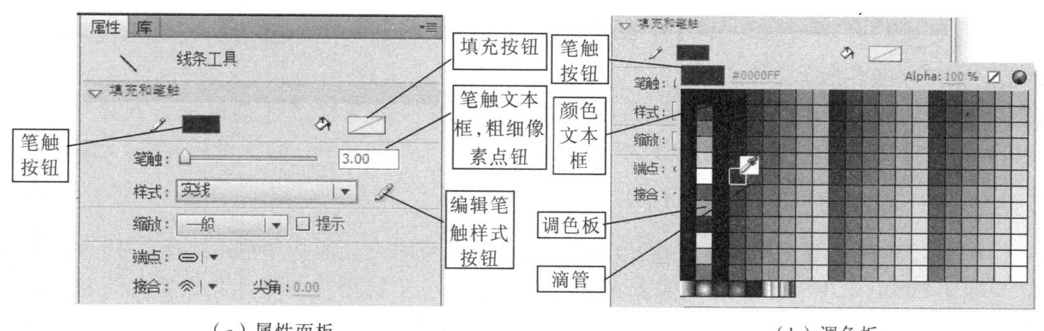

（a）属性面板 （b）调色板

图 8-11 属性面板中填充、笔触及调色板

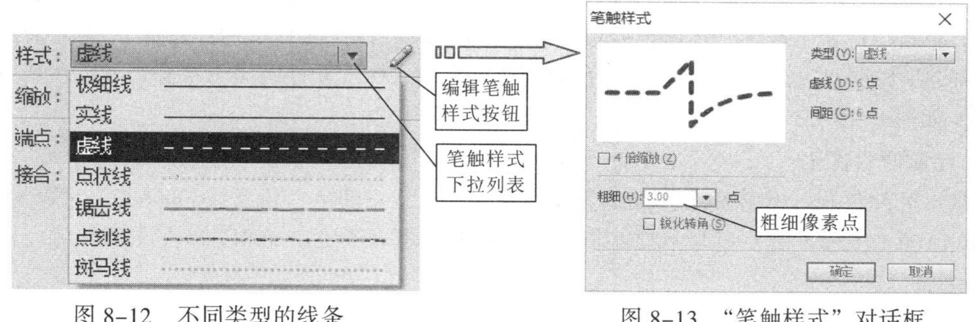

图 8-12 不同类型的线条 图 8-13 “笔触样式”对话框

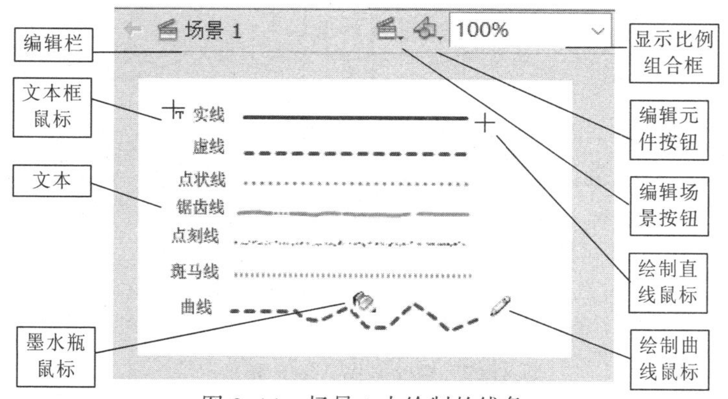

图 8-14 场景 1 中绘制的线条

③ 绘制一条与以上虚线样式和颜色一样的曲线：单击工具面板中铅笔工具，鼠标变为笔，在属性面板中选中“笔触文本框”输入 4（像素），样式选择实线，在“场景 1”中绘制一条曲线；将以上绘制的虚线的颜色样式套用到曲线上，单击“工具面板中滴管工具”，选中在“场景 1 中第二条直线——虚线，鼠标变为“墨水瓶工具”，用“墨水瓶”鼠标单击曲线，则该曲线成为虚线一样的样式和颜色，如图 8-14 所示。

④ 在绘制的 7 条线左侧，用工具面板中的文本工具T加注文本：单击工具面板中的文本工具T，鼠标变为“卞”字，在线条左侧拖动“卞”鼠标，在框中输入相应文字，并将文本框拖动到合适位置即可。

如果需要更改已绘制的线条的方向和长短，Flash 提供了一个很便捷的工具：工具面板中的箭头工具。箭头工具的作用是选择对象、移动对象、改变线条或对象轮廓的形状。单击选择箭头工具，然后移动鼠标指针到直线的端点处，指针右下角变成直角状，这时拖动鼠标可以改变直线的方向和长短。

如果鼠标指针移动到线条中任意处，指针右下角会变成弧线状，拖动鼠标，可以将直线变成曲线，可以帮助画出所需要的曲线。

8.1.5　绘制树叶和树枝

通过绘制树叶和树枝等图形，学会新建图形元件，熟练使用工具面板中的“选择”“任意变形”“染料桶”“线条”“铅笔”等工具和修改菜单中的图形组合，了解模板、元件和库的概念和使用。

启动 Flash 软件，在开始对话框（见图 8-1）中，单击“从模板创建”下的“动画”，弹出“从模板新建”对话框[见图 8-15(a)]，选择“动画”，单击“确定”按钮，在工作界面中选择“插入”|“新建元件”命令，“创建新元件”对话框[见图 8-15（b）]，“名称”输入“树叶”，类型选择“图形”，单击“确定”按钮。在属性面板中选中舞台#FFFFFF（工作区为：白色）。至此借助动画模板和场景（Scene1），对树叶元件的舞台已创建好，进入树叶元件的编辑状态，可以在其上面绘制图形，如图 8-15（c）所示。

1. 绘制叶片图形

要求：叶片轮廓、叶脉线条粗细均为 1 像素；叶片线条颜色：轮廓线#006600（深绿），中间叶脉#00AA00（中绿）细小叶脉#00CC00（绿色）；叶片填充颜色：#00FF00（浅绿）。

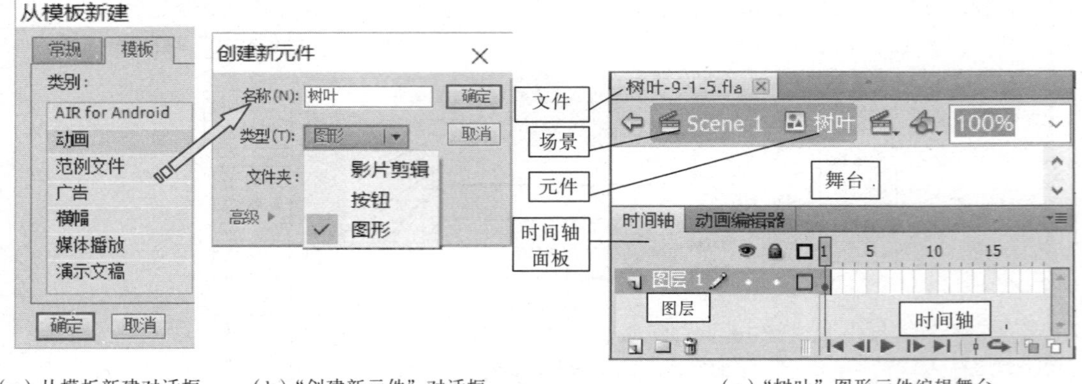

（a）从模板新建对话框　（b）“创建新元件”对话框　（c）“树叶”图形元件编辑舞台

图 8-15　树叶文件、场景和舞台

① 设置叶片轮廓线颜色和粗细：单击工具面板中的线条工具，单击属性面板中的“笔触颜色”，显示调色板，在“颜色文本框”中输入颜色码#006600（深绿），单击属性面板中的“笔触高度”文本框，输入 1（像素）。完成线条颜色和粗细设置，鼠标为“十”字。

② 绘制和变形叶片轮廓线：在树叶元件的“舞台”界面上[见图 8-15（c）]，用线条“十”字鼠标绘制一条直线，单击工具面板中任意变形工具，拖动直线向左弯曲，形成叶片的左侧轮廓线；右侧轮廓线按同样方法绘制，完成后单击工具面板中选择工具，单击选中右侧轮廓线，用键盘光标键移动轮廓线，直到左右侧轮廓线上下交点完全叠加[见图 8-16（a）]，否则没有闭合将不能填充颜色。

③ 绘制叶脉线和填充颜色：单击工具面板中的填充颜色按钮，显示调色板，在“颜色文本框”中输入颜色码#00FF00（浅绿），单击颜料桶工具，鼠标变为，单击叶片填充颜色，如图 8-16（b）所示。

用工具面板中线条工具绘制中间和细小叶脉线（粗细均为 1 像素；颜色：中间叶脉#00AA00 中绿，细小叶脉#00CC00 绿色）。叶脉线粗细颜色设置、变形和操作同上①和②步骤。完成后效果［见图 8-16（b）］。

注释：如果在画树叶的时候出现一些失误，例如，画出的叶脉不是所希望的样子，可以选择“编辑”|“撤销”命令撤销前面的操作，也可以用工具面板中选择工具选择在画好的图案上进行编辑和修改。如果用选择工具单击想要编辑的直线，直线变成网点状，说明它已经被选取，可以对它进行各种编辑修改操作。也可以用选择工具鼠标拉出内容选取框，选择多个图案（如多条叶脉），进行统一的编辑操作。

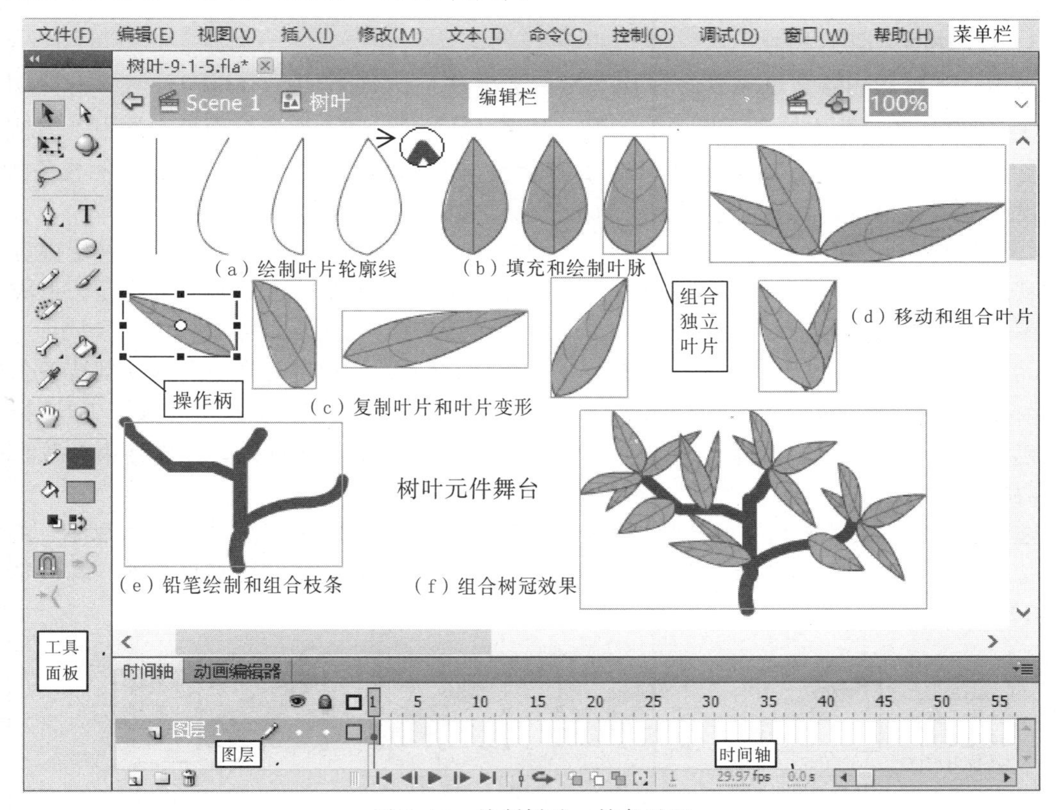

图 8-16　绘制树叶、枝条过程

2. 叶片变形和组合

先将绘制好的叶片轮廓、叶脉和填充颜色等合成一个完整的叶片，其次复制 3～4 片合成叶片，通过工具面板中的任意变形工具改变叶片大小、形状和旋转等使叶片变形至认为可以的大小和形状即可，如图 8-16(c)所示。再将多个变形的叶片整合在一起，形成组合叶片，如图 8-16(d)所示。

① 形成独立叶片：用工具面板中的选择工具拉出内容选取框选择整个绘制好的叶片(即轮廓、叶脉和填充颜色)，选择“修改”|“组合”命令，形成独立的叶片，见图 8-16(b)。

② 多个变形叶片：用工具面板中的选择工具拉出内容选取框，选择独立叶片，选择“编辑”|“复制”命令，在合适的位置单击“粘贴”4 个叶片，见图 8-16(c)。用工具面板中的任意变形工具选择叶片，通过拖动柄［见图 8-16(c)］出现变形鼠标来改变叶片大小、变形和

旋转，其他叶片操作类似。注释：操作变形鼠标有 3 种：大小“↔”、变形“⇆”和旋转“↻”。

③ 组合叶片：通过工具面板中的选择工具拖动变形叶片在一起，用键盘光标键移动摆好位置，用选择工具拉出内容选取框，选中摆好位置的所有叶片。选择“修改” | “组合”命令，形成组合叶片［见图 8-16(d)］，2 片和 3 片组合叶片。

④ 复制多个组合叶片备用：通过工具面板中的选择工具拉出内容选取框选择组合叶片，组合叶片呈现网点状表示选中，按下【Ctrl】+ 鼠标左键拖动，便可复制组合叶片或操作复制和粘贴，由此复制多个组合叶片，并用工具面板中的任意变形工具改变组合叶片大小、形状和旋转等，以备后用。

3. 绘制枝条和组合树冠

要求：主枝和侧枝条粗细分别为 10 像素和 8 像素；颜色#006600（深绿）。

① 绘制枝条：单击工具面板中的铅笔工具，鼠标变为，在属性面板中选中“笔触颜色”输入颜色码#006600，“笔触高度”输入 10 像素，样式选择实线，绘制主枝条。侧枝条“笔触高度”输入 8 像素，其他操作同上绘制主枝条，如图 8-16(e)所示。

② 组合枝条：将绘制的主枝和侧枝条，通过工具面板中的选择工具选中，并用键盘光标键移动整合在一起，拉出内容选取框，选中整枝条选择“修改” | “组合”命令，形成组合枝条，见图 8-16(e)。

③ 组合树冠：通过工具面板中的选择工具将组合叶片和单叶片选中并拖动到枝条上，用键盘光标键微调位置，继续此操作，直到树冠形成结束。通过工具面板中的选择工具拉出内容选取框，选择树冠，选择“修改” | ”组合”命令形成组合树冠，操作结束，效果如图 8-16(f)。

注释：在使用工具面板中的选择工具和任意变形工具时，出现拉出内容选取框、变形框，工具鼠标、改变大小鼠标、变形鼠标和旋转鼠标，以及操作柄、变形中心等，其形状如图 8-17 所示。

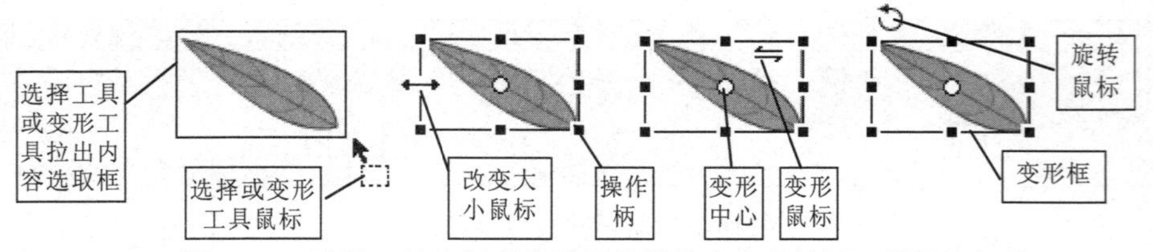

图 8-17　选择工具和任意变形工具操作中出现的框、鼠标和柄等

8.1.6　按钮以及影片剪辑元件的制作

通过绘制信封和球体等图形，学会新建按钮和影片剪辑元件，熟练使用工具面板中的“选择”“任意变形”“染料桶”“线条”“铅笔”“矩形”“椭圆”等工具和“修改”菜单中的“组合”“取消组合”等命令，了解新建 ActionScript 3.0 文件等。

1. 信封按钮元件绘制

（1）创建元件舞台工作界面

启动 Flash 软件，在开始对话框（见图 8-1）中，单击“新建”下的 ActionScript3.0，显示“场景 1”的舞台工作界面，选择“插入” | 新建元件（Ctrl+F8）命令，弹出“创建新元件”对话框（见图 8-18），名称输入 button，类型选择“按钮”，单击“确定”按钮，显示 button 元件

的舞台工作界面。Flash 将此元件自动添加到元件库中并自动切换为元件编辑模式。时间轴中显示按钮的 4 个连续帧，分别标识为“弹起”“指针经过”“按下”和“点击”。

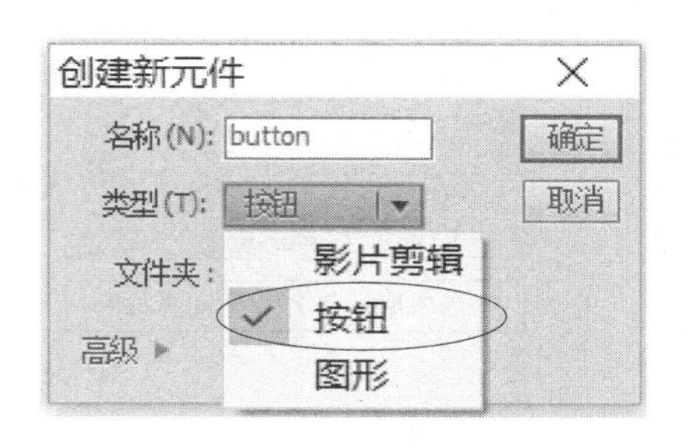

图 8-18　创建按钮元件对话框

（2）弹起帧中绘制信封按钮

要求：线条属性要求颜色码#000000（黑色），笔触（粗细）为 1（像素），样式为“实线”。

在时间轴中选择第 1 个帧，即“弹起”帧，这是一个空白关键帧。使用绘画工具在场景舞台中绘制一个如图 8-19 所示的信封。

单击工具面板中“矩形工具”，在属性面板中设置矩形颜色码为#000000（黑色），笔触（粗细）为 1（像素），样式为“实线”，端点为“圆角”，接合为“圆角”，矩形选项为 8（像素，圆角大小），填充颜色码为#66FFFF（浅蓝色）。拖动鼠标绘制圆角矩形（见图 8-19），在属性面板中双击位置大小数字框，调整圆角矩形，位置：X-50，Y-25；大小：宽 100，高 50，如图 8-20(a)所示。

单击工具面板中的“线条工具”，在圆角矩形中绘制两条上斜线条（宽 42，高 30）和两条下斜线条（宽 20.8，高 35），见图 8-20(b)和图 8-21 所示，效果见图 8-19。

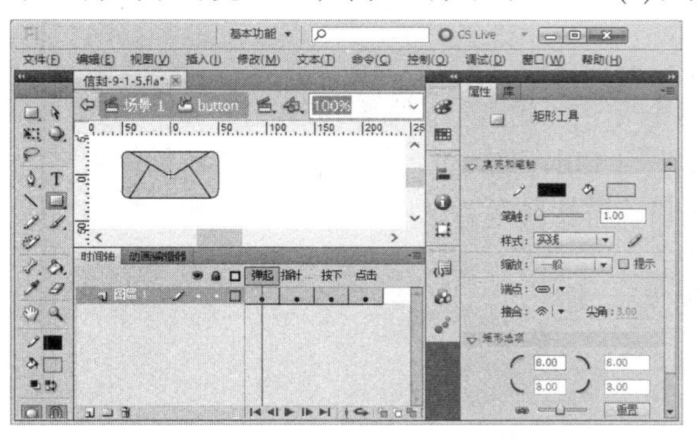

图 8-19　“弹起”帧绘制信封界面

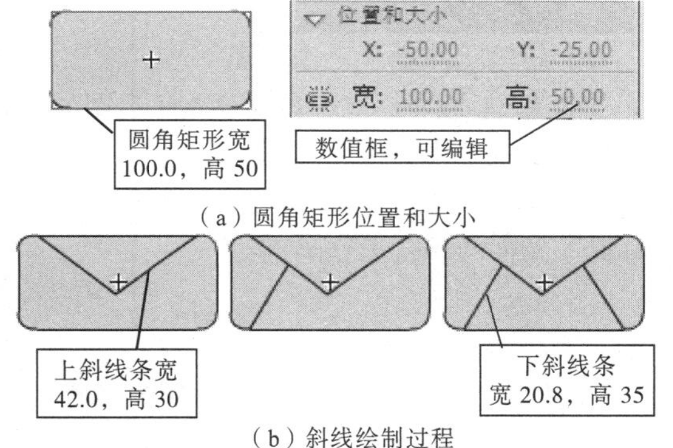

（a）圆角矩形位置和大小

（b）斜线绘制过程

图 8-20　“弹起”帧信封按钮绘制过程

（3）指针经过帧复制修改信封按钮

单击“指针经过”帧，按【F6】键复制第 1 个关键帧，显示“指针经过”帧，绘制两条上斜线条呈现上三角（宽 42，高 30），绘制一条直线（宽 43.9，高 1），信封样式如图 8-21 所示。

单击工具面板中的“选择工具”，选中整个信封图形选择“修改”｜“取消组合”命令，反复操作，直到取消所有组合，信封图形变成网状点即可（见图 8-21）。用“选择工具”选中多余的两条短斜线并删除，用工具面板中的“颜料桶工具”填充上三角颜色为#66FFFF（浅蓝色），下梯形为#FFFFFF（白色）。如果不能填充，微调线条使各交叉点完全重合后，再填充颜色。

（4）后续帧复制信封按钮

依次在时间轴，单击“按下”帧和“点击”帧，按【F6】快捷键复制前第 1 帧的状态，如图 8-22 所示。

编辑完成后，单击“场景 1”名称返回主场景，按钮元件创建完毕。

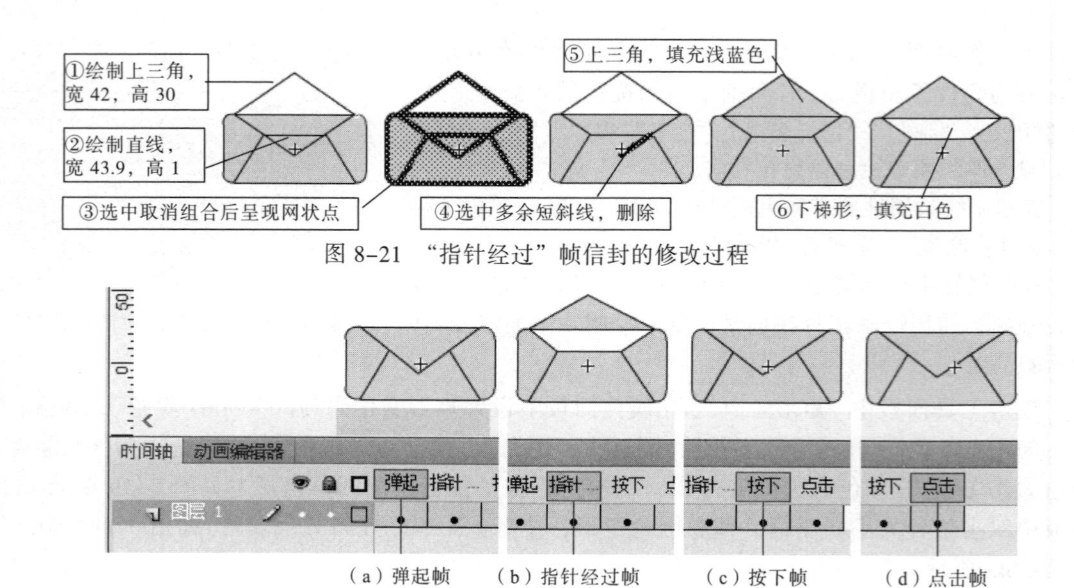

图 8-21 “指针经过”帧信封的修改过程

（a）弹起帧（b）指针经过帧（c）按下帧（d）点击帧

图 8-22 信封按钮各帧复制过程，及元件创建最终效果

2. 影片剪辑元件

（1）创建元件舞台工作界面

启动 Flash 软件，在开始对话框（见图 8-1）中，单击“新建”下的 ActionScript 3.0，显示“场景 1”的舞台工作界面，选择“插入”|“新建元件”（Ctrl+F8）命令，弹出“创建新元件”对话框（见图 8-23），名称输入“运动的球”，类型选择“影片剪辑”，单击“确定”按钮，显示“影片剪辑”元件的舞台工作界面。

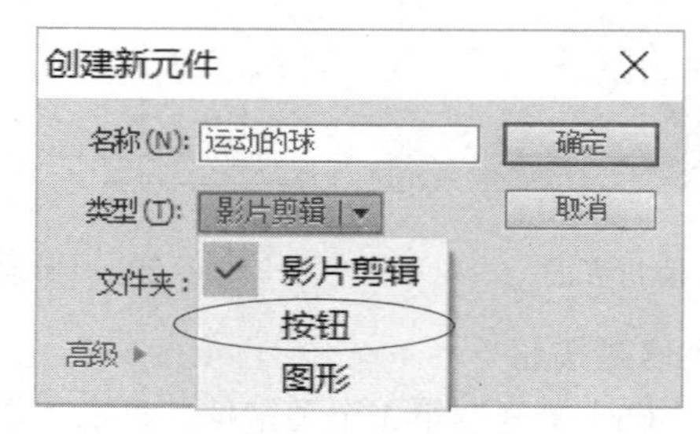

图 8-23 创建影片剪辑元件

Flash 将此元件自动添加到元件库中并自动切换为元件编辑模式。该编辑模式的主要特征为场景名称后追加了当前元件的名称：运动的球，并且在舞台中心出现了一个小“十”字，代表元件的中心。

（2）绘制球

在工具面板中选择“椭圆”工具，单击笔触颜色，在调色板中设置为#000000（黑色），单击填充颜色，在调色板中选择放射状（填充色为#C9C9C9），选择第 1 帧，在中心点左侧绘制一个球，如图 8-24 所示。

选中第 30 帧（见图 8-25），选择“插入”|“时间轴”命令，选中“空白关键帧”（按 F7 快捷键），插入空白关键帧，在中心点右侧绘制一个球，如图 8-25 所示。编辑完成后，单击“返回”按钮或“场景名称”返回主场景，影片剪辑元件创建完毕。

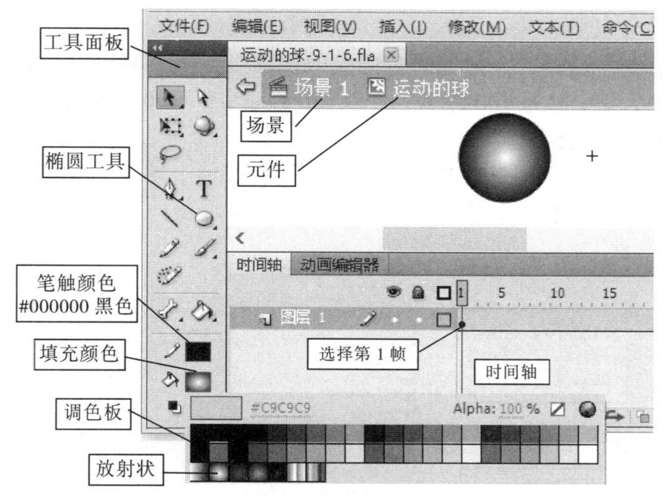

图 8-24　影片剪辑运动球元件第 1 帧

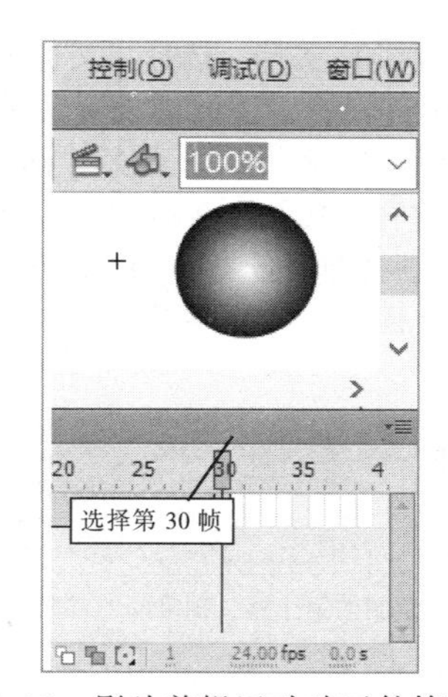

图 8-25　影片剪辑运动球元件第 30 帧

8.2　Flash 简单动画制作实验

8.2.1　实验目的

① 掌握 Flash 动画制作过程中各个元素的属性设置与应用方法。

② 掌握使用 Flash 制作逐帧动画和补间动画的步骤和过程。

③ 素材从网上下载。

8.2.2　实验内容

1．逐帧动画：奔跑的豹子

逐帧动画在时间帧上表现为连续出现的关键帧，如图 8-26 所示。

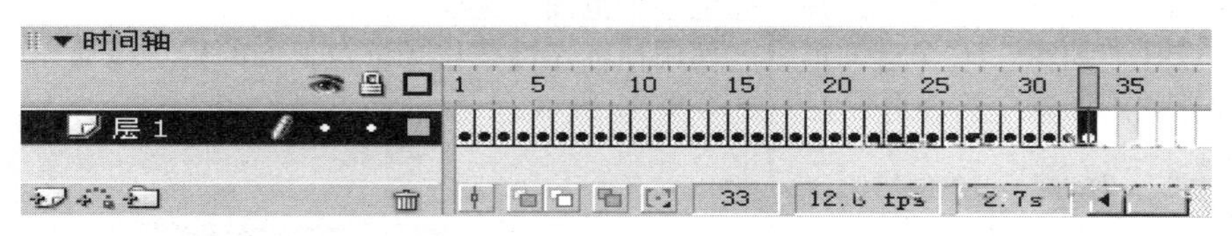
图 8-26　逐帧动画

（1）绘图纸功能

通常情况下，Flash 在舞台中一次只能显示动画序列的单个帧。使用绘画纸功能后，可以在舞台中一次查看多个帧的内容。

“绘图纸”功能相关命令按钮在时间轴窗口的下部，包括“绘图纸外观”“绘图纸外观轮廓”和“编辑多个帧”3 种功能。可以进行动画元件的定位和编辑，对制作逐帧动画非常有帮助。

如图 8-27 所示，这是使用“绘图纸外观”功能后的场景，可以看出，当前帧中内容用全彩色显示，其他帧内容以半透明显示，看起来好像所有帧内容是画在一张半透明的绘图纸上，相互层叠在一起。

（2）制作逐帧动画

奔跑的豹子：茫茫雪原上，有一只矫健的豹子在奔跑跳跃。这是一个利用导入连续位图而创建的逐帧动画。

① 创建影片文档。选择“文件”|“新建”命令，在弹出的对话框中选择“新建”|ActionScript 3.0 选项，在右侧的属性面板设置文件属性，尺寸宽为 400 像素，高为 260 像素，背景颜色#FFFFFF（白色），如图 8-28 所示。点击“确定”按钮，创建影片文件。

② 创建背景图层。在时间轴上选择第 1 帧，选择“文件”|“导入到舞台”命令，导入“E8-2-2 雪景.bmp”图片到舞台中。在时间轴的第 8 帧按【F5】键，加过渡帧使帧内容延续。右击“图层 1”，设置其属性，将此图层名称改为“雪景”。

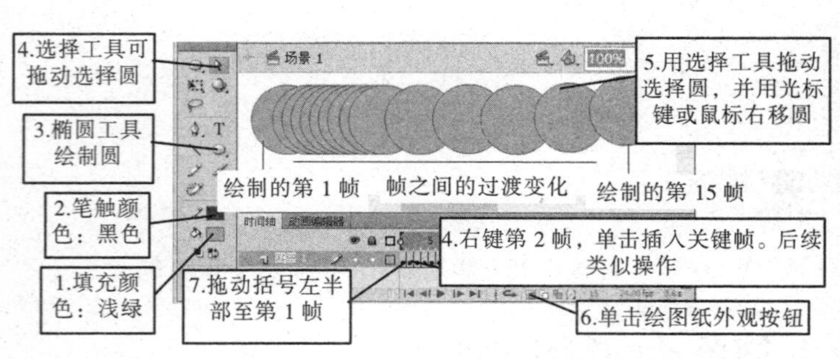

图 8-27 使用“绘图纸”同时显示多帧内容的变化

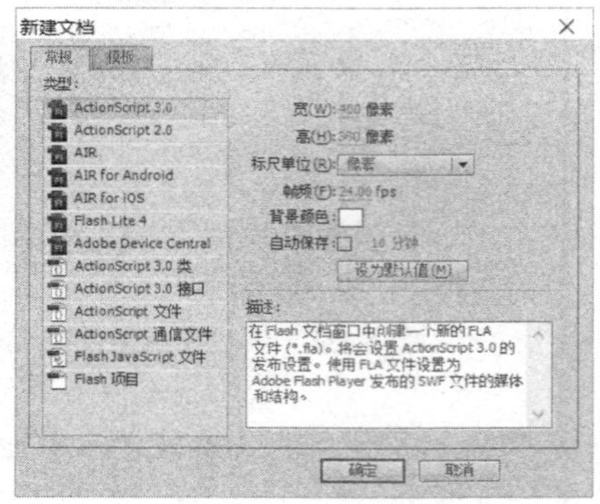

图 8-28 “新建文件”对话框

③ 导入图像序列。新建 1 个图层，命名为“豹子”。选择时间轴上的第 1 帧，选择“文件”|“导入到舞台”命令，导入“奔跑的豹子”系列图像文件，共 8 个文件，如图 8-29 所示。此时，会弹出如图 8-30 所示的信息对话框，单击“是”按钮，Flash 会自动把 gif 中的图片序列按序以逐帧形式导入到舞台，自动分配在 8 个关键帧中。

④ 调整对象位置。可以逐帧调整各个图像的显示位置，完成一幅图片后记下其坐标值，再把其他图片设置成相同坐标值。下面使用“多帧编辑”功能。

首先，把“雪景”图层加锁，选择时间轴面板下方的“编辑多个帧”按钮，再单击“修改标记”按钮，在弹出的菜单中选择“标记整个范围”选项。

然后，选择“编辑”|“全选”命令，使用鼠标左键按住场景左上方的豹子拖动，一次性把 8 帧中的图像移动到场景中的合适位置，如图 8-31 所示。

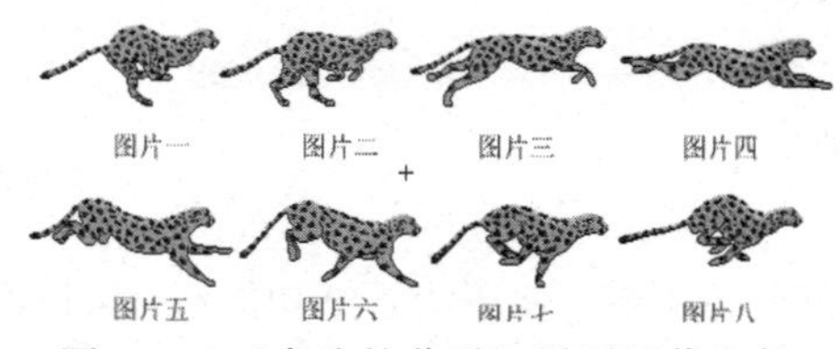

图 8-29 “奔跑的豹子”系列图像文件

图 8-30 系列图像文件导入后弹出的信息对话框

图 8-31 调整图像位置后的舞台场景

⑤ 设置标题文字。在场景中新建一个图层，设置其名称为“标题”。单击工具栏上的文字工具按钮 T，设置“属性”面板上的文本参数：“文本类型”为静态文本；“字体”为隶书；“字体大小”为 35；“颜色”为深蓝色，如图 8-32 所示。在文本框输入“奔跑的豹子”，居中放置。

最后的动画效果如图 8-33 所示。

⑥ 保存动画文件：

选择“控制”|“测试影片”|“在 Flash Professional 中”命令，观察生成的动画效果。

选择“文件”|“保存”命令，将文件保存成“奔跑的豹子.fla”格式。

如果要导出 Flash 的播放文件，选择“文件”|“导出”|“导出影片”命令，将动画文件保存成“奔跑的豹子.swf”格式。

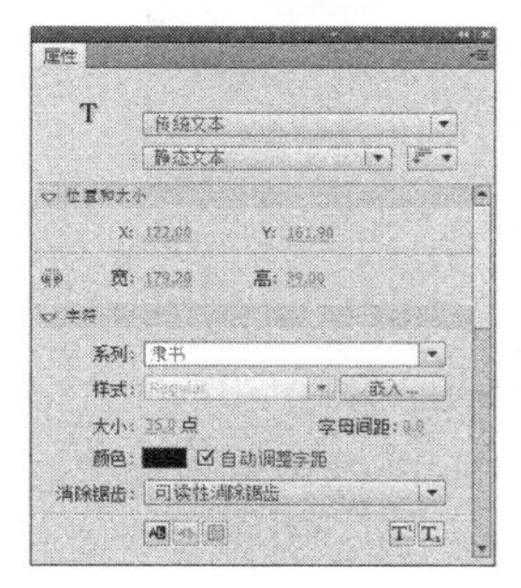

图 8-32　字体“属性”面板参数设置

图 8-33　动画效果

2．形状补间动画：数字变形

补间动画又分为形状补间和动作补间两种。首先介绍形状补间动画的设计过程。

① 在 Flash 的启动界面中选择“新建”|“ActionScript3.0”，新建 Flash 影片文档文件，选择“修改”|“文档”命令，弹出文档设置对话框设置文件属性，设置尺寸宽：500 像素，高：400 像素，背景颜色：#FFFFFF（白色），如图 8-34 所示。

② 右击“图层 1”，选择“属性”命令，弹出“图层属性”对话框，改名称为“背景图层”，如图 8-35 所示。

③ 选择“文件”|“导入”|“导入到舞台”命令，在弹出的对话框中选择背景图片文件 E8-2-2back.png，将背景图片文件导入到舞台，如图 8-36 所示。

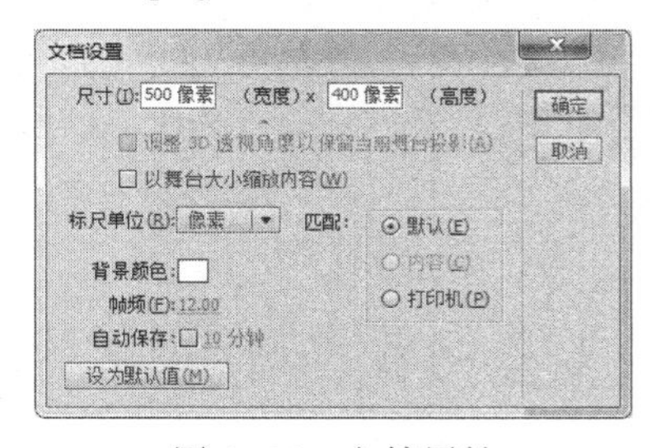

图 8-34　文档属性

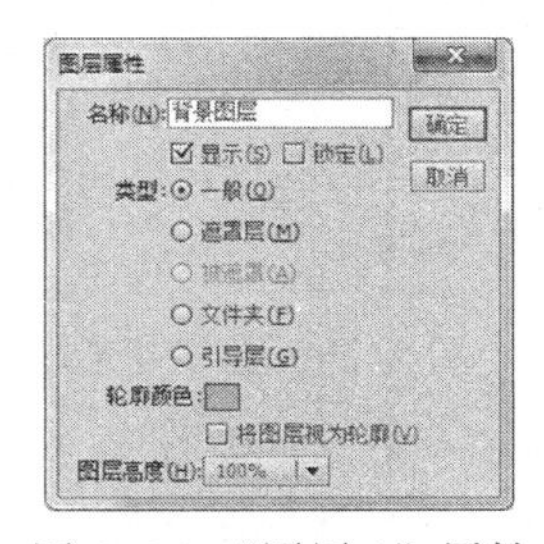

图 8-35　“图层 1”属性

图 8-36　导入背景图片

④ 新建图层，设置其名称为“数字”。在时间轴上选择该图层的第 1 帧，在工具面板中单击“文字工具 T”，设置其属性。字符系列：微软雅黑（字体）；大小：200 点；颜色：#003366（深蓝）。在舞台中央绘制数字“1”，如图 8-37 所示。

⑤ 要想设置形状补间动画，不能使用图形元件或组合对象，因此必须将图形打散。选择“修改”|“分离”命令或者按【Ctrl+B】组合键，将数字“1”打散。

⑥ 在时间轴的第 10 帧上右击，选择“插入空白帧”或按【F7】键，插入空白帧，绘制数字“2”，同数字“1”属性设置相同，位置相同。最后同样要将数字“2”图形打散。

⑦ 依此类推，在时间轴的第 20、30、40、50、60 帧，分别绘制数字“3”“4”“5”“6”“7”。

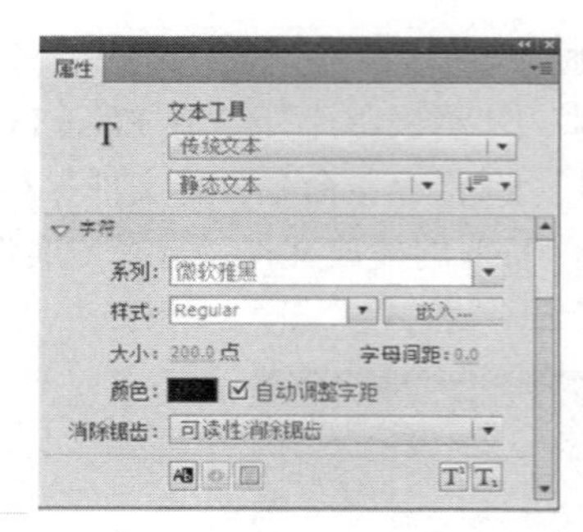

图 8-37 绘制数字“1”，设置属性

注意：此时可选择时间轴左下方的绘图纸功能查看各个帧的内容。

⑧ 右击“背景图层”图层的第 60 帧，选择“插入空白关键帧”命令。

⑨ 单击“数字变形”图层的第 1 帧，在舞台下方的属性窗口设置动画类型为“形状”。依此类推，分别在第 10、20、30、40、50 帧处设置同样的形状补间动画。时间轴设置完成后如图 8-38 所示。

⑩ 选择“控制”|“播放”命令，可以看到动画播放效果，如图 8-39 所示。

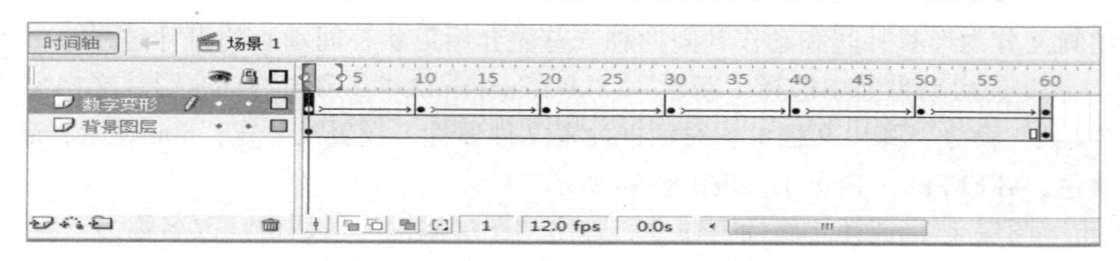

图 8-38 设置形状补间动画的时间轴

图 8-39 数字变形动画效果

⑪ 选择“文件”|“保存”命令，将文件保存为“数字变形.fla”文件，也可以选择“文件”|“导出”|“导出影片”命令，将动画导出为.swf 文件。

3. 动作补间动画：百叶窗

① 新建 Flash 影片文档设置文档属性，如图 8-40 所示。

② 创建影片剪辑元件：

- 选择“插入”|“新建元件”命令，创建一个名为“Windows”的影片剪辑元件，进入元件编辑窗口。
- 选择工具栏中的矩形工具，在舞台中央绘制一个矩形，设置其笔触为“透明”，填充颜色为“黑色”，并调整其宽为 346.0，高为 25.0。按【F8】键将其转换为图形元件，名称设置为 pic-black。
- 右击时间轴中的第 30 帧，选择“插入关键帧”命令。选取绘制好的矩形，选择“修改”|

图 8-40 设置文档属性

"变形"|"垂直翻转"命令，并在其属性面板中调整颜色为 Alpha，值设置为"0"。右击第 1 帧，选择"创建补间动画"，创建第 1 帧到第 30 帧的动作补间动画。

- 分别在该图层的第 44 帧、第 65 帧插入关键帧，然后单击第 65 帧，选取矩形图形，设置其 Alpha 值为 100，选择"修改"|"变形"|"垂直翻转"命令，将其再次翻转。在第 44 帧和第 65 帧之间创建补间动画。此时其时间轴如图 8-41 所示。

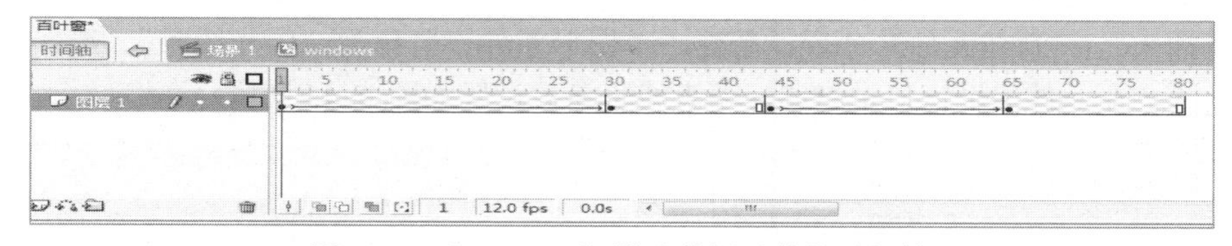

图 8-41 "Windows"影片剪辑元件的时间轴

- 右击第 80 帧，选择"插入帧"命令，完成影片剪辑元件的制作。

③ 回到主场景，从"库"面板中将"Windows"影片剪辑元件拖入舞台，并调整其位置在舞台最上方；调整其尺寸，宽为 430，高为 25。

④ 复制元件，将舞台中的影片剪辑元件复制 11 次，依次从上到下排列，直至占满整个舞台，如图 8-42 所示。

图 8-42 在主场景舞台中排列元件

⑤ 新建 1 个图层，命名为"背景"。选择"文件"|"导入"|"导入到舞台..."命令，导入背景图像文件 E8-2-back1.jpg。拖动"背景"图层至"图层 1"下方。

⑥ 选择"控制"|"测试影片"|"在 Flash Professional 中"命令，可以看到动画播放效果，如图 8-43 所示。

⑦ 选择"文件"|"保存"命令，将文件保存为"百叶窗.fla"文件。也可以选择"文件"|"导出"|"导出影片"命令，将动画导出为.swf 文件。

图 8-43 百叶窗动画效果

8.3 Flash 综合应用实验

8.3.1 实验目的

① 熟练掌握使用 Flash 的基本绘图工具。

② 熟练掌握补间动画的制作过程。

③ 了解遮罩动画的特点，制作简单的遮罩动画。

8.3.2 实验内容

遮罩动画：闪闪的红星。遮罩动画是 Flash 中非常重要的动画类型，与补间动画配合可做出非常精彩的特效。

1. 新建 Flash 影片

新建 Flash 影片文档，设置文档属性，如图 8-44 所示。

在 Flash 的启动界面中选择“新建”|“ActionScript3.0”，新建 Flash 影片文档文件。

2. 创建动画所需元件

（1）创建“闪光线条”图形元件

选择“插入”|“新建元件”命令，新建一个图形元件，名称为“闪光线条”。选择工具栏中的直线工具，在元件编辑窗口中绘制一条直线，参数设置如图 8-45 所示。

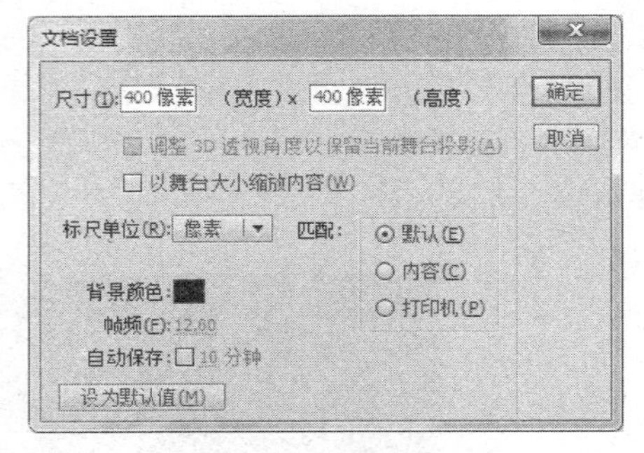

图 8-44 设置文档属性

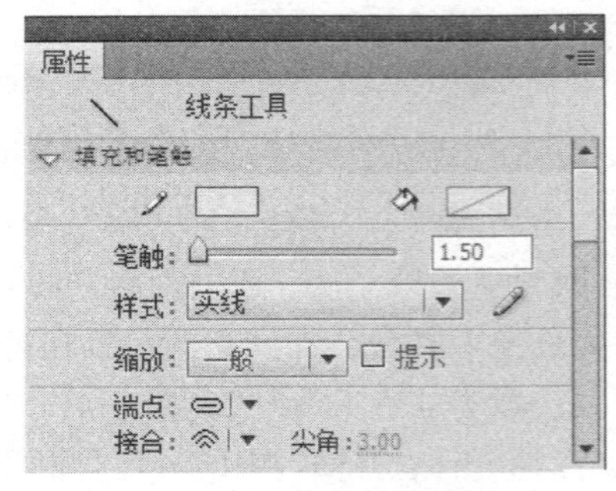

图 8-45 图形元件参数设置

（2）创建“闪光线条组合”图形元件

① 选择“插入”|“新建元件”命令，新建一个图形元件，名称为“闪光线条组合”。将刚才创建的“闪光线条”拖动到元件编辑窗口，设置其坐标为 X 轴-200，Y 轴 20。

② 选择工具栏中的任意变形工具，此时元件中间会出现一个小白点，称为“变形点”，如图 8-46（a）所示。鼠标左键拖动变形点至屏幕中心，与中心点重合，如图 8-46（b）所示。

③ 选择“窗口”|“变形”命令，在弹出的变形面板中设置变形参数，如图 8-47 所示。

设置旋转为“15.0°”，多次单击面板右下角的“复制并应用变形”按钮，最终在场景中复制出的效果如图 8-48 所示。

④ 在时间轴的关键帧上单击，选取全部图形，选择“修改”|“分离”命令，将图形打散；选择“修改”|“形状”|“将线条转换为填充”命令，将线条转化为形状，完成元件制作。

（3）创建“闪光”影片剪辑元件

① 选择“插入”|“新建元件”命令，新建一个影片剪辑元件，名称为“闪光”。将“库”面板中刚才制作的“闪光线条组合”拖动至元件编辑窗口，与中心点重合，复制该元件。

② 在时间轴的第 30 帧右击，选择“插入关键帧”命令。右击第 1 帧，选择“创建补间动画”命令，在参数设置中，设置旋转为“顺时针”，如图 8-49 所示。

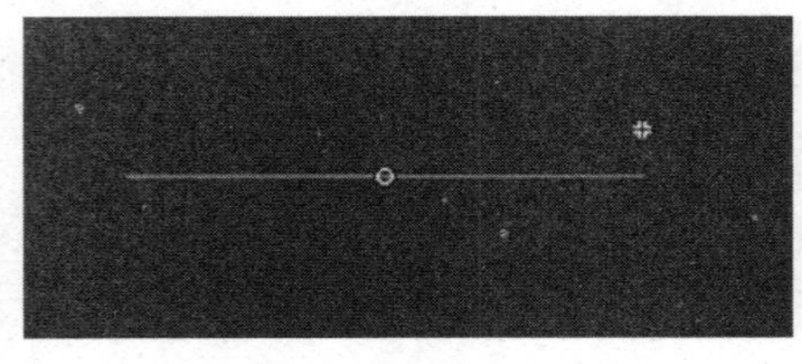

（a）变形点移动前（在线条中间）

（b）变形点移动至屏幕中心点

图 8-46 变形点移动

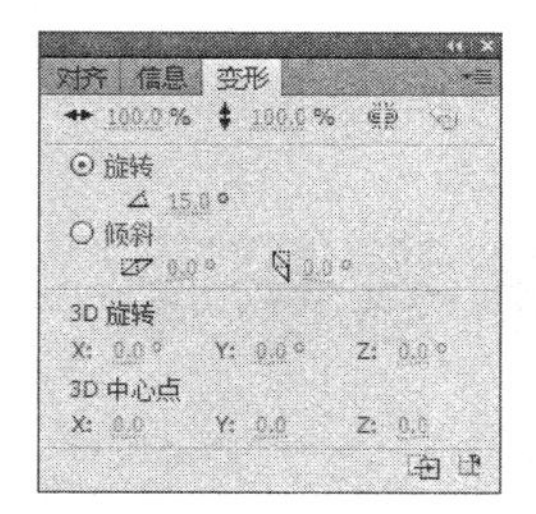

图 8-47　变形参数

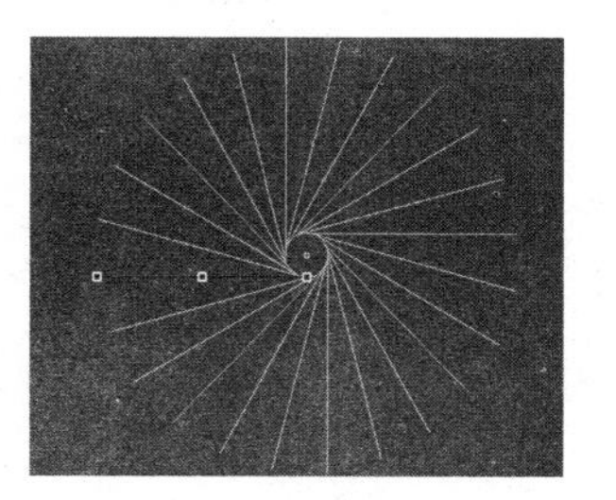

图 8-48　复制闪光线条

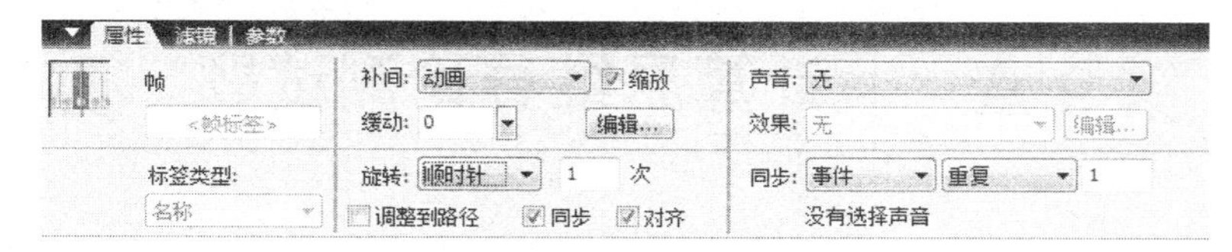

图 8-49　补间动画参数设置

③ 新建 1 个图层为“图层 2”，在第 1 帧中，选择“编辑”|“粘贴到中心位置”，将第①步中复制的元件复制到图层 2 的第 1 帧中。同样，在第 30 帧右击，选择选择“插入关键帧”命令。右击第 1 帧，选择“创建补间动画”命令，设置参数与图 8-49 类似，只是改变“旋转”为“逆时针”。

④ 在图层面板中右击“图层 2”，选择“遮罩层”命令，设置该图层为遮罩层。此时的时间轴和图层面板如图 8-50 所示。

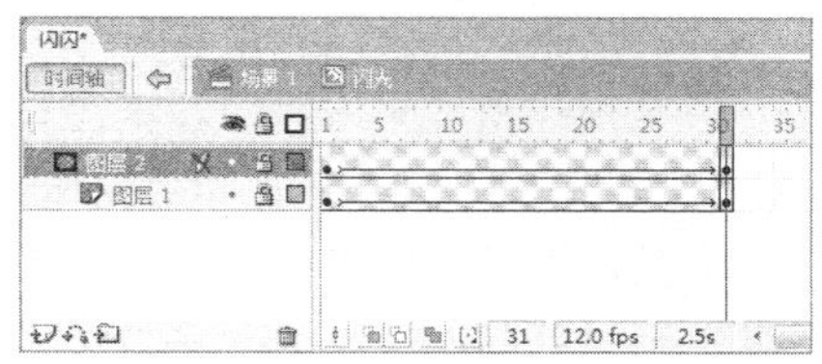

图 8-50　复制闪光线条

（4）创建“红星”图形元件

① 选择“插入”|“新建元件”命令，新建一个图形元件，名称为“红星”。在元件编辑窗口，选择工具栏中的多角星形工具，设置其属性，如图 8-51 所示。

② 在工具栏中设置“线条”“颜色填充”等属性，拖动鼠标左键，在场景中绘制五角星，调整其位置在场景中心。

3．创建遮罩动画

① 回到主场景，创建新图层，命名为“闪光”。将“库”面板中的影片剪辑元件“闪光”拖入主场景中心位置。

② 再次创建一个新图层，命名为“红星”。将“库”面板中的图形元件“红星”拖入主场景的中心位置。此时的时间轴面板如图 8-52 所示。

③ 选择“控制”|“测试影片”命令，在 Flash Professional 中查看影片播放效果，如图 8-53 所示。

④ 选择“文件”|“保存”命令，将文件保存为“闪闪.fla”文件。也可以选择“文件”|“导出”|“导出影片”，将动画导出为.swf 文件。

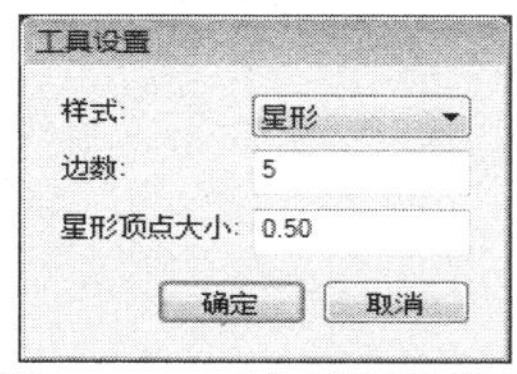

图 8-51　五角星属性设置

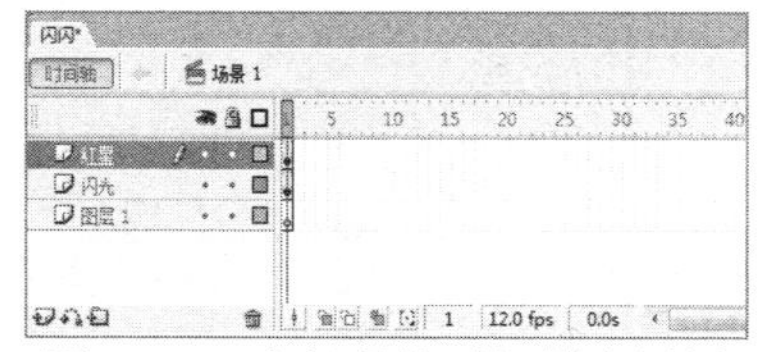

图 8-52　主场景的时间轴和图层

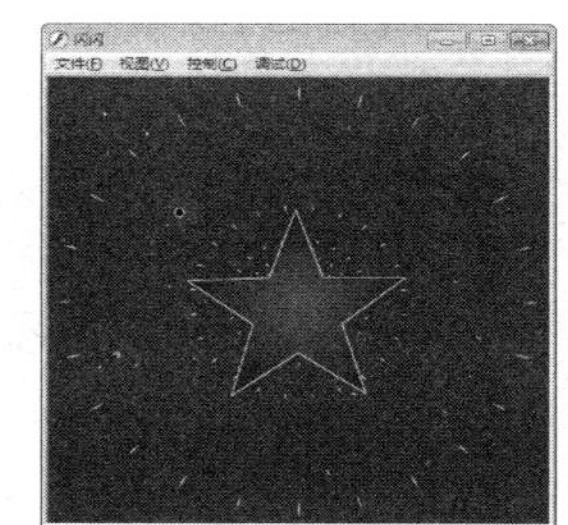

图 8-53　闪闪的红星动画效果

第二部分　测试题及参考答案

第9章　计算思维导论测试题

一、填空题

1. 计算机科学是一门包含各种各样与（　　）和（　　）相关主题的系统学科。

2. 计算就是一种（　　）过程或（　　）过程。

3. 逻辑的本质是寻找事物的相对（　　），并用（　　）推断未知。

4. 算法是对特定问题求解（　　）和（　　）的一种描述。

5. 从现代角度来看算法，算法有 3 个基本要素：一是（　　）；二是（　　），主要有算术运算、逻辑运算、关系运算和数据传输；三是（　　），主要有顺序、分支、循环 3 种结构。

6. 美国学者周以真（Jeannette M Wing）教授 2006 年提出的计算思维定义给出了计算思维的三大部分，即问题（　　）、系统（　　）和工程（　　）。

7. 计算思维最根本的内容，即其本质是（　　）和（　　）化。

8. 计算思维特征为（　　）、（　　）和（　　）。

9. 二进制和传统的十进制相比，有两个突出的优点：一是物理上讲更容易实现（　　）；二是（　　）。

10. 不可求解问题也可进一步分为两类：一类如（　　）问题，的确不可求解；另一类虽然有解，但时间复杂度很高。

11. 图灵把人在计算时所做的工作分解成简单的动作，由此机器需要：①存储器；②一种语言；③（　　）；④计算意向；⑤执行下一步计算等部件和步骤。

12. 旅行商问题是确定最短路线，使其旅行费用最少的最优化思想。当要去的城市不断增加时，会出现所谓（　　）问题。目前计算机还没有确定的高效算法来求解它。

13. 物质、能源和（　　）是人类生存和社会发展的三大基本资源。

14. 信息既是各种事物的（　　）的反映，又是事物之间相互作用和联系的表征。

15. 算法可分为（　　）计算类、（　　）计算类。

二、单选题

1. 计算中存在关系包括：（　　）的关系。

　A. 数据与数据的关系　　B. 数据与计算符的关系

　C. 计算符与计算符　　D. 以上都是

2. 算法有 3 个基本要素：（　　）。

　A. 数据对象　　B. 基本运算和操作　　C. 控制结构　　D. 以上都是

3．算法是对特定问题（　　）。

A．计算和运行　　B．设计和执行

C．求解步骤和方案的一种描述　　D．分析和设计

4．程序=（　　）。

A．逻辑+算法　　B．逻辑+数据结构　　C．算法+控制　　D．算法+数据结构

5．算法=（　　）。

A．算法+数据结构　　B．逻辑+算法

C．逻辑+控制　　D．逻辑+数据结构

6．人类的思维活动通常分为（　　）等类型。

A．形象思维　　B．逻辑思维　　C．灵感　　D．以上 3 种都是

7．科学思维包括理论思维、实践思维和（　　）3 种，可分别对应于理论科学、实践科学和计算机科学。

A．计算思维　　B．形象思维　　C．逻辑思维　　D．灵感

8．理论思维又称逻辑思维，是指通过（　　）和建立描述事物本质的（　　），应用科学的方法探寻概念之间联系的一种思维方法。

A．概念、统计　　B．抽象、概念　　C．抽象、实验　　D．观察、推理

9．实践思维又称实证思维，是通过（　　）获取自然规律法则的一种思维方法。

A．观察和统计　　B．抽象和观察　　C．抽象和实验　　D．观察和实验

10．计算思维是指从具体的（　　）设计规范入手，通过算法过程的（　　）来解决给定问题的一种思维方法。

A．观察、抽象和实施　　B．实施、算法和抽象

C．算法、构造与实施　　D．计算、构造与实施

11．数是量化事物（　　）的概念。

A．多少　　B．几个　　C．很多　　D．很少

12．早期先民对数和数量的认识，最大数是多少（　　）。

A．2　　B．3 和“多”　　C．4　　D．2 和很多

13．对数刻度计算尺，计算尺上的刻度（距离）对应的是对数值 $x=\log(N)$，即对数刻度，标的数值是（　　）值。

A．x　　B．$\log(x)$　　C．$\log(N)$　　D．N

14．什么等理论研究的不断深入，科学家从理论上证明了计算自动化的可行性，这为未来现代电子计算机的物理实现奠定了理论基础。准确的描述是（　　）。

A．电子管、晶体管　　B．二进制、数理逻辑、布尔代数

C．十六进制、数学　　D．二进制、数学、布尔代数

15．现代计算机之所以采用（　　）元器件实现二进制是因为它具有非常重要的一些特点。

A．继电器　　B．电子管　　C．晶体管　　D．开关

16．冯·诺依曼就两大设计思想作了论证。设计思想之一是计算机使用（　　），二是采用（　　）工作原理。

A．晶体管、数理逻辑　　B．二进制、数理逻辑

C．晶体管、“存储程序和程序控制”　　D．二进制、“存储程序和程序控制”

17. 现代超级计算机是指计算机的运算速度能达到每秒运算（　　）次（每秒的浮点运算速度）。

A. 十亿　　B. 千亿　　C. 万亿　　D. 1 亿

18. 在电子商务领域，企业对消费者销售产品和服务的电子商务是（　　）。

A. B2B（Business To Business）　　B. C2C（Customer To Customer）
C. O2O（Online To Offline）　　D. B2C（Business To Customer）

19. 可计算性特征之一：可用数学术语对计算过程进行精确描述，将计算过程中的运算最终解释为（　　）。

A. 算术运算　　B. 集合运算　　C. 几何运算　　D. 函数运算

20. 可计算性具有如下几个特征：（　　）。

A. 确定性、有限性
B. 设备无关性
C. 可用数学术语对计算过程进行精确描述，将计算过程中的运算最终解释为算术运算
D. 以上都是

21. 在计算上，算法的复杂度包括算法的时间复杂度和（　　），选择准确的描述。

A. 求解问题的难易程度　　B. 空间复杂度
C. 问题的固有难度　　D. 所需要的时间资源

22. 通用图灵机的思想如果要具体到每一部计算，则分成：①改变数字和符号；②扫描区改变；③改变（　　）意向等。

A. 结构　　B. 模型　　C. 计算　　D. 输入

23. 利用计算机求解问题的过程一般包括：问题的抽象、问题的（　　）、设计问题求解算法、问题求解的实现等过程。

A. 映射　　B. 求解　　C. 编程　　D. 设计

24. 在问题抽象的思维过程中，建立数学模型的一般步骤和阶段如下：模型准备、（　　）、构成、确定等阶段。

A. 设计　　B. 分析　　C. 实施　　D. 假设

25. 排序是给定的数据集合中的元素按照一定的标准来安排先后次序的过程。目前已经有十几种排序算法，其中冒泡排序算法由一个（　　）循环控制。

A. 1 层　　B. 2 层　　C. 3 层　　D. 4 层

26. 冒泡排序算法由一个双层循环控制时间复杂度是规模 n 的多项式函数，为（　　）问题。

A. NP　　B. P　　C. P 或 NP　　D. Q

27. 汉诺塔问题是一个典型的递归求解问题。计算过程，n 个盘子，移动次数是 $f(n)$，有 $f(1)=1$，$f(2)=3$，$f(3)=7$，且 $f(n)=2\times f(n-1)+1$（此就是递归函数，自己调用自己），问 $n=5$，移动次数是 $f(5)$ 为多少？

A. 30　　B. 32　　C. 31　　D. 33

28. 国王婚姻故事是一个并行计算，国王采用了（　　）方式（一人计算），所耗费的计算资源少，但需要更多的计算时间，而宰相孔唤石的方法则采用了并行计算方式（多人计算），耗费的计算资源多，效率大大提高。

A. 串行计算　　B. 并行计算　　C. 除法计算　　D. 网格计算

29．并行处理技术的形式为（　　）。

A．时间并行：指时间重叠

B．空间并行：指资源重复

C．时间并行+空间并行：指时间重叠和资源重复的综合应用

D．以上三者

30．并行处理技术的核心概念是并行性，并行性准确的描述是（　　）。

A．在时间上为同一时刻或同一时间间隔内

B．在工作上，两种或两种以上性质相同或不相同的工作进行

C．在同一时间段完成两种或两种以上的工作，都存在并行性

D．以上三者描述都对

31．（　　）是计算机最基本的应用，是其他应用的基础。

A．数值处理和数据处理　　B．信息处理和知识处理

C．智能处理和网络处理　　D．知识处理和智能处理

32．信息科学（或信息论）是研究信息的获取、表达、存储、识别、编码、处理等（　　）中各种信息问题的科学。

A．传输过程和处理阶段　　B．存储和识别过程

C．编码过程和处理阶段　　D．获取和表达过程

33．在计算机发展史上占有重要地位，并被称为计算机之父的两位科学家是（　　）。

A．布尔和图灵　　B．帕斯卡和巴贝奇

C．图灵和冯·诺依曼　　D．巴贝奇和冯·诺依曼

三、多选题

1．计算机科学已发展成为一门研究（　　）的学科。

A．计算与相关理论　　B．计算机硬件

C．网络通信应用　　D．软件

E．相关应用

2．思维是人的大脑利用已有知识和经验对具体事物进行（　　）等认识活动的过程。

A．认识　　B．分析　　C．综合

D．判断　　E．推理

3．科学思维的方式包括（　　）等。

A．由此及彼、删繁就简　　B．归纳分类、正反比较

C．联想推测、由此及彼　　D．删繁就简、启发借用

E．正反比较、联想推测

4．科学思维能力应包括（　　）等。

A．判误能力、浮想能力　　B．审视能力、判误能力

C．综合能力、归纳能力　　D．浮想能力、综合能力

E．归纳能力

5．计算思维最根本的内容，即其本质是（　　）；其特征为（　　）。

A．抽象和自动化　　B．抽象和构造性

C．能行性和确定性　　D．自动化和确定性

E．能行性，构造性和确定性

6．计算的自动化是指设备、系统在没有人或较少人的直接参与下，按照人的程序设计要求，（ ），完全是自动化的过程。

A．自动运行 B．分析 C．求解问题

D．设计 E．给出结论

7．依据计算机采用的主要元器件和性能，以及软件和应用综合考虑，一般将计算机的发展分为4个阶段，其中4个阶段的软件发展为（ ）。

A．二进制机器语言、汇编语言 B．高级语言

C．操作系统 D．数据库、网络等

E．Windows操作系统

8．依据计算机采用的主要元器件，可将计算机的发展分为4个阶段，其中4个阶段的元器件发展为（ ）。

A．电子管 B．晶体管 C．集成电路

D．电路 E．大规模和超大规模集成电路

9．计算机的特点有（ ）。

A．运算速度快 B．存储容量大 C．计算精确度高

D．逻辑判断能力 E．自动工作的能力

10．图灵把人在计算时所做的工作分解成简单的动作，机器需要：①（ ），用于存储计算结果；②（ ），表示运算和数字；③扫描；④（ ），即在计算过程中下一步打算做什么；⑤（ ）下一步计算。

A．一种语言 B．存储器 C．计算意向

D．执行 E．控制

11．问题抽象的思维过程中，建立数学模型的一般步骤如下：（1）模型（ ）；（2）模型（ ）；（3）模型（ ）；（4）模型（ ）等4个阶段。

A．设计 B．准备 C．假设

D．构成 E．确定

12．（ ）是人类生存和社会发展的基本资源。

A．机器 B．物质 C．能源

D．信息 E．环境

13．信息科学（或信息论）是由（ ）等科学组成。

A．计算机科学 B．电子与信息系统科学

C．半导体 D．光电 E．自动化科学

四、判断题

1．计算机科学是一门包含各种各样与计算和信息处理相关主题的系统学科。（ ）

2．逻辑是探索、阐述和确立有效推理原则的学科。（ ）

3．算筹和算盘都属于硬件，而摆法和算盘的使用规则就是它们的软件。（ ）

4．算术和算法的区别，例如：10－3＝7和10＋(－3)＝7，前者为算法，后者为算术。（ ）

5．计算的过程就是执行算法的过程。（ ）

6．算法是对特定问题求解步骤和方案的一种描述。（ ）

7．一般认为，计算是执行算法的过程与算法的问题求解步骤没什么区别。（　　）

8．思维是人类的高级心理活动。（　　）

9．科学思维是关于人们在科学探索活动中形成的、符合科学探索活动规律与需要的思维方法及其合理性原则的理论体系。（　　）

10．科学思维通常是指人脑对科学信息的加工活动，它是主体对客体理性的、逻辑的、系统的认识过程。（　　）

11．计算思维是指从具体的算法设计规范入手，通过算法过程的构造与实施来解决给定问题的一种思维方法。（　　）

12．美国学者周以真（Jeannette M Wing）教授 2006 年提出的：计算思维是运用计算机科学的基础概念进行问题求解、系统设计以及人类行为的理解等涵盖计算机科学之广度的一系列思维活动。（　　）

13．计算机采用晶体管实现二进制，其功能是：变换、逻辑运算和加法运算。（　　）

14．计算机就是具有自动控制的电子设备，其工作基于电子脉冲电路原理，因此，它的功能也取决于电子设备的功能，基础性功能就是加法运算、逻辑运算和变换。（　　）

15．计算机就是具有自动控制的电子设备，其工作基于电子脉冲电路原理，因此，它的特点也取决于电子设备的特点，如运算速度快、计算精确度高和存储容量大，以及具有复杂的逻辑判断能力和按程序自动工作的能力。（　　）

16．计算理论是计算机科学理论基础之一，它是研究计算的计算过程与功效的数学理论。（　　）

17．从计算思维的角度来看，计算理论是了解如何计算和过程（计算模型），并知道可计算性与计算复杂性，从而评价算法或估算计算实现后的运行效果。（　　）

18．“图灵机”不是抽象计算机模型。（　　）

19．图灵机是将人们使用纸笔进行数学运算的过程进行抽象，由一个虚拟的机器替代人们进行数学运算，最终解决由真实的机器代替人进行计算的问题。（　　）

20．因为空间复杂度不重要，人们对算法空间复杂度的分析的重视程度要小于时间复杂度的分析。（　　）

21．随着计算机技术的快速发展，时间复杂性和空间复杂性的问题在有些情况下显得不再那么重要。（　　）

22．计算机科学中的递归算法是把问题转化为规模缩小了的同类问题的子问题的求解。（　　）

23．虽然计算思维正在或已经渗透到各个学科、各个领域，并正在潜移默化地影响和推动着各领域的发展，但还不是一种发展趋势。（　　）

24．信息科学（或信息论）是由计算机科学、电子与信息系统科学、半导体、光电和自动化科学等科学组成。（　　）

25．数据处理的基本目的是从大量的、可能是杂乱无章的、难以理解的数据中为特定目的获取有一定价值、意义的数据。利用数据库系统进行数据管理和查询是数据处理的主要方式。（　　）

26．知识处理就是利用已有的知识或知识库，进行推理、判断、分析和解决问题，并能将定量的问题，给出定性的解释和处理。（　　）

27．基本的信息素养，目前还不能成为大学生毕业后适应信息社会的基本条件。（　　）

28．算法并不给出问题的具体解，只是说明按什么样的操作才能得到问题的解。（　　）

第 10 章 计算机中的信息表示测试题

一、填空题

1．进行下列数值的数制转换。

① 213D=（　　）B=（　　）H=（　　）O；② 69.625D=（　　）B=（　　）H=（　　）O；

③ 3E1H=（　　）B=（　　）D；④ 10AH=（　　）B=（　　）D；

⑤ 10110101101011B=（　　）H；⑥ 11111111000011B=（　　）H

2．在$(123.45)_8$中，各位的权值分别是（　　）。

3．在进位计数制中，如果某个数为基 R 数制，则 R 称为该数值的（　　）。

4．二进制数转换成八进制数时，以小数点为界，向两边每（　　）为一组分组计算。

5．二进制数的逻辑运算主要有（　　）、（　　）、（　　）和（　　）4 种。

6．数值数据在计算机中表示时，经常用到（　　）和数值精度两个概念。

7．通常，把在计算机中存储的正负号数码化的数称为（　　）。

8．定点数是指（　　）。

9．一个 16 位字长的无符号二进制整数的表示范围是（　　）。

10．计算机对汉字的国标码通常使用（　　）个字节进行存储。

二、单选题

1．一个浮点数由两部分组成，它们是阶码和（　　）。

A．尾数　　B．基数　　C．整数　　D．小数

2．在进位计数制中，组成某数 A 的每一位数码 K_i 都对应一个固定的权值 R^i，则相邻位的权相差的倍数是（　　）。

A．R^{i-2}　　B．R^{i-1}　　C．R^i　　D．R

3．在一台字长为 8 位的计算机中，十进制数–123 的原码表示为（　　）。

A．11111011　　B．10000100　　C．1000010　　D．01111011

4．下列描述中，正确的是（　　）。

A．1 MB=1 000 B　　B．1 MB=1 000 KB　　C．1 MB=1 024 B　　D．1 MB=1 024 KB

5．若一台计算机的字长为 4 字节，这意味着它（　　）。

A．能处理的数值最大为 4 位十进制数 9 999

B．能处理的字符串最多为 4 个英文字母组成

C．数据在 CPU 中作为一个整体加以传送处理的代码为 32 位

D．在 CPU 中运行的结果最大为 2 的 32 次方

6．执行下列逻辑加运算（即逻辑或运算）10101010∨01001010 其结果是（　　）。

A．11110100　　B．11101010　　C．10001010　　D．11100000

7．计算机字长取决于（　　）的宽度。

A．控制总线　　B．数据总线　　C．地址总线　　D．通信总线

8．（　　）称为 1 MB。

A．10 KB　　B．100 KB　　C．1 024 KB　　D．10 000 KB

9．将十进制整数转换为二进制整数，采用的方法是（　　）。

A．乘以 2 取余法　　B．除以 2 取余法

C．乘以 10 取余法　　D．除以 10 取余法

10．8 位二进制数用十六进制数表示的范围是（　　）。

A．07H～7FFH　　B．00H～FFH　　C．10H～FFH　　D．20H～200H

11．将十进制小数转换为二进制小数，采用的方法是（　　）。

A．乘以 2 取整法　　B．除以 2 取整法

C．乘以 10 取整法　　D．除以 10 取整法

12．将二进制数转换为十进制数，采用的方法是（　　）。

A．按权相加法　　B．按权相减法　　C．按权相乘法　　D．按权相除法

13．十进制数 25 的 BCD 编码值是（　　）。

A．00101000　　B．01011000　　C．00100101　　D．28

14．计算机中的所有信息在计算机内部都是以（　　）表示的。

A．十进制编码　　B．二进制编码　　C．BCD 编码　　D．ASCII 编码

15．Unicode 字符集采用（　　）个字节来表示一个字符。

A．16　　B．2　　C．8　　D．1

16．在一个无符号二进制整数的最右边添加一个 0，所形成的数是原数的（　　）倍。

A．4　　B．2　　C．8　　D．16

17．要存放 10 个 24×24 点阵的汉字字模，需要（　　）存储空间。

A．74B　　B．320B　　C．720B　　D．72KB

18．计算机能直接执行的是（　　）程序。

A．机器语言　　B．汇编语言　　C．智能语言　　D．高级语言

19．二进制数 110011 和二进制数 101100 进行逻辑“与”运算的结果是（　　）。

A．1000011　　B．110011　　C．100000　　D．101100

20．计算机中为了方便计算正负数的运算，不用考虑符号位的影响，通常采用（　　）运算。

A．原码　　B．反码　　C．补码　　D．以上都可以

21．7 位基本 ASCII 码最多可以表示的字符个数是（　　）。

A．127　　B．128　　C．255　　D．256

22．下列各选项中不属于汉字编码表示的是（　　）。

A．GB2312　　B．ASCII　　C．UCS　　D．GB1803

23．二进制数转换成十六进制数时，以小数点为界，向两边每（　　）为一组分组计算。

A．1 位　　B．2 位　　C．3 位　　D．4 位

24．计算机中的数值精度是指实数的（　　）。

A．有效小数位数　　B．有效整数位数

C．有效数字位数　　D．有效数字长度

25. 通常，计算机中用真值表示的数是指（　　）。

A. 正负号表示的数　　B. 正负号数码化的数

C. 删除正负号的数　　D. 删除小数点的数

26. 下列选项不属于二进制数逻辑运算的是（　　）。

A. 逻辑与　　B. 逻辑或　　C. 逻辑异或　　D. 逻辑非

27. 在汉字国标码字符集中，汉字和图形符号的总个数是（　　）。

A. 3 755　　B. 3 008　　C. 7 445　　D. 6 763

28. 一个 8 位字长的无符号二进制整数的表示范围是（　　）。

A. 1～255　　B. 1～256　　C. 0～255　　D. 0～256

29. 计算机系统中，“位（bit）”的描述性定义是（　　）。

A. 进位计数制中的“位”也就是“凑够”多少个“1”，就进一位的意思

B. 通常用 8 位二进制位组成，可代表一个数字、一个字母或一个特殊符号，也常用来度量计算机存储容量的大小

C. 度量信息的最小单位，是 1 位二进制位所包含的信息量

D. 计算机系统中，在存储、传送或操作时，作为一个单元的一组字符或一组二进制位

30. 计算机系统中，“字节（Byte）”的描述性定义是（　　）。

A. 度量信息的最小单位，是一位二进制位所包含的信息量

B. 通常用 8 位二进制位组成，可代表一个数字、一个字母或一个特殊符号，也常用来量度计算机存储容量的大小

C. 计算机系统中，在存储、传送或操作时，作为一个单元的一组字符或一组二进制位

D. 把计算机中的每一个汉字或英文单词分成几个部分，其中的每一部分就叫一个字节

三、多选题

1. 对于十进制数 456，下面各种表示方法中，正确的是（　　）。

A. 456　　B. 456D　　C. 456H

D. 456B　　E. 456O

2. 在浮点数表示法中，小数点的位置是浮动的，相应的阶码取（　　）。

A. 不同的值　　B. 相同的值　　C. 固定的值

D. 不变的值　　E. 可变的值

3. 在有关计算机存储单位的描述中，下面正确的有（　　）。

A. 位是计算机存储数据的最小单元　　B. 字节是计算机存储数据的基本单元

C. 1KB=1 024B　　D. 位是计算机存储数据的基本单元

E. 字长是计算机存储数据的基本单元。

4. 在 16×16 点阵的汉字字库中，存储一个汉字的字模信息需要的字节数（　　）是不正确的。

A. 128　　B. 16　　C. 256

D. 64　　E. 32

5. 二进制数的主要特点有（　　）。

A. 逻辑性　　B. 稳定性　　C. 规则简单

D. 实现容易　　E. 可以任意制造

6．下列有关机器数编码，说法错误的有（　　）。
A．机器数中正数的原码和反码的表示相同
B．机器数中正数的原码和反码表示不同
C．机器数中正数的原码和补码表示相同
D．机器数中正数的原码和补码表示不同
E．以上的说法都可以

7．下列属于二进制数的算术运算的有（　　）。
A．与运算　B．加法运算　C．减法运算
D．或运算　E．乘法运算

8．下列属于汉字编码的有（　　）。
A．输入码　B．交换码　C．机内码
D．字形码　E．ASCII 码

9．下列有关机器数编码，说法正确的有（　　）。
A．机器数中负数的原码和反码表示相同
B．机器数中负数的原码和反码表示不同
C．机器数中负数的原码和补码表示相同
D．机器数中负数的原码和补码表示不同
E．以上的说法都可以

10．下面有关 ASCII 编码，说法正确的有（　　）。
A．基本 ASCII 码的最高位是 0
B．ASCII 码为单字节编码
C．ASCII 码最多可表示 256 种不同的符号
D．ASCII 码最少可表示 256 种不同的符号
E．扩充的 ASCII 码的最高位是 1

四、判断题

1．在计算机的电路运算中，二进制数、八进制数和十六进制数都可以直接运算。（　　）
2．逻辑异或运算能够实现按位加的功能，只有当两个逻辑值不相同时，结果才为 1。（　　）
3．数字计算机只能处理数字。（　　）
4．在浮点数表示中，阶码只能是一个整数。（　　）
5．记录汉字字形通常有点阵法和矢量法两种，分别对应点阵码和矢量码两种字形编码。（　　）
6．在浮点数表示中，尾数只能是一个整数。（　　）
7．在计算机中常用的进位计数制主要有二进制、八进制、十进制和十六进制。（　　）
8．根据是否有小数，可以将计算机中的数分为定点数和浮点数。（　　）
9．0～9 这十个数字不用编码就可以直接被计算机处理。（　　）
10．在定点数表示中，小数点的位置固定不变。（　　）

第 11 章 计算机硬件系统测试题

一、填空题

1. 计算机系统由（　　）和（　　）两部分组成。

2. 现代计算机的奠基人是（　　）和（　　）。

3. 计算机系统由（　　）、（　　）、（　　）、（　　）和（　　）5 个基本部件组成。

4.（　　）逻辑运算是计算机实现计算的基础。

5. 将（　　）和（　　）合称为中央处理器。

6.（　　）是能被计算机识别并执行的二进制代码，规定了计算机能完成的某一种操作，也是对计算机进行程序控制的最小单位。

7.（　　）是为完成一项特定任务而用某种语言编写的一组指令序列。

8. 一条指令通常由两部分组成：（　　）和（　　）。

9. 计算机工作时，有两种信息在执行指令的过程中流动：（　　）和（　　）。

10.（　　）的出现主要是为了解决 CPU 运算速度与内存读写速度不匹配的矛盾。

二、单选题

1. 现代计算机的理论基础是（　　）。

　A. 布尔代数　　B. 二进制　　C. 数字电路　　D. 加法器

2. 整个计算机的控制指挥中心是（　　）。

　A. 运算器　　B. 控制器　　C. 存储器　　D. 输入设备

3. 指令的执行过程分为（　　）个步骤。

　A. 3　　B. 4　　C. 5　　D. 6

4. 那些存储在能永久保存信息的器件（如 ROM）中的程序，具有软件功能的硬件是（　　）。

　A. 晶体管　　B. 固件　　C. 软件　　D. 电子管

5. 每过 18 个月，芯片上可以集成的晶体管数目将增加一倍。这是（　　）。

　A. 楞次定律　　B. 二进制

　C. 摩尔定律　　D. 高斯定律

6. 微机是通过（　　）将 CPU 等各种功能部件和外围设备有机地结合在一起而形成的一套完整的系统。

　A. 键盘　　B. 内存　　C. 电源　　D. 主板

7. 主板（　　）几乎决定着主板的全部功能，其中包括 CPU 的类型，主板的系统总线频率，内存类型、容量和性能。

　A. 类型　　B. 芯片组　　C. 内存　　D. 显示卡

8.（　　）是一组固化到计算机内主板上一个 ROM 芯片（只读存储器）上的程序，它保存着计算机最重要的基本输入输出的程序、开机后自检程序和系统自启动程序。

A．BIOS　　B．ROM　　C．RAM　　D．COMS

9．SATA 3.0 可以达到每秒（　　）MB 的数据传输速率。

A．133　　B．150　　C．300　　D．750

10.（　　）是计算机的主存，CPU 对其既可读出数据又可写入数据。一旦关机断电，其中的信息将全部消失。

A．BIOS　　B．ROM　　C．RAM　　D．COMS

11.（　　）是一种内容只能读出而不能写入和修改的存储器。CPU 对它只取不存，其中存储的信息一般由主板制造商写入并固化处理，普通用户是无法修改的，即使断电其中的信息也不会丢失。

A．BIOS　　B．ROM　　C．RAM　　D．COMS

12.（　　）没有机械结构。

A．传统硬盘　　B．混合硬盘　　C．固态硬盘　　D．光驱和光盘

13.（　　）具备刻录功能。

A．CD-ROM　　B．DVD　　C．EVD　　D．DVD-RW

14．下列存储系统中最快的是（　　）。

A．L2 级缓存　　B．内存　　C．硬盘　　D．CPU 寄存器

15.（　　）是指将信息从一个或多个源部件传送到一个或多个目的部件的一组传输线，是计算机中传输数据的公共通道。

A．CD-ROM　　B．接口　　C．总线　　D．CPU

16.（　　）总线基于通用连接技术，实现外设的简单快速连接，达到方便用户、降低成本、扩展 PC 外设范围的目的。

A．PCI　　B．IEEE　　C．局部　　D．USB

17．USB 总线最高可以连接（　　）个设备。

A．8　　B．16　　C．32　　D．127

18.（　　）总线采用了目前业内流行的点对点串行连接，比起 PCI 以及更早期的计算机总线的共享并行架构，每个设备都有自己的专用连接，不需要向整个总线请求带宽，而且可以把数据传输速率提高到一个很高的频率，达到 PCI 所不能提供的高带宽。

A．USB　　B．PCI　　C．ROM　　D．PCI Express

19．下面不是输入设备的是（　　）。

A．键盘　　B．鼠标　　C．扫描仪　　D．打印机

20．目前大多数扫描仪采用的光电转换部件是（　　），该器件可以将照射在其上的光信号转换为对应的电信号，然后由电路对这些信号进行 A/D 转换及处理，产生对应的数字信号输送给计算机。

A．CCD　　B．ROM　　C．RAM　　D．COMS

21．下面不是输出设备的是（　　）。

A．键盘　　B．显示器　　C．绘图仪　　D．打印机

22．要使用外存储器中的信息，应先将其调入（　　）。

A．控制器　　B．运算器　　C．微处理器　　D．内存储器

23. 计算机的指令由操作码和（　　）组成。
A. 操作地址　B. 操作数　C. 操作指令　D. 操作内存

24. 外设是通过机箱后面的（　　）与主机相连的。
A. 接口　B. 螺钉　C. 开关　D. 指示灯

25. 几乎所有的计算机部件都是直接或间接连接到（　　）上的。
A. 主板　B. 显示器　C. 显示卡　D. 电源

26. 下列存储器中，属于高速缓存的是（　　）。
A. EPROM　B. Cache　C. DRAM　D. CD-ROM

27. 目前使用的 52 倍速光驱每秒传输数据是（　　）。
A. 2 000 KB　B. 7 800 KB　C. 6 000 KB　D. 2 400 KB

28. 生产 CPU 的主要公司厂商有（　　）。
A. 华硕和升技　B. 精英和爱国者　C. Intel 和 AMD　D. 三星和日立

29. 下面关于主板芯片组叙述不正确的是（　　）。
A. 芯片组是区分主板的重要标志
B. 芯片组一般由南北桥芯片组成
C. 芯片组决定主板支持何种类型的 CPU
D. 南桥芯片控制总线

30. 下列关于存储器读写速度的排列选项，正确的是（　　）。
A. 硬盘>光盘>内存>Cache　B. Cache>内存>硬盘>光盘
C. 光盘>内存>Cache>硬盘　D. 内存>硬盘>光盘> Cache

三、多选题

1. 计算机系统由（　　）部件组成。
A. 运算器　B. 控制器　C. 存储器
D. 输入设备　E. 输出设备

2. 常见的输入设备包括（　　）。
A. 键盘　B. 鼠标　C. 扫描仪
D. 辅助存储器（磁盘、磁带）　E. 显示器

3. 常见输出设备的包括（　　）。
A. 键盘　B. 鼠标　C. 打印机
D. 辅助存储器（磁盘、磁带）　E. 显示器

4. 无论哪种类型的计算机，指令系统都应具有（　　）功能的指令。
A. 数据传送　B. 数据处理　C. 程序控制
D. 输入/输出　E. 其他

5. CPU 性能指标包括（　　）。
A. 外频　B. 主频　C. 制造工艺
D. 缓存　E. 字长

6. 能生产 CPU 的公司有（　　）。
A. 海尔公司　B. Intel 公司　C. AMD 公司
D. 联想公司　E. 百度公司

7．在计算机指令系统的优化发展过程中，出现过两个截然不同的优化方向（　　）。

A．CISC　　B．RISC　　C．ADSL

D．HDSL　　E．RTSL

8．下列属于外存储器的有（　　）。

A．硬盘　　B．U 盘　　C．光盘

D．内存　　E．移动硬盘

四、判断题

1．阿兰·图灵首先提出了“存储程序”的概念和二进制原理。（　　）

2．计算机采用二进制主要就是因为硬件实现方便、可靠性高。（　　）

3．运算器是对信息进行处理和运算的部件。（　　）

4．操作数在大多数情况下是地址码。（　　）

5．指令周期越短，指令执行越快。（　　）

6．通常所说的 CPU 主频就反映了指令执行周期的长短。（　　）

7．存储器（Memory）是计算机系统中的记忆设备，用来存放程序和数据。（　　）

8．外存通常是磁性介质、半导体电子介质或光盘等，相对内存速度快、价格低、容量大，并能长期保存信息。（　　）

9．高速缓冲存储器（Cache），是位于 CPU 和外存之间，规模较小，但速度很高的存储器，通常由 SRAM（静态存储器）组成。（　　）

10．硬盘在使用前，不需要进行格式化。（　　）

11．闪存是电可擦编程只读存储器（EEPROM）的变种，闪存与 EEPROM 不同的是，EEPROM 能在字节水平上进行删除和重写而不是整个芯片擦写，而闪存的大部分芯片需要块擦除。（　　）

12．激光打印机是 20 世纪 60 年代末由惠普公司发明的，采用电子照相技术。（　　）

第 12 章　计算机操作系统测试题

一、填空题

1. 程序是计算机任务的处理对象和处理规则的描述，是一系列按照特定顺序组织的计算机（　　）的集合。

2. 系统软件主要是对计算机（　　）进行管理，发挥硬件作用，支持其他软件开发和运行，方便用户使用。

3. 计算机程序的工作机制就是将高级语言编写的源程序，通过解释器或者编译器，（　　）可以理解和执行的指令代码，而后在计算机中运行。

4. 专用软件是指在使用、修改上有限制的软件，这种限制是由所有者决定授权使用和费用，是通过（　　）层面上来实现的。

5. 在计算机系统中，三类软件处在不同的层次，最下面是计算机硬件系统，是进行信息处理的实际物理装置；其上第一层是（　　），第二层为（　　），最外层为（　　）。

6. 计算机硬件是物理设备和器件的总称，主要用来完成信息（　　）、信息（　　）、信息（　　）和信息（　　）。

7. 计算机软件是计算机程序及相关文档的总称，主要用来描述实现数据处理的（　　）、（　　）和（　　）。

8. 由操作系统搭建的平台才能面向各种软硬件并服务于各种应用程序，形成一个通用的（　　）平台。

9. 操作系统是一组控制和管理计算机（　　）资源，为用户提供便捷使用的计算机程序集合。

10. 个人计算机上的操作系统，主要有单用户单任务操作系统、（　　）操作系统和多用户多任务操作系统三类。

11. 智能手机就是嵌入有处理器、运行操作系统的掌上计算机。常见的移动设备操作系统有iOS、Android、Windows Phone、Black Berry OS、Symbian OS和Palm OS等。其中，用于iPhone的是（　　），而用于黑莓智能手机的是（　　），用于Nokia和Sony Ericsson的手机上的是（　　）操作系统。而大多数智能手机使用的免费移动设备操作系统是（　　）。

12. 操作系统中分为相对稳定的内核层（　　）以及它与用户之间的接口（　　）两层的层次结构。

13. 进程管理是操作系统的核心。现代操作系统把进程管理归纳为一个：（　　）被选中后成为（　　）进而进入内存运行成为（　　），运行结束后再次保存到磁盘上。

14. 操作系统设备管理的主要任务之一是控制不同设备和（　　）之间的数据传送方式的正确选择。

15. 文件的扩展名给出了文件的基础属性，例如，扩展名为.com、.bat 和（　　）的文件为应用程序，而.txt 扩展名是（　　）文件，而.jpg 扩展名为图片文件，.mpg 扩展名为（　　）文件。

16. 文件的物理结构是指文件在（　　）上的结构。

17. Windows 有两种文件存储结构，包括 FAT 系统（即　　）和（　　）系统（即新技术文件系统）。

18. Windows 有管理、服务、注册表 3 种管理机制。其中(　　)是存放了计算机系统和(　　)信息的一个表。通过执行（　　）命令可以打开注册表。

二、单选题

1. 自由软件是一种可以不受限制地自由（　　）的软件。
   A. 使用、复制　B. 研究　C. 修改和分发　D. 以上都是
2. 计算机软件和硬件是一个完整的计算机系统互相依存的两大部分，硬件是软件运行的（　　），软件是对硬件功能的（　　）。
   A. 扩充/完善　B. 基础和平台/扩充和完善
   C. 基础/平台　D. 平台/完善
3. 系统软件的主要功能是（　　）。
   A. 管理、监控和维护计算机软件、硬件资源
   B. 为用户提供友好的交互界面，支持用户运行应用软件
   C. 提高计算机的使用效率
   D. 以上都是
4. 下面几种操作系统中，（　　）不是网络操作系统。
   A. MS-DOS　B. Windows　C. Linux　D. UNIX
5. 操作系统是（　　）的接口。
   A. 用户和软件　B. 系统软件和应用软件
   C. 主机和外设　D. 用户和计算机
6. 通常，任何软件都依赖其运行环境，这个环境也叫作平台，它是指（　　）。
   A. 硬件，主要是指 CPU　B. 机器的规模
   C. 机器运行的操作系统　D. 机器使用的编程语言
7. Windows 是图形界面的操作系统，它的特点之一是（　　）。
   A. 支持单用户、单任务，面向 PC　B. 支持多用户、单任务，面向 PC
   C. 面向 PC，支持多任务和单用户　D. 面向 PC，支持多任务和多用户
8. Windows 操作系统是（　　）。
   A. 单用户单任务操作系统　B. 多用户单任务操作系统
   C. 多用户多任务操作系统　D. 单用户多任务操作系统
9. 并行系统，即并行操作系统，是指（　　）。
   A. 多台计算机同时执行不同的程序
   B. 多台计算机同时执行同一个程序
   C. 一台计算机内的多个处理器同时处理一个程序
   D. 协调多个处理器同时执行不同的进程或者程序

10．实时操作系统是指（　　）。

A．机器的 CPU 主频要很快

B．机器能够执行复杂的数学运算

C．机器执行任务在规定的时间内响应

D．机器执行任务在规定的时间内响应并快速处理

11．下面有关计算机操作系统的叙述中，（　　）是不正确的。

A．操作系统属于系统软件

B．操作系统只管理内存，而不管理外存

C．UNIX、Windows 都属于操作系统

D．计算机的内存、I/O 设备等硬件资源也由操作系统管理

12．操作系统的层次结构，可被划分为内核和外壳两个层次，其中，外壳是（　　）。

A．在计算机和用户之间提供接口　　B．在操作系统内核和用户之间提供接口

C．在计算机和用户/程序之间提供接口　D．在操作系统和用户/程序之间提供接口

13．操作系统的功能主要是管理计算机的所有资源。一般认为，操作系统对以下几方面进行管理（　　）。

A．处理器、存储器、控制器、输入/输出

B．处理器、存储器、输入/输出和数据

C．处理器、存储器、输入/输出和过程

D．处理器、作业、存储器、输入/输出和计算机文件

14．在操作系统中引入“进程”概念的主要目的是（　　）。

A．改善用户编程环境　　B．描述程序动态执行过程的性质

C．使程序与计算过程一一对应　　D．提高程序的运行速度

15．关于程序、进程和作业之间的关系，下列说法正确的是（　　）。

A．所有作业都是进程

B．只要被提交给处理器等待运行，程序就成为进程

C．被运行的程序结束后再次成为程序的过程是进程

D．只有程序成为作业并被运行时才成为进程

16. 作业是计算机操作系统中进行处理器管理的一个重要概念。下面不正确的说法是(　　)。

A．作业是程序从被选中到运行结束的整个过程

B．计算机中所有程序都是作业

C．进程是作业，但作业不一定是进程

D．所有作业都是程序，但不是所有程序都是作业

17．多任务操作系统运行时，内存中有多个进程。如果某个进程可以在分配给它的时间片中运行，那么这个进程处于（　　）状态。

A．运行　　B．等待　　C．就绪　　D．空闲

18．存储器是计算机的关键资源之一。操作系统存储器管理中，它可分为两大类，准确的是（　　）。

A．内存和 U 盘　　B．内存储器和辅助存储器

C．磁盘和 U 盘　　D．光盘和内存条

19. 多道程序在内存中，允许轮流使用（ ），交替执行，共享各种软硬件资源。

A. 磁盘 B. CPU C. 外设 D. CD-ROM

20. 操作系统对设备的管理是将设备分为（ ）两种类型。

A. 输入设备和输出设备 B. 块设备和字符设备

C. 存储设备和非存储设备 D. 打印机设备和显示设备

21. 不同设备数据传送方式不同，它的功能和操作也不同。从操作系统来看，其重要特性指标有（ ）等属性，由此设备可分为三大类。

A. 数据传输速度率 B. 数据传输方式

C. 共享性 D. 以上都是

22. 在操作系统的设备管理中，动态设备分配策略，常用的有（ ）。

A. 先请求先分配、优先级高者先分配

B. 先请求先分配、数据量大的优先分配

C. 先请求先分配或者优先级高者先分配

D. 数据量大的优先分配、优先级高者先分配

23. 文件是一个存储在存储器上的数据有序集合并（ ）。

A. 标记为扩展名 B. 标记为程序名

C. 标记为文件名 D. 标记为用户定义的名字

24. 文件中包括的内容，主要是文件所包含的（ ）。

A. 数据 B. 数据和属性信息

C. 文件本身的属性信息 D. 数据和操作信息

25. 在 DOS 中，".bat"文件可执行，在 Windows 中，能够被执行的程序文件的扩展名为（ ）。

A. ".exe" B. ".mdb" C. ".cn" D. ".xls"

26. 在文件系统中，检索文件有两个非常有用的符号："*" 和 "?"，称为通配符，若设 "F?.???" 和 "F*.*" 分别查找文件，查到的文件（ ）。

A. 都有：F1.123 B. 都没有：F1.1234

C. 都没有：F.123 D. 都有：F1.234 和 F.123

27. 文件的逻辑结构是依照文件内容的逻辑关系组织文件结构，它们的结构分为（ ）。

A. 流式文件和索引结构 B. 记录文件和链接结构

C. 顺序结构和链接结构 D. 流式文件和记录文件

28. NTFS 是 Windows 高版本使用的文件系统，如果一台机器有多个硬盘分区，那么 NTFS 可安装到 Windows 的（ ）。

A. C 盘 B. D 盘 C. E 盘 D. 任何一个盘

29. 文件的物理结构的特点，叙述正确的是（ ）。

A. 顺序结构是逻辑和物理记录顺序完全一致的结构

B. 索引结构由索引表建立了文件的逻辑块号和物理块号的关联

C. 链接结构的连接指针关系是分散在各物理块中的

D. 以上都对

30. 文件路径有绝对路径、相对路径和基准路径 3 个概念，以下相对路径为（ ）。

A. "C:\g\h\m.txt" B. "..\h \m.txt"

C. "C:\g\" D. "D:\g\m.txt"

三、多选题

1. 程序是计算机任务的（　　）的描述，它是按照一定的设计思想、要求、功能和语法规则编写的程序文档。

A. 处理对象　　B. 处理语句　　C. 处理时间
D. 处理规则　　E. 处理地点

2. 根据操作系统的功能组成来看，主要分为 4 个模块：（　　）模块，其他模块作为辅助功能。

A. 进程管理　　B. 内存管理　　C. 设备管理
D. 文件管理　　E. 用户界面

3. 在下列关于操作系统特征说法中，正确的是（　　）。

A. 共享性　　B. 虚拟性　　C. 不确定性
D. 随机性　　E. 并发性

4. 进程具有（　　）等特征。

A. 动态性、独立性　　B. 静态性
C. 独立性　　D. 异步性
E. 并发性

5. 不同设备数据传送方式不同，它的功能和操作也不同。从操作系统来看，其重要特性指标有（　　）等属性，由此设备可分为三大类。

A. 低、中和高速设备　　B. 数据传输速率
C. 数据传输方式　　D. 独占、共享和虚拟设备
E. 共享性

6. 从操作系统管理资源的角度来看，文件系统应具有（　　）。

A. 实现用户要求的各种操作　　B. 实现浏览器功能
C. 解决如何组织和管理文件　　D. 提供文件共享功能及保护和安全措施
E. 实现文件的“按名存取”操作机制

7. 文件物理结构与存储方法的关系有（　　）。

A. 顺序物理结构与随机、顺序存储方法结合
B. 链式物理结构与随机、顺序存储方法结合
C. 索引物理结构与随机、顺序存储方法结合
D. 顺序物理结构只与顺序存储方法结合
E. 链式物理结构与顺序存储方法结合

8.（　　）都是文件的物理结构。

A. 层次结构　　B. 顺序结构　　C. 关系结构
D. 链接结构　　E. 索引结构

9. 操作系统中文件分配表 FAT 是一个操作系统文件，它记录了磁盘格式化后所有物理块的号码和使用状况，如（　　）等状态。

A. 空　　B. 损坏　　C. 保留
D. 已使用　　E. 结束

四、判断题

1. 开源软件与自由软件是两个不同的概念，自由软件更强调哲学层面的自由，而开源软件主要注重程序本身的开源，需要大家来改进，减少漏洞，提升质量。 ( )

2. 专有软件是指在使用、修改上有限制的软件，所有的专用软件都收费。 ( )

3. 应用软件或程序都是基于操作系统的。任何操作系统，应用程序都能运行。 ( )

4. 操作系统是包裹在裸机上的第一层软件，屏蔽了复杂的硬件配置与操作，使得应用软件减少了对硬件的依赖，应用软件适应操作系统即可运行。 ( )

5. 操作系统是计算机系统资源的管理者，用户和计算机之间的接口，同时扩充了计算机硬件的功能。 ( )

6. 实时操作系统的“实时性”是限定在一定时间范围完成任务，响应时间的长短要依据应用领域及应用对象而不同。 ( )

7. 嵌入式操作系统最为突出的特点是具备高度的可裁剪性，抛弃了不需要的各种功能（模块可装卸来达到系统所要求的功能），被广泛应用于特定功能的计算机系统、工业控制、信息家电、移动通信等领域。 ( )

8. 进程是操作系统的重要概念，它是指程序的一次执行过程。进程经历多次执行、等待、就绪状态的转换，任务完成，直接进入终止状态。 ( )

9. 在操作系统的存储管理中，必须为作业准备足够的内存空间，以便将整个作业装入内存，否则作业就无法运行。办法是内存空间大于作业需要的空间，或内存空间少时，可以采用虚拟存储器的方式。 ( )

10. 操作系统要管理繁杂的外围设备，为此，用一定的设计模式进行管理，即 I/O 设备管理设计的分层结构思想和提供统一的接口或规范。 ( )

11. 添加新设备，必须安装设备驱动程序。即插即用和通用即插即用是指不用手动或自动安装设备驱动程序。 ( )

12. 在计算机系统中，标准的设备如键盘、鼠标、显示器等操作系统自动安装驱动程序。( )

13. 操作系统的设备管理采用分层结构，使得应用程序只涉及“虚拟设备”或抽象的设备，而真实设备由硬件生产者开发和提供设备驱动程序操作。 ( )

14. 在操作系统的设备管理中，由于外围设备与 CPU 速度极不匹配的问题，采用了设置缓冲区的方法解决。 ( )

15. 在操作系统的设备管理中，采用虚拟技术可以将低速的独占设备虚拟成一种可共享的多台逻辑设备，供多个进程同时使用，这种虚拟化的设备称为虚拟设备。 ( )

16. 文件系统是指由被管理的文件、操作系统中管理文件的软件组成的系统。 ( )

17. 快捷方式是一个扩展名为“.ini”的文件。 ( )

18. 配置文件是扩展名为“.lnk”的文件。 ( )

19. 在文件系统中，文件类型是通过扩展名表现出来的，同时扩展名也表现一种文件的逻辑标准或规则。 ( )

20. 文件的存储设备中，磁带是一种最典型的顺序存取设备，也适合随机存储。 ( )

21. 磁盘分区先进行主分区，而后进行扩展分区也就是除主分区外的分区，但不能直接使用，必须再将其细分为若干个逻辑分区才行。 ( )

22. 对磁盘分区进行格式化是指以一定分区格式对磁盘分区进行规划的全过程。 ( )

23. 文件的存储方法有顺序存取法和随机存取法两种，文件的逻辑结构有流式文件和记录式文件，这两种结构对两种存取方法都适合。 （　）

24. 基准路径是指由根目录至向下，不包括该文件名部分的路径，即有根目录，右侧无文件名。 （　）

25. 出于文件安全上的全面考虑，备份文件不一定是最佳方案。 （　）

26. 在 Windows 的资源管理器中，同时选定多个不连续的文件应按【Ctrl】键+单击鼠标左键。 （　）

27. 用户界面中的容器包括：窗口、对话框和按钮。 （　）

第13章 办公软件测试题

一、填空题

1. 办公软件一般主要包括（　　）、数据统计分析的电子表格应用、幻灯片制作和演示软件、桌面排版等。

2. 文字处理软件是指在计算机上（　　）人们制作文档的计算机应用程序。

3. 在Word中，表格是有表头的数据行列有序排列，由行列形成的（　　）组成。

4. 在Word中，对象是融合了一种或多种程序中的（　　）而形成的独立操作单元。

5. 从理论上看，在Word中域是文档中具有唯一的名字的（　　）。

6. 在Word中，视图是指具有专属显示内容所对应的特定操作（　　）的人机交互界面。

7. 在Word中，布局可分成整体文档的（　　）布局和局部的（　　）布局。

8. 在Word中，标记外表看上去是符号，实际上它是一种功能或效果或将被进一步操作的（　　）。

9. 在Word中，标题的标记为：（　　）。标题被系统标识，系统便可识别，或自动生成目录。

10. 在Word中，自建文档的扩展名为（　　）(2010)。

11. 在Word 2010中，共设计有14个类别的主选项卡，默认显示为其中的（　　）个主选项卡。

12. 使用Word编辑完一篇文档后，要想知道打印后的结果，可以使用（　　）视图。

13. 如果有一长篇Word文档设置了3级标题，可以选择（　　）复选框按钮，打开“导航”窗格，实现快速定位进行浏览编辑。

14. 在Word中，将文字分左右两个版面的功能叫（　　），将段落的第一个字放大突出显示的是（　　）功能。

15. 在Word中，“插入”选项卡中“表格”按钮下的（　　）命令可以建立一个规则的表格。

16. 使用Word输入汉字或者英文时，如果希望系统能够自动进行语法和拼写检查，并给出错误标记，应设置（　　）。

17. 在Word中，脚注出现在文档页面的（　　），尾注出现在文档的（　　）。

18. 在Word中，如果希望在文档的某个段落之后另起一页，应当使用强制分页功能，即单击“插入”选项卡中（　　）按钮。

19. Word将整篇文档作为一个节，如果希望把文档分成2个节，应当单击“页面布局”选项卡中的（　　）按钮。

20. 在Excel中输入数据时，如果输入的数据具有某种内在规律，则可以利用它的（　　）功能。

21. 在Excel中，单元格地址的引用有相对引用、（　　）和（　　）3种形式。

22. 在 Excel 中，假定存在一个数据表，内含有院系、奖学金、成绩等项目，现要求出各院系发放的奖学金总和，则应先对院系进行（　　），然后执行“分类汇总”命令。

23. Excel 2010 文档以文件形式存放于磁盘中，其文件默认扩展名为（　　）。

24. 在 Excel 工作表中，选择整列可单击（　　）。

25.（　　）是在 Excel 中根据实际需要对一些复杂的公式或者某些特殊单元格中的数据添加相应的注释。

26. 如果在 Excel 某单元格内输入公式“=4=5”，则得到结果为（　　）。

27. 在 Excel 的单元格中以文本形式输入电话号码 053186678888 的方法是（　　）。

28. 在 Excel 中，单元格区域“A1:C3，C4:E5”包含（　　）个单元格。

29. 电子表格软件是指能够将数据表格化显示，并且对数据进行计算与统计分析以及（　　）的计算机应用软件。

30. 表格的构成：一般由表的标题（表的名称）、表头（行标题、列标题）、（　　）和单元格内的数据 4 个主要部分组成。

31. Excel 电子表格中的并集运算符是（　　）。

32. Excel 电子表格中的公式标识为（　　）。

33. 从理论上看，Excel 电子表格中的一个完整的函数由三部分组成：（　　）、参数和结果。

34. Excel 电子表格中，所谓绝对引用是指当前单元格中所引用单元格地址始终（　　）。

35. Excel 电子表格中，所谓相对引用是指当前单元格相对于引用单元格的位置差（　　）。

36. PowerPoint 产生的文档称为（　　），它由若干个（　　）组成。

37.（　　）是一类特殊的幻灯片，用于统一控制幻灯片的背景、文本样式等属性。

38.（　　）是指创建新幻灯片时出现的虚线方框。

39. 每张幻灯片是（　　）的组合体，每张幻灯片上可以存放许多（　　）。

40. 在演示文稿放映过程中，可以通过两种方法实现跳转：（　　）和（　　）。

41. 可以对幻灯片进行移动、删除、复制、设置动画效果，但不能对单独的幻灯片的内容进行编辑的视图是（　　）。

42. 通过对演示文稿进行（　　）可以为每张幻灯片记录放映时所需要的时间。

43. 单击“幻灯片放映视图”按钮可以从（　　）开始放映文稿，按【F5】键可以从（　　）开始放映。

二、单选题

1. 办公软件包是为办公自动化服务的系列套装软件，很多功能整合在一起使得包中各软件之间能够共享，并且都是应用于（　　）。

A. 工作任务　　B. 企业任务　　C. 单位任务　　D. 办公任务

2. 现代文字处理软件是集文字、表格、图形、图像、声音处理于一体的软件，能够制作出（　　）的文档或书籍。

A. 符合文字标准　　B. 符合书籍标准

C. 符合专业标准　　D. 符合语言标准

3. 开本指整张印刷用纸裁开的若干等份的（　　）做标准来表示书刊幅面的规格大小。

A. 大小　　B. 规格　　C. 幅面　　D. 数目

4. 开本标准中 A4（　　）16 开。

A. 小于　　B. 等于　　C. 大于　　D. 小于或等于

5. 在 Word 中编辑和操作的内容抽象为三大类：文本、表格和（　　）等，不同的内容编辑和操作方式不同。

A. 图形　　B. 页眉　　C. 对象　　D. 目录

6. 在 Word 中，动态对象是遵循自有规范的（　　），并能运行生成的对象，也称域。

A. 部件　　B. 代码　　C. 组件　　D. 构件

7. 在 Word 中，文本内容可分为正文和标题。正文是对问题的描述；标题是对问题描述的概括，同时是生成（　　）的重要内容。

A. 索引　　B. 关键字　　C. 目录　　D. 超级链接

8. 在 Office 中的文档（Word）或工作簿（Excel）中，如果有限定选择的内容，此处可以插入（　　）来选择。

A. 特殊对象　　B. 常规对象

C. 动态对象　　D. 窗体控件或 ActiveX 窗体控件

9. 在 Word 中，大纲视图可以方便地折叠和展开各种层次的标题和对应的正文，进行文档的整体（　　）设计和编排。

A. 正文结构　　B. 目录结构　　C. 文档结构　　D. 大纲结构

10. 在 Word 中，样式是具有命名的应用于文档中的一组（　　）命令组合（集合）。

A. 对齐方式　　B. 格式　　C. 字体　　D. 字号

11. 在 Word 中，布局是指各种内容在平面上分布的几何排列（　　），从文字编辑来看称为版面排版。这里的版面是指文档中每一页上文字图画的编排方式。

A. 对齐方式　　B. 组合方式　　C. 位置和关系　　D. 叠加关系

12. 在 Word 中，标记外表看上去是（　　），实际上它是一种功能或效果或将被进一步操作的必需标志。

A. 字母　　B. 符号　　C. 代码　　D. 标识

13. 在 Word 中，分节符是将文档内容分成可以独立格式设置的以节为单元的标识，并以横向贯穿屏幕的双虚线加有“分节符”标注，分节符这个标识可操作，更重要的它是（　　），许多地方都用到。

A. 概念　　B. 操作　　C. 功能　　D. 结果

14. 在 Word 中，功能界面设计分为两种：一是面向（　　）划分功能类别，即抽象功能，按相近的功能归为同一类；二是面向（　　）划分功能类别，即基于任务流程归纳和划分功能类别。

A.“功能”“操作”　　B.“操作”“服务”

C.“服务”“功能”　　D.“功能”“服务”

15. 在 Word 2010 中，采用将功能以面向“服务”划分类别，以（　　）为功能区的方式设计。

A. 面板　　B. 菜单项

C.“主选项卡”类别和“面板”　　D.“菜单”和“菜单项”

16. 在 Word 2003 以前的版本中，都采用将（　　）归为一类，并设置于菜单中形成工具菜单项，以菜单方式的树状结构和工具栏方式构成。

A. 相近的功能　　B. 相近的服务　　C. 相近的菜单　　D. 相近的菜单项

17. 在 Word 的文档窗口进行最小化操作（　　）。

A．会将指定的文档关闭　　B．会关闭文档及其窗口
C．文档的窗口和文档都没关闭　　D．会将指定的文档从外存中读入，并显示出来

18．用 Word 进行编辑时，要将选定区域的内容放到剪贴板上，可单击工具栏上的（　　）按钮。
A．剪切或替换　B．粘贴　C．复制或剪切　D．剪切或粘贴

19．在 Word 中，设置字符格式用“开始”选项卡中的（　　）操作。
A．“字体”功能区的相关按钮　　B．“段落”功能区的相关按钮
C．“样式”功能区的相关按钮　　D．“编辑”功能区的相关按钮

20．在使用 Word 进行文字编辑时，下面叙述中（　　）是错误的。
A．Word 可将正在编辑的文档另存为一个纯文本（TXT）文件
B．使用“文件”选项卡中的“打开”命令可以打开一个已存在的 Word 文档
C．打印预览时，打印机必须是已经开启的
D．Word 允许同时打开多个文档

21．在 Word 中，使图片按比例缩放应选用（　　）。
A．拖动中间的句柄　　B．拖动四角的句柄
C．拖动图片边框线　　D．拖动边框线的句柄

22．在 Word 中，能显示页眉/页脚的方式是（　　）。
A．页面视图　B．阅读版式视图　C．Web 版式视图　D．大纲视图

23．在 Word 中，调整页边距可以通过（　　）操作。
A．“页面视图”下的标尺　　B．“开始”选项卡中“段落”的相关按钮
C．“文件”选项卡中“选项”　　D．“页面布局”选项卡中“页面设置”相关按钮

24．在 Word 编辑状态，要想删除光标前面的字符，可以按（　　）键。
A．Backspace　B．Delete　C．Ctrl+P　D．Shift+A

25．在 Word 的“字体”对话框中，不可设置文字的（　　）。
A．字间距　B．字号　C．删除线　D．行距

26．Word 具有分栏功能，下列关于分栏的说法中正确的是（　　）。
A．最低可以设 4 栏　　B．各栏的宽度必须相同
C．各栏的宽度可以不同　　D．各栏之间的间距是固定的

27．Word 中打印页码“3-5,10,12”表示打印的页面是（　　）。
A．3,4,5,10,12　B．5,5,5,10,12　C．3,3,30,12　D．10,10,10,10,12,12

28．在 Word 编辑状态下，选择了整个表格（包括每行最后的回车符），执行了表格命令“删除行”，则（　　）。
A．整个表格被删除　　B．表格中的一行被删除
C．表格中的一列被删除　　D．表格中没有被删除的内容

29．在 Word 文档中插入图片后，可以进行的操作是（　　）。
A．删除　　B．剪裁
C．缩放　　D．以上选项都可以操作

30．在 Word 中，什么情况下一定要分节（　　）。
A．多人协作处理一篇长文档
B．几个大段落组成的文档

C．由若干个章节组成的文档

D．由相对独立的且版面格式互不相同的文章组成的文档

31．在 Excel 中，假设打开的某工作簿中包含 4 个工作表，那么活动工作表有（　　）个。

A．1　　B．2　　C．3　　D．4

32．在 Excel 中，下列说法中正确的是（　　）。

A．Excel 中，工作表是不能单独存盘的，只有工作簿才能以文件的形式存盘

B．Excel 不允许同时打开多个工作簿

C．Excel 工作表最多可由 250 列和 65 536 行构成

D．Excel 文件的扩展名为.xslx

33．在 Excel 中，单元格区域 Al:B3 B2:E5 包含（　　）个单元格。

A．22　　B．2　　C．20　　D．25

34．Excel 中，输入公式时必须以（　　）开头。

A．";　　B．!　　C．-　　D．=

35．关于 Excel，以下说法中错误的是（　　）。

A．当单元格中显示"#DIV/0!"时表示公式被 0（零）除

B．在 Excel 中使用系统内置函数时，必须事先全部知道其使用方法，因为系统并不提供其使用说明方面的帮助

C．当单元格中显示"#####"时表示单元格所含的数字、日期或时间可能比单元格宽

D．在 Excel 中的函数由函数名、括号和参数组成

36．假设要在工作表的单元格内输入学号“201203541001”，正确的输入是（　　）。

A．直接输入 201203541001

B．先输入中文逗号“,”，然后输入 201203541001

C．先输入中文标点一撇“‘”，然后输入 201203541001

D．先输入英文一撇“'”，然后输入 201203541001

37．下列关于 Excel 工作表操作的描述不正确的是（　　）。

A．工作簿中的工作表排列顺序是允许改变的

B．工作表只属于创建时所属的工作簿，无法移动到其他的工作簿中

C．工作表名显示在工作表最下面一行的工作表标签上

D．可以在一个工作簿中同时插入多张工作表

38．在 Excel 中，格式化工作表的主要功能是（　　）。

A．改变数据格式　　B．改变文本颜色

C．改变对齐方式

D．改变工作表的外观，使其符合日常习惯并变得美观

39．在 Excel 中，当用户希望标题文字能够相对于表格居中时，以下操作正确的是（　　）。

A．居中　　B．分散对齐　　C．合并及居中　　D．填充

40．在 Excel 中，关于“批注”的作用，下面叙述错误的是（　　）。

A．可以对一些复杂的公式或者某些特殊单元格中的数据添加相应的注释

B．添加了批注的单元格右上角会出现一个小绿三角

C．添加了批注的单元格右上角会出现一个小红三角

D．添加的批注内容可以显示也可以隐藏

41. Excel 中，数据的筛选是（　　）。

A. 根据给定的条件，从数据清单中找出满足条件的记录，不满足条件的记录直接被删除

B. 把数据清单中的数据分门别类地进行统计处理，可自动进行多种计算

C. 根据给定的条件，从数据清单中找出并显示满足条件的记录，不满足条件的记录被隐藏

D. 把数据清单中的数据分门别类地进行统计处理，可通过公式的方式进行多种计算

42. 关于 Excel 的“高级筛选”，下面（　　）叙述是错误的。

A. 高级筛选的“条件区域”一定要位于数据清单的外面

B. 高级筛选的“条件区域”至少包含两行

C. 高级筛选“条件区域”的第一行一定是标题行

D. 高级筛选“条件区域”的标题行可以与数据清单标题名称不同

43. 在 Excel 中要实现打印工作表时每页数据表上方自动显示标题行字样，需要进行的操作是（　　）。

A. 设置页眉和页脚　　B. 设置分页预览

C. 设置顶端标题行　　D. 设置页边距

44. 在 Excel 中要实现打印工作表时，每页数据表下方自动显示“第几页”字样，需要进行的操作是（　　）。

A. 设置页边距　　B. 设置页眉和页脚

C. 设置打印区域　　D. 设置分页预览

45. 关于 Excel，以下说法中错误的是（　　）。

A. 应用自动套用格式时，只能完全套用格式，不能部分套用

B. 在分类汇总时，数据清单必须先要对分类汇总的列排序

C. Excel 提供了两种筛选清单命令：自动筛选和高级筛选

D. 对已设置的条件格式可以通过“删除”按钮删除

46. Excel 电子表格的交集运算符是（　　）。

A. 冒号“:”　　B. 逗号“,”　　C. 空格“□”　　D. 单引号“'”

47. Excel 电子表格中，所谓相对引用是指当前单元格相对于引用单元格的（　　）不变。

A. 位置　　B. 位置差　　C. 单元格　　D. 单元格区域

48. Excel 2010 默认的保存文件类型是（　　），启用宏的为.xlsm，被称为工作簿。

A. .xltx　　B. .xls　　C. .xlsx　　D. .xlt

49. 要使每张幻灯片的标题具有相同的字体格式和相同的图标，可通过（　　）快速实现。

A. 幻灯片母版　　B. 设置背景样式　　C. 设置字体　　D. 格式刷

50. 在 PowerPoint 中，（　　）是指预先设计了外观、标题、文本图形格式、位置、颜色及演播动画的幻灯片的待用文档。

A. 模板　　B. 主题　　C. 母版　　D. 以上都不可以

51. 下列视图方式中，不属于 PowerPoint 视图的是（　　）。

A. 幻灯片浏览　　B. 备注页　　C. 普通视图　　D. 页面视图

52. 在 PowerPoint 中，（　　）是一组统一的设计元素，可以作为一套独立的选择方案应用于文件中，是颜色、字体和图形背景效果三者的组合。

A. 模板　　B. 主题　　C. 母版　　D. 幻灯片版式

53. 如果要从第 3 张幻灯片跳转到第 8 张幻灯片，需要在第 3 张幻灯片上插入一个对象并设置其（　　）。

A. 超链接　　B. 预设动画　　C. 幻灯片放映　　D. 自定义动画

54. 以下（　　）不属于对幻灯片外观进行格式化的操作。

A. 主题设置　　B. 文本大纲级别设置

C. 幻灯片版式设置　　D. 母版设置

55. 以下说法正确的是（　　）。

A. 一旦选择了幻灯片版式就不能再更改

B. 在“幻灯片浏览”视图中不可以对幻灯片中进行切换效果设置

C. PowerPoint 2010 与 PowerPoint 2003 在软件界面和使用方式上没有太大的改变

D. 任何文本或对象都可以被设置超链接

56. 演示文稿与幻灯片关系是（　　）。

A. 演示文稿和幻灯片是同一个对象　　B. 幻灯片是由若干演示文稿组成的

C. 演示文稿是由若干幻灯片组成的　　D. 演示文稿和幻灯片没有关系

57. 在 PowerPoint 中，下列说法正确的是（　　）。

A. 不可以在幻灯片中插入剪贴画和自定义图像

B. 可以在幻灯片中插入音频和视频

C. 不可以在幻灯片中插入艺术字

D. 不可以在幻灯片中插入超链接

58. 幻灯片模板文件的默认扩展名是（　　）。

A. ppsx　　B. pptx　　C. potx　　D. dotx

59. 在没有 PowerPoint 软件条件下，也能够放映的演示文稿文件格式的扩展名是（　　）。

A. pptx　　B. ppsx　　C. ppax　　D. png

60. PowerPoint 可以处理的音频格式有（　　）。

A. MPG、WAV 等　　B. CD、WAV、MP3 等

C. AVI、WAV、MP3 等　　D. CD、WAV、AVI 等

61. 控制幻灯片外观的方法中，不包括（　　）。

A. 动画设置　　B. 设计模板　　C. 配色方案　　D. 母版

62. 如果在母版的“页脚”中覆盖输入“ABCDE”，字体是宋体，字号 20 磅，关闭母版返回幻灯片编辑状态，则（　　）。

A. 所有幻灯片的页脚都是“ABCDE”，字体是宋体，字号 20 磅

B. 所有幻灯片的页脚都是“ABCDE”，字体保持不变

C. 所有幻灯片的页脚内容不变，字体是宋体，字号 20 磅

D. 所有幻灯片的页脚内容不变，字体也保持不变

63. 演示文稿中每张幻灯片都是基于某种（　　）创建的，它预定了新建幻灯片的各种占位符的布局情况。

A. 视图　　B. 母版　　C. 模板　　D. 版式

64. 下列关于 PowerPoint 中动画的说法正确的是（　　）。

A. 一个对象可以使用多种动画效果　　B. 对象的动画播放顺序可以随意更改

C. 可以同时为多个对象设置动画效果　　D. 以上全部正确

65．演示文稿中超链接的连接目标不能是（　　）。
A．幻灯片中的某个对象　B．同一演示文稿中的某张幻灯片
C．另一个演示文稿　D．某应用程序
66．对象的超链接可以链接到（　　）。
A．另一张幻灯片
B．本地计算机系统中的文档
C．任何一个在 Internet 上可以访问到的 IP 地址
D．以上都可以
67．“演讲者放映”方式和“展台浏览”方式的共同特点是（　　）。
A．全屏显示　B．都可以在放映的同时进行打印
C．不能使用鼠标控制　D．都可以直接删除一张幻灯片
68．在放映演示文稿时，若使用绘图笔则（　　）。
A．不能对幻灯片进行修改，也不能改变显示图像
B．可以对幻灯片进行修改
C．可以改变显示图像，但不会影响到幻灯片本身
D．不仅仅是对放映图像的标注

三、多选题

1．办公软件一般主要包括（　　）、数据统计分析的（　　）、（　　）的演示软件、桌面排版等。
A．图像处理　B．文字处理　C．电子表格
D．幻灯片制作　E．浏览器软件
2．在 Word 中，依据对象的性质，产生的方式不同可分为 4 类：常规对象、特殊对象、动态对象和 ActiveX 控件。其中特殊对象包括（　　）。
A．页脚　B．脚注　C．页眉
D．尾注　E．批注
3．从理论上看，域是文档中具有唯一的名字的代码，有三要素：（　　）。
A．域编号　B．域名字　C．域特征字符
D．域指令　E．域结果
4．在 Word 中，设计的视图有（　　）等。
A．草稿视图或普通视图　B．Web 版式视图
C．页面视图　D．阅读版式视图
E．大纲视图
5．在 Word 中，格式（装饰）是指对内容进行统一的装饰或修饰的规范管理方式，分为（　　）等方式。
A．母版　B．模板　C．样板
D．样式　E．格式化
6．在 Word 中，从文本和文档的标记来看，段落、标题和节等具有（　　），也都具有（　　），而其他仅仅是一种操作式功能（换行、分页效果）。
A．可操作性　B．效果　C．标注

D．概念　　E．功能

7．在 Word 中，文档内容的设计上包括基本内容和控件、如（　　），以及 ActiveX 控件。

A．文本　　B．表格　　C．常规对象

D．特殊对象　　E．动态对象（域）

8．在 Word 中，下列说法正确的是（　　）。

A．文档的页边距可以通过标尺来改变

B．使用“目录和索引”功能，可以自动将文档中使用的内部样式抽取到目录中

C．Word 文档中，一节中（以分节符区分的节）的页眉页脚总是相同的

D．文档分为左右两栏，显示的视图方式是页面视图

E．在文档中插入的页码，总是从第一页开始

9．下列视图方式中，（　　）是 Word 2010 中的视图。

A．普通视图　　B．页面视图　　C．Web 版式视图

D．大纲视图　　E．草稿

10．在 Word 表格中可使插入点在单元格间移动的操作是（　　）。

A．Shift+Tab　　B．Tab　　C．Ctrl+Home

D．Backspace　　E．→

11．下列叙述（　　）是正确的。

A．艺术字是把文字作为图形来处理的

B．文本框中不能放置图形

C．文本框有横排文本框和竖排文本框

D．多个图形可以组合在一起变成一个图形

E．多个图形不可以层叠

12．以下关于 Word 文本行的说法中，不正确的是（　　）。

A．输入文本内容到达版心右边界时，只要按【Enter】键才能换行

B．Word 文本行的宽度与页面设置有关

C．Word 文本行的宽度就是显示器的宽度

D．Word 文本行的宽度用户无法控制

E．输入文本内容到达版心右边界时，系统自动插入一个软回车并自动换行，如果按【Enter】键换行是强制换行，此时系统插入一个硬回车

13．关于 Word 查找操作的正确说法是（　　）。

A．可以从插入点当前位置开始向上查找

B．无论什么情况下，查找操作都是在整个文档范围内进行

C．Word 可以查找带格式的文本内容

D．Word 可以查找一些特殊的格式符号，如分页线

E．Word 查找可以使用通配符*或者?

14．在 Word 字处理软件中，有关光标和鼠标位置的说法错误的是（　　）。

A．光标和鼠标的位置始终保持一致

B．光标是不动的，鼠标是可以动的

C．光标代表当前文字输入的位置，而鼠标则可以用来确定光标的位置

D．光标和鼠标的位置可以不一致

E．没有光标和鼠标之分

15．在 Word 文档中，插入表格的操作时，以下说法错误的是（　　）。

A．可以调整每列的宽度，但不能调整高度

B．可以调整每行和列的宽度和高度，但不能随意修改表格线

C．不能划斜线

D．可以划斜线

E．可以将文字转换成表格

16．要选定一个段落，正确操作是（　　）。

A．将插入点定位于该段落的任何位置，然后按【Ctrl+A】组合键

B．将鼠标指针拖过整个段落

C．将鼠标指针移到该段落左侧的选定区双击

D．将鼠标指针在选定区纵向拖动，经过该段落的所有行

E．先选定段落开头几个字，然后按住【Shift】键，在段落的最后单击

17．设 Windows 为系统默认状态，在 Word 编辑状态下，移动鼠标至文档行首空白处（文本选定区）单击左键三下，结果选择的文档不是（　　）。

A．一句话　　B．一行　　C．一段

D．全文　　E．三行

18．在 Word 中，页眉和页脚的作用范围不是（　　）。

A．全文　　B．节　　C．页

D．段　　E．整篇文档

19．在 Word 的编辑状态，选择了一个段落并设置段落的“首行缩进”为 1 厘米，则说法不正确的是（　　）。

A．该段落的首行起始位置距页面的左边距 1 厘米

B．文档中各段落的首行只由“首行缩进”确定位置

C．该段落的首行起始位置距段落的“左缩进”位置的右边 1 厘米

D．该段落的首行起始位置在段落“左缩进”位置的左边 1 厘米

E．该段落的首行起始位置与段落“左缩进”的位置重合

20．在 Word 中，通过“表格工具-布局”选项卡中的“公式”按钮，选择所需的函数对表格单元格的内容进行统计，以下叙述（　　）是不正确的。

A．当被统计的数据改变时，统计的结果不会自动更新

B．当被统计的数据改变时，统计的结果会自动更新

C．当被统计的数据改变时，统计的结果根据操作者决定是否更新

D．在结果数据上右击，在弹出的快捷菜单中可以查看使用的公式

E．以上叙述均不正确

21．选取 Excel 当前工作表中的所有单元格的方法是（　　）。

A．单击“全选”按钮

B．单击第 1 列行号与第 1 行列标交叉的按钮

C．按【Ctrl+A】组合键

D．按【Ctrl+Shift＋A】组合键

E．按【Alt+A】键

22．Excel 的默认状态下，（　　）型数据在单元格中的对齐方式是右对齐。

A．时间　　B．数字　　C．图片

D．文本　　E．日期

23．下面关于单元格引用的说法正确的是（　　）。

A．相对引用是指公式中的单元格引用地址随公式所在位置的变化而改变

B．绝对引用是指公式中的单元格引用地址不随公式所在位置的变化而改变

C．单元格引用中，行标识是相对引用而列标识是绝对引用的属于混合引用

D．只能引用同一工作表的单元格，不能引用不同工作表的单元格

E．不同工作表中的单元格可以相互引用，但是不同工作簿中的单元格不可以相互引用

24．Excel 中分类汇总可以进行的计算有（　　）。

A．最小值　　B．最大值　　C．求和

D．计数值　　E．平均值

25．Excel 中最终生成的图表类型有（　　）。

A．浮动式图表　　B．二维图表　　C．嵌入式图表

D．三维图表　　E．独立图表

26．Excel 中，使用“图表向导”创建图表过程中可以设置（　　）。

A．图表选型　　B．图表类型　　C．图表数据源

D．图表位置　　E．图表大小

27．Excel 电子表格的内容主要是（　　）等。

A．表格　　B．公式　　C．数据

D．函数　　E．批注

28．Excel 电子表格的运算符，有以下几类：（　　）。

A．公式符　　B．算术运算符　　C．比较运算符

D．文本运算符　　E．引用运算符

29．常用的制作演示文稿的软件主要有（　　）。

A．微软公司的 PowerPoint

B．金山公司的 WPS 演示

C．Apache 软件基金会的 OpenOffice Impress

D．Adobe 公司的 Dreamweaver

E．Adobe 公司的 Photoshop

30．演示文稿一般可应用于（　　）。

A．工作汇报　　B．产品推介　　C．婚礼庆典

D．学术交流　　E、课件制作

31．对幻灯片进行排版或格式化操作，主要包括（　　）。

A．字符格式化　　B．段落格式化　　C．幻灯片格式化

D．对象格式化　　E．动画设置

32．PowerPoint 2010 提供了多种视图，包括（　　）。

A．普通视图　　B．幻灯片浏览　　C．阅读视图

D．备注页　　E．大纲视图

四、判断题

1. 办公软件包是为办公自动化服务的系列套装软件，很多功能整合在一起使得包中各软件之间能够共享，并且都是应用于办公任务。（　）

2. 文字处理软件是指在计算机上代替人们制作文档的计算机应用程序。（　）

3. 记事本、EditPlus 等功能有限，不是文字处理软件。（　）

4. 开本指拿整张印刷用纸裁开的若干等分的数目做标准来表示书刊幅面的规格大小。（　）

5. 书刊或文档页面的版心和版面是同一个概念的不同说法。（　）

6. 文本内容可分为标题和正文，标题又分为多级，其实这样分是多余的，因为标题和正文都是文本。（　）

7. 在 Word 中，标题和正文都以段落方式存在。（　）

8. 在 Word 中，依据对象的性质，产生的方式不同可分为 4 类：常规对象、特殊对象、动态对象和 ActiveX 控件。（　）

9. 在 Word 中，视图是指具有专属显示内容所对应的特定操作功能和任务的人机交互界面。

10. 在 Word 中，页面视图不适用于概览整个文章的总体效果。（　）

11. 在 Word 中，格式（装饰）是指对内容进行统一的编辑的方式，分为：模板、样式和格式化 3 种。（　）

12. 在 Word 中，布局是指各种内容在平面上分布的几何排列位置和关系。从文字编辑来看，它不是版面排版。（　）

13. 在 Word 中，回车符是用来标记段落的，没有回车符就不是段落，有回车符没有内容也不是段落。（　）

14. 在 Word 中，换行符是指人为插入将文字强行换入下一行显示的标识，并以向下的箭头标注，它就是段落符。（　）

15. 在 Word 中，由键盘直接输入的花括号“{}”就是域，系统认可。（　）

16. 在 Word 中，修改字体格式之前，必须选定该文字。（　）

17. 在 Word 中，可以同时打开多个文档窗口，但活动窗口只有一个。（　）

18. 在 Word 中，现有前后两个段落且段落格式不同的文字格式，若删除前一个段落末尾的结束标记，则两个段落会合并为一段，原来格式都不会丢失。（　）

19. 在 Word 文档中，可以进行横向选定文字，不能选定“列”字块，即纵向跨行选定部分文字。（　）

20. Word 字处理软件不仅可以进行文字处理，还可以插入图片、声音等，但不能输入数学公式。（　）

21. 在 Word 中，要使一个文本框中的文本由横排改为竖排，选定文本单击“绘图工具-格式”选项卡中的“文字方向”按钮。（　）

22. 在 Word 中文字的输入过程中按一次【Enter】键，则输入一个段落结束符。（　）

23. 在进行 Word 中的字体格式设置时，可以分别设置中文字体和英文字体。（　）

24. 在 Word 中，删除“页码”的正确方法是双击页码，进入“页眉和页脚”编辑状态，选中页码，按【Del】键删除，最后在正文的任意位置双击。（　）

25. 在 Word 文档中插入的剪贴画可以剪裁，用形状绘制的图形不能进行剪裁。（　）

26. 在 Word 中，表格拆分是指将原来的表格从某两列之间分为左、右两个表格。（　）

27．在 Word 中可以将编辑的文档以多种格式保存，wri 文件、bmp 文件、docx 文件都是 Word 所支持的格式。（　　）

28．在 Excel 中，若要修改单元格中的数据或公式，可以在“编辑栏”修改，也可以双击单元格后修改。（　　）

29．Excel 公式或函数中某个数字有问题时，单元格内会显示“#NUM!”。（　　）

30．Excel 公式中，比较运算符的运算优先级最低。（　　）

31．Excel 函数的参数中对单元格的引用只能手工输入，无法用鼠标选定。（　　）

32．Excel 中当用户调整某行的高度时，双击该行的行按钮上边界就可以实现，双击行按钮下边界无效。（　　）

33．Excel 中的计数函数 Count 可以统计字符型数据，也可以统计数值型数据。（　　）

34．在 Excel 中，清除和删除不是一回事。（　　）

35．在 Excel 中条件格式设定好的前提下，某单元格内的值发生了改变，改变后不再满足该条件，此时该单元格将继续按照变动前条件格式的规定突出显示。（　　）

36．在 Excel 中，在单元格中输入“=5+3”和“'=5+3”，得到的结果是一样的。（　　）

37．在 Excel 中，一个单元格地址引用中若出现“$D3”和“D$3”，它们的含义是一样的。（　　）

38．在 Excel 中，创建了“柱形图表”后，若要改变图表类型为“折线型”，必须将原来的图表删除，然后重新创建。（　　）

39．在 Excel 中，数据与它对应的图表存在关联关系，即改变数据，图表会发生改变，反之也是这样。（　　）

40．在 Excel 中，数据透视表不但能够在每一行上汇总，而且还能够在每一列上汇总。（　　）

41．在 Excel 中，自动筛选和高级筛选都能根据给定的条件，从数据清单中找出并显示满足条件的记录，不满足条件的记录被隐藏。（　　）

42．电子表格本质上是一系列行与列构成的单元格网格。而通过行列标记来使用单元格中数据是关键。（　　）

43．Excel 电子表格中的函数本身也可以作为参数使用。（　　）

44．Excel 中的图表化工具 MS-Graph 不是一个 ActiveX 控件。（　　）

45．在 Excel 中工作表是一个固定行列数的，即不能增加行列数的超大表格。因此，制表不要超过工作表的列数量。（　　）

46．在 Excel 中三维地址引用是指的工作簿、工作表和单元格等三级地址引用。（　　）

47．在 Excel 中，通过三维地址引用，可以引用其他工作簿中工作表单元格中的数据。（　　）

48．一个演示文稿文档由若干张幻灯片组成，每张幻灯片是背景与对象的组合体，每张幻灯片上可以存放许多对象元素。（　　）

49．占位符中的提示文本在放映和打印过程中能显示出来。（　　）

50．在“幻灯片浏览”视图中不可以对幻灯片中内容进行动画设置。（　　）

51．在“幻灯片母版”视图中可以设置幻灯片编号的显示格式和位置。（　　）

52．当演示文稿保存为放映格式（.ppsx）时，就不能再对其进行内容进行编辑和修改了。（　　）

53．放映演示文稿时不会显示被设置为隐藏状态的幻灯片。（　　）

54．在 PowerPoint 2010 中，将功能以面向“服务”划分类别，以“主选项卡”类别和“面板”为功能区的方式。（　　）

55．通过“超链接”可以实现在放映时从一张幻灯片跳转到另一张幻灯片。（　　）

56. “自定义放映”是指将演示文稿中的某些幻灯片组合起来，形成一个放映单元，同一演示文稿可以按需要形成多个放映单元。 （ ）

57. 演示文稿文档可直接转换为 pdf 格式的文档。 （ ）

58. 为了达到层次分明的效果，把文本占位符或文本框中的文本划分为 5 个等级。（ ）

59. 在幻灯片中插入声音对象后，在放映时只有单击声音图标才可播放。 （ ）

60. 在页眉和页脚中插入的日期和时间可以进行自动更新。 （ ）

61. 演示文稿在放映过程中不可以从当前幻灯片跳转到任意幻灯片。 （ ）

62. 在制作幻灯片时，可以插入旁白。 （ ）

63. 在普通视图下，可以改变幻灯片的顺序。 （ ）

64. 在幻灯片放映视图下，也可以编辑幻灯片。 （ ）

第 14 章 数据库技术基础测试题

一、填空题

1. 现实世界中事物每一个特性，在信息世界中称（　　），在数据世界中称（　　）。

2. 数据库系统的核心是（　　）。

3. 构成数据模型的三大要素分别是数据结构、数据操作与（　　）。

4. 关系数据库中，一个关系表的行称为（　　）。

5. 关系数据库中，将两个关系连接成一个新的关系，生成的新关系中包含满足条件的元组，这种操作称为（　　）。

6. 关系数据库中，在学生表中要查找年龄小于 20 岁且姓李的男生，应采用的关系运算是（　　）。

7. 关系数据库中，在学生表中有若干个属性，要显示姓名和性别，应采用的关系运算是（　　）。

8. 关系数据库中，假设一个书店用（书号，书名，作者，出版社，出版日期，库存量）一组属性来描述图书，可以作为“关键字”的是（　　）。

9. 在数据库的 E-R 图中，用来表示实体的图形是（　　）。

10. 关系数据库中，关系模型中有三类完整性约束，分别是（　　）、参照完整性和（　　）。

11. 在数据库中，建立索引的作用是实现记录的（　　）。

12. 关系数据库中，函数依赖是指关系中（　　）之间取值的依赖情况。

13. 关系数据库中，如果关系模式 *R* 满足第二范式（2NF），并且不存在非主属性对主键的（　　），则称该关系模式 *R* 属于第三范式（3NF）关系。

二、单选题

1. 数据处理是指将数据转换成（　　）的过程。

   A．文字　　B．数值　　C．有用的信息　　D．图形

2. 简称 DBMS 的是（　　）。

   A．数据库管理系统　　B．数据库

   C．数据库系统　　D．数据

3. 数据库技术的根本目标是解决数据的（　　）。

   A．存储问题　　B．共享问题　　C．安全问题　　D．保护问题

4. 数据管理技术发展中的数据库系统阶段，数据的最小存取单位是（　　）。

   A．数据项　　B．一组记录　　C．文件　　D．记录

5. 下列关于数据库的概念，说法错误的是（　　）。

A．二维表中每个水平方向的行称为属性
B．一个属性的取值范围叫作一个域
C．一个关系就是一张二维表
D．候选码是关系的一个或一组属性，它的值能唯一地标识一个元组

6．在数据管理中数据共享性高，冗余度小的是（　　）。
A．人工管理阶段　B．数据库系统阶段
C．信息管理阶段　D．文件系统阶段

7．数据库系统的三级模式不包括（　　）。
A．外模式　B．概念模式　C．内模式　D．数据模式

8．在下列模式中，能够给出数据库物理存储结构与物理存取方法的是（　　）。
A．外模式　B．概念模式　C．内模式　D．逻辑模式

9．数据操作包括对数据库数据的（　　）、插入、修改（更新）和删除等基本操作。
A．输入　B．输出　C．检索　D．替换

10．常见的数据模型有3种，分别是（　　）。
A．网状、关系、语义　B．层次、关系、网状
C．环状、层次、关系　D．属性、元组、记录

11．在下列说法中正确的是（　　）。
A．两个实体之间只能是一对一联系
B．两个实体之间只能是一对多联系
C．两个实体之间只能是多对多联系
D．两个实体之间可以是一对一联系、一对多联系或多对多联系

12．用二维表来表示实体与实体之间联系的数据模型是（　　）。
A．实体-联系模型　B．层次模型
C．网状模型　D．关系模型

13．在满足实体完整性约束的条件下，（　　）。
A．一个关系中应该有一个或多个候选关键字
B．一个关系中只能有一个候选关键字
C．一个关系中必须有多个候选关键字
D．一个关系中可以没有候选关键字

14．下列实体的联系中，属于多对多联系的是（　　）。
A．学生和课程　B．学校和校长　C．住院的病人和病床　D．职工与工资

15．假定学生关系是S（学号，姓名，性别，年龄，班级，专业），课程关系式C（课程号，课程名，教师名，院系），学生选课关系是SC（学号，课程号，年级），要查找必修课“大学计算机基础”课程的男生的姓名，将涉及的关系是（　　）。
A．SC　B．S，SC　C．C，SC，S　D．C，S

16．在数据库中，能够唯一地标识一个元组的属性或属性组合的是（　　）。
A．记录　B．字段　C．域　D．关键字

17．不允许在关系中出现重复记录的约束是通过（　　）实现的。
A．外关键字　B．索引　C．主关键字　D．唯一索引

18．关系数据库是以数据的（　　）为基础设计的数据管理系统。

A. 数据模型　　B. 关系模型　　C. 关系代数　　D. 数据表

19. 在关系型数据库中，每一个关系都是一个（　　）维表。

A. 一　　B. 二　　C. 三　　D. 四

20. 在关系数据库中，关于关键字，下列说法不正确的是（　　）。

A. 主关键字是被挑选出来做表的行的唯一标识的候选关键字

B. 外关键字要求能够唯一标识表的一行

C. 如果两个关系中具有相同或相容的属性或属性组，那么这个属性或属性组称为这两个关系的公共关键字

D. 对于一个关系来讲，主关键字只能有一个

21. 在数据库中，一个关系就是一张二维表，二维表中垂直方向的列称为（　　）。

A. 元组　　B. 域　　C. 属性　　D. 分量

22. 在数据库中，一个属性的域是指（　　）。

A. 一个表的取值范围　　B. 元组的取值范围

C. 记录的取值范围　　D. 一个属性的取值范围

23. 数据库中表和数据库的关系是（　　）。

A. 一个数据库可以包含多个表　　B. 一个表只能包含一两个数据库

C. 一个表可以包含多个数据库　　D. 一个数据库只能包含一个表

24. 在数据库中，将“员工”表中的“姓名”与“工资标准”表中的“姓名”建立关系，且两个表中的记录都是唯一的，则这两个表之间的关系是（　　）。

A. 一对一　　B. 一对多　　C. 多对一　　D. 多对多

25. 学校图书馆规定，一名旁听生只能借 1 本书，一名在校生同时可以借 5 本书，一名教师同时可以借 10 本书，在这种情况下，读者与图书之间形成了借阅关系，这种借阅关系是（　　）。

A. 一对一联系　　B. 一对五联系　　C. 一对十联系　　D. 一对多联系

26. 传统的集合运算包括并（∪）、交（∩）、差（−）和（　　）等 4 种。

A. 括号运算　　B. 广义笛卡儿积（×）

C. 大于等于　　D. 不等于

27. 如果要改变一个关系中属性的排列顺序，应使用的关系运算是（　　）。

A. 更新　　B. 选择　　C. 连接　　D. 投影

28. 关系 R 和 S 进行自然连接时，要求 R 和 S 含有一个或多个公共（　　）。

A. 元组或记录　　B. 关系　　C. 属性或字段　　D. 域

29. 在数据库的关系运算中，选择满足某些条件的元组的运算称之为（　　）。

A. 投影　　B. 选择　　C. 连接　　D. 并

30. 关系 $R(A, B)$ 和 $S(B, C)$ 中分别有 10 个和 15 个元组，属性 B 是 R 的主码，则 R 与 S 的连接（$R \bowtie S$）运算中元组个数的范围是（　　）。

A.（10，15）　　B.（10，25）　　C.（0，15）　　D.（15，25）

31. Access 数据库使用（　　）作为扩展名。

A. .mbf　　B. .db　　C. .accdb　　D. .dbf

32. Access 数据库的数据模型是（　　）。

A. 层次模型　　B. 网状模型　　C. 面向对象模型　　D. 关系模型

33．Access 数据库中包含（　　）种对象。

A．5　　B．6　　C．7　　D．9

34．Access 数据库最基础的对象是（　　）。

A．表　　B．查询　　C．报表　　D．窗体

35．在 Access 数据库中，表结构的设计及维护是在（　　）中完成的。

A．表的数据浏览界面　　B．表的设计视图

C．表向导　　D．查询视图

三、多选题

1．计算机对数据的管理是指如何对数据进行（　　）。

A．分类、组织　　B．编码、存储　　C．检索、维护

D．分类、排序　　E．存储、查询

2．数据库系统由（　　）部分组成。

A．硬件系统　　B．数据库　　C．数据库管理系统及相关软件

D．数据库管理员　　E．用户

3．数据库系统的主要特点是（　　）。

A．数据集合　　B．实现数据共享，减少数据冗余

C．采用特定的数据模型　　D．具有较高的数据独立性

E．有统一的数据控制功能

4．数据操作包括对数据库数据的（　　）等基本操作。

A．插入　　B．修改（更新）　　C．检索

D．替换　　E．删除

5．目前，流行的 DBMS 主要有（　　）。

A．Oracle　　B．SYBASE　　C．SQL Server

D．DB2　　E．MySQL

6．人工管理计算机数据的特点是（　　）。

A．数据不保存机器　　B．数据不能修改

C．数据没有相应的软件系统管理　　D．数据不共享

E．数据不独立

7．数据库管理系统的主要功能包括（　　）。

A．数据定义　　B．数据操纵

C．数据库的建立和维护　　D．数据库的运行管理

E．网络连接

8．下面的（　　）是关系模型的术语。

A．元组　　B．变量　　C．属性

D．域　　E．关系

9．在关系数据库中允许定义的数据约束包括（　　）。

A．取值约束　　B．实体完整性约束　　C．参照完整性约束

D．用户定义的完整性约束　　E．身份约束

10．传统的集合运算包括（　　）等 4 种。

A．并（∪）　　B．交（∩）　　C．不等式
D．差（－）　　E．广义笛卡儿积（×）

11．Access 数据库的对象包括（　　）。
A．表　　B．查询　　C．窗体
D．报表　　E．宏

四、判断题

1．数据库技术发展中的文件系统阶段支持并发访问。（　　）
2．在数据库中数据的独立性指的是数据与程序相互独立存在。（　　）
3．数据库管理系统都是基于某种数据模型的，因此数据模型是数据库系统的核心和基础。（　　）
4．在数据库的关系模型中，实体之间的关系中的一对多的联系和多对一的联系是一样的。（　　）
5．在数据库中，多对多关系实际上是使用第三个表的两个一对多关系。（　　）
6．在数据库的关系模型中，元组个数具有有限性。（　　）
7．表是数据库的基础，数据库中不允许一个数据库中包含多个表。（　　）
8．在数据库中，记录是表的基本存储单元。（　　）
9．在数据库中，一般查询不仅具有查找的功能，而且还具有计算功能。（　　）
10．数据库不允许存在数据冗余。（　　）
11．数据库管理系统管理并且控制数据资源的使用。（　　）
12．在使用子查询时，必须使用括号把子查询括起来，以便区分外查询和子查询。（　　）
13．主键字段允许为空。（　　）
14．概念结构设计的工具是 E-R 模型。（　　）
15．数据操作包括对数据库数据的检索、插入、修改（更新）和删除等基本操作。（　　）
16．数据库中逻辑数据模型就是数据模型，是一种面向数据库系统的模型。（　　）
17．数据模型是数据库管理系统用来表示实体及实体之间联系的方法，和数据库中的表无关。（　　）
18．数据库中数据模型三大要素是数据结构、数据操作与数据约束。（　　）
19．数据库中数据结构主要描述数据的大小、内容、性质以及数据间的联系等。（　　）
20．数据库中专门的关系运算有 3～4 个，包括：选择、投影和连接，以及自然连接。（　　）
21．数据库中的一个关系没有经过规范化，则可能会出现数据冗余、数据更新不一致、数据插入异常和删除异常。（　　）
22．数据库满足一定条件的关系模式称为范式。（　　）
23．数据库中的范式，根据满足规范条件的不同分为 5 个，常用的是一、二、三范式。（　　）
24．数据库中的范式级别越高，满足的要求越低，规范化程度越低。（　　）
25．数据库设计是数据库应用的核心，所以数据库设计就是设计数据库中的表。（　　）
26．数据库管理是由数据库管理员来完成的，一般情况下，数据库管理员可以不要。（　　）
27．Access 是一种关系数据库管理系统。（　　）

第15章 计算机网络基础测试题

一、填空题

1. 计算机网络按照覆盖地域范围分，可以分为（　　）、（　　）和（　　）3种网络。

2. 在OSI参考模型中，提供建立、维护和拆除端到端连接的层是（　　）；为数据分组提供在网络中路由功能的是（　　）；在单个链路的结点间以帧为单位进行发送和接收数据的层是（　　）。

3. IP地址211.96.8.125属于（　　）类IP地址。

4. 使用模拟信号传输数据信道称为（　　）；使用数字信号传输数据信道称为（　　），（　　）有更高的传输质量。

5. 计算机网络的两种基本工作模式为（　　）和（　　）。

6. IP地址分为（　　）和（　　）两大部分。

7. B类网络的默认子网掩码是（　　）。

8. 局域网的主要组成包括（　　）、（　　）和（　　）。

9. OSI模型中的七层结构自上而下分别是（　　）、（　　）、（　　）、（　　）、（　　）、（　　）和（　　）。

10. 网络命令Ping的主要功能是（　　）。

二、单选题

1. 计算机网络的基本功能是（　　）。

   A. 运算速度快　　B. 提高计算机的可靠性
   C. 远程控制其他的计算机　　D. 共享资源

2. 以下属于物理层设备的是（　　）。

   A. 中继器　　B. 网关　　C. 网卡　　D. 网桥

3. 在以太网中，是根据（　　）地址来区分不同的设备的。

   A. MAC　　B. LAC　　C. IP　　D. IPX

4. OSI参考模型的底层是（　　）。

   A. 数据链路层　　B. 网络层　　C. 物理层　　D. 应用层

5. 以下属于网络操作系统的是（　　）。

   A. DOS　　B. Windows XP　　C. UNIX　　D. Windows 8

6. 使用（　　）网络命令，可以查看系统的TCP/IP协议配置。

   A. ping　　B. ipconfig　　C. list　　D. telnet

7. 搜索引擎分为全文搜索、（　　）搜索和元搜索3种。

   A. 目录　　B. 关键字　　C. 摘要　　D. 引用

8．在 TCP/IP（IPv4）协议下，每台主机设定一个唯一的（　　）位二进制的 IP 地址。
A．4　　B．8　　C．16　　D．32
9．DNS 的含义是（　　）。
A．邮件系统　　B．网络定位系统　　C．域名系统　　D．服务器
10．下面（　　）是接收 E-mail 所用的网络协议。
A．SMTP　　B．POP3　　C．HTTP　　D．FTP
11．最早出现的计算机网络是（　　）。
A．ARPANET　　B．EtherNet　　C．Internet　　D．CERNET
12．一座办公大楼内各个办公室中的计算机进行联网，这个网络属于（　　）。
A．WAN　　B．LAN　　C．MAN　　D．VPN
13．双绞线可以分为（　　）双绞线和（　　）双绞线两类。
A．基带、频带　　B．宽带、窄带　　C．粗、细　　D．屏蔽、非屏蔽
14．Internet 网站域名地址中的.gov 表示（　　）。
A．教育机构　　B．政府机构　　C．商业机构　　D．非营利机构
15．（　　）是实现同种网络互连的设备。
A．网桥　　B．网关　　C．集线器　　D．路由器
16．（　　）是实现异构网络互连的设备。
A．网桥　　B．网卡　　C．集线器　　D．路由器
17．在电子邮件中所包含的信息（　　）。
A．只能是文字　　B．文字和图像
C．文字和音频　　D．可以是文字、音频和图形图像信息
18．在因特网的基本服务功能中，远程登录所使用的命令是（　　）
A．FTP　　B．Telnet　　C．Login　　D．Open
19．以下（　　）不是顶级域名。
A．www　　B．US　　C．CN　　D．JP
20．在数据通信的过程中，将模拟信号还原成数字信号的过程称为（　　）。
A．调制　　B．解调　　C．加密　　D．解密
21．域名和 IP 地址之间的关系是（　　）。
A．没有关系　　B．一个域名可以对应多个 IP 地址
C．一一对应　　D．一个 IP 地址对应多个域名
22．域名系统（DNS）的作用是（　　）。
A．存放主机域名　　B．存放 IP 地址
C．存放邮件地址　　D．将域名转换成 IP 地址
23．文件传输协议是 OSI 模型中（　　）的协议。
A．网络层　　B．传输层　　C．会话层　　D．表示层
24．Intranet 技术主要由一系列的组件和技术构成，Intranet 的网络核心协议是（　　）。
A．IPS/SPX　　B．TCP/IP　　C．NetSNUI　　D．HTTP
25．下面协议中，用于 WWW 传输控制的是（　　）。
A．HTTP　　B．SMTP　　C．FTP　　D．URL
26．IP 地址 192.29.6.20 属于（　　）类地址？

A. A　　B. B　　C. C　　D. D

27. 当用户准备接收电子邮件时，用户的电子邮件是保存在（　　）。

A. 用户的计算机　　B. 发送方的计算机

C. 用户的 POP3 服务器　　D. 发送方的 POP3 服务器

28. 当一台主机从一个网络移到另一个网络时，以下说法正确的是（　　）。

A. 必须改变它的 IP 地址和 MAC 地址

B. 必须改变它的 MAC 地址，但不需改动 IP 地址

C. IP 地址和 MAC 地址都不用改变

D. 必须改变它的 IP 地址，但不需改动 MAC 地址

29. 地址 255.255.255.224 可能代表的是（　　）。

A. 1 个 B 类地址　　B. 1 个 C 类网络

C. 1 个子网掩码　　D. 以上都不是

30. 目前计算机网络应用系统采用的主要工作模式是（　　）。

A. 离散的个人计算模式　　B. 客户机/服务器模式

C. 主机计算模式　　D. 以上都不是

三、多选题

1. 下列哪些协议可以用于电子邮件应用（　　）。

A. Telnet　　B. SMTP　　C. POP3　　D. IMTP　　E. IP

2. 常见的网络拓扑结构有（　　）。

A. 总线　　B. 星状　　C. 令牌环　　D. 网状　　E. 混合型

3. 以下哪些不是数据链路层的数据传输单位（　　）。

A. 比特　　B. 字节　　C. 帧　　D. 分组　　E. 包

4. 常见的数据交换技术有（　　）。

A. 流交换　　B. 电路交换　　C. 报文交换　　D. 分组交换　　E. 数据包交换

5. 以下协议中，工作在应用层的有（　　）。

A. TCP　　B. HTTP　　C. FTP　　D. SMTP　　E. Telnet

四、判断题

1. 目前使用的广域网基本都采用星状拓扑结构。（　　）

2. 双绞线是目前带宽最宽、信号转输衰减最小、抗干扰能力最强的一类传输介质。（　　）

3. 路由器是属于数据链路层的互连设备。（　　）

4. TCP/IP 属于低层协议，它定义了网络接口层。（　　）

5. 用户没有通过登录同样可以使用网络资源。（　　）

6. 计算机网络按通信距离分为广域网、城域网、局域网。（　　）

7. 使用电子邮件服务必须要用于一个电子邮箱，一个用户只能有一个电子邮箱。（　　）

8. 计算机一旦设置了 IP 地址，就不能再改变。（　　）

9. TCP/IP 有 100 多个协议，其中 TCP 负责信息的实际传送，而 IP 保证所传送的信息是正确的。（　　）

10. 因特网间传送数据不一定要通过 TCP/IP 协议。（　　）

第16章 多媒体技术基础测试题

一、填空题

1. 将声音存入计算机使用的硬件设备是（　　）。

2. 静止的图像是一个矩阵，由一些排成行列的点组成，这些点称之为（　　），这种图像称为（　　）。

3. 在数字音频文件MP3、WAV、WMA中，占据存储空间最大的是（　　）。

4. 把连续的影视和声音信息经过压缩后，放到网络媒体服务器上，让用户边下载边收看，这种技术称为（　　）。

5. 一般来说，采样频率高于原声音信号最高频率的（　　）倍，才能把数字信号表示的声音还原为原来的声音。

6. 声音的质量要求越高，则量化位数和采样频率就（　　）。

7. 常见的声音、图像、视频的压缩方法是（　　）。

8. 在Windows中，录音机录制的声音文件的扩展名是（　　）。

9. 多媒体数据压缩算法的性能指标为（　　）、（　　）、（　　）。

10. 在计算机中，根据图像记录方式的不同，图像文件可分为（　　）和（　　）。

二、单选题

1. 多媒体是由（　　）等媒体元素组成的。
   A. 图形、图像、动画、音乐、磁盘
   B. 文字、颜色、动画、视频、图形
   C. 文本、图形、图像、声音、动画、视频
   D. 图像、视频、动画、文字、杂志

2. 关于图形和图像，以下描述正确的是（　　）。
   A. 用数码照相机拍摄的照片是一种图形
   B. 根据图的几何形状进行存储的是图形
   C. 图形通常适合于表现画面中的丰富色彩
   D. 图中的色彩数量不超过256色的只能用图形来表现

3. 以下各种文件格式中，属于矢量图格式的是（　　）。
   A. JPEG　　B. WMF　　C. TIFF　　D. BMP

4. 关于矢量图，以下说法不正确的是（　　）。
   A. 是由一组指令集合来描述图形内容　　B. 占用的存储空间比较小
   C. 清晰度与分辨率无关　　D. 主要用于表示复杂图像

5．关于点阵图，以下说法不正确的是（　　）。

A．由许多像素点组成的画面

B．所占的空间相对较大

C．图像质量主要由图像的分辨率和色彩位数决定

D．点阵图放大不会失真

6．关于图像的获取方法，以下说法不正确的是（　　）。

A．数码照相机主要用于拍摄照片，并可将照片直接输入计算机

B．扫描仪主要用于将现有的照片输入计算机

C．从屏幕截取的图片精度很高

D．图像可以从互联网上下载获得

7．搜索引擎是现在常用的因特网服务，搜索引擎分为全文搜索、（　　）搜索和元搜索 3 种。

A．目录　　B．图形　　C．关键字　　D．算法

8．以下选项中，不属于声卡功能的是（　　）。

A．录制数字声音文件

B．对数字化的声音文件进行编辑加工，以实现某种特殊的效果

C．控制音源的音量

D．将声音与视频合成在一起

9．关于计算机声音处理中的采样频率，以下说法正确的是（　　）。

A．采样的时间间隔越短，采样频率越低，所需存储空间越小

B．采样的时间间隔越长，采样频率越高，所需存储空间越大

C．采样的时间间隔越短，采样频率越高，所需存储空间越大

D．采样的时间间隔与所需的存储空间大小无关

10．关于计算机声音处理中的量化位数，以下说法正确的是（　　）。

A．采样后的数据位数越多，数字化精度就越高，音质越好

B．采样后的数据位数越少，数字化精度就越高，音质越好

C．采样后的数据位数越多，数字化精度就越低，音质越差

D．量化位数与音质无关

11．关于声音文件参数，以下说法正确的是（　　）。

A．音质与采样频率无关，与量化位数有关

B．声音文件的大小与采样频率无关，与量化位数有关

C．音质与采样频率和量化位数均相关

D．音质取决于声道数

12．2 min 双声道，16 位采样位数，22.05 kHz 采样频率声音的不压缩的数据量是（　　）。

A．5.05 MB　　B．10.58 MB　　C．10.35 MB　　D．10.09 MB

13．以下文件类型中，不属于声音文件格式的是（　　）。

A．MP3　　B．JPG　　C．MIDI　　D．WAV

14．关于对他人创作的声音文件的获取和使用，正确的说法是（　　）。

A．可以随意从网上下载音乐并用作作品的背景音乐

B．从 CD 上是无法截取音乐的

C．从 CD 上截取音乐也需要注意版权问题

D. 网上下载的音乐没有版权问题

15. 关于声音文件的格式，以下说法正确的是（ ）。
A. WAV 格式只能转换成 MP3 格式
B. 大多数声音文件格式都能互相转换
C. WAV 格式转换为 MP3 格式音质不会损失
D. MP3 格式的音质要好于 CDA 格式

16. 关于数字声音的特点，以下说法错误的是（ ）。
A. 声音的编辑和处理方便
B. 存储方便
C. 在存储和传输过程中，会有少量损失
D. 可以进行压缩

17. 关于数字视频，以下说法不正确的是（ ）。
A. 视频的产生原理与计算机动画相似
B. 视频的采集不能从传统的录像中截取
C. 计算机中的数字视频通常以压缩方式存储
D. 与同样时间长度的音频相比，视频占用的空间往往更大

18. 关于网络上的视频，以下说法不正确的是（ ）。
A. 网络上的视频可使用流媒体技术进行传输
B. VOD 可以让用户从网络上的视频服务器中选择自己喜欢的视频文件进行欣赏
C. 计算机中只要安装了浏览器，便可以随时进行视频点播
D. 流媒体是指可以使用流方式进行传送的媒体，而非一种新的媒体形式

19. 以下选项中，不属于视频格式的是（ ）。
A. avi　　B. rm　　C. mp3　　D. rmvb

20. 以下各类软件中，（ ）不是多媒体作品创作工具。
A. Authorware　　B. Excel　　C. Flash　　D. Director

21. 根据多媒体的特性判断以下哪些属于多媒体的范畴（ ）。
（1）交互式视频游戏（2）有声图书（3）彩色画报（4）彩色电视
A. 仅（1）　　B.（1）（2）　　C.（1）（2）（3）　　D. 全部

22. 国际上常用的视频制式有（ ）。
A. 只有 PAL 制式　　B. PAL 和 NTSC 两种
C. PAL、NTSC 和 SECAM　　D. PAL 和 MPEG 两种

23. 以下对音频格式文件的描述中，正确的是（ ）。
A. MIDI 文件很小，但 MIDI 文件不能被录制，必须使用特殊的硬件和软件在计算机上合成
B. MIDI 文件很大，是通过麦克风录制的
C. WAV 文件通常很小，可以从 CD、磁带等录制自己的 WAV 文件
D. WAV 文件通常比 MIDI 文件小

24. 下列采集的波形声音质量最好的是（ ）。
A. 单声道、8 位量化、22.05 kHz 采样频率
B. 双声道、8 位量化、44.1 kHz 采样频率

C．单声道、16 位量化、22.05 kHz 采样频率

D．双声道、16 位量化、44.1 kHz 采样频率

25．一般认为，多媒体技术研究的兴起，从（　　）开始。

A．1972 年，Philips 展示播放电视节目的激光视盘

B．1984 年，美国 Apple 公司推出 Macintosh 系统机

C．1986 年，Philips 和 Sony 公司宣布发明了交互式光盘系统 CD-I

D．1987 年，美国 RCA 公司展示了交互式数字视频系统 DVI

26．下述声音分类中质量最好的是（　　）。

A．数字激光唱盘　　B．调频无线电广播

C．调幅无线电广播　　D．电话

27．多媒体计算机中的媒体信息是指（　　）。

（1）数字、文字（2）声音、图形（3）动画、视频（4）图像

A．（1）　　B．（2）　　C．（3）　　D．全部

28．在多媒体计算机中常用的图像输入设备是（　　）。

（1）数码照相机（2）彩色扫描仪（3）视频卡（4）彩色摄像机

A．（1）　　B．（1）（2）　　C．（1）（2）（3）　　D．全部

29．以 PAL 制式，25 帧/秒为例，已知一帧彩色静态图像（RGB）的分辨率为 256×256 像素，每一种颜色用 8 bit 表示，则该视频每秒的数据量为（　　）。

A．256×25×16×25 bit/s；　　B．512×512×3×8×25 bit/s。

C．256×256×3×8×25 bit/s；　　D．512×512×3×16×25 bit/s。

30．图像序列中的两幅相邻图像，后一幅图像与前一幅图像之间有较大的相关性，这就是（　　）。

A．空间冗余　　B．时间冗余　　C．信息熵冗余　　D．视觉冗余

三、多选题

1．以下文件格式中，属于图像文件格式的有（　　）。

A．EXE　　B．GIF　　C．PNG

D．JPG　　E．MP3

2．以下文件格式中，属于视频文件格式的有（　　）。

A．MPEG　　B．JPEG　　C．AVI

D．RM　　E．MP4

3．多媒体数据能够压缩的原因有（　　）。

A．多媒体数据具有空间冗余　　B．多媒体数据具有时间冗余

C．多媒体数据具有结构冗余　　D．数字图像压缩后不影响显示效果

E．多媒体数据反复压缩也不会影响其质量

4．关于矢量图，以下说法正确的是（　　）。

A．由一组指令集合来描述图形内容　　B．占用的存储空间比较小

C．清晰度与分辨率无关　　D．主要用于表示复杂图像

E．矢量图在显示的时候要经过一定的计算过程

5. 关于点阵图，以下说法正确的是（　　）。
   A. 由许多像素点组成的画面
   B. 所占的空间相对较大
   C. 图像质量主要由图像的分辨率和色彩位数决定
   D. 点阵图放大不会失真
   E. 相对于矢量图，点阵图显示速度比较快

四、判断题

1. 计算机多媒体中的“媒体”种类包括文本。（　　）
2. 矢量图可以直接在浏览器的网页中显示。（　　）
3. 从数码照相机获取的图像文件可以转换为矢量图。（　　）
4. 网络在线电子游戏就是虚拟现实技术的一种应用。（　　）
5. 用户没有通过登录同样可以使用网络中的多媒体资源。（　　）
6. MIDI 格式的声音文件，不需要生成所需要的乐器声音波形，就可以直接播放。（　　）
7. MPEG 是一种技术标准，也是一个组织的简称，也是一种视频文件的类型。（　　）
8. MP3 文件和 WMA 文件相比，MP3 的压缩比更高，音质更好。（　　）
9. 位图图片的限制在于较大的文件尺寸和不能在保持图像质量的前提下方便地进行图像的缩放。（　　）
10. 构建一个多媒体计算机系统，多媒体硬件设备是基础和核心，软件可以忽略。（　　）

第17章 信息社会与安全测试题

一、填空题

1.（　　）是指各种利用计算机程序及其处理装置进行犯罪或者将计算机信息作为直接侵害目标的犯罪的总称。

2. 计算机系统的安全包括（　　）和（　　）等。

3. 信息安全的主要威胁来自（　　）的感染和（　　）的入侵。

4. Internet 面临的安全威胁可分为两种：一是对（　　）的威胁；二是对（　　）的威胁。

5. Internet 面临的最常见的攻击有 3 种：（　　）、（　　）和（　　）。

6. 基于密钥的加密技术分为两类：（　　）和（　　）。

7.（　　）是一种隐藏在计算机或网络中的、具有破坏性的计算机程序。

8.（　　）是一种寄生在 Word 文档或模板的宏中的计算机病毒。

9.（　　）将信息发送人的身份与信息传送结合起来，可以保证信息在传输过程中的完整性，以防止发送者抵赖行为的发生。

10. 目前绝大多数防病毒软件都对病毒的（　　）进行识别。

11. 计算机和网络系统中，（　　）是指为了防止非法访问而设置的“屏障”。

12.（　　）是 Internet 进入内部网络的唯一通道，它在 Internet 与内部网络之间建立起一个安全网关。

13. 数据加密包括（　　）和（　　）两个元素。

14. 根据密码算法所使用的加密密钥和解密密钥是否相同，可将密码体制分为（　　）和（　　）两种。

15. 数字签名是指利用（　　），通过对信息原文的数字摘要进行加密，从而保证信息的完整性、真实性和不可否认性的一种替代手写签名的技术手段。

二、单选题

1. 一般而言，互联网防火墙建立在一个网络的（　　）。

   A. 内部网络与外部网络的交叉点　　B. 每个子网的内部

   C. 部分内部网络与外部网络的结合处　　D. 内部子网之间传送信息的中枢

2. 计算机病毒是指（　　）。

   A. 带细菌的磁盘　　B. 已损坏的磁盘

   C. 具有破坏性的特制程序　　D. 被破坏了的程序

3. 信息安全需求包括（　　）。

   A. 保密性、完整性　　B. 可用性、可控性

C．不可否认性　D．以上皆是

4．计算机病毒是一种（　　）。

A．特殊的计算机部件　B．特殊的生物病毒
C．游戏软件　D．人为编制的特殊的计算机程序

5．计算机病毒（　　）。

A．是生产计算机硬件时不注意产生的　B．是人为制造的
C．都必须清除，计算机才能使用　D．都是人们无意中制造的

6．不属于计算机病毒特点的是（　　）。

A．传染性　B．免疫性　C．破坏性　D．潜伏性

7．下列关于计算机病毒说法错误的是（　　）。

A．有些病毒仅攻击某一种操作系统　B．病毒一般附着在其他应用程序之后
C．每种病毒都会给用户造成严重后果　D．有些病毒能损坏计算机硬件

8．下面列出的计算机病毒传播途径，不正确的是（　　）。

A．使用来路不明的软件　B．通过借用他人的磁盘
C．机器使用时间过长　D．通过网络传输

9．下列措施中，（　　）不是减少病毒的传染和造成的损失的好办法。

A．重要的文件要及时、定期备份，使备份能反映出系统的最新状态
B．外来的文件要经过病毒检测才能使用，不要使用盗版软件
C．不与外界进行任何交流，所有软件都自行开发
D．定期用防病毒软件对系统进行查毒、杀毒

10．以下选项中，不是有效防治病毒的是（　　）。

A．经常进行系统更新，给系统打补丁　B．安装杀毒软件
C．经常查看电子邮箱中的每一封邮件　D．对重要数据经常做备份

11．目前使用的防病毒软件的作用是（　　）。

A．清除已感染的任何病毒　B．查出已知名称的病毒，清除部分病毒
C．查出任何已感染的病毒　D．查出并清除任何病毒

12．对原来为可读的数据按某种算法进行处理，使其成为不可读的过程通常称为（　　）。

A．加密　B．解密　C．压缩　D．破译

13．下面关于防火墙的叙述正确的是（　　）。

A．预防计算机被火灾烧毁
B．企业内部网和公众网之间采取的一种安全措施
C．计算机机房的防火措施
D．解决计算机使用者的安全问题

14．拒绝服务的后果是（　　）。

A．信息不可用　B．应用程序不可用　C．阻止通信　D．以上三项都是

15．当收到认识的人发来的电子邮件并发现其中有意外的附件时，应该（　　）。

A．打开附件，然后将它保存到硬盘中
B．打开附件，但是如果它有病毒，立即关闭它
C．用防病毒软件扫描后打开附件
D．直接删除该邮件

16.（　　）是通过偷窃或分析手段来达到计算机信息攻击目的的，它不会导致对系统中所含信息的任何改动，而且系统的操作和状态也不被改变。

A．主动攻击　　B．扫描攻击　　C．木马攻击　　D．被动攻击

17．加密技术不仅具有（　　），而且具有数字签名、身份验证等功能。

A．信息加密功能　　B．信息保存功能

C．信息维护功能　　D．信息封存功能

18．下列情况中（　　）破坏了数据的完整性。

A．假冒他人地址发送数据　　B．不承认做过信息的递交行为

C．数据在传输过程中被窃听　　D．数据在传输过程中被篡改

19．属于计算机犯罪的是（　　）。

A．非法截取信息、窃取各种情报

B．复制与传播计算机病毒、色情影像制品和其他非法活动

C．借助计算机技术伪造、篡改信息，进行诈骗及其他非法活动

D．以上皆是

20．下列选项中，（　　）不是计算机犯罪的特点。

A．作案速度快　　B．有跨国趋势　　C．技术性弱　　D．隐蔽性大

三、多选题

1．计算机技术带来的社会问题主要体现在（　　）方面。

A．对个人隐私的威胁　　B．计算机安全与计算机犯罪

C．知识产权保护　　D．自动化威胁传统的就业

E．信息时代的贫富差距

2．常见的计算机犯罪类型有（　　）。

A．利用窃取密码等手段侵入计算机系统

B．利用计算机传播反动和色情等有害信息

C．网上经济诈骗

D．网上诽谤，个人隐私和权益遭受侵权

E．故意制作和传播计算机病毒等破坏程序

3．计算机对人类健康的影响包括（　　）。

A．计算机职业病　　B．计算机视觉综合征

C．计算机屏幕辐射　　D．使用计算机引发的技术压力

E．以上都不是

4．威胁计算机安全的因素主要有（　　）。

A．自然灾难　　B．系统缺陷　　C．计算机病毒

D．黑客攻击　　E．以上都不是

5．不同的系统和应用对信息安全的要求不同，一般都会有（　　）几个方面的要求。

A．信息的可用性　　B．信息的机密性

C．信息的完整性　　D．信息的不可否认性

E．以上都不是

6．建立基于网络环境的信息安全体系可以采取的安全机制是（　　）。

A．数据加密　B．数字签名　C．身份认证
D．防火墙　E．以上都不是

7．计算机病毒一般有（　　）特点。
A．可运行　B．可复制　C．传染性
D．潜伏性　E．隐蔽性

8．为了防御黑客入侵，需要加强基础安全防范，主要包括（　　）。
A．授权认证　B．数据加密　C．信息传输加密
D．防火墙设置　E．以上都不是

四、判断题

1．计算机技术的发展不会对社会产生负面的影响。（　　）
2．通过网络对他人进行诽谤和泄漏他人隐私不会构成计算机犯罪。（　　）
3．计算机技术的发展不会对环境和人类自身健康造成危害。（　　）
4．为了数据安全，一般需要采用数据备份技术。（　　）
5．信息安全是使信息网络的硬件、软件及其系统中的数据受到保护。（　　）
6．拒绝服务攻击是指企图阻塞或关闭目标网络系统或者服务的攻击。（　　）
7．系统扫描本身并不会对系统造成破坏，通常应用在进行网络入侵的准备阶段。（　　）
8．渗透攻击通过利用软件的种种缺陷获得对系统的控制，包括非法获得或者改变系统权限、资源及数据。（　　）
9．特洛伊木马是一种计算机程序，它本身不是病毒，但它携带病毒，能够散布蠕虫病毒或其他恶意程序。（　　）
10．防火墙可以通过硬件实现，也可以通过软件实现。（　　）
11．计算机只要安装了防毒、杀毒软件，上网浏览就不会感染病毒。（　　）
12．黑客是指利用某种技术手段，非法进入其权限以外的计算机网络空间的人。（　　）
13．将密文转化为明文的过程称为解密。（　　）
14．加密和解密只能使用同一个密钥。（　　）
15．数字签名可以防止对电文的否认与抵赖，同时保护数据的完整性。（　　）
16．通过网络防火墙技术能够保证内部网不受任何攻击。（　　）
17．网络防火墙与防病毒软件一样都能够防范病毒的攻击。（　　）
18．我们都应该按照相应的法律法规来约束自己的网络行为。（　　）
19．数字签名现在常用的是公钥加密方法。（　　）
20．安装防火墙后，就可以防止网络中所有用户的攻击。（　　）
21．使用杀毒软件就可以杜绝计算机感染病毒。（　　）
22．病毒和木马完全相同，没有什么区别。（　　）

第 18 章 问题求解的算法基础与程序设计测试题

一、填空题

1. 编写程序解决问题的过程一般分为五步，依次为（　　）、（　　）、（　　）、（　　）、（　　）。

2. 简单地说，算法就是（　　）。

3. 算法的 3 种基本结构是（　　）、（　　）、（　　）。

4. 算法的描述可以用自然语言，但用自然语言描述算法有时产生（　　）性。

5. 在使用计算机处理大量数据的过程中，往往需要对数据进行排序，所谓排序就是把杂乱无章的数据变为（　　）的数据。

6. 在程序设计和软件设计当中，人们遇到大而复杂的问题需要解决时，常常采用“自顶而下、（　　）”的模块化基本思想。

7. 面向对象的程序设计是将数据、方法通过（　　）成一个整体，供程序设计者使用。

8. 高级语言分为面向（　　）和面向（　　）两种类型。

9. 高级语言编写的程序通常称为（　　），把翻译后的机器语言程序叫作（　　）。

10.（　　）或方法是一段独立的程序代码，是语言工具开发者编写好的、被经常使用的公共代码。

11. 循环语句常用的有 3 种，分别是（　　）、do...while 和（　　）。通常，如果循环次数能够确定，则使用（　　）语句。

二、单选题

1. 对算法描述正确的是（　　）。

　A. 算法是解决问题的有序步骤
　B. 算法必须在计算机上用某种语言实现
　C. 一个问题对应的算法都只有一种
　D. 常见的算法描述方法只能用自然语言法或流程图法

2.（　　）特性不属于算法的特性。

　A. 输入/输出　　B. 有穷性　　C. 可行性、确定性　　D. 连续性

3. 算法的输出是指算法在执行过程中或终止前，需要将解决问题的结果反馈给用户，关于算法输出的描述，（　　）是正确的。

　A. 算法至少有 1 个输出
　B. 算法可以有多个输出，所有输出必须出现在算法的结束部分
　C. 算法可以没有输出，因为该算法运行结果为“无解”

D．以上说法都正确

4．为解决问题而采用的方法和（　　）就是算法。

A．过程　　B．代码　　C．语言　　D．步骤

5．算法是求解问题步骤的有序集合，它能够产生（　　）并在有限时间内结束。

A．显示　　B．代码　　C．过程　　D．结果

6．按照算法所涉及的对象，算法可分成两大类（　　）。

A．逻辑算法和算术算法　　B．数值算法和非数值算法

C．递归算法和迭代算法　　D．排序算法和查找算法

7．算法可以有 $0\sim n$（n 为正整数）个输入，有（　　）个输出。

A．$0\sim n$　　B．0　　C．$1\sim n$　　D．1

8．可以用多种不同的方法描述算法，（　　）组属于算法描述的方法。

A．流程图、自然语言、选择结构、伪代码

B．流程图、自然语言、循环结构、伪代码

C．计算机语言、流程图、自然语言、伪代码

D．计算机语言、顺序结构、自然语言、伪代码

9．将一组数据按照大小进行顺序排列的算法叫作（　　）。

A．递归　　B．迭代　　C．排序　　D．查找

10．在一组数据中得到某一个值的算法是（　　）。

A．递归　　B．迭代　　C．排序　　D．查找

11．使用循环结构实现计算 n!的算法是（　　）。

A．递归　　B．迭代　　C．排序　　D．查找

12．在一组无序的数据中确定某一个数据的位置，只能使用（　　）算法。

A．递归查找　　B．迭代查找　　C．顺序查找　　D．折半查找

13．在一组已经排序的数据中确定某一数据的位置，最佳的算法是（　　）。

A．递归查找　　B．迭代查找　　C．顺序查找　　D．折半查找

14．（　　）是算法的自我调用。

A．递归　　B．迭代　　C．排序　　D．查找

15．著名的汉诺塔问题通常用（　　）解决。

A．迭代法　　B．查找法　　C．穷举法　　D．递归法

16．图书管理系统对图书管理是按图书编码从小到大进行管理的，若要查找一本已知编码的书，则能快速查找的算法是（　　）。

A．顺序查找　　B．随机查找　　C．二分法查找　　D．以上都不对

17．以下问题最适用于计算机编程解决的是（　　）。

A．制作一个表格　　B．计算已知半径的圆的周长

C．制作一部电影　　D．求 2～1000 之间的所有素数

18．算法有 3 种结构，也是程序的 3 种逻辑结构，分别是（　　）。

A．顺序、条件、分支　　B．顺序、分支、循环

C．顺序、条件、递归　　D．顺序、分支、迭代

19．结构化程序设计由 3 种基本结构组成，（　　）不属于这 3 种基本结构。

A．顺序结构　　B．输入/输出结构　　C．选择结构　　D．循环结构

20．程序设计的一般过程为（　　）。
A．设计算法、编写程序、分析问题、确定数学模型、运行和测试程序
B．分析问题、确定数学模型、设计算法、编写程序、运行和测试程序
C．分析问题、设计算法、编写程序、运行和测试程序、确定数学模型
D．设计算法、分析问题、确定数学模型、编写程序、运行和测试程序

21．用高级语言编写的程序称为（　　）。
A．源程序　B．编译程序　C．可执行程序　D．编辑程序

22．计算机的指令集合称为（　　）。
A．机器语言　B．高级语言　C．程序　D．软件

23．对于汇编语言的叙述中，（　　）是不正确的。
A．汇编语言采用一定的助记符来代替机器语言中的指令和数据，又称为符号语言
B．汇编语言运行速度快，适用于编制实时控制应用程序
C．汇编语言有解释型和编译型两种
D．机器语言、汇编语言和高级语言是计算机语言发展的 3 个阶段

24．计算机能直接执行的程序是（　　）。
A．源程序　B．机器语言程序　C．高级语言程序　D．汇编语言程序

25．下面（　　）编写的程序执行的速度最快。
A．机器语言　B．高级语言
C．面向对象的程序设计语言　D．汇编语言

26．（　　）属于面向对象的程序设计语言。
A．COBOL　B．FORTRAN　C．Pascal　D．Java

27．下面叙述正确的是（　　）。
A．由于机器语言执行速度快，所以现在人们还是喜欢用机器语言编写程序
B．使用了面向对象程序设计方法就可以扔掉结构化程序设计方法
C．GOTO 语句控制程序的转向方便，所以现在人们在编程时还是喜欢使用该语句
D．使用了面向对象程序设计方法，在具体编写代码时仍需要使用结构化编程技术

28．用高级语言编写的源程序转化为可执行程序，必须经过（　　）。
A．汇编和解释　B．编辑和连接　C．编译和连接　D．解释和编译

29．把用高级语言编写的源程序翻译成目标程序的系统软件叫（　　）。
A．解释程序　B．汇编程序　C．翻译系统　D．编译程序

三、多选题

1．程序设计语言从编程思想来说，包括（　　）两类。
A．面向过程　B．面向对象　C．面向需求
D．面向循环　E．面向算法

2．算法应该具有（　　）。
A．确定性　B．有穷性　C．可行性
D．输入/输出　E．可靠性

3．通常可以从（　　）方面来衡量算法的优劣。
A．正确性　B．可读性　C．健壮性

D．高效率　　E．低存储量

4．一个算法的表达可以通过多种形式，常用的形式包括（　　）。

A．自然语言　　B．传统流程图　　C．伪代码

D．N-S 流程图　　E．组织结构图

5．程序设计语言可分为（　　）两大类。

A．低级语言　　B．机器语言　　C．目标语言

D．汇编语言　　E．高级语言

6．程序设计语言的基本元素一般包括（　　）。

A．语句　　B．表达式　　C．注释

D．数据类型　　E．程序控制结构

四、判断题

1．算法就是程序，程序就是算法。（　　）

2．问题求解的第一步工作就是设计算法。（　　）

3．简单地说，算法就是解决问题的一系列步骤。（　　）

4．算法是程序的基础，程序是算法的实现。（　　）

5．一个算法的表达可以通过多种形式，如自然语言、流程图、伪代码等。（　　）

6．折半查找算法必须使用在已经排序的列表中。（　　）

7．低级语言是与机器有关的语言，包括机器语言和汇编语言。（　　）

8．机器语言是计算机硬件唯一可以直接识别的语言。（　　）

9．高级语言编写的程序可直接被执行。（　　）

10．有了面向对象的程序设计思想以后，面向过程的编程思想就彻底淘汰了。（　　）

第 19 章 计算机发展前沿技术测试题

一、填空题

1. (　　)、(　　) 和 (　　) 的快速发展给计算机视觉的成长提供了充分的理论基础，使其发展为现今计算机领域内的一个重要组成部分。

2. 语音识别技术属于 (　　) 和 (　　) 的范畴，其实现过程是在计算机或嵌入式设备中，首先建立特定人、特定词的 (　　)，然后将人的语音控制数据和特征库相匹配，即把 (　　) 转变为相应的 (　　) 的技术。通过语音控制远程设备是未来智能设备的基本要求。

3. (　　) 是指同时使用多种计算资源解决计算问题的过程，是提高计算机系统计算速度和处理能力的一种有效手段。

4. 大数据是需要新处理模式才能具有更强的决策力、洞察发现力和流程优化能力的海量、高增长率和多样化的信息资产，大数据有 4 个基本特征：(　　)、(　　)、(　　)、(　　)，即所谓的 4V 特性。这些特性使得大数据区别于传统的数据概念。

5. 虚拟现实（Virtual Reality，VR）技术是利用 (　　) 技术，在计算机中对真实的客观世界进行逼真的模拟再现。通过利用传感器技术等辅助技术手段，让用户在虚拟空间中有身临其境之感，能与虚拟世界的对象进行相互作用且得到自然的反馈。

6. 3D 打印技术的程序是：首先要在 (　　) 设计出所要打印物品的蓝图，然后设计出形状及颜色，最后单击“打印”按钮即可。

7. 人工智能（Artificial Intelligence）是 (　　) 等多种学科互相渗透而发展起来的一门综合性学科。

8. 人工智能的应用领域涉及的内容有：①(　　)、②(　　)、③(　　)、④(　　)、⑤(　　)、⑥(　　)、⑦(　　)、⑧(　　)、⑨(　　)、⑩(　　) 等方面。

9. 数字地球的概念最初是由美国前副总统戈尔提出，其核心内容是全球信息数字化。数字地球主要指应用 (　　)、(　　)、(　　) 等技术，以数字的方式获取、处理和应用关于地球自然和人文因素的空间数据，并在此基础上解决全球各种问题。

10. 物联网有两层含义：第一，物联网的基础和支撑仍是功能强大的 (　　)，它是以 (　　) 为核心进行延伸和扩展而成的网络；第二，其用户端已延伸和扩展到了众多物品与物品之间，进行数据交换和通信，以实现许多全新的系统功能。

二、单选题

1. 计算机人脸识别是指利用 (　　) 对人脸表情信息进行特征提取分析，依照人类的思维方式加以理解和归类，利用人类所具有的情感信息方面的先进知识，使计算机进行思考、联想及推理，进而从人脸表情信息中去理解分析人的情绪。

A．计算机　　B．照相机　　C．扫描仪　　D．摄像机

2．可穿戴式的交互设备具备以下特征：可在（　　）下使用；使用的同时可腾出双手或用手做其他的事；这些特征也正是“人机合一，以人为本”的穿戴式产品的核心部分。

A．静止状态　　B．运动状态　　C．光照状态　　D．黑暗状态

3．3D打印始于20世纪90年代，基本原理是（　　），断层扫描是把某个东西“切”成无数叠加的片，3D打印则是一片一片地打印，然后叠加到一起，成为一个立体物体。3D打印机就是可以“打印”出真实3D物体的一种设备，功能上与激光成型技术一样，采用分层加工、叠加成形，即通过逐层增加材料来生成3D实体，与传统的去除材料加工技术完全不同。

A．复印机的静电照相技术　　B．断层扫描的逆过程

C．全息照相技术　　D．全息投影技术

4．并行计算是指同时使用多种计算资源解决计算问题的过程，是提高计算机系统计算速度和处理能力的一种有效手段。它的基本思想是用（　　）来协同求解同一问题，将被求解的问题分解成若干个部分，各部分均由一个独立的处理机来计算。

A．多个网络　　B．多台计算机　　C．多个处理器　　D．多个工作站

5．人工智能（Artificial Intelligence），从（　　）的角度出发，人工智能是研究如何制造智能机器或智能系统来模拟人类智能活动的科学。

A．计算机网络　　B．设备控制资源　　C．计算思维　　D．计算机应用系统

三、多选题

1．（　　）和（　　）是20世纪物理学的两个最为重要的成就。

A．量子理论　　B．相对论　　C．电子计算机

D．信息技术　　E．计算机网络

2．大数据的基本特征：（　　）。

A．数据规模大　　B．数据种类多

C．数据要求处理速度快　　D．数据不能有异常

E．数据价值密度低

3．生物计算机的优点主要表现在（　　）。

A．体积小　　B．功率高　　C．速度快

D．存储容量大　　E．高可靠性高

4．虚拟现实系统具有如下特征：（　　）。

A．实时性　　B．多感知　　C．浸没感

D．交互性　　E．构想性

5．3D打印机可支持的常用材料有（　　）。

A．纸张　　B．尼龙　　C．化纤

D．塑料　　E．铝材

6．20世纪三大科技成就是指（　　）。

A．人工智能技术　　B．原子能技术

C．空间技术　　D．计算机科学

E．大数据技术

7．人工智能的应用领域包括：（　　）等。

A．博弈问题　　B．机器学习　　C．专家系统

D．模式识别　　E．机器人学

8．未来人工智能的发展趋势：（　　）。

A．模糊处理；　　B．并行化；　　C．神经网络；

D．大数据分析；　　E．机器情感。

9．新的技术革命，是指目前已经成熟和有待于深开发的诸多信息技术，如（　　）。

A．计算机网络通信　　B．卫星遥感

C．全球定位系统　　D．地理信息系统

E．自动控制

10．从逻辑层面上，物联网的总体架构，可分为（　　）。

A．物理层　　B．接入层　　C．处理层

D．应用层　　E．网络层

四、判断题

1．从计算机应用系统的角度出发，人工智能是研究如何制造智能机器或智能系统来模拟人类智能活动的科学。（　　）

2．情感识别是通过人的语言、姿态、行为以及其他创造性的方式如音乐、文字等来交流，这些信息都是通过特定模式人和计算机进行交流，并且这些模式可以通过网络表现出来。（　　）

3．光计算机是由光代替电子或电流，实现高速处理大容量信息的计算机。（　　）

4．并行计算是指同时使用多种计算资源解决计算问题的过程，是提高计算机系统计算速度和处理能力的一种有效手段。（　　）

5．量子计算机是遵循量子规律的一个能够进行信息处理的物理设备，量子计算机是通过模拟量子系统随时间的演化，从而达到计算的目的。（　　）

测试题参考答案

第 9 章参考答案

一、填空题

1. 计算、信息处理；2. 思考、执行；3. 关系、已知；4. 步骤、方案；5. 数据对象、基本运算和操作、控制结构；6. 求解、设计、组织；7. 抽象、自动；8. 能行性、构造性、确定性；9. 计数和存储、计算简单；10. 停机；11. 扫描；12. “组合爆炸”；13. 信息；14. 变化和特征；15. 数值、非数值。

二、单选题

1. D；2. D；3. C；4. D；5. C；6. D；7. A；8. B；9. D；10. C；11. A；12. B；13. D；14. B；15. C；16. D；17. C；18. D；19. A；20. D；21. B；22. C；23. A；24. D；25. B；26. B；27. C；28. A；29. D；30. C；31. A；32. A；33. D

三、多选题

1. ABDE；2. BCDE；3. BCD；4. BDE；5. AE；6. ABCE；7. ABCD；8. ABCE；9. ABCDE；10. BACD；11. BCDE；12. BCD；13. ABCDE

四、判断题

1. 对；2. 对；3. 对；4. 错；5. 对；6. 对；7. 错；8. 对；9. 对；10. 对；11. 对；12. 对；13. 对；14. 对；15. 对；16. 对；17. 对；18. 错；19. 对；20. 错；21. 对；22. 对；23. 错；24. 对；25. 对；26. 对；27. 错；28. 对

第 10 章参考答案

一、填空题

1.① 11010101、0D5、325；② 1000101.101、45.A、105.5；③ 1111100001、993；④ 100001010、266；⑤ 2D6B；⑥ 3FC3。2. 64，8，1，0.125，0.015625；3. 基数；4. 3 位；5. 逻辑与、逻辑或、逻辑非和逻辑异或；6. 数值范围；7. 机器数；8. 数据的小数点位置固定不变；9. $1\sim2^{16}$；10. 2

二、单选题

1. A；2. D；3. A；4. D；5. C；6. B；7. B；8. C；9. B；10. B；11. A；12. A；13. C；14. B；15. B；16. B；17. C；18. A；19. C；20. C；21. B；22. B；23. D；24. C；25. A；26. C；27. D；28. C；29. C；30. B

三、多选题

1. AB；2. AE；3. ABC；4. ABCD；5. ABCD；6. BDE；7. BCE；8. ABCD；9. BD；10. ABCE

四、判断题

1. 错；2. 对；3. 错；4. 对；5. 对；6. 错；7. 错；8. 错；9. 错；10. 对

第 11 章参考答案

一、填空题

1. 硬件系统、软件系统；2. 阿兰·图灵、冯·诺依曼；3. 运算器、控制器、存储器、输入设备、输出设备；4. 二进制；5. 运算器、控制器；6. 指令；7. 程序；8. 操作码、操作数；9. 数据流、控制流；10. 缓存

二、单选题

1. A；2. B；3. B；4. B；5. C；6. D；7. B；8. A；9. D；10. C；11. B；12. C；13. D；14. D；15. C；16. D；17. D；18. D；19. D；20. A；21. A；22. D；23. B；24. A；25. A；26. B；27. B；28. C；29. D；30. B

三、多选题

1. ABCDE；2. ABCD；3. CDE；4. ABCDE；5. ABCDE；6. BC；7. AB；8. ABCE

四、判断题

1. 错；2. 对；3. 对；4. 对；5. 对；6. 对；7. 对；8. 错；9. 错；10. 错；11. 对；12. 错

第 12 章参考答案

一、填空题

1. 数据和指令；2. 硬件和软件；3. 翻译成机器；4. 法律和技术；5. 系统软件、支撑软件、应用软件；6. 变换、存储、传输、处理；7. 规则、算法、流程；8. 计算机系统；9. 软硬件；10. 单用户多任务；11. iOS、Black Berry OS、Symbian OS、Android；12. Kernel、Shell；13. 程序、作业、进程；14. 内存或 CPU；15. .exe、文本、视频；16. 外存物理存储介质；17. 文件分配表、NTFS；18. 注册表、应用程序、regedit

二、单选题

1. D；2. B；3. D；4. A；5. D；6. C；7. C；8. D；9. D；10. D；11. B；12. B；13. D；14. B；15. D；16. B；17. C；18. B；19. B；20. B；21. D；22. A；23. C；24. B；25. A；26. A；27. D；28. D；29. D；30. B

三、多选题

1. AD；2. ABCD；3. ABCDE；4. ADE；5. BCE；6. ACDE；7. ACE；8. BDE；9. ABCDE

四、判断题

1. 对；2. 错；3. 错；4. 对；5. 对；6. 对；7. 对；8. 对；9. 对；10. 对；11. 错；12. 对；13. 对；14. 对；15. 对；16. 错；17. 错；18. 错；19. 对；20. 错；21. 对；22. 对；23. 对；24. 对；25. 错；26. 对；27. 错

第 13 章参考答案

一、填空题

1. 文字处理；2. 辅助；3. 单元格；4. 组件；5. 代码；6. 功能和任务；7. 页面、对象；8. 前期步骤；9. 实心点；10. docx 或 docm；11. 7；12. 页面；13. 导航窗格；14. 分栏、首字下沉；15. 插入表格；16. 拼写和语法；17. 下方，最后；18. 分页；19. 分隔符；20. 自动填充；21. 绝对引用、混合引用；22. 排序；23. .xlsx；24. 列标题；25. 批注；26. False；27. ‘053186678888；28. 15；29. 图表化分析；30. 单元格；31. 英文逗号“,”；32. =；33. 函数名；34. 不变；35. 不变；36. 演示文稿，幻灯片；37. 母版；38. 占位符；39. 背景与对象、对象元素；40. 超链接、动作按钮；41. 幻灯片浏览视图；42. 排练计时；43. 当前幻灯片、第一张幻灯片

二、单选题

1. D；2. C；3. D；4. C；5. C；6. B；7. C；8. D；9. D；10. B；11. C；12. B；13. A；14. D；15. C；16. A；17. C；18. C；19. A；20. C；21. B；22. A；23. D；24. A；25. D；26. C；27. A；28. A；29. D；30. D；31. A；32. A；33. B；34. D；35. B；36. D；37. B；

38. D；39. C；40. B；41. C；42. D；43. C；44. B；45. A；46. C；47. B；48. C；49. A；50. A；51. D；52. B；53. A；54. B；55. D；56. C；57. B；58. C；59. B；60. B；61. A；62. A；63. D；64. D；65. A；66. D；67. A；68. A

三、多选题

1. BCD；2. ABCDE；3. BCE；4. ABCDE；5. BDE；6. AD；7. ABCDE；8. BCD；9. BCDE；10. ABE；11. ACD；12. ACD；13. ACD；14. ABE；15. ABC；16. BCDE；17. ABCE；18. ACDE；19. ABDE；20. BDE；21. ABC；22. ABE；23. ABC；24. ABCDE；25. CE；26. ABCD；27. ABCDE；28. BCDE；29. ABC；30. ABCDE；31. ABCD；32. ABCD

四、判断题

1. 对；2. 错；3. 错；4. 对；5. 错；6. 错；7. 对；8. 对；9. 对；10. 错；11. 错；12. 错；13. 错；14. 错；15. 错；16. 对；17. 对；18. 对；19. 错；20. 错；21. 对；22. 对；23. 对；24. 对；25. 对；26. 错；27. 错；28. 对；29. 对；30. 对；31. 错；32. 错；33. 错；34. 对；35. 错；36. 错；37. 错；38. 错；39. 对；40. 对；41. 对；42. 对；43. 对；44. 错；45. 对；46. 对；47. 对；48. 对；49. 错；50. 对；51. 对；52. 错；53. 对；54. 对；55. 对；56. 对；57. 对；58. 对；59. 错；60. 对；61. 错；62. 对；63. 对；64. 错

第14章参考答案

一、填空题

1. 属性、符号；2. 数据库管理系统；3. 数据约束；4. 记录；5. 连接；6. 选择；7. 投影；8. 书号；9. 矩形；10. 实体完整性、用户定义的完整性；11. 有序排列；12. 属性；13. 传递函数依赖

二、单选题

1. C；2. A；3. B；4. A；5. A；6. B；7. D；8. C；9. C；10. B；11. D；12. D；13. A；14. A；15. C；16. D；17. C；18. B；19. B；20. B；21. C；22. D；23. A；24. A；25. D；26. B；27. D；28. C；29. B；30. C；31. C；32. D；33. B；34. A；35. B

三、多选题

1. ABC；2. ABCDE；3. BCDE；4. ABCE；5. ABCDE；6. ACDE；7. ABCD；8. ACDE；9. BCD；10. ABDE；11. ABCDE

四、判断题

1. 错；2. 对；3. 对；4. 对；5. 对；6. 对；7. 错；8. 对；9. 对；10. 错；11. 对；12. 错；13. 错；14. 对；15. 对；16. 对；17. 错；18. 对；19. 错；20. 错；21. 对；22. 对；23. 对；24. 错；25. 错；26. 错；27. 对

第15章参考答案

一、填空题

1. 局域网、城域网、广域网；2. 物理层、网络层、数据链路层；3. C；4. 频带传输、基带传输、基带传输；5. 对等模式、客户/服务器模式；6. 网络号、主机号；7. 255.255.0.0；8. 传输介质；拓扑结构；介质访问控制方法；9. 物理层、数据链路层、网络层、传输层、会话层、表示层、应用层；10. 测试网络连接状况

二、单选题

1. D；2. C；3. A；4. C；5. C；6. B；7. A；8. D；9. C；10. B；11. A；12. B；13. D；

14．B；15．A；16．D；17．D；18．B；19．A；20．B；21．D；22．D；23．B；24．B；25．A；26．C；27．C；28．D；29．C；30．B

三、多选题

1．BCD；2．ABCDE；3．ABDE；4．BCD；5．BCDE

四、判断题

1．对；2．错；3．错；4．错；5．对；6．对；7．错；8．错；9．对；10．对

第 16 章参考答案

一、填空题

1．声卡；2．像素、点阵图；3．WAV；4．流媒体技术；5．2；6．越高；7．有损压缩；8．WAV；9．压缩比、压缩质量、压缩算法的复杂度和速度；10．点阵图、矢量图

二、单选题

1．C；2．C；3．B；4．D；5．D；6．C；7．A；8．D；9．C；10．A；11．C；12．D；13．B；14．C；15．B；16．A；17．A；18．C；19．C；20．B；21．B；22．C；23．A；24．D；25．B；26．A；27．D；28．D；29．C；30．B

三、多选题

1．BCD；2．ACDE；3．ABC；4．ABCE；5．ABCE

四、判断题

1．对；2．错；3．错；4．错；5．对；6．错；7．对；8．错；9．对；10．错

第 17 章参考答案

一、填空题

1．计算机犯罪；2．实体安全、信息安全；3．计算机病毒、黑客；4．网络数据、网络设备；5．系统扫描、拒绝服务、系统渗透；6．对称密钥算法、非对称密钥算法；7．病毒；8．宏病毒；9．数字签名；10．特征码；11．防火墙；12．防火墙；13．算法、密钥；14 对称密钥算法，非对称密钥算法；15．非对称密钥算法

二、单选题

1．A；2．C；3．D；4．D；5．B；6．B；7．C；8．C；9．C；10．C；11．B；12．A；13．B；14．D；15．C；16．D；17．A；18．D；19．D；20．C

三、多选题

1．ABCDE；2．ABCDE；3．ABCD；4．ABCD；5．ABCD；6．ABCD；7．ABCDE；8．ABCD

四、判断题

1．错；2．错；3．错；4．对；5．对；6．对；7．对；8．对；9．对；10．对；11．错；12．对；13．对；14．错；15．对；16．错；17．错；18．对；19．对；20．错；21．错；22．错

第 18 章参考答案

一、填空题

1．分析问题、建立模型、设计算法、编写程序、调试测试；2．解决问题的一系列步骤；3．顺序、分支、循环；4．歧义；5．按照递增或递减的规律进行重新排列；6．逐步求精；7．封装；8．过程、对象；9．源程序、可执行程序；10．函数；11．for、until、for

二、单选题

1．A；2．D；3．A；4．D；5．D；6．B；7．C；8．C；9．C；10．D；11．B；12．C；13．D；

14．A；15．D；16．C；17．D；18．B；19．B；20．B；21．A；22．A；23．C；24．B；25．A；26．D；27．D；28．C；29．D

三、多选题

1．AB；2．ABCD；3．ABCDE；4．ABCD；5．AE；6．ABCDE

四、判断题

1．错；2．错；3．对；4．对；5．对；6．对；7．对；8．对；9．错；10．错

第 19 章参考答案

一、填空题

1．电子技术、计算机技术和网络技术；2．多维模式识别、智能计算机接口、语音特征库、人类的语音信号、文本或命令；3．并行计算；4．数据规模大（Volume）、数据种类多（Variety）、数据要求处理速度快（Velocity）、数据价值密度低（Value）；5．计算机图形学；6．计算机屏幕上；7．计算机科学、控制论、信息论、神经生理学、心理学、语言学；8．①博弈问题、②机器学习、③专家系统、④模式识别、⑤自然语言理解、⑥人工神经网络、⑦自动定理证明、⑧机器人学、⑨计算机视觉、⑩智能信息检索技术；9．地理信息系统、遥感、全球定位系统；10．计算机系统、计算机网络

二、单选题

1．A；2．B；3．B；4．C；5．D

三、多选题

1．AB；2．ABCE；3．ABE；4．BCDE；5．BD；6．ABC；7．ABCDE；8．ABCE；9．ABCD；10．BCD

四、判断题

1．对；2．错；3．对；4．对；5．对

参 考 文 献

[1] 冯晓霞，沈睿．计算机科学基础实验指导[M]．北京：电子工业出版社，2012．

[2] 龚沛曾，杨志强．大学计算机上机实验指导与测试[M]．6 版．北京：高等教育出版社，2013．

[3] 李凤霞．大学计算机实验[M]．北京：高等教育出版社，2013．

[4] 董卫军，耿国华，邢为民．大学计算机基础实践指导[M]．2 版．北京：高等教育出版社，2013．

[5] 王移芝．大学计算机：学习与实验指导[M]．5 版．北京：高等教育出版社，2015．

[6] 赵宏，王恺．大学计算机案例实验教程：紧密结合学科需要[M]．北京：高等教育出版社，2015．

[7] 山东省教育厅．计算机文化基础实验教程 [M]．11 版．青岛：中国石油大学出版社，2017．